自动化 专业本科系列教材

Guocheng Kongzhi Xitong Yu Zhuangzhi

过程控制系统与装置

0101001000100001 （第三版）

丁宝苍　张寿明　主　编

魏善碧　副主编

U0279979

重庆大学出版社

内 容 提 要

本书是根据全国高等学校电工及自动化类专业教学指导委员会制订的教材编写规划而修订的教材。本书内容包括过程控制装置、简单控制系统、复杂控制系统、过程计算机控制系统和过程控制系统应用及工程设计五部分内容。本书将理论与实际相结合、连续系统与离散系统相结合、常规过程控制与新型控制策略相结合，既强调了过程控制的基本理论，又反映近年来过程控制系统与装置的新发展，力求从生产过程的实际出发，应用各种控制策略，满足生产过程自动化的需要。全书注重物理概念，内容深入浅出，阐述了各种过程工业的控制实例。

本书可作为高等学校自动化专业的专业课教材，也可作为相关专业师生、研究生的教学参考用书，同时还可供从事工业生产过程自动化的工程技术人员参考。

图书在版编目(CIP)数据

过程控制系统与装置/丁宝苍,张寿明主编.—2 版.—重庆:重庆大学出版社,2012.8(2024.7 重印)
自动化专业本科系列教材
ISBN 978-7-5624-6902-5

Ⅰ.①过…　Ⅱ.①丁…　②张…　Ⅲ.①过程控制—自动控制系统—高等学校—教材　Ⅳ.TP273

中国版本图书馆 CIP 数据核字(2012)第 167062 号

过程控制系统与装置
（第三版）

主　编　丁宝苍　张寿明
副主编　魏善碧
责任编辑:曾显跃　　版式设计:曾显跃
责任校对:杨长英　　责任印制:张　策

*

重庆大学出版社出版发行
出版人:陈晓阳
社址:重庆市沙坪坝区大学城西路 21 号
邮编:401331
电话:(023)88617190　88617185(中小学)
传真:(023)88617186　88617166
网址:http://www.cqup.com.cn
邮箱:fxk@cqup.com.cn(营销中心)
全国新华书店经销
重庆市远大印务有限公司印刷

*

开本:787mm×1092mm　1/16　印张:25.25　字数:630 千
2018 年 1 月第 3 版　　2024 年 7 月第 12 次印刷
印数:17 701—18 700
ISBN 978-7-5624-6902-5　定价:59.80 元

前言

　　"过程控制系统与装置"是高等工科院校自动化和相近专业的必修课,也是常作为相关工科专业的选修课,主要研究过程建模、过程控制仪表的原理及外特性、过程控制系统设计、参数整定和实用典型控制系统分析、新型控制策略分析、工程设计等内容,是一门与生产实际和工程应用紧密联系的综合性学科。其前置课程有"电子技术(模拟电路和数字电路)"、"自动检测技术"、"微机原理及应用"和"自动控制理论"等,也可作为"先进控制系统"、"生产过程优化"等的前置课程。需要说明的是:对生产过程自动化的理解已不能局限于传统现场过程控制的范畴,全局生产过程综合自动化和供应链系统的兴起赋予了生产过程自动化更广的内涵。

　　为适应学科建设和教学不断发展的需要,并进一步提高本书的使用和参考价值,我们对本书内容进行了修改和补充,作为第二版重新出版。第二版在保持第一版的体系和主线的基础上,除对部分文字进行全面修订外,对内容也作了相应的充实和调整,增加了应用案例和仿真实践在教材中的比例,增大了学生在专业教学中的选择性,具体体现在:

　　①在第二版中增加了全局生产过程综合自动化,拓宽学生的知识面;

　　②对过程仪表部分的内容进行了调整,特别是传感器和变送器部分,突出当前仪表的新发展,并与工程应用相结合;

　　③增加了过程控制系统的实际应用案例,突出实用性;

　　④增加了过程控制系统的仿真案例分析和实践,满足学生对实践教学环节的需要,突出实践性。

　　本书将过程控制装置和控制系统有机地结合,适应现代工业生产过程的特点。介绍过程控制系统的设计方法和典型过程控制系统的分析,做到系统型与典型性相融合。本书可作为高等工科学校自动化、电气工程及自动化、化学过程、食品科学与工程、工业工程、环境工程以及相关专业的本科教材。也可作为相关专业的研究生和工程技术人员的参考用书。全书参考教学时数为72学时。由于涉及内容较多,教师可根据教学的实际情况和课时安排,酌情选用一些内容。

　　本书改版由重庆大学丁宝苍和昆明理工大学张寿明担任主编,重庆大学魏善碧担任副主编。参加编写的还有重庆大学朱文嘉、李良筑和龙怀沛,重庆工商大学的邓莉。丁宝苍负责编写第 1 章、13 章,张寿明编写第 11 章、12 章、15 章;邓莉编写第 9 章、10 章,魏善碧、朱文嘉编写第 2 章、3 章、4 章、5 章,魏善碧、李良筑、龙怀沛编写第 6 章、7 章、8 章、14 章。全书由丁宝苍和魏善碧统稿。领域专家、教授对本书提出了宝贵的意见和建议,重庆大学自动化学院领导对本书的编写给予了大力支持,在此,对各位专家、教授和领导们表示衷心的感谢。

　　由于编者的业务和知识水平有限,书中难免有不当之处,恳切希望读者提出宝贵意见。

编　者

2017 年 12 月

目录

第1篇　过程控制装置

第 5 篇　过程控制系统应用及工程设计

第 **1** 篇
过程控制装置

第 **1** 章
绪　论

1.1　过程控制概述

　　自动化技术是信息科学与技术的一个重要分支。自 20 世纪 90 年代以来,自动化技术发展很快,已成为我国高科技的重要组成部分,正在工业生产和国民经济各行业发挥着重要的作用。自动化水平已成为衡量各行各业现代化水平的一个重要标志。

　　过程控制是生产过程自动控制的简称,过程控制 (process control) 通常是指石油、化工、电力、冶金、轻工、建材、核能等工业生产中连续的或按一定周期程序进行的生产过程自动控制,它是自动化技术的重要组成部分。从控制的角度出发,可以把工业分成三类:连续型、离散型和混合型。习惯上,把连续型工业称为过程工业 (process industries),有时为突出其流动的性质也称为流程工业 (fluid process industries)。在连续型工业过程中,包括了连续的信息流、物质流和能量流。过程控制技术正在为实现现代工业生产过程中各种最优的技术经济指标、提高经济效益和劳动生产率、改善劳动条件、保护生态环境等方面起着越来越大的作用。

过程控制一般是对生产过程中的有关参数进行控制，主要对系统的温度、压力、流量、液位、成分和物性六大类参数进行控制，使其保持为一定值或按一定规律变化，在保证质量和生产安全的前提下，使生产自动进行下去。连续型工业的生产特征是：呈流动状的各种原材料在连续流动过程中，经过传热、传质、生化物理反应等加工，发生了相变或分子结构等的变化，失去了原有性质而形成一种新的产品。连续型生产过程常常要求苛刻的工艺条件，例如：要求高温、高压等；现场存放易燃、易爆或有害物泄露等危险，生产条件恶劣；需要有保护人身与生产设备安全的特别措施；等等。在大型的连续生产系统中，参数的变化不但受过程内部条件的影响，也受外界条件的影响，而且影响生产过程的参数一般不止一个，在过程中起的作用也不同，这就决定了过程参数控制的复杂性和多样性，而且大型的连续生产过程是一个十分复杂的大系统，存在不确定性、时变性以及非线性等因素，控制相当困难。实际的生产过程千变万化，要解决生产过程的各种控制问题必须采用有针对性的特殊方法与途径，这就是过程控制要研究和解决的课题。

1.1.1　过程控制的特点、任务和要求

由于控制对象的特殊性，除了具有一般自动化技术所具有的共性之外，过程控制系统相对于其他控制系统还具有以下特点：

（1）对象复杂多样

工业生产是多种多样的，生产过程本身大多比较复杂，生产规模的差异很大，生产过程中充斥着物理变化、化学反应、生化反应，还有物质和能量的转换和传递，生产过程的复杂性决定了对它进行控制的艰难程度。有的生产过程进行得很缓慢，有的则进行得非常迅速，这就为对象的辨识带来困难。不同生产过程要求控制的参数不同，或虽然相同，但要求控制的品质完全不一样。不同过程参数的变化规律各异，参数之间相互影响，对过程的影响作用也极不一致，要正确描述这样复杂多样的对象特性还不完全可能，至今仍只能用适当简化的方法来近似处理。虽然理论上有适应不同对象的控制方法和系统，出于对象特性辨识的困难，要设计出适应不同对象的控制系统至今仍不容易。

（2）对象存在滞后

热工生产过程大多是在庞大的生产设备内进行，对象的储存能力大，惯性也较大，设备内介质的流动或热量传递都存在一定的阻力，并且往往具有自动转向平衡的趋势。因此，当流入（或流出）对象的质量或能量发生变化时，由于存在容量、惯性和阻力，被控参数不可能立即产生响应，这种现象称为滞后。滞后的大小决定于生产设备的结构和规模，并同研究它的流入量与流出量的特性有关。生产设备的规模越大，物质传输的距离越长，热量传递的阻力越大，造成的滞后就越大。一般来说，热过程大多具有较大的滞后，它对任何信号的响应都会推迟一些时间，使输出与输入之间产生相移，容易引起反馈回路产生振荡，对自动控制会产生十分不利的影响。

（3）对象特性的非线性

对象特性大多是随负荷变化而变的，即当负荷改变时，其动态特性有明显的不同。如果只以较理想的线性对象的动态特性作为控制系统的设计依据，就难以得到满意的控制结果。须

知大多数生产过程都具有非线性,弄清非线性产生的原因及非线性的实质是极为重要的。对于一个不熟悉的生产过程,应先拟定合理的试验方案,并认真地进行反复的试验和估算,才能达到分析了解非线性的目的。但决不能盲目地进行试验,以免得出含混不清的错误结果,把非线性对象错当成线性对象来处理。

(4)控制系统较复杂

从生产安全方面考虑,生产设备的设计制造都力求生产过程进行平稳,参数变化不超出极限范围,也不会产生振荡,作为被控对象就具有非振荡环节的特性。热过程的稳定被破坏后,往往具有自动趋向平衡的能力,即被控量发生变化时,对象本身能使被控量逐渐地稳定下来,这就具有惯性环节的特性。也有不能自动趋向平衡,被控量一直变化而不能稳定下来的,这是具有积分特性的对象。任何生产过程被控制的参数都不是一个,这些参数又各具有不同的特性,要针对这些不同的特性设计相应不同的控制系统,由此采用了各种复杂得多回路控制系统。

控制方案的确定、控制系统的设计、控制参数的整定都要以对象的特性为依据,而对象的特性又如上述那样复杂而难以充分地认识,要完全通过理论计算进行控制系统设计与控制参数的整定,至今仍不可能。目前已设计出各种各样的控制系统,都是通过必要的理论论证和计算,并且经过长期的运行、试验、分析、总结起来的,只要采用现场调整的方法得当,可望得到相当满意的控制效果。

(5)控制多属慢过程参数控制

在流程工业中,常用一些物理量来表征生产过程是否正常。例如,石化、冶金、电力、轻工、建材、制药等生产过程中,这些物理量多半是以温度、压力、流量、液位、成分等参数表示,被控过程大多具有大惯性、大滞后等特点。因此,过程控制具有慢过程参数控制的特点。

(6)定值控制是过程控制的一种主要控制形式

过程控制不同于航空器的姿态控制和机器人的运动控制,在多数过程控制系统中,其设定值是保持恒定的或在很小范围内变化,过程控制系统的主要目的是减少或消除外界扰动对控制参数的影响,是被控参数维持在设定值或其附近,达到优质、高产、低消耗与生产持续稳定的目标。因此,定值控制是过程控制的一种主要控制形式。

1.1.2 过程控制的要求、任务和功能

(1)过程控制的要求和任务

工业生产对过程控制的要求尽管很多,但归纳起来主要有三个方面:安全性、稳定性和经济性。安全性是指在整个生产过程中,要确保人身和设备的安全,这是最重要也是最基本的要求。为达此目的,通常采用自动保护技术,比如参数超限报警、连锁保护等措施加以实现。随着工业生产过程的连续化和大型化,上述措施已不能满足要求,还必须设计在线故障诊断系统和容错控制系统等,以进一步提高生产运行的安全性。稳定性是指系统具有抑制外部干扰、保持生产过程长期稳定运行的能力,这也是过程控制能够正常运行的基本保证。经济性是指要求生产成本低而效率高,这也是现代工业生产所追求的目标。为此,过程控制的任务是指在了解、掌握工艺流程和被控过程的静态和动态特性的基础上,应用控制理论分析和设计符合上述三项要求的过程控制系统,并采用适宜的技术手段(如自动化仪表和计算机)加以实现。因此,过程控制是集控制理论、工艺知识、自动化仪表与计算机等为一体的综合性应用技术。

（2）过程控制的功能

符合现代大工业生产的过程控制功能结构如图1.1所示。各层的具体功能简述如下：

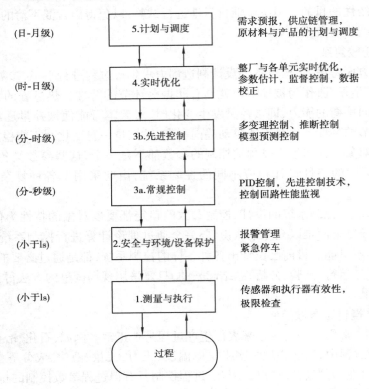

图1.1　现代过程控制的功能结构

1）测量变送与执行

测量变送与执行功能是由测量变送装置（如传感器与变送器等）和执行装置（如执行机构和调节机构等）实现的。其中，测量变送装置用来测量过程变量，并将其转换成系统的统一信号；执行装置则将控制信号转换为可直接改变被控参数的控制动作。测量变送与执行功能是任何控制系统不可缺少的组成部分。

2）操作安全与环境保护

该功能是为保证生产过程的安全操作和满足环境保护的规范要求而设计的。由于它关系到人的生命安全与财产安全，因而非常关键。实现该功能的设备主要包括非正常工况下的报警系统、自动选择性系统（软保护）和实现紧急停车的继电保护系统（也称为硬保护）。这些设备与常规控制所用的仪表无关，常常是独立运行的。必要时还要采用多级保护方法，以确保生产过程的绝对安全。

3）常规控制

采用常规的PID反馈控制和前馈补偿控制，使温度、压力、流量、物位、成分等工艺参数运行在或接近于它们的设定值，主要采用标准的反馈和前馈控制技术完成。

4）先进控制

许多难以处理的控制问题具有两个显著的特点：①在关键变量间存在强关联（耦合）；

②操作量和被控量中存在不等式约束,其中包括上下限(如操作量的上下限),它们取决于泵或控制阀的上下限。它们的下限可能是零,或者从安全角度考虑也可能是一个很小的正数。被控量的限制反映了装置的约束和过程操作要求的限制。例如,反应器温度上限为了避免不希望的反应或者催化剂的失活,而其下限是为了保证反应的持续进行的基本条件。对于先进控制而言,过程逼近其约束限的能力是一个重要目标,因为在许多工业中最佳运行工况往往就在约束限上。

带严重动态特性耦合和不等式约束的控制问题对于常规控制而言是比较棘手的。此时,就可以考虑先进控制技术,如具有多变量控制和约束控制能力的模型预测控制。

5)实时优化

该功能是为实现最优操作工况而设计的。一般来说,生产过程的最优工况通常在工艺设计时就已经确定。但在实际运行中,由于设备的损耗或损坏、过程的干扰以及经济指标的变化等又常常使最优工况发生变化,因此定期重新确定最优工况是必要的,这就要求进行实时优化。实时优化的目标是最小化操作成本或最大化操作利润,它既可以针对一个操作单元,也可以针对全厂进行。

6)决策管理与计划调度

过程控制系统实现的最高功能是决策管理与计划调度。对连续生产过程而言,整个生产过程都应该进行周密的计划调度和正确有效的决策管理,成功地实现这些功能是现代企业盈利的关键。

1.2　过程控制系统的发展概况

19 世纪世界工业革命以来,工业生产过程经过了由简单到复杂、规模由小到大的不断发展,出现了许多大型化、现代化、多品种、精细化的过程生产系统,提供各种产品以满足国民经济发展的需要。由于生产领域的不断扩展、系统规模不断扩大、工艺要求越来越高,因此对过程控制的功能、效率和可靠性提出了更高的要求。

过程控制技术是自动化技术的重要应用领域。随着生产技术水平的迅速提高与生产规模的持续扩大,对过程控制系统要求越来越高,促使过程控制理论研究不断发展;同时,理论研究成果在电子技术、计算机技术的基础上不断转化为自动化产品与系统,满足生产过程不断发展的需要。生产实际问题、控制理论研究和控制系统产品的开发三者相互促进、共同推动着现代过程控制技术的迅速发展。现代过程控制技术在优化生产系统的经济、技术指标、提高经济效益和劳动生产率、改善劳动条件、保护生态环境等方面发挥着越来越大的作用。

下面主要从过程控制仪表、装置与系统和控制策略及算法简要介绍过程控制的发展过程和发展趋势。

生产过程自动化的发展,大体上可以分为三个阶段。

(1)仪表自动化阶段

20 世纪 40 年代前后,生产过程自动化主要是凭生产实际经验,局限于一般的控制元件及机电式控制仪器,采用比较笨重的基地式仪表,实现生产设备就地分散的局部自动控制。在不同设备之间或同一设备中的不同控制系统之间没有或很少有联系。过程控制的对象主要是温度、压力、流量、成分几个热工参数的定值控制,以保证生产过程的稳定进行。

20世纪50年代至60年代,先后出现了电动与气动单元组合仪表和巡回检测装置,采用了集中监控与集中操纵的控制系统,实现了工厂仪表化和局部自动化。这对当时迫切希望提高设备效率和强化生产过程的要求起了有力的促进作用,适应了工业生产设备日益大型化与连续化的客观需要。随着仪器仪表工业的迅速发展,对于过程辨识的理论和方法,对于仪表及控制系统的设计计算方法都有较快的进展。但过程控制的理论仍采用以频率法和根轨迹法为主体的经典控制理论,主要解决单输入、单输出的定值控制系统的分析和综合问题,各控制系统间互不关联或关联甚少,只是控制的品质有较大的提高。

(2)计算机控制阶段

20世纪70年代至80年代,由于集成电路与计算机技术的飞速进展,为过程控制的发展创造了条件,开始采用计算机直接数字控制(direct digital control,DDC)与计算机监控(supervisory computer control,SCC)系统。由于计算机硬件的可靠性高、成本较低,有丰富的软件支持,有直观的CRT显示,便于人机联系;它既没有模拟常规仪表那样数量多、仪表柜庞大的缺点,也不会像60年代初采用的大型计算机集中控制那样,一旦出现故障,就会影响全局,因此得到了广泛的应用。特别是随着现代工业生产的规模不断扩大,控制要求不断提高,过程参数日益增多,致使控制回路更加复杂。为了满足工业生产的监控集中、危险分散的要求,70年代中期,集散控制系统(distributed control systems,DCS,也称之为分布式控制系统)开发问世了。集散控制系统是集计算机技术、控制技术、通信技术和图形显示技术为一体的装置。这种系统在结构上是分散的,就是将计算机分布到车间或装置。这不仅使系统的危险分散,消除了全局性的故障点,而且提高了系统的可靠性,同时能方便灵活地实现各种新型的控制规律与算法。这种系统由于是分级的,能实现优化的最佳管理。它的出现是新形势下的一种必然趋势。它一经出现就受到了工业控制界的青睐,实现了过程控制最优化和生产调度与经营管理自动化相结合的集散控制系统,使生产过程自动化的发展达到了一个新的水平。由原来分散的机组或车间控制,向全车间、全厂和整个企业的综合自动化方向发展。

在过程控制系统结构方面,为了提高控制质量与实现一些特殊的控制要求,相继出现了各种复杂控制系统。例如,串级、比值和均匀控制的应用,尤其是前馈和选择性控制系统的应用,使复杂控制系统达到一个新的水平。前馈控制是按扰动量来控制的,在扰动可测的条件下,可以显著地提高控制质量。选择性控制是当生产过程遇到不正常的工况、被控量达到安全限值时,自动实现的保护性控制。它改变了过去不得不切向手动或被迫联锁停车的状况,从而扩大了自动化的范围。

在过程控制理论方面,除了仍然采用经典控制理论以解决实际生产过程中遇到的问题外,现代控制理论开始得到应用,最优控制、推理控制、预测控制、自适应控制等控制方法得到了比较迅速的发展,控制系统由单变量系统转向多变量系统,以解决实际生产过程中遇到的更为复杂的问题。

(3)综合自动化阶段

从20世纪90年代开始,过程控制进入了综合自动化阶段。这一阶段具有以下突出特征:

在自动化工具上推出了现场总线(fieldbus)控制技术。根据国际电工委员会(IEC)和现场总线基金会(FF)的定义,现场总线是智能现场设备和自动化系统的数字式、双向传输、多分支结构的通信网络。它有如下特点:

①用一对 N 结构代替一对一结构,一条通信线能连接 N 台仪表,减少了连接线,因而减少了安装维护费用,工期短,可靠性高,抗干扰性强。

②互换性、互操作性好,不同制造厂生产的仪表可以互连、互操作,开放性好。

③控制分散,现场仪表不仅有检测功能,而且可以有运算功能和控制功能,因而通过现场仪表就可构成控制回路,使控制回路彻底分散。现场总线采用公开的、标准的网络协议,很容易与其他网络集成,方便共享信息,为综合自动化奠定了基础。它的出现标志着控制工具的又一次重大变革,过程控制进入了真正的计算机时代。

在控制理论上采用了第三代控制理论,即智能控制理论。智能控制将人工智能、控制理论和运筹学三大学科相结合,采用模糊技术、神经网络和专家系统等技术,比较好地解决了对象建模的困难和干扰众多与控制要求提高的矛盾,在许多难以控制的场合下,发挥了卓越的作用。与此同时,现代控制理论中的诸如非线性系统、分布参数系统、随机控制以及容错控制等也在理论上和实践中得到了发展。

以计算机集成技术为基础的综合自动化体系正在形成。综合自动化系统就是包括生产计划和调度、操作优化、基层控制和先进控制等内容的递阶控制系统,也称管理控制一体化的系统。这类系统是靠计算机及其网络来实现的,因此也称为计算机集成过程系统(computer integrated process system, CIPS)。这里,计算机集成指出了它的组成特征,过程系统指明了它的工作对象,正好与离散型工业中的计算机集成制造系统(computer integrated manufacturing systems, CIMS)相对应,因此,也将 CIPS 称为过程工业的 CIMS。

CIPS 是一种全新的哲理与概念,它以企业整体优化为目标,以计算机及网络为主要技术工具,以生产过程的管理和控制自动化为主要内容,将过去局部自动化的"孤岛"模式集成为一个整体的系统,它代表了当代自动化的潮流。

应当看到,生产过程自动化是适应生产发展的需要而发展起来的,它们之间相互依存,相互促进,密切相关。生产工艺的变革、设备的更新、生产规模的扩大、新产品的涌现都会促进自动化的发展进程。同样,自动控制理论、技术、设备等方面的新成就,又保证了现代工业生产在安全而稳定的情况下高速、高产、高质地运行,可以充分地发挥和利用设备的潜力,大大地提高生产率,获得最大的社会与经济效益。

最后应当指出,虽有这样丰富而先进的现代控制理论,但实际行之有效的控制方法太少,不能适应生产过程不断提出的更高级、更严格的需求。作为先进过程控制的典型代表的模型预测控制,对复杂工业过程的优化控制产生了深刻的影响,在全球炼油、化工等行业数千个复杂装置中的成功应用及由此取得的巨大经济效益,使之成为工业过程控制领域最受青睐的先进控制算法。模型预测控制能够产生经济效益的关键在于能够将系统平稳地操作在多约束条件的某些边界上,是控制系统卡边运行。

1.3 过程控制系统的组成及分类

下面以生产过程中最常见的锅炉控制为例来介绍一个过程控制系统的基本结构。锅炉是生产蒸汽的设备,是生产中几乎不可缺少的设备,应用十分广泛。对于锅炉保持锅筒内的水位在一定范围内是非常重要的。如果水位过低,锅炉可能被烧干;如果水位过高,会导致生产的蒸汽含水量大,而且水还可能溢出。这些都相当危险,因此,水位控制是保证锅炉正常运行必不可少的。

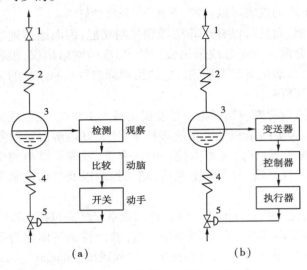

图 1.2 锅炉水位控制原理图

1—蒸汽阀门;2—过热器;3—锅筒;4—省煤器;5—给水阀

锅炉的给水量与蒸汽的蒸发量保持平衡时,锅炉的水位不变。如锅炉的给水量变化或蒸发量变化,水位就会产生变化 Δh,因此,必须观察水位变化,以调整给水量,使它跟随蒸汽负荷的大小而增减,以达到保持水位在规定的范围内变化的目的。

人工水位控制是靠人眼观察玻璃水位计,根据 Δh 的变化量,经过比较(思考、分析、判断)后,动手去改变给水阀门的开度,相应增减给水量以保持水位在合理的规定位置处,如图 1.2 (a)所示。采用仪表进行控制时,水位变化量 Δh 由水位计检测,并经液位变送器转换为统一的标准信号后送到控制器,与水位设定值进行比较和运算后发出控制命令,由执行器(电动或气动执行机构)改变阀门的开度,相应增减给水量,以保持给水量与蒸发量之间的平衡,这就是锅炉水位自动控制过程,其结构如图 1.2(b)所示。

由此可见,实现锅炉水位控制需要这样一些设备:检测水位变化的传感器与变送器、比较水位变化并进行控制运算的控制器、实施控制命令的执行器、改变给水量的控制阀等,再加上一些其他必要的辅助装置,就可构成常规仪表过程控制系统,如图 1.3 所示。

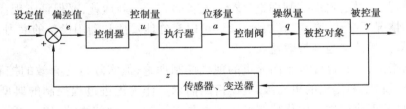

图 1.3 过程控制系统方框图

1.3.1 过程控制系统的组成

常规仪表过程控制系统由以下几部分组成:

(1) 被控对象

被控对象是指被控制的生产设备或装置,如上述其水位受控制的锅炉。常见的被控对象有锅炉、加热炉、分馏塔、反应釜、干燥炉、压缩机、旋转窑等生产设备,或储存物料的槽、罐以及传送物料的管段等。当生产工艺过程中需要控制的参数只有一个,如电阻加热炉炉温控制的被控量只有炉温一个参数,则生产设备与被控对象是一致的;当需要控制的参数不止一个,其特性互不相同,应各有一套可能是互相关联的控制系统,这样的生产设备其被控对象就不止一个,应对其中的不同过程分别作不同的分析和处理。

(2)传感器和变送器

反映生产过程的工艺参数大多不止一个,一般都需用不同的传感器进行自动检测,才能了解生产过程进行的状态,以获得可靠的控制信息。需要进行自动控制的参数称为被控量,上例中的锅炉锅筒中的水位就是被控量,被控量往往就是对象的输出量。当系统只有一个被控量,则只有一个控制回路,称为单回路控制系统,也称单变量控制系统。当系统不止一个被控量,则不止一个控制回路,称为多回路控制系统,也称多变量控制系统。一个生产设备需要控制的回路数不一定和它的过程参数数目完全相同,因为有些参数并不需要进行自动控制,只需进行检测、显示就可以了。

被控量由传感器进行检测,当其输出不是电学量,或虽然是电学量,但不是 $4 \sim 20$ mA 信号时,必须采用变送器将其转换为统一的标准电信号。如果是气动仪表,则应转换为 $1.96 \times 10^4 \sim 9.8 \times 10^4$ Pa 的气动信号。传感器或变送器的输出就是被控量的测量值 z。

(3)控制器

控制器也称调节器,它接收传感器或变送器送来的信息——被控量。当其符合生产工艺要求时,控制器的输出保持不变,否则,控制器的输出发生变化,对系统施加控制作用。使被控量发生变化的任何作用称为扰动。在控制通道内并在控制阀未动作的情况下,由于通道内质量或能量等因素变化造成的扰动称为内扰,如前述锅炉水位控制中给水压力变化引起水位波动就是内扰。其他来自外部的影响统称为外扰,如前述锅炉水位控制中蒸汽负荷变化而引起水位波动就是外扰。无论是内扰或外扰,一经产生,控制器就发出控制命令,对系统施加控制作用,使被控量回到设定值。

按生产工艺要求给被控量规定一个参考值,称为设定值 r,这就是经过控制系统的自动控制作用被控量应保持的正常参数值。在过程控制系统中,被控量的测量值 z 由系统的输出端反馈到系统的输入端,与设定值 r 比较后得到偏差值 $e = r - z$,就是控制器的输入信号。当 $r > z$ 时,称为正偏差;当 $r < z$ 时,称为负偏差。应当指出,这种规定与仪表厂校验控制器所规定的正、负偏差正好相反,这点在实际工作中要特别注意。

(4)执行器

被控量的测量值与设定值在控制器内进行比较后得到的偏差大小,由控制器按规定的控制规律(PID 等)进行运算后,发出相应的控制信号去推动执行器,该控制信号是控制器的输出量,称为控制量 u。目前采用的执行器有电动与气动两大类,应用较多的是气动薄膜控制阀。如果控制器是电动的,就应在控制器与执行器之间加入电/气转换器。如果采用的是电动执行器,则电动控制器的输出信号须经伺服放大器放大后才能驱动执行器,以启闭控制阀。

(5)控制阀

由控制器发出的控制信号,通过电动或气动执行器产生的位移量 l 驱动控制阀门,以改变输入对象的操纵量 q,使被控量受到控制。控制阀是控制系统的终端部件,阀门的输出特性决定于阀门本身的结构,有的与输入信号呈线性关系,有的则呈对数或其他曲线关系。详细情况将在后面章节中进行介绍。

对于一个完整的过程控制系统,除自动控制回路外,应备有一套手动控制回路,以便在自动控制系统因故障而失效后或在某些紧急情况下,对系统进行手动遥控。另外,还应有一套必要的信号显示、通信、联络、联锁以及自动保护等设施,才能充分地保证生产过程的顺利进行和保障人身与设备的安全。

最后应当指出,控制器是根据被控量测量值与设定值进行比较得出的偏差值对被控对象进行控制的。对象的输出信号即控制系统的输出,通过传感器与变送器的作用,将输出信号反馈到系统的输入端,构成一个闭环控制回路,简称闭环。如果系统的输出信号只是被检测和显示,并不反馈到系统的输入端,则是一个没有闭合的开环控制系统,简称开环。开环系统只按对象的输入量变化进行控制,即使系统是稳定的,其控制品质也较低。

在闭环控制回路中,可能有两种形式的反馈,即正反馈与负反馈。正反馈的作用会扩大不平衡量,是不稳定的。如采用正反馈去控制室内温度,当温度超过设定值时,系统会增加热量,使室温升高;当温度低于设定值时,它又减少热量,使室温进一步降低。具有正反馈的控制回路,总是将被控量锁定在高端或低端的极值状态下,这种性质不符合控制目的。如采用负反馈,其作用与正反馈相反,总是力求恢复到平衡温度,即保持在规定的设定值范围内。具有负反馈(包括前馈)作用的回路,一般称为反馈控制系统。这种系统能密切监视和控制被控对象输出量的变化,抗干扰能力强,能有效地克服对象特性变化的影响,有一定的自适应能力,因而控制品质较高,是应用最广、研究最多的控制系统。

1.3.2　过程控制系统的分类

由于控制系统分类方式方法的不同,出现了不同的名称。按所控制的参数来分,有温度控制系统、压力控制系统、流量控制系统、液位控制系统等;按控制系统所处理的信号来分,有模拟控制系统与数字控制系统;按是否采用计算机来分,有常规仪表过程控制系统与计算机控制系统,计算机控制系统还可分为 DDC、DCS 和现场总线系统;按控制系统所完成的功能来分,有串级控制系统、均匀控制系统、自适应控制系统等;按其控制动作规律来分,有比例控制系统,比例、积分控制系统,比例、积分、微分控制系统等;按控制系统组成回路的情况来分,有单回路控制系统与多回路控制系统,或开环控制系统与闭环控制系统等。

以上这些分类只反映了不同控制系统某一方面的特点,人们视具体情况可以采用不同的分类方法,其中并无原则的规定。

过程控制主要是研究反馈控制系统的特性,按设定值的形式不同,可将过程控制系统分为三类:

(1)定值控制系统

在工业生产过程中,大多要求将被控量保持在规定的小范围内变化,以保持生产过程平稳地顺利进行。此规定值就是控制器的设定值,前述锅炉水位控制就是要使水位保持在规定值允许的波动范围以内变化,满足锅炉内蒸汽蒸发量和给水量的平衡关系。只要被控量在设定值范围内波动,控制系统的工作就是正常的。在定值控制系统中,设定值是固定不变的,引起系统产生变化的是扰动信号(内扰或外扰或兼而有之),可以认为以扰动量为输入的系统为定值控制系统,这种控制系统是应用最多的一种。

(2)随动控制系统

对于有的生产过程,其被控量是变化的,即控制系统的设定值不是定值,而是无规律变化的,自动控制的目的是要使被控量相当准确而及时地跟随设定值的变化。例如,加热炉的燃料与空气的混合比控制,燃料量是按工艺过程的需要而设定的,这个设定值又随生产流程的要求而自动或手动改变,也就是说,燃料量在变化,控制系统就要使空气量跟随燃料量的变化,自动按预先规定的比例而相应地增减空气量,以保证燃料合理而经济地燃烧,这就是随动控制系统。自动平衡记录仪的平衡机构就是跟随被测信号的变化自动达到平衡位置,是一种典型的随动控制系统。

(3)程序控制系统

程序控制系统的设定值是按生产工艺的要求有规律变化的,自动控制的目的在于使被控量按规定的程序自动进行,以保证生产过程顺利完成。如工业炉、干燥窑等周期作业的加热设备,一般包含加热-升温—保温然后逐渐缓慢地降温程序,设定值按此程序自动地改变,控制系统就按该设定程序自动地进行下去,直到整个程序运行完为止,达到程序控制目的。

1.4 过程控制系统的性能指标

在过程控制中,由于控制器的自动控制作用而使被控量不再随时间变化时,系统处于平衡状态,称为稳态或静态。被控量随时间而变化,系统未处于平衡状态时,则称为动态或瞬态。当改变控制器的设定值或有干扰进入系统,原来的平衡状态就被破坏,被控量偏离设定值,控制器即按所设定的算法运算并发出控制命令,使控制阀产生相应动作,改变操纵量的大小,使被控量逐渐回到设定值,直到恢复平衡为止。可见,从扰动开始,由于控制器的作用,在系统达到平衡之前,系统中的各个环节都在不断变化中。在阶跃信号输入的情况下,整个过渡过程可能有几种较典型的状态,如图 1.4 所示。图中"a"为等幅振荡过程,"b"为发散振荡过程,"c"为衰减振荡过程,"d"为非周期振荡过程,当然还可能出现其他过程。显然,前两种过程是不稳定的,不能采用;后两种过程可以稳定下来,是可以接受的,一般都希望是衰减振荡过程。非周期过程虽能稳定下来,但偏差太大,过渡过程缓慢,时间也较长,难以接受。

总之,控制过程就是消除干扰的过程。一个控制系统的优劣就在于它受到扰动后能否在控制器的作用下稳定下来,即克服扰动造成的偏差而回到设定值的准确性和快速性。这些都符合要求就是一个最好的控制系统。控制系统是否稳定、准确而快速地达到平衡状态,通常采用以下几个指标来衡量。

1.4.1 递减比

衰减振荡是最一般的过渡过程,振荡衰减的快慢,对过程控制的品质关系极大。由图 1.4 可见,第一、二两个周期的振幅 B_1 与 B_2 的比值,充分反映了振荡衰减的情况,称为递减比 n。

$$n = B_1/B_2 \tag{1.1}$$

递减比 n 表示曲线变化一个周期后衰减的快慢程度,一般用 $n:1$ 表示。在实际工作中,控制系统的递减比习惯于采用 4:1,即振荡一个周期后,振幅衰减了 3/4(或 0.75),即被控量经两次波动后其幅值降到最大偏差值的 1/4,这样的控制系统就认为稳定性良好。递减比也可用面积 A_1 与 A_2 的比值表示,指标仍然为:

$$n = A_1/A_2 = 4:1 \tag{1.2}$$

虽然,公认 4:1 递减比较好,但不是一成不变的,特别是对一些变化比较缓慢的对象。例如,温度过程采用 4:1 递减比,可能还嫌过程振荡太甚,显得不实用,如果采用 10:1 递减比效果会好得多。因此,递减比须视对象不同而选取。对于少数不希望有振荡的控制过程,过渡过程需要采用非周期衰减形式。

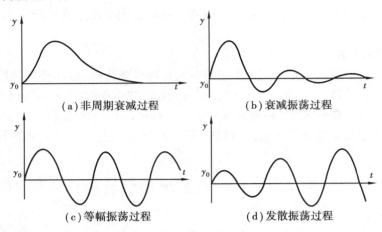

图 1.4　过渡过程的基本形式

控制系统的稳定快慢程度也可用递减率 ψ 表示，它是指被控量经过一个振荡周期后，振荡幅值衰减的百分数，一般在 0.75~0.9 之间取值，如取 0.75 就与递减比相同。在 $0<\psi\leqslant1$ 的范围内，ψ 的数值还可表明系统稳定裕量（富裕量或储备量）的大小。显然在 $0<\psi\leqslant1$ 范围内，ψ 值越大，则系统的稳定裕量越大。

1.4.2　最大动态偏差

扰动发生后，被控量偏离稳定值或设定值的最大偏差值称为最大动态偏差，也称为最大过控量或过调量，如图 1.5(a) 中的第一波峰 y_{max}，过渡过程到达此峰值的时间为 T_p。最大动态偏差占设定值的百分数称为超调量，即

$$\sigma = \frac{y_{max}}{y(\infty)} \times 100\% \qquad (1.3)$$

随动控制系统常用超调量来衡量被控量偏离给定值的程度。动态偏差大且持续时间长，是不允许的。如化学反应器，其反应温度有严格的规定范围，超过此温度就会发生事故。对于有的生产过程，即使是短暂超过也不允许，如生产炸药的温度限值极严，控制系统的最大偏差不得超过温度限值，才能保证生产安全。

1.4.3　调整时间 T_c

在平衡状态下的控制系统，受到扰动作用后平衡状态被破坏，经过系统的控制作用，使被控量过渡到允许的范围以内波动，即被控量在稳态值的 2%~5% 时，达到新的平衡状态所经历的时间，称为调整时间，也称为过渡过程时间或稳定时间。对于过阻尼系统，一般以响应曲线的前一稳态值变化 10% 算起，上升到另一稳态值的 90% 所经历的时间为上升时间 T_r，也有规定由 5% 算起，上升至 95% 为上升时间的。对于欠阻尼系统，则应由 0 算起，上升到 100% 所经历的时间为上升时间。响应曲线第一次到达稳定值 50% 的时间，称为延迟时间 T_d。这些都是反映过渡过程响应快慢的指标。

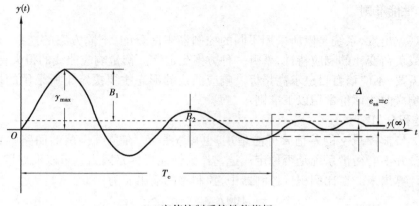

（a）定值控制系统性能指标

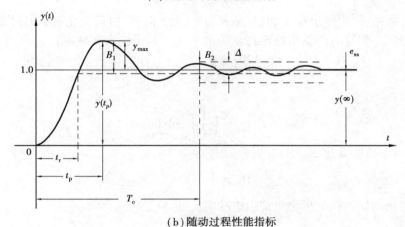

（b）随动过程性能指标

图 1.5 过渡过程的品质指标

1.4.4 静态偏差 C

过渡过程终了时,被控量在规定的小范围内波动,被控量与最大稳态值或设定值之差值称为静态偏差或稳态偏差(也称残余偏差,简称残差、余差或静差)。静差的大小是根据生产工艺过程的实际需要制定的,它是系统的静态指标。这个指标定高了,要求系统特别完善;定低了又不能满足生产需要,失去自动控制的意义。当然,对于控制品质,自然是静差越小越好。应根据对象的特性与被控量允许的波动范围综合考虑决定,不能一概而论。定值控制系统的静态偏差是指系统过渡过程结束后被控制量新的稳态值 $y(\infty)$ 与给定值之间的长期偏差,即图 1.5(a)中的 $C = y(\infty)$。随动控制系统的静态偏差是过渡过程结束后被控制量新的稳态值 $y(\infty)$ 与新设定值的长期偏差值, 即图 1.5(b)中的 $C = e_{ss}$。

关于性能指标还有两点需要说明:首先要按控制过程的具体工艺和整体情况统筹兼顾,提出合理的控制要求,并不是对所有的回路都有很高的控制要求。例如,有些储槽的液位值要求不越出工艺规定的上下限就完全可以了,没有必要精益求精;性能指标之间相互矛盾时,需要在它们之间折中处理,首先保证关键的指标。

1.4.5 性能准则

从控制观点出发,系统是以所采用不同的控制器来区分的,不同方案的选择,是比较其对设定值变化或负荷变化的响应特性,看哪一种方案更适宜。衡量响应曲线的得失,主要取决于工艺过程的需要,不应该盲目追求高指标。响应曲线的形态主要决定于所采用的控制动作及参数整定。响应曲线评价常用以下准则:

(1)误差积分(IE)

设定值 r 与被控量 y 的差值 e 可能是正,也可能是负,在持续振荡的回路中,可能为零。单凭误差积分并不能衡量系统是否稳定。选它作为性能指标是因为它可以根据控制器的整定参数方便地计算出来。在比例积分控制器中,控制器的输出 u 为:

$$u = \frac{100}{P}\left(e + \frac{1}{I}\int edt\right) \qquad (1.4)$$

在负荷变化前 t_1 时刻,输出稳定在 u_1,且偏差 e 为零;到 t_2 时刻,负荷变化引起的过渡过程平息下来,偏差又回到零,但这时的输出稳定在新的水平 u_2。两个输出相减得:

$$u_2 - u_1 = \frac{100}{P}\left(\frac{1}{I}\int_0^{t_2} edt - \frac{1}{I}\int_0^{t_1} edt\right) \qquad (1.5)$$

化简上式得:

$$\Delta u = \frac{100}{P}\left(\frac{1}{I}\int_{t_1}^{t_2} edt\right) \qquad (1.6)$$

以 IE 表示由于负荷变化 Δu 引起的误差积分:

$$IE = \int_{t_1}^{t_2} edt \qquad (1.7)$$

单位负荷变化的误差积分称为负荷响应准则:

$$\frac{IE}{\Delta u} = \frac{PI}{100} \qquad (1.8)$$

用于对一个给定的控制回路的负荷响应作出评价,它决定于比例带 P 及积分速度 I,当过程很容易地控制时,比例带可接近于零;当过程的响应速度很快,积分时间可接近于零,则 $IE/\Delta u$ 也将接近于零,这样的系统当然容易控制。因此,误差积分可用来估计过程控制的难易程度,也可用以估计控制方法的效果。误差积分不能保证系统具有合适的衰减率,当过程等幅振荡时,IE 却等于零,显然很不合理。一般是规定衰减率的情况下,用误差积分最小作为性能指标,也就是在过渡过程中被控量的偏差对时间的累积越小越好。

(2)绝对误差积分(IAE)

这是一般公认的误差准则,用来衡量响应曲线在零误差线两侧的总面积大小。由于负荷变化引起的误差最终总是要消失的,故任何一个稳定的回路 IAE 必将趋近于一个有限值,即

$$IAE = \int_0^\infty |e(t)| dt \qquad (1.9)$$

用解析法计算此积分比较麻烦,但在常规仪表控制中用模拟计算则比较方便。对于响应曲线全部位于零误差曲线一侧的情况,误差积分 IE 就等于绝对误差积分 IAE,此法对小误差比较灵敏。

(3)平方误差积分(ISE)

对瞬时误差先平方再积分,得:

$$ISE = \int_0^\infty e^2(t)\,dt \qquad (1.10)$$

平方可以避免负误差抵消正误差,它对大误差的加权甚于小误差,故此法对大误差比较灵敏。

(4)偏差绝对值与时间乘积积分(ITAE)

此法对初始误差与不可避免的随机误差等不敏感,但对过渡过程时间长短则影响较大,其表达式为:

$$ITAE = \int_0^\infty t\,|\,e(t)\,|\,dt \qquad (1.11)$$

IAE 和 ISE 都是比较全面的性能指标,其主要区别在于对大误差如何加权。如果误差幅值不同,相同的两条 IAE 响应曲线将有不同的 ISE 值。还应指出,从这四种性能指标看,不同的控制器将会有不同的最佳参数值。例如,对于定值控制系统,大多要求被控量很快衰减下来,过渡过程最短。而对于燃料燃烧过程中的燃料-空气比值控制,目的是使空气量紧紧跟随燃料的变化而按规定的比例变化,不产生大幅度振荡,选择最快的非振荡过程就可以了。对于前者应采用 IAE 性能指标,而后者则应采用 ITAE 性能指标。

思考题与习题

1.1 什么是过程控制系统? 试述其组成,并画出其方框图。

1.2 简述过程控制的发展概况及各阶段的特点。

1.3 简述过程控制的特点。

1.4 过程控制系统通常可分为哪几种类型?

1.5 什么叫定值控制系统? 其输入信号是什么?

1.6 简述题图 1.1 所示液位控制系统的工作原理,并画出控制系统的方框图。

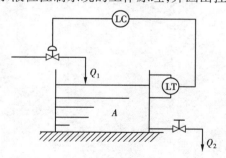

题图 1.1 液位控制系统示意图

1.7 在过程控制系统中,为什么要由系统控制流程图画出其方框图?

1.8 过程控制系统过渡过程的质量指标包含哪些主要内容? 哪些属于静态质量指标? 哪些属于动态质量指标?

1.9 常用的评价控制系统动态性能的单项性能指标有哪些? 它与误差积分指标各有何特点?

1.10 误差积分指标有什么缺点? 怎样运用才较合理?

1.11 某化学反应过程规定操作温度为 800 ℃,最大超调量不大于 5% ,要求设计的定值

控制系统,在设定值作阶跃干扰时的过渡过程曲线如题图 1.2 所示。要求:

①计算该系统的稳态误差、衰减比、最大超调量和过渡过程时间。

②说明该系统是否满足工艺要求。

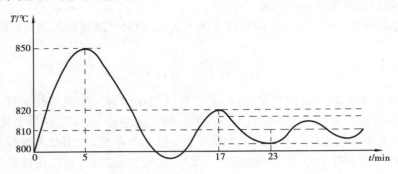

题图 1.2　被控过程的过渡过程曲线

第2章
过程控制仪表与装置概述

2.1 控制仪表与装置的分类及发展

过程控制仪表与装置的分类可按安装场地、能源形式、结构形式和信号类型来分。

按安装场地的不同,可将其分为现场类仪表与控制室类仪表。现场类仪表通常在抗干扰、防腐蚀、抗震动、防爆等方面有特殊要求。如变送器、执行器类仪表。按所用能源的不同,可将其分为电动、气动、液动和混合式等几大类。气动控制仪表发展最早,20世纪40年代就广泛地应用于工业生产。它们具有本质安全、防爆的特征,且性能稳定、结构简单、价格便宜;但精度不高,还有一定的阻塞问题。因此,在控制系统中的应用领域较窄,但其地位仍然不能被取代。特别是其中的气动执行器,具有安全、可靠和工作平稳等优点,应用仍非常的广泛。十多年后出现了电动控制仪表与装置,其发展相当迅速,主要分为模拟式调节装置与数字式调节装置两条发展线路。模拟式调节装置的结构类型有基地式、电动单元组合式与组件组装式。模拟式调节装置按回路或过程进行控制,主要在测控能力、应用灵活、性价比上不断发展。现在正在发展的仪表有电气混合的趋势,特别在执行器的发展中尤为显著,综合气动设备的防爆与电动设备的高指标,使仪表及系统的设计更趋合理。数字式调节装置以计算机或微电脑为核心,经历了集中式控制系统、集散控制系统 DCS 以及现在正在发展的现场总线控制系统 FCS。在前两者中,测量变送类仪表与执行类仪表一般采用模拟信号,集中式控制系统的控制中心由计算机总体担纲,集散控制系统的控制由数字调节器、可编程控制器(PLC、SLC 等)以及多台计算机递阶构成,因此都属于模拟数字混合式控制装置。与模拟式调节装置相比,其过程优化,测量控制精度更上一个档次。但在 DCS 形成过程中,由于受计算机系统早期存在的系统封闭这一缺陷的影响,各厂家的产品自成体系,不易互连,难以互换、互操作,因而难以组成更大范围的信息共享网络系统。现场总线控制系统采用全数字信号,以打破这种封闭性为目标,使通信网络的解决方案成为基于公开化、标准化的解决方案,让各生产厂商按同一的协议规范设计自己的控制装置与系统,使各种控制系统可以通过现场总线实现互连、互换、互操作,从而实现综合自动化的各种功能:全分布式结构、控制功能彻底下放到现场,依靠现场智能设备本身实现基本的测量、运算与控制。

2.2 控制仪表与装置的信号与供电

2.2.1 控制仪表与装置的供电

电动控制仪表与装置的供电主要有两种形式:交流供电与直流集中供电。

(1) 交流供电

早期的电动控制仪表中多使用交流供电,220 V 的工频交流直接引入降低了仪表的安全性,缩小了仪表的应用范围。目前,电子技术的发展使电源的处理非常容易,一片交流/直流或直流/交流电源电压变换器元件可以做到体积小、功率大,且价格便宜。

(2) 直流集中供电

整个控制系统由统一的直流低压电源箱供电,且常常是一组电源为整个控制系统的各台仪表供电,称为直流单电源集中供电。当各台仪表需要多组电源时,现代的电源变换技术常以电源电压变换器元件的形式将单一电源变换成或隔离地变换成多组电源,这种模块很容易应用在仪表的设计中。直流集中供电方式好处很多:易实现带备用电源的无停电系统;低压供电为系统防爆提供了有利条件。

2.2.2 模拟仪表的信号制

控制系统中各仪表、装置之间信号传输需要有公认的、统一的联络信号。信号制即指在某种标准中所规定的信号联络方法。一般在同一系列仪表中各仪表采用相同的信号制,以便各仪表间能够任意连接,有利于控制系统的仪表成套。电信号的种类有多种,主要有模拟信号、数字信号、频率信号和脉宽信号四大类,其中前两者用得最多。电模拟信号的种类有直流电流、直流电压、交流电流、交流电压四种。其中直流信号具有不受线路中电感、电容及负载性质的影响,不存在相移问题,不受交流感应影响等优点,因而应用较为广泛。1973 年国际电工委员会(IEC)第 64 次技术委员会通过的标准规定了国际统一信号,过程控制系统的模拟直流电流信号为 4 ~ 20 mADC,模拟直流电压信号为 1 ~ 5 VDC。模拟仪表的常见信号制还有 0 ~ 10 mADC,这是我国早期 DDZ-Ⅱ 仪表所用的信号制。气动调节仪表的信号制为 0.02 ~ 0.1 MPa。

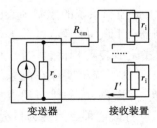

图 2.1 电流信号传输模型

信号制的下限不为零称为活零点,有助于实现微机控制系统的自检;信号制的上限也不能太大,有助于实现系统的防爆。直流模拟电流与电压信号各有优缺点,分别适用于不同的场合。下面对直流模拟电流与电压信号作分析比较。

直流电流信号与电压信号传输模型如图 2.1 和图 2.2 所示。图中 r_o 作为发送仪表的变送器的等效输出电阻,R_{cm} 为连接导线及连接过程所产生的电阻。n 台接收仪表串联或并联地接收信号。

（1）直流电流信号

直流电流信号传输有如下两个缺点：

①若回路中有一个断点，则 n 台接收仪表均不能接收信号，因此，可靠性受到影响。

②各接收仪表输入端会逐级电位升高，引起系统设计与维护的不便。

直流电流信号传输所产生的误差由发送仪表信号源的质量引起。

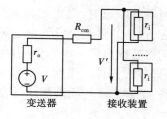

图 2.2　电压信号传输模型

$$\varepsilon = \frac{I - \dfrac{r_o}{r_o + (R_{cm} + nr_i)}I}{I} \times 100\% = \frac{R_{cm} + nr_i}{r_o + R_{cm} + nr_i} \times 100\% \tag{2.1}$$

在实际应用中，$r_o \gg R_{cm} + nr_i$，则有：

$$\varepsilon \approx \frac{R_{cm} + nr_i}{r_o} \times 100\% \tag{2.2}$$

现代电子技术完全能保证发送仪表的输出电阻 r_o 很大。由上式可知，当接收仪表输入电阻足够小（常为 250 Ω 左右）时，传输电阻 R_{cm} 在一定范围内变化仍能保证传输精度。因此，直流电流信号适宜于长距离传输。

（2）直流电压信号

直流电压信号没有直流电流的两个缺点，因而可靠性好，设计安装上较为简单，增加或去掉某台仪表不会对系统产生影响。信号传输所产生的误差：

$$\varepsilon = \frac{V_o - V_i}{V_o} \times 100\% = \frac{r_o + R_{cm}}{r_o + R_{cm} + \dfrac{r_i}{n}} \times 100\% \tag{2.3}$$

在应用中，r_i 很大，一般都满足：

$$\frac{r_i}{n} \gg r_o + R_{cm} \tag{2.4}$$

此时，式（2.3）变为：

$$\varepsilon \approx n\frac{r_o + R_{cm}}{r_i} \times 100\% \tag{2.5}$$

比较式（2.2）与式（2.5）可知，当距离相同时，在精度上电流传输优于电压传输。因此，在直流模拟仪表的设计应用中，远距离传输或进出控制室的信号用电流信号，控制室内各仪表间的信号联络用电压信号。

2.2.3　数字仪表与装置的信号制

随着控制系统的发展，DDZ 电动单元组合仪表、DCS 集散控制系统以及现场总线通信协议一直在演变。主要有多种模拟过程控制信号、现场总线通信协议等。前者技术成熟并已广泛地应用，后者虽处于发展中，却是信号标准的发展趋势。

以微处理器芯片为基础的各种智能仪表若能遵从同一通信标准，可极大地提高系统的信息集成、综合自动化、降低成本等各项能力。但不同设备制造商所提供的设备之间的通信标准不统一，严重束缚了工厂底层网络的发展。从 1984 年开始，不断有各种包括国际组织、跨国公司等着手研究、制定这种适应工厂自动化领域的同一的通信标准,称为现场总线。由于受地区、行业的限制,公司、企业集团的利益驱使,目前现场总线还未形成完全统一的国际标准,但仍然陆续出现一些有影响的现场总线标准,并具有一定的应用范围和市场。从应用的角度(即仪表设计的角度)看,数字仪表通信标准大致应包括三个方面内容:信息构成格式、数据编码/调制形式与物理的信号发送/接收接口标准。具体内容参见本书第12章。

2.3 控制系统的安全防爆

在某些企业生产过程中,由于使用大量挥发性有机物质、易燃、易爆的气体或蒸气、爆炸性粉尘、易燃纤维等,使工厂内的某些区域成为爆炸危险区域。因此,在这些区域里进行自动控制的仪表或装置必须考虑安全防爆问题。

2.3.1 安全防爆的基本概念

(1)危险环境划分

我国1987年公布的《爆炸危险场所电气安全规程》(试行)将爆炸危险场所分为两种五级。第一种场所指含有爆炸性气体或可燃蒸气与空气混合物形成的爆炸性气体混合物的场所,有三个区域等级:0区、1区与2区。第二种场所指含有爆炸性粉尘或易燃纤维与空气混合物形成的爆炸性混合物的场所,有两个区域等级:10区与11区。

0区:在正常情况下,爆炸性气体混合物连续地、短时间地频繁出现或长时间存在的场所。

1区:在正常情况下,爆炸性气体混合物有可能出现的场所。

2区:在异常情况下,爆炸性气体混合物有可能短时间出现的场所。

10区:在正常情况下,爆炸性粉尘或易燃纤维与空气的混合物可能连续地、短时间地频繁出现或长时间存在的场所。

11区:在异常情况下,爆炸性粉尘或易燃纤维与空气的混合物可能短时间出现的场所。

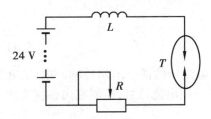

图2.3 爆炸性物质的分级分组实验

(2)爆炸性物质划分

爆炸性物质被分为三类:

Ⅰ类——矿井甲烷。

Ⅱ类——爆炸性气体、可燃蒸气。

Ⅲ类——爆炸性粉尘、易燃纤维。

将各种危险物质分别在如图2.3所示的实验装置中测试,按最大实验安全间隙和最小点燃电流比分级:A、B、C级,按引燃温度分组:T1~T6组。表2.1给出部分示例。

实验代表了一般的点燃源。如灯开关、磁力启动器等在分合过程中产生的电弧、电器控制设备表面的热积累;烟头、撞击火花、明火、化学反应热、热物体表面等。另外,爆炸性气体、蒸气、粉尘等要与空气混合成一定比例,才能形成爆炸性混合物,这种比例称作爆炸浓度。当混合物浓度超过爆炸浓度上限或低于爆炸浓度下限时,都不能被点燃。在上限与下限的危险区域之中,特别应当注意下限,因为低于下限的混合物经过积累,随时可能达到爆炸浓度的下限而被点燃。

表 2.1　爆炸性气体的分级、分组示例表

类和级	最大实验安全间隙/mm	最小点燃电流比	自燃温度组/℃					
			T1	T2	T3	T4	T5	T6
			>450	300～450	200～300	135～200	100～135	85～100
I	MESG=1.14	MICP=1	甲烷					
ⅡA	0.9<MESG<1.14	0.8<MICP<1	氨、丙酮、苯、一氧化碳、乙烷、丙烷、甲醇	丁烷、乙醇、丙烯、丁醇、乙苯	汽油、环乙烷、硫化氢	乙醚、乙醛		亚硝酸乙酯
ⅡB	0.5<MESG≤0.9	0.45<MICP≤0.8	二甲醚、民用煤气、环丙烷	环氧乙烷、环氧丙烷、丁二烯	异戊二烯	二乙醚、乙基甲基醚		
ⅡC	MESG≤0.5	MICP≤0.45	水煤气、氢气	乙炔			二硫化碳	硝酸乙酯

(3) 防爆仪表划分

气动仪表和液动仪表本质是防爆的,在控制系统中仍发挥着极大的作用。但由于它们在功能的多样性、控制的复杂性等诸多方面不及电动仪表,电动仪表的应用更广、发展更快。防爆电器设备有多种结构,应用于 0 区与 1 区的只有三种:正压型、隔爆型与本质安全型(简称本安型)。

正压型原理是控制易爆气体,即人为地在危险现场营造出一个没有易爆气体的空间,将仪表安装在其中。隔爆型仪表将仪表的电路和接线端子等安装在厚厚的隔爆腔体内,仪表电路因事故出现火花,不会引爆外面的易燃、易爆物质。隔爆腔体耐压(800～1 000)kPa,表壳外部的温升不得超过危险物质的自燃温度所规定的数值,表壳结合面的缝隙宽度和深度根据它的容积和气体的级别采取规定的数值。

本质安全型的原理是控制仪表电路中的能量,使电路在正常或异常状态下产生的火花或达到的温度,都不足以引爆危险物质。正常状态指设计规定下的正常工作状态,如电路开关的断开与闭合。异常指故障状态,如电路短路、元件损坏等。目前,本质安全型防爆是发展态势最好的一种防爆方式。现代的本质安全型防爆的概念是指整个自动化系统的防爆性能符合本质安全型防爆要求。由于采用本质安全防爆技术制造的电气设备不仅具有质量轻、体积小、成本低的特点,而且还可实现带电维护操作和 0 区危险场所应用,因此,这种防爆技术已为越来越多的防爆仪器仪表制造厂商和用户所选用。

从仪表防爆的角度,自动化系统包括两种仪表:安装在控制现场(危险场所)的本质安全型仪表和安装在控制室(非危险场所)的一般仪表。本质安全型仪表电路的能量因受到限制,

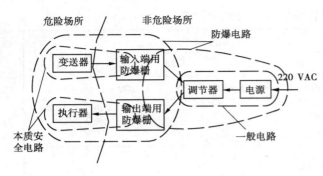

图 2.4　本质安全防爆系统构成图

所以在其中流动的能量是"安全能量";一般仪表电路没有限制电路的能量,所以可能会出现对于控制现场来说的"危险能量"。由于系统中两个场所之间的仪表有信号的联系,一般仪表的"危险能量"就可能通过信号线路进入控制现场引爆危险物质,因此,本质安全型防爆系统还要在信号线路上加接防爆栅。防爆栅的目的就是防止安全场所的危险能量窜入危险场所。如图 2.4 所示,防爆栅就像一道门,有危险能量流动时就关门。

危险场所要应用本质安全的仪表,并且与之打交道仪表的一部分电路也应该是本质安全的。防爆电路主要体现在相关的安全规则上,如两种电路要有明确的标示,相隔应有一定距离等。

防爆仪表的铭牌标示由四段构成:ExABC。第一段 Ex 表示防爆仪表。第二段 A 为防爆结构:正压型防爆方法 p、隔爆型防爆 d、本质安全防爆 i、增安 e、浇封 m。第三段 B 为危险物质分类分级(参见表 2.1):Ⅰ、Ⅱ、Ⅲ类,A、B、C 级。ia 级适用于 0 区,ib 级适用于 1 区。第四段 C 为仪表表面温度分组,也适用于危险物质的自燃温度分组:T1 ~ T6 组。例如,铭牌标示为 Exia Ⅱ C,防爆等级即为适用于二硫化碳、硝酸乙酯等爆炸性气体和可燃蒸气的 0 区本质安全型防爆。

2.3.2　本质安全型防爆仪表的设计要点

本质安全型防爆仪表的设计主要在于电路参数、设计结构以及一些安全措施。

(1)限制本安电路中的能量

电路中,如果存在能量储存元件,条件合适时能量释放就容易形成点火能量。例如,电感存储磁能、电容极板上储存电荷等。电感回路有电流不能突变的特性,因此,当电路断线时磁能释放会击穿空气形成通路而引起火花。电容极板上存储电荷,如果极板两端短路,电荷能量的释放也可能超过点火能量。若回路为直流电源,如图 2.5 中所示等效电路,电感储存的磁能 W_L、电容的电场储能 W_C 以及电阻回路的储能 W_R 分别为:

$$W_L = \frac{1}{2}LI^2, W_C = \frac{1}{2}CV^2, W_R = IV$$

式中,I 为回路中电流,V 为储能元件上电压。

图 2.5 中示出上述三种储能电路在一些危险物质应用环境中的容许值关系曲线。在设计时,可参考这类曲线。在实际应用中,等效电路的参数在发生着变化,如电压在波动,则参数选择应考虑可能产生的极限参数。

(2)安全措施

1)续流二极管与钳位二极管

在储能元件电感与电容上加接续流二极管与钳位二极管,如图 2.6 所示。前者为释能提供通道,后者不让电容储能过高。注意它们都具有方向性。

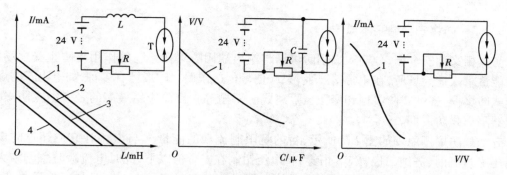

图 2.5　三种储能电路参数容许值关系曲线

1—甲烷与空气混合物；2—丙烷与空气混合物；3—乙烯与空气混合物；4—氢气与空气混合物

2）限流电阻

如果可能,应在会出现放电的通道上设置限流电阻。注意要充分考虑正常或故障情况,电阻功率选择要合适。

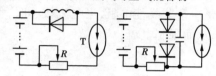

图 2.6　续流二极管与钳位二极管

3）隔离电容

它是本安电路与非本安电路之间隔离信号通道的耦合元件或隔离元件,应采用无极性电容。

4）电源变压器

电源变压器向本安电路供电的绕组与其他绕组应分开布置,或者在采用下列措施之一时,向本安电路供电的绕组与其他绕组可内外分布：

a. 它们之间有加强绝缘。

b. 它们之间有铜质接地屏蔽层隔离。

另外,电源变压器绕组、屏蔽层及铁芯相互间应能承受规定的耐压实验;直接向本安电路供电的电源变压器输入绕组应该用熔断器或断路器保护;变压器铁芯应接地;向本安电路供电的端子应与其他端子分两侧布置。

5）多重化的保护措施

为提高可靠性,可多重设置保护。

（3）信号传输线路分布电容、电感的校验

信号传输线路存在着分布电容与电感,它们的储能仍然会存在危险,在系统设计时,应参考图 2.5 类的参考手册,对线路进行校验。

$$L_{max} = 4 \times 10^{-7} \frac{l}{\ln \frac{a}{r}} \tag{2.6}$$

$$C_{max} = \frac{\pi l \varepsilon}{\ln \frac{a}{r}} \tag{2.7}$$

式中,L_{max} 与 C_{max} 为最大容许的传输线路分布电感与电容,l 为传输线路的长度,a 为两线的间距,r 为线半径,ε 为传输线路分布电容的介电常数。

2.3.3 防爆安全栅基本原理

防爆栅又称安全栅,分输入端用防爆栅与输出端用防爆栅。它的作用是防止安全场所的危险能量窜入危险场所,在正常情况下,只起信号传递作用。防爆栅有多种,如电阻式防爆栅、中继式防爆栅、齐纳式防爆栅和变压器隔离式防爆栅等。目前应用最多的是齐纳式防爆栅和变压器隔离式防爆栅。

齐纳式防爆栅原理如图 2.7 所示,目的是限制流动的能量 V 与 I,不让它们超过防爆值。当电压 V 过高时,齐纳二极管 V_{DZ} 击穿,将电压钳制在安全值以下,此时电流瞬时急剧增大,快速熔断器 F 熔断,熔断时间不得超过齐纳二极管过流断路时间的 1/1 000,从而将可能造成事故的高压与危险现场断开,也保护了二极管。当电流 I 过大时,电阻 R 限制了电流。此处的电阻是一个非线性电阻,当电流较小时,等效电阻 R 很小,当电流增大到预定值时,R 会急剧增大,从而限制电流。

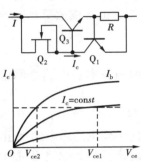

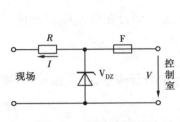

图 2.7　齐纳式防爆栅　　　　图 2.8　非线性电阻电路

一种非线性电阻电路原理如图 2.8 所示。Q_2 使导电沟道恒定,使电流 I_c 为常数,R 为取样电阻。当 I 正常时,V_{be1} 小,则 I_{b1} 小,从而 V_{ce1} 大,使得 V_{be3} 大、I_{b3} 大,此时,Q_3 饱和导通,则导通电阻小,即等效电阻小。当 I 增大,V_{be1} 增大,I_{b1} 增大,由于 I_c 为常数,V_{ce1} 极大地减小,如三极管特性图,则 V_{be3} 极大地减小,I_{b3} 也极大地减小,Q_3 退出饱和进入放大,使 I 减小,即等效电阻增大。

2.3.4 本质安全系统防爆的认证

本质安全系统防爆的认证需要专门的技术与机构。"回路认证"为我国现阶段推行的本安防爆认证技术,指对本安现场设备和关联设备按具体的组合方式进行的检验认证。这种组合一经认定,就不能用未经检验机构按这种组合认证过的其他型号规格的替代设备。显然,这不符合现场总线设计初衷。

现场总线系统本安防爆认证使用"参量认证"技术。基本思想是:对本安现场设备和关联设备分别给出一组安全参数,并允许有技能的专业人员通过合适的方法对系统的配置进行合理性分析和安全性判定。这种认证技术的特点是:用户可根据一定的规则自由地将不同制造厂生产的本安设备构成本安防爆系统。多年的实践已经证明了这种认证技术的有效性,并受到广大仪表制造厂商和用户的普遍欢迎。

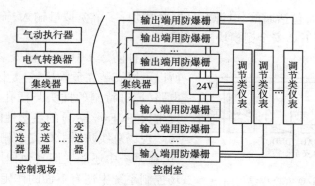

图 2.9　安全防爆的常规控制系统

2.3.5　安全防爆控制系统

（1）传统的控制系统的安全防爆

传统控制系统的安全防爆如图2.9所示。安装在控制现场的仪表与装置主要有变送器与执行器；安装在控制室的仪表主要是运算、调节、显示记录等仪表与装置。它们之间的信号线通过集线器收集，并用电缆传输。控制室内的运算、调节、显示记录等仪表是普通仪表，若控制现场是某种爆炸性危险场所时，与现场的信号交流应通过相应的防爆栅。信号线路应符合相应防爆参数。变送器应选用相应防爆等级的防爆仪表。若控制动作要求的力量较大，常选用气动或液动执行器，此时，控制执行器的信号要经过相应的信号转换。

（2）一种安全防爆的现场总线系统

基金会现场总线 FF-H1 和 PROFIBUS-PA 等总线标准都支持本质安全要求，通过总线安全栅将现场总线安装到现场。由于能量的限制，每条在危险区的总线可安装的现场总线设备是有限的，目前最多可以安装 6 台现场总线设备。MLT、Smar 等公司已推出这种总线安全栅。

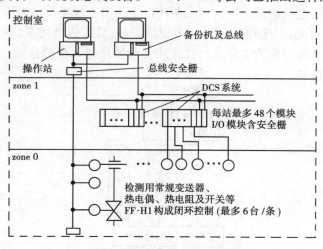

图 2.10　一种安全防爆的现场总线控制系统

当总线设备较多时，增加现场总线的路数将失去应用现场总线的意义。如果总线设备中有很多监测用常规变送器、热电偶、热电阻、开关等，可以应用 DCS 系统的现场总线的防爆 I/O 安全栅挂接，如图 2.10 所示。这种 DCS 系统在系统总线上可以挂接多个站，每站最多 48 个模块,如图 2.11 所示,包括通信、电源及其冗余模块,多个模拟量输入、输出 AI/AO 及开关量输入、输出 DI/DO 的 I/O 安全栅模块。

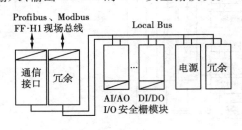

图 2.11　防爆 I/O 安全栅结构图

这种防爆 I/O 安全栅安装在危险 1 区。它之所以可以安装在危险区域,是因为它采用本质安全电路(Exi)特制的插头与插孔,保证在插拔时不会发生火花(Exe/Exd)的热塑性防火花外壳等技术。

现场总线防爆 I/O 安全栅,除了安全栅的功能外,在系统中还能发挥其他作用。如在 EIC2000 现场控制系统中还有下面的作用:

①通信接口可以提供多等级的冗余。如一个接口、两条通信总线,保证在一个操作站故障时系统能正常工作;两个接口、两条通信总线,它除保证在一个操作站故障时还保证在一个接口故障时系统都能正常工作。

②通信接口可以完成运算功能,以减轻主系统计算机负荷。例如,某模拟信号可与预先组态好的设定值比较,需报警时,开关接口输出报警信号。虽然,它也可以进行复杂运算,但根据风险不宜过于集中的原则,在系统中仅用它来处理快速逻辑联锁和信号监视。

③供电电源可以冗余。

④输入模块可以冗余,即 1 台变送器可以连接到两个模拟量输入模块上。

⑤I/O 模块可以随意插入任何位置,因此带有配线箱作用。

⑥与 HART 通信兼容。

⑦可以通过通信总线或另外的 RS-485 接口做软件组态。

(3)光纤式本质安全防爆现场总线

光纤式现场总线控制系统的光缆只用做通信信道。总线上各现场设备供电由各自所安装的高能专用电池提供,电池的使用寿命可达两年以上。由于现场设备无需外部供电,而光学星型耦合器是无源的,因此,对于控制室与 FCS 现场设备,只需通过光缆以本质安全的低能光做载体交换信息,因而杜绝了危险能量通过总线从安全区域进入危险区域。光纤式现场总线系统的结构如图 2.12 所示。

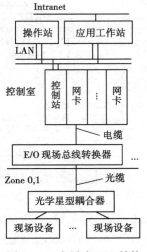

图 2.12　光纤式 FCS 结构

　　光纤式现场总线控制系统既具有一般现场总线控制系统所具有的特点,如现场总线是多主的、开放式互联网络,一条现场总线上可连接多台智能设备,连接现场总线上的各智能设备具有可互换性以及组态方法统一等;光纤式现场总线控制系统还具有采用光传输方式所具有的特点,如抗电磁噪声、抗雷击、本质安全、分布式供电等。光纤式现场总线控制系统所采用的现场设备分布式供电方式,又使 FCS 具有很高的可靠性。

　　但是,由光辐射产生的热表面目前温度还较高,因此,以光纤为数据传输媒介的现场总线必须经国家防爆检验机构认可后方可使用。试验表明,只有当这些光电器件的极限辐射功率小于 35 mW 或单位面积的极限辐射功率小于 5 mW/mm^2,才不致点燃可燃性气体。

思考题与习题

　　2.1　过程控制仪表与装置有哪些分类? 其发展有哪些特点?

　　2.2　过程控制仪表与装置有哪些类型的信号? 请说明各自应用范围及优缺点。

　　2.3　只要是防爆的仪表就可以应用于有爆炸危险的区域吗? 为什么?

　　2.4　安全防爆控制系统指构成该系统的所有设备都应该是安全防爆的设备吗? 为什么?

　　2.5　你认为哪种防爆安全栅原理较好,最有发展前途,为什么?

　　2.6　现要设计一个将应用在某特定危险场所的本安仪表电路,如题图 2.1 所示为其中具有储能元件电路部分的等效图及其参数容许值关系曲线。问:若 $R = 100\ \Omega$,电路参数是否合适? 为什么? 若 $R = 100\ \text{M}\Omega$,电路参数是否合适? 为什么? 若在电容两端并联 12 个二极管,如图中虚线所示,电路参数是否合适? 为什么? 若再在电容与二极管上加装一密封外壳,电路参数是否合适? 为什么?

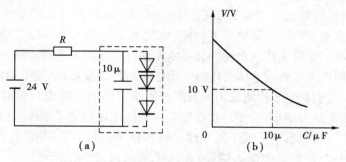

题图 2.1　某等效电路及其参数容许值关系曲线

第 **3** 章

变送器和转换器

3.1 概　述

3.1.1　控制系统的发展

变送器在控制系统中起着至关重要的作用,它将控制任务所需要的各种物理信号转换成该系统统一的标准信号。因此,变送器的性能、精度等对控制系统影响重大。变送器在信号标准与制造技术上正处于一个崭新的变革时代。

控制系统的发展,从过去以生产过程运行的稳定性为目的,转变为今天大规模集中和最佳化控制。现代控制系统对变送器有了更高的要求:精度、对测量对象和使用环境的适应性、小型化、安装与维护简便、可靠性、集成化多功能、智能化、高性价比等。随着新技术、新材料的进步,各类变送器已有了多次换代。上述的高要求正演绎着它们的发展。例如,差压变送器在过去 20 多年一直沿用的力平衡式差压变送器。由于新材料的发展,出现了弹性模数和温度系数很小的弹性材料。特别是电子检测技术的发展使微小位移的检测成为可能,使非线性和弹性滞后所引起的变差进一步减小,为开环式新型变送器的出现创造了条件。目前,被广泛地应用于现场的电容式差压变送器就是其中的一种。随着新技术的不断发展,其他各种新型的变送器(如电感式、振弦式、扩散硅式变送器等)也已研制成功,并应用于生产。近几年,又相继推出了智能变送器、现场总线变送器等。

转换器是系统中不同信号标准仪表间的"黏合剂"。当系统中必须应用与本系统所应用的信号制不相同的仪表时,可应用转换器进行信号制的转换。常见的转换器有:电/气与气/电转换器、电气阀门定位器、电流/电压与电压/电流转换器、A/D 或 D/A 转换器,以至于不同现场总线协议转换器等。

3.1.2　信号传输及供电的四线制与两线制

变送器是现场仪表,在传统的 DDZ 控制系统以及 DCS 控制系统中,电源及大多计算、调节、控制和显示仪表都安装在距现场有一段距离的控制室,要将变送器采集的现场信号送入控制室,必须对变送器考虑信号传输及供电的问题。对此,目前广泛应用有四线制与两线制方式。

四线制指仪表的信号传输与供电用四根导线,其中,两根作为电源线,两根作为信号线。

两线制指仪表的信号传输与供电共用两根导线。即这两根导线既从控制室向变送器传送电源,变送器又通过这两根导线向控制室传送现场检测到的信号。两线制仪表需要专用的电源和信号接收仪表,这种仪表在常规系统中称为分电盘,在防爆系统中称为输入端用防爆栅,它们给两线制仪表供电,并隔离地接收两线制变送器发来的检测信号。

HART 协议仪表仍引用两线制,它在两根导线上增加第三项功能:传输数字的控制信号。两线制变送器的应用已十分流行,它与非两线制仪表相比,节省了导线,有利于抗干扰及防爆。

3.1.3　一种两线制芯片 XTR101

在恶劣的工业环境下,远距离传送微弱信号是测量系统的关键问题,两线制芯片是一个理想的解决方案。XTR101 是一种精密、低漂移的双线变送器,采用小型 14 引脚双列直插式封装,是 B-B 公司的产品。它可以把微弱的电压信号进行放大,并变换成 4 ~ 20 mA 的电流信号,有利于远距离传送。传输中对电机、继电器、电抗器、开关、变压器和其他工业设备的噪声具有很高的抗干扰能力。它由一个高精度的仪表放大器、压控输出电流源和两个精密的 1 mA 电流源组成,其应用原理如图 3.1 所示,被广泛地用于工业过程控制、生产自动化、压力和温度等非电量变换、远距离测量以及监控等系统中。XTR101 的性能指标如下:

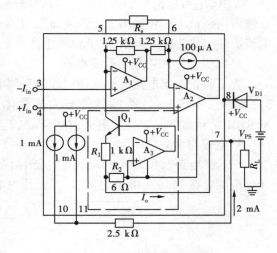

图 3.1　XTR101 应用原理图

额定工作温度范围: −40 ~ +85 ℃

供电电压范围:11.6 ~ 40 V

失调电压:≤30 μV

温漂:≤0.75 μV/℃

非线性误差:≤0.01%

（1）XTR101 工作原理

在图 3.1 中,A_1 和 A_2 为单电源仪表放大器,它们可对引脚 3、4 的输入信号作阻抗变换。A_3、Q_1、R_1、R_2 构成输出的过载保护。10、11 端提供的两个 1 mA 电流源,为电路设计提供方便。片内电平浮动,则电位设计可以很灵活。R_s 为量程调整电阻,芯片的输入输出关系为:

$$I_o = 4 \text{ mA} + (0.016G + 40/R_s)e_{in} \tag{3.1}$$

注意:为使 I_o 不超过 20 mA,当 R_s 为 ∞ 时,输入信号 e_{in} 不应超过 1 V,而当 R_s 减小时,e_{in} 也应相应减小。式中,G 单位为西门子,R_s 单位为欧姆,e_{in} 单位为毫伏。

（2）设计要点

1）输入偏置

由于 XTR101 使用的是单电源,因此,在正常工作时,信号输入引脚 3、4 应加上比输出引

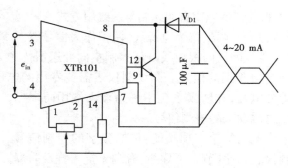

图 3.2 外接晶体管与失调补偿电路

脚 7 高 4 ~ 6 V 的偏置电压,一般取 5 V。该电压可利用两个内部参考电流源或其中之一通过一个电阻产生(参见图 3.3)。这就相当于在放大器的输入端存在一个共模电压 CMV,XTR101 的技术指标中已经包含了这部分误差。如果偏置是另外一个共模电压,则会在输入端引入(CMV-5)/CMRR 的失调误差(CMRR 是共模抑制比)。

2)零点调整

XTR101 可以把小于 1 V 的电压信号变换为 4 ~ 20 mA 的输出电流,零点调整的任务就是在输入电压最小时使输出电流为 4 mA,也就是使零点能够上下偏移。可利用 1mA 内部参考电流源对引脚 7 接一电阻,在此电阻上产生压降来作为偏移电压进行零点调整。

3)减少芯片的功耗和温度影响

为了防止输出电流的热反馈引起的失调电压和温漂,通常在使用中外接一个晶体管,如图 3.2 所示。实际上,这个晶体管与内部晶体管并联,以减少芯片的功耗和温度变化,提高 XTR101 的精度和稳定性。另外,在引脚 1、2 与 14 间接一电位器 R_P,可进行失调补偿。

4)电源与负载的匹配

在选择电源及负载 R_L 时应注意:当输出在 4 ~ 20 mA 变化时,电源(引脚 8、7 之间)电压的变化范围应在 11.6 ~ 40 V 之间,以保证片内电路的正常工作。

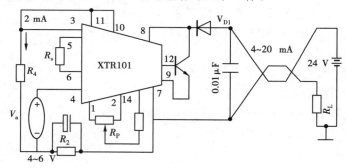

图 3.3 毫伏信号变送器

(3)设计举例

图 3.3 所示电路将毫伏信号转换成 4 ~ 20 mA 直流信号用于无干扰传输。R_L 等效为传输线路电阻与分电盘的输入电阻等;24 V 等效为分电盘供给的电源;V_{D1} 为防止电源反接而设;0.01 μF 电容滤去电源干扰;R_s 调量程;R_4 调零点;R_2 设置输入端的共模电压;R_p 在必要时可进行失调补偿。

3.2　压力变送器

压力也是工业生产的重要工艺参数。在化工、炼油等生产过程中,经常会遇到压力和真空的测量,其中包括比大气压力高很多的高压、超高压和比大气压力低很多的真空度的测量。如高压聚乙烯要在 150 MPa 或更高压力下进行聚合而炼油厂减压蒸馏,则要在比大气压低很多的真空下进行。如果压力不符合要求,不仅会影响生产效率,降低产品质量,甚至还会造成严重的安全事故。此外,通过压力测量还可以间接测量其他物理量(如温度、流量、液位等),因而压力测量在自动化生产中具有特殊地位。

3.2.1　压力变送器概述

应用在工业现场、能输出标准信号的传感器称为变送器。压力变送器常用差压变送器实现。差压变送器不仅用于压力测量,还常应用于流量与液位的测量。它们使用方便、简单可靠。测流量时,在流体流过的管道上安装一个节流装置(孔板、喷嘴或文丘利管等),流体流过时,在它的前后产生差压 ΔP,差压的大小与流过的流体流量 Q 有关,即 $Q = k \sqrt{\Delta P}$,所以,一般在输出串接一个开方器,则流量与开方器的输出信号成正比关系。检测液位应用时,$\Delta P = \gamma L$,重度 γ 为常数时,ΔP 与液位 L 成正比。因此,在 γ 几乎不变的场合,利用差压变送器可以测量液位 L。重度的变化对测量精度有影响。

差压变送器的进一步应用有微正压或微负压测量仪表,如测量锅炉炉膛微负压(-50 Pa),加热炉炉膛微正压,固体质量流量计量(如发电厂球磨机采用测量球磨机进出口的风压差来作为装入煤量的间接计量),测量液体重度(在液位等于常数的情况下,差压变送器的输出正比于重度)等。

差压变送器常见性能指标有:

- 测量范围
- 量程设定范围　(如 $-0.1 \leq$ URV ≤ 140 kPa、$-0.1 \leq$ LRV ≤ 140 kPa)
- 精度　　　　(如 0.5、0.25、0.1…)
- 量程比　　　(仪表可调的最大量程与最小量程之比。如 11.49 : 1、27 : 1、400 : 1)

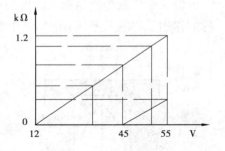

图 3.4　电源-负载关系

- 电源电压与负载的关系(如图 3.4 所示)
- 可调阻尼时间
- 零点迁移范围

其中,测量范围、量程设定范围与量程比都是表征变送器可调测量范围方面的性能指标。电源电压与负载的关系表征电路设计及元器件方面的性能指标。量程调整是指测量信号最大时调节仪表,使仪表输出最大值。零点调整是指测量信号最小时调节仪表,使仪表输出最小。零点迁移则是指测量信号最小且不为零时调节仪表,使输出最小。一台仪表的精度在出厂时就已经确定了,精度越高价格越贵。但是,如果合理的使用仪表,可以提高仪表的使用精度。

例如,测量信号变化范围为 4 000 ~ 5 000 Pa,现有变送器量程3 000 ~ 6 000 Pa,精度 0.5 级。若直接应用:

$$基本误差 = (6\ 000 - 3\ 000) \times 0.5\% = 15(Pa)$$
$$灵敏度 = (20 - 4)/(6\ 000 - 3\ 000) = 16/3\ 000(mA/Pa)$$

但若合理地使用,进行适当的量程调整和零点迁移,则

$$基本误差 = (5\ 000 - 4\ 000) \times 0.5\% = 5(Pa)$$
$$灵敏度 = (20 - 4)/(5\ 000 - 4\ 000) = 16/1\ 000(mA/Pa)$$

比较两种应用,显然,后者基本误差减小了,同时,灵敏度也有提高。

3.2.2　电容式差压变送器

电容式差压变送器采用差动电容作为检测元件,无机械传动和调整装置,因而具有结构简单、精度高(可达 0.2 级)、稳定性好、可靠性与抗震性强等特点。

电容式差压变送器由检测部件和转换放大电路组成,其构成框图如图 3.5 所示。

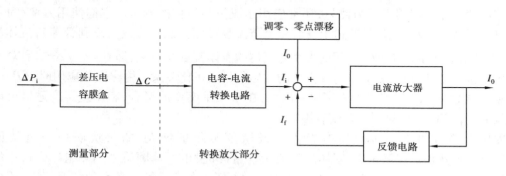

图 3.5　电容式差压变送器的构成框图

(1)检测元件

图 3.6 所示为检测部件结构示意图,它由感压元件、正、负压室和差压电容组成。检测部件的作用是将输入差压 Δp_i 转换电容量的变化。

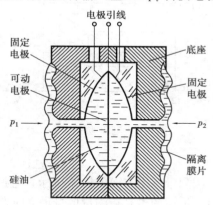

图 3.6　检测部件结构示意图

由图 3.6 可见,当压力 p_1、p_2 分别作用到隔离膜片时,通过硅油将其压力传递到中心感压膜片(为可动电极)。若差压 $\Delta p_i = p_1 - p_2 \neq 0$,可动电极将产生位移,并与正、负压室两个固定弧形电极之间的间距不等,形成差动电容。如果把 p_2 接大气,则所测差压即为 p_1 的表压。

由材料力学可知,输入差压 Δp_i 与可动电极的中心位移 Δd 的关系为:

$$\Delta d = K_1(p_1 - p_2) = K_1 \Delta p_i \qquad (3.2)$$

式中,K_1 为由膜片材料特性与结构参数确定的系数。

设可动电极与正、负压室固定电极的距离分别为 d_1 和 d_2,形成的电容分别为 C_1、C_2。当 $p_1 = p_2$ 时,则有 $C_1 = C_2 = C_0$,$d_1 = d_2 = d_0$;当 $p_1 > p_2$ 时,则有 $d_1 = d_0 + \Delta d$,$d_2 = d_0 - \Delta d$。根据理想电容公式,有:

$$\left. \begin{array}{l} C_1 = \dfrac{\varepsilon A}{d_0 + \Delta d} \\[3mm] C_2 = \dfrac{\varepsilon A}{d_0 - \Delta d} \end{array} \right\} \qquad (3.3)$$

式中,ε 为极板间介质的介电常数;A 为极板面积。此时,两电容之差与电容之和的比值为:

$$\frac{C_2 - C_1}{C_2 + C_1} = \frac{\varepsilon A\left(\dfrac{1}{d_0 - \Delta d} - \dfrac{1}{d_0 + \Delta d}\right)}{\varepsilon A\left(\dfrac{1}{d_0 - \Delta d} + \dfrac{1}{d_0 + \Delta d}\right)} = \frac{\Delta d}{d_0} = K_2 \Delta d \tag{3.4}$$

将式(3.2)代入式(3.4),可得:

$$\frac{C_2 - C_1}{C_2 + C_1} = K_1 K_2 (p_1 - p_2) = K_3 \Delta p_i \tag{3.5}$$

由式(3.5)可见,检测部件将输入差压线性地转换成两电容之差与两电容之和的比值。

(2)转换放大电路

转换放大电路如图3.7所示,它由电容/电流转换电路、振荡器电流稳定电路、当打电路与量程调整环节等组成。

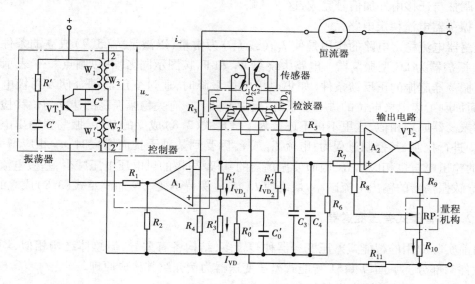

图3.7　转换放大电路原理图

1)电容/电流转换电路

在图3.7中,由振荡器提供的稳定高频电流应通过差动电容 C_1、C_2 进行分流,再经二极管检波后分别为 I_{VD1} 与 I_{VD2}。它们又分别流经 R'_1 和 R'_2,汇合后的 I_{VD} 再流经 R'_3。由此可得如下关系:

$$\left.\begin{aligned}
I_{VD} &= I_{VD1} + I_{VD2} \\[4pt]
I_{VD1} &= \frac{C_2}{C_1 + C_2} I_{VD} \\[4pt]
I_{VD2} &= \frac{C_2}{C_1 + C_2} I_{VD} \\[4pt]
I_{VD1} - I_{VD2} &= \frac{C_2 - C_1}{C_1 + C_2} I_{VD} = K_3 \Delta p_i \cdot I_{VD}
\end{aligned}\right\} \tag{3.6}$$

令 $u_{R_1} = I_{VD1}(R'_1 + R'_3)$,$u_{R_2} = I_{VD2}(R'_2 + R'_3)$,$u_{R_3} = I_{VD} R'_3$,并设 $R'_1 = R'_2 = R'_3$,则有:

$$\frac{u_{R_1} - u_{R_2}}{u_{R_3}} = \frac{2(C_2 - C_1)}{C_2 + C_1} = 2K_3 \Delta p_i \qquad (3.7)$$

式中，K_3 为常量，则有：

$$I_{VD1} - I_{VD2} = \frac{2I_{VD}(C_2 - C_1)}{C_2 + C_1} = K'(C_2 - C_1) = K\Delta p_i \qquad (3.8)$$

式中，K'、K 均为常量。

由式(3.8)可见，电容/电流转换电路将差动电容(或电压)转换成了差动电流。

2)放大电路与量程调整

该电路将差动电流引入放大器 A_2 的输入端，经放大后由射极跟随器 VT_2 转换成 4～20 mA DC 输出。改变电位器 RP 的滑动抽头位置，即可改变反馈强度，从而改变量程。关于零点调整与迁移由外加信号完成，这里从略。

3)振荡器电流稳定电路

振荡器电流稳定电路的作用是使 I_{VD}(或 i_-)为常量，以满足式(3.9)成立的条件。在图 3.7 中，振荡器为 LC 型振荡器。电路中绕组 W_1 和 W_1' 按图示同名端(以圆点"·"表示)配置，以满足振荡器起振的正反馈条件(如集电极电位下降时，通过变压器耦合使发射极电位也下降，从而加剧了集电极电位的进一步下降；反之亦然)。有关稳幅振荡的建立与位移检测放大电路中振荡器原理相似，这里不再重述。为了满足式(3.8)成立的条件，振荡器输出电流由放大器 A_1 进行控制，其控制过程为：电流 I_{VD} 或 i_- 因受到某种干扰而增大时，u_{R_3} 相应增大，放大器 A_1 的输出电压也相应增高，因而使振荡器的基极/射极的供电压电压减少，基极电流也相应减小，导致振荡器的输出电流减小，最终使 I_{VD} 或 i_- 保持不变。从而满足式(3.8)成立的条件。

3.2.3　智能式差压变送器

目前实际应用的智能式差压变送器种类较多，结构各有差异，但总体结构相似，均分为硬件与软件两部分。下面以 1151 智能式差压变送器为例介绍其构成原理。

(1)1151 智能式差压变送器的特点

1151 智能式差压变送器是在模拟式电容差压变送器基础上开发的一种智能式变送器，它具有如下特点：

①精度高，基本误差仅为 ±0.1%，而且性能稳定可靠。

②具有温度、静压补偿功能，以保证仪表精度。

③具有数字、模拟两种输出方式，能够实现双向数据通信。

④具有数字微调、数字阻尼、通信报警、工程单位换算和相关信息的存储等功能。

(2)硬件构成及其功能

1151 智能式差压变送器的硬件构成原理框图如图 3.8 所示。

各部分的功能原理简介如下：

1)传感器部分

传感器部分的作用是将输入差压转换成 A/D 转换器所要求的 0～2.5 V 电压信号。1151 智能式差压变送器检测元件采用电容式压力传感器，它的工作原理与模拟式电容差压变送器相同，这里不再赘述。为适应低功耗放大器的供电要求，传感器部分采用 5 V 电源供电，其工作电流约为 0.8 A。

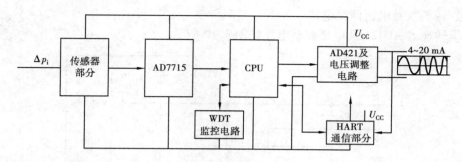

图 3.8　1151 智能式差压变送器的硬件构成原理框图

2）A/D 转换器

A/D 转换器采用的 AD7715 芯片。该芯片带有前置放大器,可直接接受传感器的直流输入低电平输入信号,实现 16 位的高精度模/数转换,并输出串行数字信号;它还具有自校准功能,可以消除零点误差、满量程误差及温度漂移的影响。

3）CPU

CPU 采用 AT89S8252 微处理器,并与 MCS-51 微处理器兼容。该处理器提供了 8 KB 的 FLASH ROM、2 KB 的 EEP ROM、256 B 的 RAM、32 个 I/O 口线、两个 DPTR、三个 16 位定时/计数器、一个全双工串行口以及可编程“看门狗”、振荡器与时钟电路等。

4）HART 通信部分

HART 通信部分是实现 HART 协议物理层的硬件电路,它的作用是实现二进制的数字信号与 FSK 信号之间的相互转换,其原理如图 3.9 所示。图 3.9 中,HT2012 由调制器、解调器、载波监测电路和时基电路构成。二进制数字信号由 ITXD 引脚输入,经调制器调制成 FSK 信号由 OTXA 端子输出;调制器与解调器受 INTERS 端子的电平控制(即由 CPU 控制)。当 4 ~ 20 mA 直流信号中叠加有数字信号时,载波监测电路的输出 OCD 为低电平,否则为高电平;时基电路用于产生调制器与解调器所需的时间基准信号;带通滤波器只允许通过某一频段的信号(1 200 ~ 2 200 Hz),用于抑制接收信号中的感应噪声;整形电路是为了使输出信号波形满足 HART 物理层规范要求。

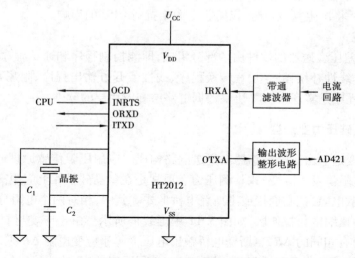

图 3.9　HART 通信电路原理图

5）数/模转换及电压调整电路

数/模转换器 AD421 及电压调整电路如图 3.10 所示。

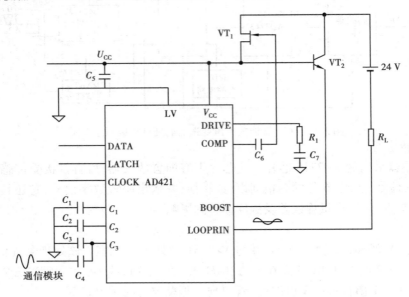

图 3.10 AD421 及电压调整电路

图 3.9 中,AD421 为数/模转换器芯片,它的作用如下:

①将 CPU 输入的数字信号转换为 4～20 mA 的直流信号。

②将通信部分输入的数字信号叠加在 4～20 mA 的直流信号上一起输出。

③与场效应晶体管等组成电压调整电路,其作用是将 24 V 直流电压转换为 5 V 直流电压为各部分供电。

6）监控电路

监控电路的作用是对 CPU 的工作状态进行保护,即当 CPU 工作不正常时,使 CPU 产生不可屏蔽的中断,对正在处理的数据进行保护,并经过一段等待时间后使 CPU 恢复正常工作;此外,当电源波动时,将产生复位信号,以防止电源干扰对 CPU 的影响。

(3)软件构成

1151 智能式差压变送器的软件由两部分组成,即测控制程序和通信程序。测控程序包括 A/D 采样程序、非线性补偿程序、量程转换程序、线性或开方输出程序、阻尼程序以及 D/A 输出程序等。通信程序是实现 HART 协议数据链路层和应用层的软件。

3.2.4 扩散硅压力变送器

扩散硅压力变送器由压阻传感器与变送电路构成。应用压阻传感原理(即应变材料受应力发生形变时,电阻值发生改变)来检测压力。通常是在单晶硅膜片上应用高科技技术做成 4 个阻值相等的扩散电阻,把它们接成惠斯登电桥形式。其中,相对两个电阻分别位于检测的正压室与负压室,即压缩区与拉伸区,如图 3.11 中虚线框所示。由于应变材料受到压缩与拉伸的应力相同,因而有相同的 ΔR,惠斯登电桥输出电压 V 等于应变电阻 ΔR 乘以恒流源电流 I。

扩散硅传感器具有滞后和蠕变小、灵敏度高、量程适应性广、性能稳定的优点,应用潜力很大。但是,作为一种半导体材料,硅的载流子迁移率、电阻率、压阻系数和 PN 结特性等全部是温度的函数,所以,从原理上讲,扩散硅压力传感器的技术参数存在温漂是必然的。因此,传感器组件中往往还有一些零点校正、温度补偿等电路。

变送电路的作用是将桥路输出的毫伏信号转换成标准电流信号输出。对于两线制 4～20 mA电流型变送器,整个电路的待机功耗应小于 4 mA。因此,电路的低功耗、低温漂、低时漂、抗共模干扰能力以及噪声指标等都是变送电路追求的目标。如图 3.11 所示为国际上众多厂家采用的低成本两线制电流转换电路。

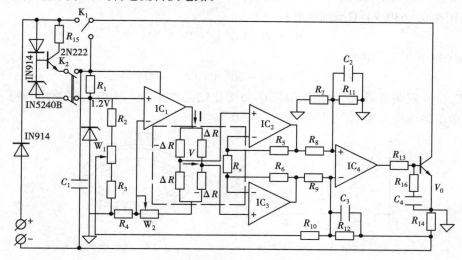

图 3.11 扩散硅压力变送器原理图

测量信号 V 通过 IC_2、R_5 与 IC_3、R_6 构成的两个跟随器对信号 V 的高低电平作阻抗变换,再通过 IC_4、R_8、R_{11}、R_9、R_{12} 构成的差动放大电路放大,输出 V_o。晶体三极管等做功率放大。由于 R_{12} 很大,则 R_{14} 中的电流即为该电路转换输出的电流 I_o,显然,R_{14} 即为量程调整电阻。W_2 也可调量程,W_1 用以调零点迁移。电源电压范围:24～50 V。K_2 开关闭合,投入电源调整电路。若供电电源只有 24 V,K_1 开关闭合,直接供电。

3.3 温度检测及变送器

3.3.1 温度检测原理

高精度的测温与控温在实际生产中具有很重要的意义。温度的科学定义是以实验定律为基础,根据热力学第零定律:如果两个热力学系统中的每一个系统都与第三个热力学系统处于热平衡,则它们彼此也处于热平衡。所以,可以用一状态参量来表示这种宏观特性,这就是温度。温控系统分为两部分:一部分为测温,而另一部分为控温。测温分为直接测温和间接测温。

(1)直接测温法

直接测温法就是测温敏感元件与被测系统直接接触的方法。目前,广泛应用的测温器件比较多,如热电偶、热敏电阻、PN 结和石英晶体温度传感器等。

1)电阻测温

根据导体或半导体的电阻值随温度变化的性质,将电阻值反映出来作为电阻温度计。电阻温度计因材料不同有很多种,如铂、铜电阻及一些半导体热敏电阻等。例如,金属铜在 $-50 \sim +150$ ℃ 范围内时,它的阻值与温度呈线性关系

$$R_t = R_0(1 + \alpha t) \tag{3.9}$$

式中,R_t、R_0 分别为温度 t ℃、0 ℃时的电阻值;$\alpha = 4.25 \times 10^{-3} \sim 4.28 \times 10^{-3}/℃$。

金属铂在 $0 \sim 630.74$ ℃ 范围内时:

$$R_t = R_0(1 + At + Bt^2) \tag{3.10}$$

在 $-190 \sim 0$ ℃ 范围内时:

$$R_t = R_0[1 + At + Bt^2 + C(t - 100)t^3] \tag{3.11}$$

式中,A、B、C 分别为常数;α 也是随温度区间变化的温度系数。铂电阻广泛用来测 $-200 \sim +500$ ℃ 范围的温度。铜电阻用于 $-50 \sim +150$ ℃。

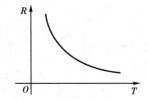

图 3.12　热敏电阻的特性曲线　　　　图 3.13　热电偶回路

一般金属电阻值随温度的增加而升高,且近似于线性关系。热敏电阻与之相反,如图3.12所示。对于大多数半导体热敏电阻,有以下电阻值与温度近似表达式:

$$R_T = R_{T_0}\exp[B(1/T - 1/T_o)] \tag{3.12}$$

式中,R_T、R_{T_o} 分别为温度 T、T_o 时的电阻值,B 为与材料成分和制造方法有关的常数。温度系数 α 由下式确定:

$$\alpha = \frac{\dfrac{dR}{dt}}{R} = \frac{-B}{T^2} \times 100\% \tag{3.13}$$

半导体热敏电阻温度计具有良好的抗腐蚀性能和灵敏度高、热惯性小、体积小、结构简单、寿命长等优点,但测量范围有一定限制,一般为 $-50 \sim 300$ ℃,且互换性差。

另外,用于直接测量的还有用于低温测量的磁温度计和声学温度计等。

2)热电偶测温

热电偶温度计利用材料的热电效应。如图3.13所示,将两种不同的导体或半导体 A 和 B 接成闭合回路,接点置于各为 T 及 T_o 温度场中,设 $T > T_o$,则在该回路中会产生热电动势:接触电势与温差电势,分别为 $e_{AB}(T)$、$e_{AB}(T_o)$、$e_A(T,T_o)$ 和 $e_B(T,T_o)$,它们与 T、T_o 有关,与两种导体材料的特性有关。可以导出回路总电势:

$$E_{AB}(T,T_o) = \frac{k}{e}\int_{T_o}^{T}\ln\frac{N_A}{N_B}dt,\ 即\ E_{AB}(T,T_o) = f(T) - f(T_o) \tag{3.14}$$

式中,k 为波尔兹曼常数,e 为电荷单位,N 为各材料电子密度。在实际应用中,保持冷端温度 T_o 不变,则总热电势 $E_{AB}(T,T_o)$ 只是温度的单值函数:

$$E_{AB}(T,T_o) = f(T) - c \tag{3.15}$$

图 3.14 示出热电偶静态特性曲线,其中,T_o 为 0 ℃,即 $c=0$。

为使 T_o 恒定,且因经济的考虑,常采用补偿导线(或称延伸导线)将冷端温度变化较大的地方延伸到温度变化较小或恒定的地方。由于冷端温度变化通常不会超过 150 ℃,因此,补偿导线只需选用在 0 ~ 150 ℃同热电偶材料具有基本一致特性的材料,如铂铑-铂热电偶选用铜与镍铜作补偿导线。

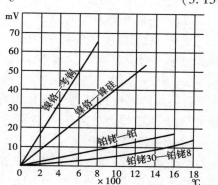

图 3.14　热电偶静态特性曲线

3)PN 结测温

由半导体物理知,P 型和 N 型半导体材料构成的 PN 结压降由下式确定:

$$V_{be} = V_{go} - \frac{k}{q}T\ln\left(\frac{k}{I_c}T_r\right) \tag{3.16}$$

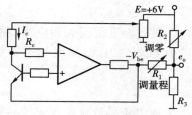

图 3.15　PN 结冷端补偿电路

式中,V_{go} 为 0K 时硅的能带宽度,数值是 1.176 V,k 为玻尔兹曼常数,q 为电子电荷量,T_r 为常数 3.429,I_c 为晶体管集电极电流,T 为绝对温度,单位为 K。

在 YS-80 系列仪表的热电偶温度变送器中,冷端补偿以晶体三极管作感温元件,实现电路如图 3.15 所示。晶体三极管的基射极生成感温信号。只要集电极电流 I_c 保持恒定,输出 e 即与温度成正比:

$$e_o = \frac{\dfrac{E}{R_2} + \dfrac{-V_{be}}{R_1}}{\dfrac{1}{R_1} + \dfrac{1}{R_2} + \dfrac{1}{R_3}} \tag{3.17}$$

图 3.16 是用硅二极管 V_D 作为温度传感器的半导体温度计的电路原理图。其测温范围为 0 ~ 100 ℃,精度为 ±1 ℃。要求运算放大器 A_1 输出电压的变化范围为 0 ~ 1.5 V,放大后的灵敏度为 10 mV/℃。A_2 接成电压跟随器,电位器 W_1 调节电路的零点,W_2 调节电路的增益。供电一般采用较高稳定度的恒压源。

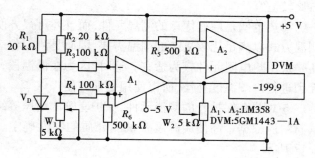

图 3.16　二极管温度传感器应用电路

4)石英晶体温度传感器

石英温度传感器的测温原理是以石英晶体片作为测温元件,将温度变化的模拟量转化为石英晶体振荡频率的数字量,再将此频率信号进行转换,并显示其温度值。石英晶体振荡频率与温度之间的关系式为:

$$f = f_o[1 + \alpha(T - T_o) + \beta(T - T_o)^2 + \cdots] \tag{3.18}$$

式中：T——任意点温度值，℃；

    T_0——基准点温度值，℃；

    f——对应温度 T 的频率，Hz；

    f_0——对应温度 T_0 的频率，Hz；

    α、β——一次、二次频率温度系数。

石英晶体温度传感器稳定性很好，灵敏度可达 0.001 ℃以上，其主要缺点是响应速度较慢，其测温速度约为 1 次/s，显然不适合快速测温场合。

（2）不接触测温法

不接触测温法是测温敏感元件与被测系统不直接接触而测定其温度的测量方法，具有测量温度高、反应迅速、热惰性小等优点。该仪表适用于高温物体及运动状态物体的温度测量。在热处理行业中常用来测量高温盐炉、油炉和煤气炉的温度，由于它的感温部分不与测温介质直接接触，因此，其测温精度不如热电偶温度计高，测量误差较大，其测量范围一般在 400 ~ 3 200 ℃。不接触测温法最重要的是全辐射测温法、亮度测温法、比色测温法和光谱测温法。

3.3.2　测温仪表的选用

在过程参数检测中，应用数量最多的是温度检测仪表。由于被测温度范围大而应用范围很广，所以如何选用合适类型和规格的测温仪表就是显得非常重要。为此，提出如下选用原则：

①仪表精度等级应符合工艺参数的误差要求。

②选用的仪表应能操作方便、运行可靠、经济合理，在同一工程中应尽量减少仪表的品种和规格。

③仪表的测温范围（即量程）应大于工艺要求的实际测温范围，但也不能太大。若仪表测温范围过大，会使实测温度经常处于仪表的低刻度（如低于仪表刻度的 30%）状态，导致实际运行误差高于仪表精度等级误差。工程上一般要求实际测温范围为仪表测温范围的 90% 左右比较适宜。

④热电偶是性能优良的测温元件，而且还可很方便地将多个热电偶进行串、并联构成多个测温方式以满足比较复杂的测温需要，因而是测温仪表的首选检测元件；但当在低温测量时，还是选用热电阻元件较为适宜。这时，因为在低温段，热电阻的线性特性要优于热电偶，而且无须进行冷端温度补偿，所以使用更加方便。

⑤对装有保护管的测温元件，保护套管的耐压等级应不低于所在管线或设备的耐压等级，其材料应根据最高使用温度及被测介质的特性确定。一般工业用测温仪表的选用原则如图 3.17 所示。

3.3.3　温度变送器

温度变送器是从信号制上分，有模拟和数字式两类。模拟式温度变送器由模拟器件构成电路，输出模拟信号；而数字式变送器以 CPU 为核心，具有信号转换、补偿、计算等多种功能，输出数字信号，并能自动诊断故障、与上位机通信，又称为智能温度变送器。

（1）模拟式温度变送器

目前，在由单元组合仪表构成的模拟式控制系统中，仪表之间的信号联系必须遵守的标准为 4~20 mA DC 或 1~5V DC。模拟式温度变送器的结构基本相同(如图3.18所示),由输入电路、放大电路及反馈电路三大部分构成。下面以 DDZ-Ⅲ 型热电偶温度变送器为例,具体分析各环节的工作原理:

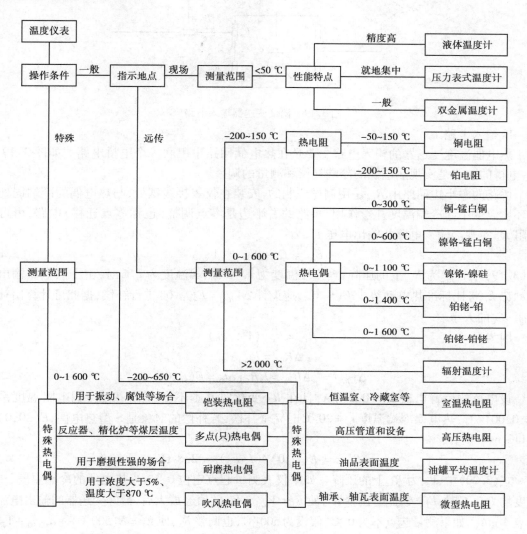

图 3.17　工业测温仪表的选用原则示意图

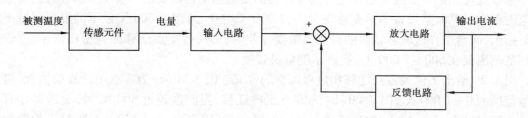

图 3.18　温度变送器原理框图

41

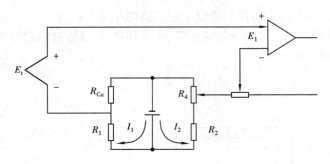

图 3.19　温度变送器输入电路

1）输入电路

热电偶温度变送器的输入电路主要是在热电偶回路中串联一个电桥电路。如图 3.19 所示，电桥的功能是实现热电偶的冷端补偿和测量的调整。

桥路的左半边回路中 R_{Cu} 是用铜丝绕制的，安装在仪表接线端处，与热电偶的冷端同处一个环境温度中起冷端温度补偿作用；桥路的右半边是零点调整（也称零点迁移）电路，由可调电阻 R_4 实现。输入电路的输出电压 E_1 为：

$$E_1 = E_t + V_{R_{Cu}} - V_{R_4} \tag{3.19}$$

式（3.19）中，$V_{R_{Cu}}$ 为 R_{Cu} 上的压降，当冷端温度为 t_0 ℃、热端温度为 t ℃时，由于热电偶输出热电动势 E_t 将比标准热电动势少 $E(t_0,0)$，应设计 $\Delta V_{R_{Cu}} = E(t_0,0)$ 进行补偿，据此可计算出补偿电阻 R_{Cu} 的大小。

因为

$$R_{Cu} = R_{Cu0}(1 + \alpha t_0)$$
$$\Delta R_{Cu} = R_{Cu0} \alpha t_0$$
$$\Delta V_{R_{Cu}} = I_1 \Delta R_{Cu} = I_1 R_{Cu0} \alpha t_0 = E(t_0,0)$$

设电桥的桥臂电流 $I_1 = 0.5$ mA，且在 R_{Cu} 变化时基本不变（$R_1 \gg R_{Cu}$）；铜电阻温度系数 $\alpha = 0.004/℃$；热电偶冷端温度 $t_0 = 20$ ℃时完全补偿，若补偿的对象是 S 型热电偶，$E(20,0) = 0.113$ mV，则有：

$$R_{Cu0} = E(t_0,0)/(I_1 \alpha t_0) = 2.8 \ \Omega$$

式（3.20）中，V_{R_4} 为 R_4 上的压降。如果仪表测量起点定位 0 ℃，当热电偶的冷端温度、热端温度均为 0 ℃时，$E_t = 0$，此时调整 R_4，使 $E_1 = V_{R_{Cu}} - V_{R_4}$ 的值经放大后，恰好变送器的输出电流为起点 4 mA。如果测量起点不为 0 ℃，假设为 500 ℃，也调整 R_4，使 $E_1 = E(500,0) + R_{Cu500} - V_{R_4}$ 的值放大后，恰好变送器的输出电流为起点 4 mA，这种大幅度的零点调整称为零点迁移。

零点迁移无论对温度变送器还是其他种类的变送器都是需要的。有些生产装置的参数变化范围很窄，例如，某设备的温度总在 500 ~ 1 000 ℃变化，希望对 500 ℃以下的温度区域干脆不予指示，而给工作区域以较高的检测灵敏度。此时，可通过零点迁移配合量程调整，使仪表的测量范围仅在 500 ~ 1 000 ℃，提高了测量灵敏度。

图 3.20 给出了仪表零点迁移和量程调整的含义。图 3.20（a）为零点不迁移的情况，温度测量范围为 0 ~ 1 000 ℃；图 3.20（b）为零点正向迁移，当温度超过 500 ℃时，变送器才有输出。由于灵敏度未变，输入/输出特性只是向右平移，其输出电流 4 ~ 20 mA 所对应的温度范围仍为 1 000 ℃；图 3.20（c）的情况是在零点迁移 500 ℃以后又进行量程调整，将灵敏度提高一倍，这样变送器不仅测量的起始温度变了，而且量程范围变小了，为 500 ~ 1 000 ℃，这样变

送器可得到较高的灵敏度。

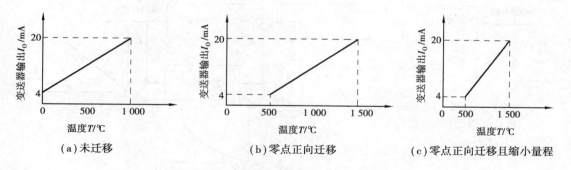

（a）未迁移　　　　　　　　（b）零点正向迁移　　　　　（c）零点正向迁移且缩小量程

图 3.20　温度变送器的零点迁移和量程调整

2）放大电路

由于热电偶输出的热电动势为毫伏级信号，所以放大电路必须是高增益低漂移的运放，同时还要采取抗干扰措施，因为测量元件和连接导线在现场很容易引入干扰。例如，用热电偶测量电炉温度时，热电偶和电热丝都装在电路中，在高温时，耐火砖和热电偶绝缘套管的绝缘电阻都会下降，电热丝上的工频交流电便会向热电偶泄露，给热电偶引入了共模干扰，并会因放大器两输入端阻抗的不平衡而转化为差模干扰，如图 3.21 所示。

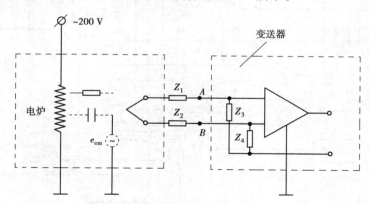

图 3.21　电热丝造成的共模干扰

设热电偶受到的共模干扰电压为 e_{cm}，转化为差模干扰 e_{AB}，则有：

$$e_{AB} = e_{cm}[Z_3/(Z_1 + Z_3) - Z_4/(Z_2 + Z_4)]$$

可见，只有当 $Z_1/Z_3 = Z_2/Z_4$ 时，$e_{AB} = 0$。但实际电路中很难完全满足此平衡条件，差模干扰很难消除。比较彻底的办法是：将电路浮空，也就是变送器电路不接地，因为如果 Z_3、Z_4 都趋于无穷大，则 $e_{AB} = 0$。但这时要注意，为防止与变送器相接的后续仪表接地，破坏变送器对地浮空状态，变送器电路对外的联系包括信号输出和供电电源都要通过变送器隔离。

3）反馈电路

在反馈电路中，需要完成量程调整和非线性校正两个功能。量程调整实质上是调整放大电路的闭环放大倍数，通过调节反馈电阻大小就可实现，而非线性校正则需要一个校正网络来实现。如图 3.22 所示，热电偶的温度特性是非线性的，如果放大环节的放大特性也做成非线性且与之互补，那么最终变送器输出与温度的关系就成为线性。需得到与热电偶特性互补的放大特性,应将放大器的反馈特性做成与热电偶温度特性相同的非线性特性。

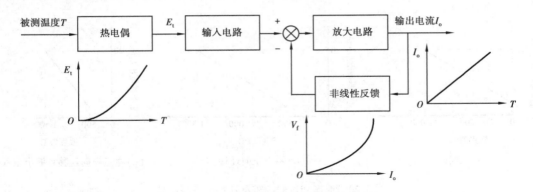

图 3.22　温度变送器的线性化原理

4)DDZ-Ⅲ型热电偶温度变送器的实际线路

图 3.23 所示为一种 DDZ-Ⅲ型热电偶温度变送器的简化线路。其基本结构由输入电路、放大电路及反馈电路三大部分构成。

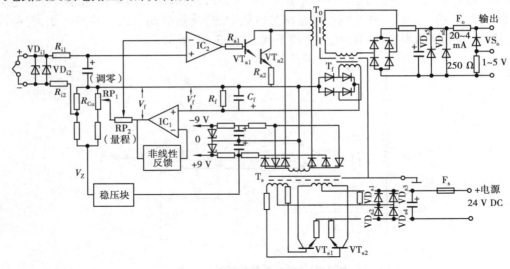

图 3.23　DDZ-Ⅲ型热电偶温度变送器的简化线路

图 3.22 中输入电路是由 VD_{i1}、VD_{i2}、R_{i1}、R_{i2} 及 R_{Cu} 所在的桥路构成,热电动势 E_t 与铜电阻 R_{Cu} 上的冷端温度补偿电动势相加后,送至运算放大器 IC_2 的同相输入端。IC_2 的反相输入端则接受电位器 RP_1 上的零点迁移电压及反馈电压 V_f 在量程电位器 RP_2、RP_1 上的分压,改变 RP_2 的触点位置时,也同时改变着零点迁移电压。因此,在改变量程时,零点会被牵连变化,操作时必须反复调整才能到位。

放大电路是一个低漂移高增益运算放大器 IC_2,它根据加在同相端和反相端的两个输入电压之差工作。当热电动势 E_t 增大时,IC_2 输出正电压,经 VT_{a1}、VT_{a2} 构成的复合管放大成电流。这个直流电流在方波供电电源的作用下,交替地通过输出隔离变压器 T_o 上下两个一次绕组在二次绕组中感应出与之大小成正比的交变电流。此电流经整流滤波,即为变送器的直流输出电流 I_o。输出端稳压管 VS_0 的作用在于,当电流输出端不接负载时,输出电流 I_o 仍可通过稳压管形成回路,保证电压输出端不受影响。

　　反馈回路是由隔离变压器 T_f、整流滤波电路以及运算放大器 IC_1 构成的非线性函数电路组成的。由于输出变压器 T_o 的二次电流是正负对称的交变电流,串入一个隔离变压器 T_f 便可实现隔离反馈。T_f 的二次电流经检波、滤波,在 R_f、C_f 上可得到与输出电流 I_o 成正比的直流反馈电压 V'_f,该电压经运算放大器 IC_1 和多段二极管折线逼近电路组成的非线性变换电路转换为电压 V_f 后,反馈到运算放大器 IC_2 的反相输入端,实现对热电偶特性的线性化校正。

　　为了提高变送器的抗共模干扰能力和有利于安全防爆,变送器的电源也需要隔离。为此,+24 V 直流电源不能直接与放大电路相连,需经直流-交流-直流变换,即先用振荡器将直流电源变为交流,然后通过变压器 T_s,以交变磁通将能量传递给二次绕组;最后,将二次绕组上的交流电压整流、滤波、稳压,获得 ±9 V 的直流电压供给运算放大器。

　　图 3.23 的电路采取的安全防爆措施有:在热电偶输入端设限压二极管 VD_{i1}、VD_{i2} 及限流电阻 R_{i1}、R_{i2},以防止仪表的高能量传递到生产现场;放大电路与外界的联系都经变压器隔离。为了防止电源线或输出线上的高压通过变压器一、二次绕组之间短路而窜入输入端,在各变压器的一、二次绕组间都设有接地的隔离层。此外,在输出端及电源端还装有大功率二极管 VD_{s1} ~ VD_{s6} 及熔丝 F_o、F_s,当过高的正向电压或交流电压加到变压器输出端或电源两端时,将在二极管电路中产生大电流,烧毁熔丝,切断电源,使危险的电压不能加到变压器上。由于这些措施,DDZ-Ⅲ 型热电偶温度变送器属于安全火花型防爆仪表。

　　DDZ-Ⅲ 型温度变送器除上述热电偶温度变送器外,还有热电阻和直流毫伏变送器。它们的放大电路是完全相同的,只是输入和反馈部分略有不同。

　　近年来已研制出一种小型固态化温度变送器,电路高度集成化。它与热电偶或热电阻安装在一起,自带冷端补偿功能,用 24 V DC 供电,又称一体化温度变送器,非常小巧方便。

(2) 智能温度变送器

　　智能温度变送器是采用微处理器技术的新型现场变送器仪表,其精度、功能、可靠性均比模拟变送器优势。它可输出模拟、数字混合信号或全数字信号,而且可以通过现场总线通信网络与上位机连接,构成集散控制系统和现场总线控制系统。

1) STT3000 温度变送器

　　STT3000 温度变送器是一种智能型两线制变送仪表。它将输入温度信号线性地转换成 4 ~ 20 mA 的直流电流输出,同时也可输出符合 HART 协议的数字信号。该变送器能配接多种标准热电偶或热电阻,也可输入其他毫伏信号。仪表基本误差为 ±0.1%。

　　变送器的数字电路部分由微处理器、放大器、A/D、D/A 等部件组成,如图 3.24 所示。来自热电偶的毫伏信号(或热电阻的电阻信号)经输入处理、放大和 A/D 转换后,送入输入及输出微处理器,分别进行线性化运算和量程变换,并生成符合 HART 数字通信协议的数字信号。同时通过 D/A 转换和放大后输出 4 ~ 20 mA 的直流电流,数字信号则叠加在电流信号线上输出。

　　图 3.23 中 CJC 为热电偶冷端温度补偿电路,PSU 为电源部件,端子⑤、⑥的作用是:若将两个端子短接,则出现故障时,模拟输出端输出至上限值(20 mA);若将两个端子断开,则出现故障时,模拟输出端输出至下限值(4 mA)。由于变送器内存储了测温元件的特性曲线,可由微处理器对元件的非线性进行校正,而且电路的输入、输出部分用光电耦合器隔离,因而保证了仪表的精度和运行可靠性。

　　变送器在现场使用时,若需要修改参数或检查工作状态,只要将数据设定器跨接到变送器的输出信号线上,便可进行人机通信,完成对变送器的组态、诊断和校验。组态内容包括仪表编号、测温元件输入类型、输出形式、阻力时间、测量范围的下限值和上限值、工程单位的选择等。在数据设定器上可显示被测温度值和其他变量,校验变送器的零点和量程。若变送器或通信过程出现故障,则会给出关于故障情况的详细信息。

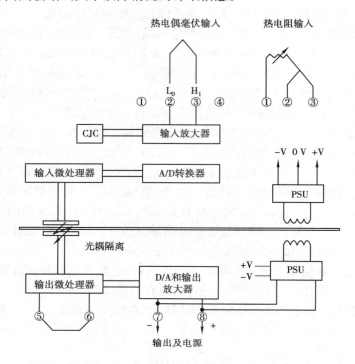

图 3.24　STT3000 温度变送器原理框图

2)3244MVF 温度变送器

3244MVF 温度变送器是一种智能型两线制变送仪表,它输出符合基金会现场总线 FF 协议的数字信号。该变送器也可配接多种热电偶(B、S、K、E、J、N、R、T 型)、热电阻(Pt 100、Pt 200、Pt 500、Pt 1000、Cu 10、Ni 20)及输入各种毫伏或电阻信号,仪表精度为 0.1 级。

3244MVF 温度变送器的电路结构与上述变送器类同,电路部分包括微处理器、放大器、高精度 A/D、专用集成电路等,功能结构如图 3.25 所示。来自传感器的信号经放大和 A/D 转换后,由微处理器完成线性化、热电偶冷端温度补偿、数字通信、自诊断等功能。它输出的数字信号中包含了传感器 1、传感器 2 的温度、温差及平均值。变送器内置瞬态保护器,以防回路引入的瞬间电流损坏仪表。当电路板产生故障或传感器的漂移超过允许值,均能输出报警信号。变送器还具有热备份功能,当主传感器故障时,将自动切换到备份传感器,以保证仪表的可靠运行。其软件功能包括转换器块、资源块、FF 功能块和 FF 通信栈。

转换器块包括实际的温度测量数据:传感器 1、传感器 2 的温度、温差和端子温度。它还包括传感器类型、工程单位、线性化、阻尼时间、温度校正、诊断等方面的信息。

资料块包括变送器的物理信息:制造商标志、设备类型和软件工位号等。

FF 功能块有模拟量输入(AI)模块、输入选择器(ISEL)、PID、特性化模块和运算器。AI 模块进行滤波、报警和工程单位的转换,并将测量值提供给其他功能模块。ISEL 模块用于对温度测量信号的最高、最低、中值或平均值作出选择,也可以选择热备份。PID 模块提供标准

PID 算法,它有两个 PID 功能块,可构成串级控制回路。运算器可对测量值进行基本的算术运算。特性化模块用于改变输入信号的特性,例如,将温度转换为湿度值,将毫伏转换为温度值等。

FF 通信栈完成基金会现场总线通信协议中数据链路层和应用层的功能。

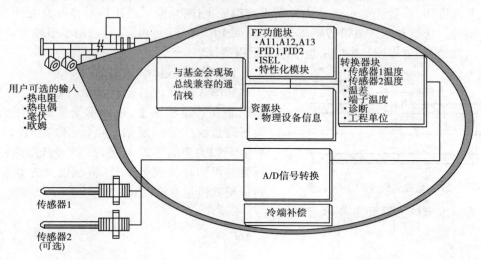

图 3.25　3244MVF 温度变送器的功能结构

3.4　流量检测及变送

生产过程中大量的气体、液体等流体介质的流量需要准确检测与控制,以保证设备在合理负荷和安全状态下运行。

3.4.1　流量检测原理

所谓流量大小,指单位时间内流过管道某一断面的流体数量,即瞬时流量。常用体积流量 $q_V(\mathrm{m^3/h}\,、\mathrm{l/h})$、重量流量 $q_G(\mathrm{kgf/h})$ 和质量流量 $q_M(\mathrm{kg/h})$ 表示。由于温度、黏度、腐蚀性及导电性等因素影响,难以找到普遍适宜的检测手段。所以,流量检测原理有很多,如节流式、变面积式、电磁式、旋涡式、蜗轮式、激光式等。下面仅以几个较为典型的流量检测仪表为例作介绍。

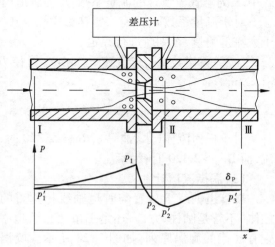

图 3.26　流量孔板工作原理

(1)流量孔板

流量孔板是一种节流装置,如图 3.26 所示,安装在管道内,中央处有孔。流体通过这种阻力件时,在其两端产生压力差 $\Delta p = p_1 - p_2$。理论分析与实验表明,Δp 与质量流量 q_M 之间有如下关系：

$$q_\text{M} = cS\sqrt{\frac{2\rho\Delta p}{1-\beta^4}} = k\sqrt{\Delta p} \tag{3.20}$$

式中，ρ 为流体密度，β 与 S 为孔板的尺寸参数，c 为流出系数。

由上式可知，质量流量 q_M 与压力差的平方根成正比，只要对差压信号作开方处理，即可获得流量信号。这类差压式流量传感与变送仪表结构简单、运行可靠，且适用于多种流量介质的测量。因此，它是过程控制中应用最多的流量检测仪表。

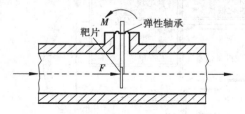

图 3.27 靶式流量计的工作原理

（2）靶式流量计

如图 3.27 所示，靶式流量计将圆形靶片垂直地安装在管道轴线上，正面承受流体作用力 F，连接杆通过硬性橡胶膜做支点（又称"弹性轴承"），将力 F 以力矩的形式 M 传出。M 通过力平衡式差压变送机构转换成电信号，再配以开方处理，从而构成靶式流量变送器。

在管道内流体的垂直冲击下，靶受力为：

$$F = k\frac{\rho}{2}v^2 S_\text{B} \tag{3.21}$$

式中，ρ 为流体物质密度，kg/m³；v 为靶片边缘与管道内壁之间圆形环面处的流体速度，m/s；S_B 为靶片面积，m²；k 为比例系数。

由上可以导出，体积流量与质量流量与力 F 的关系为：

$$q_\text{v} = 4.512kD\left(\frac{1}{\beta}-\beta\right)\sqrt{\frac{F}{\rho}} \quad (\text{m}^3/\text{h}) \tag{3.22}$$

$$q_\text{m} = 4.512kD\left(\frac{1}{\beta}-\beta\right)\sqrt{\rho F} = \rho q_\text{v} \tag{3.23}$$

式中，k 为靶式流量计的流量系数；D 为管道内径，mm；$\beta = d/D$；d 为靶片直径，mm。

对于流量系数 k，只有当雷诺数 $\text{Re}_D > 10^4$ 时，k 才保持不变。所以，靶式流量计尤其适用于大流量测量，否则应进行标定。

注意：雷诺数 Re_D 与流速 v（m/s）、管径 D（m）、流体运动黏度 γ（m²/s）、流体动力黏度 η（kg/m·s）有关，即

$$\text{Re}_D = \frac{vD}{\gamma} = \frac{vD\rho}{\eta} \tag{3.24}$$

对于任何流体（水、油等），$\text{Re}_D \leq 2\,320$ 时，为层流，而 $\text{Re}_D > 2\,320$ 时，为紊流。

（3）涡街流量计

在管道轴线上放置与管道轴线相垂直的障碍柱体（不管是圆柱、方柱，还是三角柱），管道中会产生有规律的旋涡序列，如图 3.28 所示。旋涡成两列而且平行，像街灯一样，故称"涡街"；又因为卡曼首先发现，也称为"卡曼涡街"。

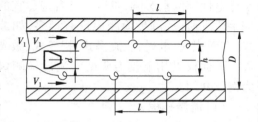

图 3.28 卡曼涡街形成原理示意图

每个旋涡间距离为 l，两列旋涡间距离为 h。实验和研究表明，当 $h/l = 0.281$ 时，涡街将表

现出稳定的周期现象,其涡街频率 f 与管道内障碍柱体两侧介质流速 v_1 之间的关系为:

$$f = S_t \frac{v_1}{d} \qquad (3.25)$$

式中,S_t 为"斯特拉哈尔数",与障碍物形状和雷诺数有关。当障碍物形状以及管道都确定后,可以导出体积流量 q_V 与频率 f 成正比,即 $q_V = kf$。

当涡街频率稳定时,S_t 对于圆柱、三角柱和方柱形障碍物分别是 0.21、0.16 和 0.17。对于方柱,雷诺数的范围不同,S_t 不是常数(如 Re_D 为 $5 \times 10^3 \sim 2 \times 10^4$ 时),但 S_t 与雷诺数仍有对应关系,仍可得出体积流量的正确结果。

3.4.2   卡曼涡街流量变送器

只要测出涡街的频率 f,就能得到流过流量计管道的流体的体积流量。涡街频率有多种可行的测量方法,其中应力检测法更加成熟并已推出系列化产品。如图 3.29 所示为应力检测传感示意图。传感器安装在障碍物后部的管道上,端部为扁平形状,当受到涡街冲击时产生弯矩,使压电元件出现电荷,由导线将该信号引出至放大整形电路,放大整形电路电原理图如图 3.30 所示。

在图 3.30 中,V_{D01}、R_{01}、R_{02} 为运算放大器 $A_1 \sim A_5$ 提供稳定的电源。A_4 与 A_6 构成的跟随器为电路提供电平移动电源(电平移动技术原理的细节在调节器一章中介绍)。压电信号由 R_0 取得,通过 A_1 等构成的电路将信号的跳变放大,A_2 作阻抗变换,C_{31} 整形;然后由 A_3 电路放大,V_{D31}、V_{D32} 限幅,C_{41} 再次整形,A_5 电路输出。

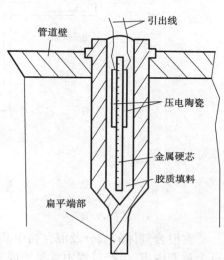

图 3.29   应力检测传感示意图

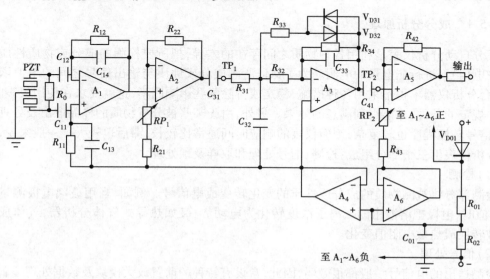

图 3.30   应力检测法放大整形电路

涡街流量计以脉冲频率方式输出与被测流量成正比的信号,而且障碍物柱体与传感器的压力损失比孔板节流装置小,表现出简单而优良的特性,因而呈飞速发展的趋势。如图 3.31 所示为美国罗斯蒙特公司推出的 8 800 型卡曼涡街流量变送器的组成框图。这种变送器又称为灵巧型(Smart)涡街流量变送器,它集模拟与数字技术于一体,输出 4 ~ 20 mA 标准化模拟信号,又具有数字通信功能,是向全数字化、现场总线仪表的过渡产品。

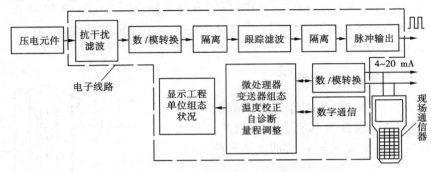

图 3.31　灵巧型涡街流量变送器

3.5　成分分析及变送

对混合气体的成分及混合物中某些物质的含量或性质进行自动测定,是自动检测仪表的一个重要内容,生产过程中常见的成分自动分析仪表有气体分析器、湿度计、pH 计等。借助这一类仪器,可以了解生产过程中的原料、中间产品及最后产品中的性质及其含量,从而直接判断生产过程进行得是否合乎要求。对某些物料的性质及其成分进行质量控制,显然要比其他参数(例如,温度、压力、流量等)直接得多,因而也将更加有效。

3.5.1　成分分析原理

成分自动分析仪表是利用各种物质之间存在的差异,把所要检测的成分或物质性质转换成某种电信号,进行非电量的电测。为了保证所测成分或性质与输出信号之间的单值函数关系,一台分析仪器不得不采用各种措施,稳定或排除某些影响因素,这就要求在使用仪表时,必须遵守规定的条件,才能得到满意的效果。另外,由于某些被分析物质的样品取出及处理手续繁多,信号转换程序也较复杂,因而仪表的响应时间通常比较长,滞后也较大。一般来说,成分自动分析仪表由三个部分组成:检测、信号处理和取样及预处理。

（1）检测

检测部分将被测物质的成分或性质的变化转变成电信号。例如,当用玻璃电极测量溶液的 pH 值时,电极把溶液中的氢离子浓度转化为电动势;又如热导式气体分析器,气体成分的变化被转换成热敏电阻值变化。

（2）信号处理

检测送出的电信号一般都很微弱,因此,常设有特种的前置放大模块及数据处理装置。

（3）取样及预处理

为了保证连续自动地供给分析检测系统合格样品,正确取样并进行预处理十分重要。取样及预处理装置常包括:抽吸器、冷却器、机械夹杂及化学杂质过滤器、转化器、干燥器、稳流器、稳压器、流量指示器等。其选择与安装必须根据工艺流程、样品的物理化学状况及所采用分析仪的特性。一般来说,脏污样品必须净化,气体样品需要干燥,并消除干扰成分的影响。

3.5.2 红外线气体分析仪

红外技术是近代迅速发展的新技术之一,用于气体成分的分析后,成为分析仪表的一个重要分支。因其灵敏度高、选择性好、滞后小而得到了广泛的应用。不仅可在工业上作连续测量,还可用于控制系统对被测成分进行自动控制。

(1)工作原理

红外线是波长为 $0.76 \sim 420 \ \mu m$ 之间的电磁波,因其同可见光的红光波段相邻且位于可见光之外,故称为红外线。任何物质只要绝对温度不为零,都在不断地向外辐射红外线。各种物质在不同状态下辐射出的红外线的强弱及波长是不同的。

各种多原子气体(CO_2、CO、CH_4 等)对红外线都有一定的吸收能力,吸收某些波段的红外线。这些波段,称为特征吸收波段。不同的气体具有不同的特征吸收波段。图 3.32 示出 CO_2、CO 气体的红外吸收特性。如图所示的 CO_2 有两个特征吸收波段:$2.6 \sim 2.9 \ \mu m$ 及 $4.1 \sim 4.5 \ \mu m$。当波长为 $2 \sim 7 \ \mu m$ 的红外线射入含有 CO_2 的气体中时,这两个波段的红外线会被 CO_2 气体吸收,透过的射线中会不含或少含这两个波段的红外线。CO_2 气体吸收到的辐射能会转化为热能,使气体分子的温度升高,红外气体分析仪通过直接或间接地监测温度的变化来测量 CO_2 气体的浓度。

双原子气体(N_2、O_2、H_2、Cl_2 等)以及惰性气体(He、Ne 等)对 $1 \sim 25 \ \mu m$ 以内的红外线均不吸收,因此,选择性吸收是制造红外线气体分析器的依据。

红外线被吸收的数量与吸收介质的浓度有关,当射线进入介质被吸收后,其透过的射线强度 I 按指数规律减弱,由朗伯-贝尔定律确定,即

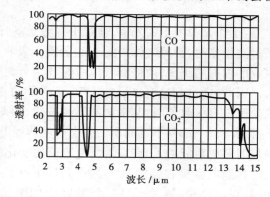

图 3.32 CO_2、CO 气体的红外吸收特性

$$I = I_0 e^{-\mu C l} \tag{3.26}$$

式中,I、I_0 为吸收后和吸收前射线强度,μ 为吸收系数,C 为介质浓度,l 为介质厚度。

(2)红外线气体分析仪的分类

红外线气体分析仪的分类如图 3.33 所示,实验室型红外线气体分析仪是色散型的,它具有分光系统,可连续改变波长。通过测定介质在各波长处的吸收情况来决定被测介质的成分。目前已很少在工业中应用。非色散型红外线气体分析仪,将光源的谱辐射全部投射到被测样品上,根据样品吸收辐射能的情况,即某些成分在某些波段处具有吸收峰(如图 3.32 的例子),来判断被测成分的含量。此外,根据投射到仪器检测部分的光束数目,可分为单光束与双光束;根据信号检测方式又可分为直读式与补偿式;在直读式中,根据被测浓度增加输出信号是增大还是减小,又可分为正式与负式。

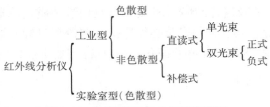

图 3.33　红外线气体分析仪分类图

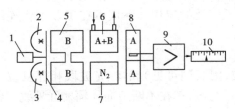

图 3.34　正式红外线气体分析仪结构框图
1—同步电动机；2—工作光源；3—参比光源；
4—切光片；5—干扰滤光室；6—测量室；
7—参比室；8—薄膜电容接收器；9—放大器；
10—指示记录仪

(3)正式红外线气体分析仪结构及原理

如图 3.34 所示，吸收室 A 内是被测组分，B 内是对被测组分有干扰的适量气体，N_2 是不吸收红外辐射的气体。参比光源发出的光束，通过干扰滤光室 B 后，干扰组分 B 特征吸收波段的辐射能全部被吸收掉；通过参比室时，由于 N_2 不吸收红外线，因此，红外辐射能没有变化。然后，这个辐射能进入薄膜电容接收器。在接收器中，A 的特征吸收波段的辐射能被接收器的 A 组分吸收，温度升高，因其体积一定，故接收器下部压力增加。再观察工作光源的光路：工作光源发出的光束，通过干扰滤光室后，B 的特征吸收波段的辐射能也全部被吸收掉；通过测量室时，被测气体中的 A 组分就会吸收 A 的特征吸收波段的辐射能，A 组分浓度越高，吸收的辐射能越多，而被测气体中的 B 组分此时却没有了 B 的特征吸收波段的辐射能可供吸收。因此，通过测量室之后的光束，辐射能的变化只与 A 组分的含量有关。显然，此光束在进入薄膜电容接收器时，其辐射能已经减弱，因此，在接收器上部 A 组分的温度较低，其压力较下部的小。上部与下部的压力差会改变薄膜电容的值，待测组分的浓度越大，两束光在进入接收器时其辐射能的差别就越大，电容量的变化就越大。

薄膜电容接收器的最大优点是抗干扰组分影响能力强，目前已获得广泛的应用，其结构如图 3.35 所示。接收器外壳由金属制成，窗口材料是能透过红外线的某些晶体，气室充入与待测组分相同的气体，定片与动片都是金属片，动片为 5～10 μm 厚的铝箔，动定片相距 0.05～0.08 mm，构成 50～100 pF 的可变电容。当测量光束与参比光束分别进入接收器的两个气室时，由于被测组分的浓度不同，两个气室产生的压力也不同，压差使动片移动，改变了动片与定片之间的距离，从而改变了电容量的大小。

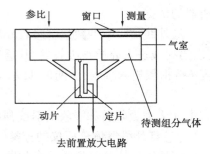

图 3.35　薄膜电容接收器结构

薄膜电容接收器需要调制的信号，对此对光束的调制由切光片的转动实现。切光频率在 3～25 Hz 范围内，使光线按一定频率间断地射入接收器。在电容极间加上一定电压以后，薄膜电容器按此频率重复地充电和放电，充电和放电电流取决于电容量变化的幅度，即待测组分的浓度，此电流经高电阻产生的压降送出。

放大器将高阻信号作阻抗变换、滤波等前置处理，然后放大输出。

业红外线气体分析仪主要分析 CO、CO_2、CH_4、C_2H_2、NH_3、C_2H_5OH、C_2H_4、C_3H_6、C_2H_6、水汽等。

.3　气相色谱分析仪

谱分析法"得名于1906年,当时有人将溶有植物色素的石油醚倒入一只装有碳酸钙的竖直玻璃管中,然后再倒入纯的石油醚帮助它自由流下,由于碳酸钙对不同的植物色能力不同,吸附能力弱的色素较快地通过吸附剂,而吸附能力强的色素则受到较长时间前进较慢。这样,不同的色素在行进过程中就被分离开来,在玻璃管外可以看到被分的一层层不同颜色的谱带。这种分离方法被称为色层分析法或色谱分析法。

随着检测技术的发展,这种方法被扩展到无色物质的分离和气体的分离,分离后的各组分也不再限于用肉眼观察颜色,而用检测器检测,因此,"色谱"二字已不确切。但因为仍是利用原来的分离方法,所以仍习惯称呼"色谱分析仪"。工业中常用气相色谱分析仪。

(1)色谱分析原理

色谱分析的首要任务是用色谱柱将混合物的不同组分分离开来,然后才能用检测器分别对它们进行测量。色谱柱的基本构成是一根气固填充柱,它是在直径为 3~6 mm、长为1~4 m的玻璃或金属细管中填装一定的固体吸附剂颗粒构成的。目前常用的固体吸附剂有氧化铝、硅胶、活性炭、分子筛等。当被分析的样气脉冲在称为"载气"的运载气体的携带下,按一定的方向通过吸附剂时,样气中各组分便与吸附剂进行反复的吸附和脱附分配过程,吸附作用强的组分前进很慢,而吸附作用弱的组分则很快地通过。这样,各组分由于前进速度不同而被分开,时间上先后不同地流出色谱柱,逐个地进入检测器接受定量测量。

图3.36画出了混合气体在色谱柱中进行的一次完整的分离分析过程。可以看出,样气中有 A、B、C 三种不同成分,经色谱柱分离后,依次进入检测器。检测器输出随时间变化的曲线

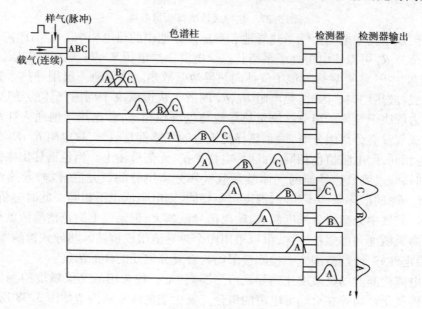

图3.36　色谱柱分离分析过程

称为色谱流出曲线或色谱图,这里色谱图上三个峰的面积(或高度)分别代表相应组分在样品中的浓度大小。

色谱柱中的吸附剂是固定不动的,称为固定相。被分析的气体流过吸附剂,称为移动相。色谱柱的尺寸及其填充材料的选择决定于分析对象的要求,不同的材料具有不同的吸附特性。即使是同一种吸附剂,当温度、压力、载气种类以及加工处理方法不同时,也会得到不同的分离效果。由于物质在气态中传递速度快,样气中各组分与固定相作用次数多,所以气相色谱分离效率高、速度快。

(2)检测器

检测器的作用是将由色谱柱分离开的各组分进行定量的测定。由于样品的各组分是在载气的携带下进入检测器的,从原理上说,各组分与载气的任何物理或化学性质的差别都可作为检测的依据。目前气相色谱仪中使用最多的是热导式检测器和氢气焰电离检测器。

热导式检测器是一台气体分析仪,根据不同种类的气体具有不同的热传导能力的特性,通过导热能力的差异来分析气体的组分和含量。其测量装置和电路如图 3.37 所示。

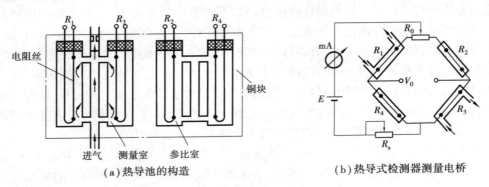

（a）热导池的构造　　　　　　（b）热导式检测器测量电桥

图 3.37　热导式检测器测量电路

检测器测量电路中电路由测量热导池和参比热导池中的热电阻 R_1、R_3 与固定电阻 R_2、R_4 构成电桥。调节 R_0 可以使电桥处于平衡状态。电源供给电桥 9～24 V 直流电压,热电阻 R_1、R_3 通电后温度上升,主要靠热导池中气体向热导池壁散热。热导池一般用导热系数高的不锈钢或铜块做成,散热均匀。因此,热电阻 R_1、R_3 的散热快慢取决于周围气体的导热能力,而气体的导热能力取决于气体的组分。测量热导池与色谱柱相连,参比热导池通入纯载气。当色谱柱出来的载气没有分离组分时,两个热导池流过的气体都是载气,热电阻 R_1、R_3 的散热条件相同,温度也相同,则电阻值也相同。此时,电桥平衡、无信号输出。当色谱柱出来的载气中含有分离成分时,流过测量热导池的气体就是载气和分离组分的二元混合物,导热系数发生变化,热电阻 R_1、R_3 的散热条件不相同,温度也不相同,则电阻值也不相同。此时电桥失去平衡、有信号输出。载气中分离组分浓度越大,输出信号就越大,记录仪上的色谱峰值就越高。

为了提高灵敏度和加强稳定性,可以采用四个热导池组成桥路。热导式检测器的特点是:结构简单、稳定性好、线性范围宽。检测极限约为百万分之几的样品浓度。

氢火焰电离检测器的灵敏度比热导式检测器高,是一种常用的高灵敏度检测器。但它只能检测有机碳氢化合物等在火焰可电离的组分。氢火焰电离室的构造如图 3.38 所示。

氢气在空气中燃烧会产生少量的带电粒子,在两侧设置电极加一定电压,两电极之间会产生微弱的电流,一般在 10^{-12} A 左右。如果火焰中引入含碳的有机物,那么产生的电流便会急剧增加,电流的大小与火焰中有机物的含量成正比。

带分离组分的载气从色谱柱出来后,与纯氢混合进入火焰电离室(如果用氢气做载气就不需另外加氢),由点火电阻丝将氢点燃,在洁净空气的助燃下形成氢火焰,分离组分中的有机成分在火焰中被电离成离子和电子,在附近电极的电场作用下,形成离子电流。经高阻值转换成电压,由高输入阻抗放大器放大后输出。

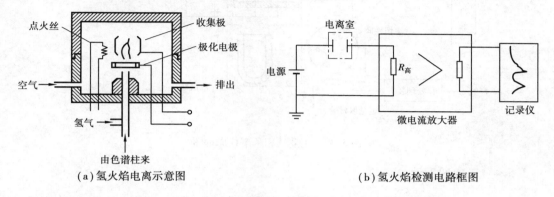

（a）氢火焰电离示意图　　　　　　（b）氢火焰检测电路框图

图 3.38　氢火焰电离室的构造示意图

（3）载气及取样装置

从色谱柱的分离原理可知,被分析的样气不应该连续输入,只能是间隔一段时间的定量脉冲式输入,以保证各组分从色谱柱流出时不重叠。脉冲式的样气必须由连续通入的"载气"推动,通过色谱柱。载气应是与样气不起化学作用且不被固定相所吸附的气体,常用的有氢、氮、空气等。

图 3.39 所示为工业气相色谱仪的简化原理图。由高压气瓶供给的载气,经减压、稳流装置后(有时还需要净化干燥),以恒定的压力和流量通过热导检测器左侧的参比室进入六通切换阀。该阀有"取样"和"分析"两种工作位置,是受定时装置控制的。当阀处于"取样"位置时,阀内的虚线联系被切断,气路按实线接通。这样,载气与样气分为两路:一路是样气经预处理装置(包括净化、干燥及除去对色谱柱中吸附剂有害成分的装置等),连续通过取样管,使取样管中充满样气,随时准备被取出分析;另一路是载气直接通过色谱柱,对色谱柱进行清洗后,经热导池右侧的测量室放空,这是检测器输出零信号。这种状况经过一定时间后,定时控制器动作,将六通切换阀转到"分析"位置,于是阀内实线表示的气路切断,虚线气路导通。载气推动留在定量取样管中的样气进入色谱柱,经分离后,各组分在载气的携带下先后通过检测器的测量室,检测器根据测量室与参比室中气体导热系数的差别产生输出信号。

色谱分析方法不仅可作定量分析,又可用来作定性分析。实验证明,在一定的固定相及其操作条件下,各种物质在色谱图上的出峰时间都有确定的比例,因此,在色谱图上确知某一组分的色谱峰后,可根据资料推知另一些峰所代表的是何种物质。如果组分比较复杂而不易推测时,可用纯物质加入样品或从样品中先去掉某物质的办法,观察色谱图上待定的峰高是否增加或降低,以确定未知组分。对色谱图上各峰定量标定的最直接方法是配置已知浓度的标准样品进行实验,测出各组分色谱峰的面积或高度,得出单位色谱峰面积或峰高所对应的组分含量。

气相色谱仪具有选择性强、灵敏度高、分析速度快等特点,广泛应用于石油、化工、电力、医药、食品等生产及科研中。

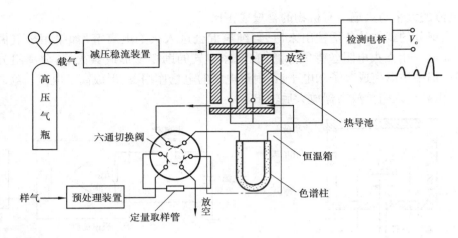

图 3.39 工业气相色谱仪原理图

3.5.4 工业酸度计

在工业生产及污水处理过程中,水溶液的酸碱度对氧化、还原、结晶、吸附、沉淀等反应的进行具有很重要的影响。溶液酸碱度通常用 pH 值表示,pH = 7 为中性溶液,pH > 7 为碱性溶液,pH < 7 为酸性溶液。它是溶液中氢离子浓度[H^+]的常用对数的负值,即

$$pH = -lg[H^+]$$

因此,酸度(pH 值)的测量,就是溶液中[H^+](即氢离子)浓度(酸碱度)的测量。测量方法采用电化学中的电位测量法。

如图 3.40 所示,在被测溶液中设置两个电极:一个称为测量电极,另一个称为参比电极。测量电极的电位随被测溶液中的氢离子浓度的改变而变化,参比电极具有固定的电位。这两个电极构成一个原电池,其电动势的大小与氢离子浓度呈单值关系。测量原电池的电动势即可测出溶液的 pH 值。

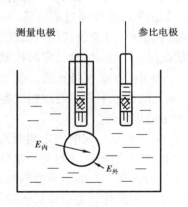

图 3.40 原电池示意图

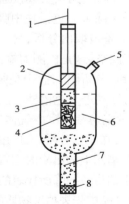

图 3.41 甘汞电极结构图

1—引出导线;2—汞;3—甘汞;4—纤维丝;

5—溶液加入口;6—KCL 饱和溶液;7—KCL 晶体;8—多孔陶瓷芯

工业中常用的参比电极有甘汞电极和银-氯化银电极;测量电极有玻璃电极和金属锑电极等。

（1）参比电极

最常用的参比电极是甘汞电极，其结构如图 3.41 所示，分内管和外管两部分。内管顶端的铂丝导线 1 作电极的引出线，铂丝下端浸在汞（水银）2 中，其下部 3 为糊状甘汞，即氯化亚汞（Hg_2Cl_2）。汞和甘汞用纤维丝 4 托住，使其不致流出，但离子可以通过。纤维丝的下端浸在外管中的饱和氯化钾（KCl）溶液中，外管末端用多孔陶瓷芯堵住。外管底部的 KCl 晶体是为了使溶液呈饱和状态。这样，用金属汞（Hg）及该金属的难溶性盐（Hg_2Cl_2）和与此盐有相同阴离子（Cl^-）的可溶性盐溶液（KCl）组成了甘汞电极。

甘汞电极置于待测溶液中时，通过多孔陶瓷芯，渗出少量氯化钾实现离子迁移，与测量电极建立电的联系。甘汞电极电位取决于氯离子（Cl^-）的浓度，KCl 浓度设为 0.1 mol/L、1 mol/L 及饱和溶液三种；在 25 ℃时，分别对应 +0.336 5 V、+0.281 0 V 及 +0.245 8 V 三种电极电位。

甘汞电极的优点是：结构简单、电极电位稳定，但是温度系数大，一般电极内还装有进行温度自动补偿的测温电阻，以提高测量的准确度。

银-氯化银电极的工作原理及结构类似于甘汞电极，电极电位为 +0.197 V，在较高的温度（250 ℃）时仍较稳定，可用于温度较高的场合。

（2）测量电极

使用最广泛的测量电极是玻璃电极，其结构在图 3.40 中已作过介绍。玻璃电极是由底部呈球形且能导电、能渗透[H^+]离子的特殊玻璃薄膜制成，其壁厚约 0.2 mm。玻璃壳内充有 pH 值恒定的缓冲溶液（内参比溶液）。玻璃膜的内外两侧溶液的[H^+]离子浓度是不同的。为了测量玻璃膜内外两侧之电位差，在玻璃膜的内侧参比溶液中插入一支电极电位 E_1 一定的内参比电极，由于缓冲溶液中[H^+]离子的作用，在内参比电极和玻璃内侧之间产生电动势 $E_内$。玻璃膜外侧与被测溶液中的另一电极（参比电极）之间由于被测溶液中[H^+]离子的作用，产生电动势 $E_外$，而参比电极电位 E_2 也一定。只有测量电极的电极电位是随着被测溶液的 pH 值而变化的。

若玻璃电极内的内参比电极及参比电极均用甘汞电极，则玻璃电极和甘汞电极构成的原电池。$\underbrace{Hg/Hg_2Cl_2（固）,KCl（饱和）}_{E_1}//\underbrace{缓冲溶液/玻璃膜}_{E_内}/\underbrace{被测溶液}_{E_外}//\underbrace{KCL（饱和）,Hg_2Cl_2（固）/Hg}_{E_2}$

上述表达式中，单竖线表示界面上产生电极电位，双竖线则表示该处不存在电极电位。

可以看出这一原电池由四个电动势电位组成。甘汞电极电位有两个，即 E_1 和 E_2，玻璃电极电位有两个，即 $E_内$ 和 $E_外$。这一原电池的电动势为 E，可写为：

$$E = (E_1 - E_2) + (E_内 - E_外)$$

由于内电极与参比电极相同，有 $E_1 = E_2$，则

$$E = E_内 - E_外 = \frac{RT}{F}\ln[H_0^+] - \frac{RT}{F}\ln[H^+] = \frac{RT}{F}\ln\frac{[H_0^+]}{[H^+]}$$

换为常用对数，并考虑到 pH 值的定义式有：

$$E = 2.303\frac{RT}{F}[pH - pH_0] \tag{3.27}$$

式中，pH_0 为缓冲溶液的酸碱度，是一个已知的固定值；R，F 分别为气体常数及法拉第常数。在温度 T 一定时，在 pH = 1~10 的范围内，电动势 E 与被测溶液的 pH 值之间为线性关系。测

知 E 值,就可求得被测溶液的 pH 值。

实际测量中,由于电极的内阻很高(玻璃电极为 $10 \sim 150 \ \mathrm{M\Omega}$,甘汞电极为 $5 \sim 10 \ \mathrm{k\Omega}$),尽管原电池可以输出数十到数百毫伏的电动势,但如果测量电路的输入阻抗不能远远大于原电池的内阻,就很难保证测量的准确度和灵敏度。因此,测量电路应当是一个具有高输入阻抗的电压测量电路,将电动势 E 放大、转换后,输出标准信号。

3.6 信号转换器

信号转换器概念很广泛,凡是具有转换信号功能的都称信号转换器,包括物理、化学、电学、机械、生物,以及软件的、硬件的等等。在过程控制装置中的信号转换器一般指为统一信号制所作的信号转换。常见的信号转换器有隔离式电压/电压转换器、电压/电流等转换器、频率/电压转换器、电/气转换器等。由于电/气转换器、气/电转换器、电气阀门定位器等与仪表具体的应用关系紧密,将在第 5 章中介绍。

3.6.1 电压/电流转换器

(1)电压/电流转换器

如图 3.42,此电路为一个电流负反馈电路,取样电阻为 R,取样电压 $I_\circ R$ 经过阻抗变换器 A_3、A_4 的阻抗变换,由差动比例放大电路 A_2、$R_1 \sim R_4$ 放大,变成对地的电压 V 再加到 A_1 的反相端。A_1 为比较器,V 在这电路中作扩流用,即可保证 $I_\circ = V_i / R$,使传输线上的电流只与输入电压和取样电阻有关,而与负载无关,为恒流输出。

电路的每个运放都存在较大的共模电压,特别是 A_4 的共模电压达到 $V_i + I_\circ R$。因此,应选择抗共模电压能力强的运算放大器,同时,在选择电阻时也应考虑不要超过三极管 V 的最大输出电流。

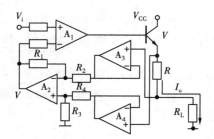

图 3.42 电压/电流转换电路

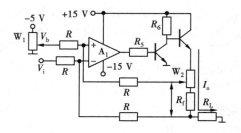

图 3.43 可调偏置的电压/电流转换电路

(2)可调偏置的电压/电流转换器

当要求信号转换的输出信号 $I_\circ$ 与输入信号 V_i 的下限不同时,可应用可调偏置的电压/电流转换器,如图 3.43 所示。V_b 用以调节偏置值。转换器选用差动放大电路,它将输入信号与 R_f 上的反馈信号进行比较,将差值放大。两个三极管用做电流输出的功放管。由于反馈电阻 R_f 与负载电阻 R_L 远小于 R,因此,认为 R 支路的电流可以忽略不计。

电路在正常工作时,运算放大器的反相输入端信号 V_F 与同相输入端信号 V_T 分别为:

$$V_{\mathrm{T}} = \frac{1}{2}V_{\mathrm{b}} + \frac{1}{2}I_{\mathrm{o}}(R_{\mathrm{f}} + R_{\mathrm{L}}) \qquad (3.28)$$

$$V_{\mathrm{F}} = \frac{1}{2}V_{\mathrm{i}} + \frac{1}{2}I_{\mathrm{o}}R_{\mathrm{L}} \qquad (3.29)$$

且 $V_{\mathrm{F}} = V_{\mathrm{T}}$，则

$$I_{\mathrm{o}} = \frac{1}{R_{\mathrm{f}}}(V_{\mathrm{i}} - V_{\mathrm{b}}) \qquad (3.30)$$

调节 W_1 可调偏置，调节 W_2 可调转换系数。注意：W_1 与 W_2 应反复调整。

3.6.2　数字量/电流转换器

图 3.44 所示电路为一个简单而适用的数字量/电流转换器，转换精度可优于 0.5 级。8 位 D/A 转换器芯片 DAC0832 的转换原理参见有关书籍。图 3.44 中，W_1 与 W_2 用以调节转换输出的下限 I_1 与上限 I_2，输出从 V_R 引出，经阻抗变换 A_3 电路以后进入电压/电流转换器 A_4 及 R_1 以后的电阻群转换输出，调节 W_h 可配合 W_2 调节转换系数。该电压/电流转换器原理参见第 4 章模拟调节器的输出电路。

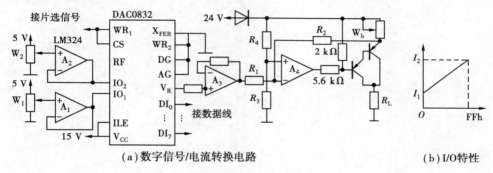

（a）数字信号/电流转换电路　　　　　　　　（b）I/O 特性

图 3.44　数字信号/电流转换器

思考题与习题

3.1　怎样才能将压力变送器的精度应用到最好？应考虑哪几方面的问题？

3.2　怎样才能将温度变送器的精度应用到最好？应考虑哪几方面的问题？

3.3　压力变送器有哪些主要的性能指标？其典型值为多少？

3.4　试用 XTR101 设计一台两线制的 4～20 mA 热电阻温度变送器，测量范围为 +25～150 ℃。请选用分度号为 P_t100 的热电阻，已知 $R_{25} = 109.73\ \Omega$，$R_{150} = 157.31\ \Omega$。

3.5　试用 XTR101 设计一台两线制的 4～20 mA 压力变送器。设选用的应变片初始电阻值为 1 kΩ，在测量压力范围内电阻变化为 200 Ω。

3.6　试分析电容式变送器的设计特点，试就仪表精度、电路保护以及两线制的实现进行说明。

3.7　试分析扩散硅压力变送器的设计特点，为保证精度，您认为应在哪些方面进一步完善？

3.8　试参考图3.29、图3.30与图3.31,设计卡曼涡街流量变送器框图。

3.9　如果正式红外线气体分析仪的示值不随气体的变化而变化,该分析仪可能出现了什么问题,为什么?

3.10　试设计一个可以将0~10 V直流电压信号转换成4~20 mA直流电流信号的转换器(提示:可参考图3.44的结构,计算出各元件参数)。

3.11　安全火花防爆的检测系统应该考虑一些什么问题?试进行方框图设计。

第4章
调节器

4.1 概　述

调节器是控制系统中的大脑和指挥中心,如图4.1所示。在自动控制系统中,由于扰动的作用,被控量 X 偏离设定值 X_R,产生偏差 ΔX,即

$$\Delta X = X - X_R \tag{4.1}$$

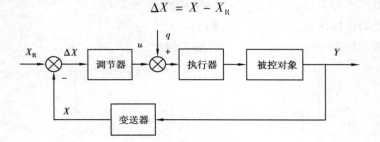

图 4.1　控制系统框图

偏差作为调节器的输入信号进入调节器,并按该调节器所制作的控制规律进行运算,即进行大脑的信号处理,运算处理的结果作为调节器的输出 u 控制执行机构动作,完成指挥中心的任务。

现在应用已经成熟的控制规律已有多种,如 PID 控制规律、自适应控制、模糊控制等。

PID 控制规律是最早发展起来且目前在工业过程控制中依然是应用最为广泛的控制策略之一。即便在科技发达的日本,PID 控制的使用率仍在 84.5% 以上,属于常规控制。这是因为 PID 控制规律结构简单,且综合反映关于系统过去的积分作用(I)、现在的比例作用(P)和未来的微分作用(D)三方面信息,对动态过程无须太多的预先知识,鲁棒性强,控制效果一般令人满意。

但是,当系统起停或设定值突然改变时,由于系统中某些元件的非线性(如饱和),在 PID 控制的积分项作用下,系统的输出将产生很大的超调并振荡很多次才能稳定下来,因此,那些线性不怎么好、干扰因素较多的系统,还有那些对过渡过程要求较高的快速跟踪系统,常规 PID 调节器的控制效果就很难让人满意,需要其他的控制规律。

4.2　PID 控制规律及实现方法

4.2.1　常规 PID 控制规律

控制规律对量纲一的数值进行运算,即输入信号 e、输出信号 u 分别为:

$$e = \frac{\Delta X}{X_{\max} - X_{\min}}, \qquad u = \frac{\Delta Y}{Y_{\max} - Y_{\min}} \tag{4.2}$$

式中:$X_{\max} - X_{\min}$——被控量的最大值与最小值之差,即测量范围;

　　　$Y_{\max} - Y_{\min}$——输出量的最大值与最小值之差,即输出范围。

当 $e > 0, u > 0$ 时,称为正作用调节器;反之,当 $e > 0$,而 $u < 0$ 时,称为反作用调节器。

常见的控制规律表达方法有:

- 时间特性　观察输入信号变化时,控制规律的瞬时响应过程。
- 微分方程与传递函数　控制规律的精确数学表达。
- 频率特性　观察输入信号在频率发生变化时,控制规律的响应规律。
- 差分方程　微分方程或传递函数的离散化算法,用于计算机软件编程。

(1)比例调节器(P)

比例调节器的微分方程:　　　　　$u = K_p e$ 　　　　　　　　(4.3)

比例调节器的传递函数:　　　$W(s) = K_p$ 　　　　　　　　(4.4)

比例调节器的频率特性:　　　$W(j\omega) = K_p$ 　　　　　　　(4.5)

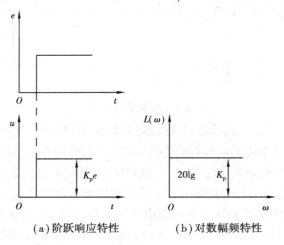

(a)阶跃响应特性　　　　　(b)对数幅频特性

图 4.2　比例调节器特性

比例调节器的时间特性和对数幅频特性如图 4.2 所示。比例调节器对所有频率信号控制作用强度相同。

比例控制为有差控制,系统控制过程终止时,静差必然存在,且扰动 q 越大,要求补偿其影响的 u 值越大。系统静差出现在 $u = 100\%$ 时,即

$$e_{max} = \frac{u_{max}}{K_p} = \frac{1}{K_p} \tag{4.6}$$

静差是用来衡量调节器的重要指标之一:控制精度 $\varepsilon\%$。增大 K_p 虽然能减小静差,但由于系统常由多个惯性环节串联,K_p 过大,会使系统产生自激振荡。因此,对于某些扰动较大,对象惯性也大的系统,单纯的比例调节器难以兼顾动态和静态的品质指标。

在调节器的实际应用中,表征调节器放大倍数的可控参数为比例度 u,并据此对调节器刻度。注意,这只是个习惯问题,初学者在此常有混淆。

$$u = \frac{1}{K_p} \times 100\% = \frac{e}{u} \times 100\% = \frac{\dfrac{\Delta X}{X_{max} - X_{min}}}{\dfrac{\Delta Y}{Y_{max} - Y_{min}}} \times 100\% \tag{4.7}$$

u 又称比例带,表征输出变化全范围(100%)所对应的输入变化范围,如图 4.3 所示。

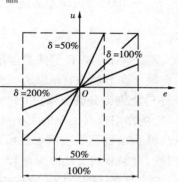

图 4.3　比例调节器 I/O 关系

(2)比例积分调节器(PI)

PI 调节器的微分方程:

$$u = K_p \left(e + \frac{1}{T_I} \int e \, dt \right) \tag{4.8}$$

理想 PI 调节器传递函数:

$$W(s) = \frac{1}{\delta} \left(1 + \frac{1}{T_I s} \right) \tag{4.9}$$

实际的 PI 调节器传递函数:

$$W'(s) = \frac{1}{\delta} \cdot \frac{1 + \dfrac{1}{T_I s}}{1 + \dfrac{1}{K_I T_I s}} \tag{4.10}$$

式中,T_I 为积分时间,K_I 为积分增益。

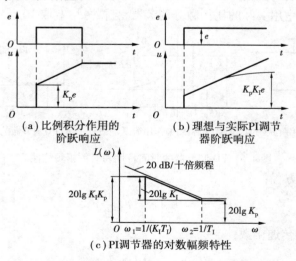

图 4.4　PI 调节器的时间特性和对数幅频特性

比例积分调节器的时间特性和对数幅频特性如图 4.4 所示。由图 4.4(a)可知,只要输入信号不为零,即偏差 e 存在,积分控制规律就要起作用,输出就要不断地增加,直到 e 为零时,输出才不变化,进入保持状态。因此,积分控制规律是一种消除静差的控制,且 T_I 越大,积分作用越强。结合它的对数幅频特性,如图 4.4(c)可知,积分控制规律只对静态或低频有作用,因此,积分作用不能单独使用,常与比例作用组合,构成比例积分调节器应用。

在比例积分调节器的实际应用中,由于电路的输出不能无限地增大,或计算机的精度不能无限高,实际的比例积分调节器是具有饱和特性的,为 $W'(S)$。特性只能在某一区域里是线性的,并且静差与 K_I 有关。应用终值定律,静差 $e(\max)$ 可以如下考虑:

$$\lim_{t \to \infty} e(t) = \lim_{s \to 0} sE(s) = \lim_{s \to 0} s \frac{1}{W(s)} \frac{u}{s} \tag{4.11}$$

当 $u = 100\%$ 时,误差 e 最大,调节精度为:

$$\varepsilon\% = \lim_{s \to 0} s \frac{1}{W(s)} \frac{1}{s} = \frac{\delta}{K_I} = \frac{1}{K_I K_P} \tag{4.12}$$

因此,K_I 是调节器表征消除静差的一项指标。在模拟调节器中它是运算放大器的开环放大倍数,在数字调节器中它反映为数值容量。

(3)比例微分调节器(PD)

比例作用根据偏差的大小进行调节,积分作用可以减小被控量的余差。对于一般的控制系统,PI 调节器已经能满足生产过程自动化的要求,是应用最多的调节器。但当对象有较大的惯性、对象开始变化时偏差较小,却以较大的速度增加等,此时,PI 控制的品质就较差,需要根据被控量变化的趋势采取控制措施,以防止被控量产生更大的偏差,这就是微分控制。同比例积分调节器一样,常以比例微分混合使用。比例微分调节器的时间特性和对数幅频特性如图 4.5 所示。理想的 PD 在实际应用中是不"理想的",当误差信号为阶跃信号时,PD 作用使响应瞬时呈无限大,如图 4.5(a)所示;随着误差频率的增加,放大倍数以每十倍频程 20 dB 的速度增加,如图 4.5(c)中实线所示。电路的热噪声、寄生干扰等各种干扰等常以高频的形式出现,若微分控制对系统的主要干扰调节强度小,而对微小的次要扰动调节强烈是不希望出现的。因此,在实际应用中用实际的比例微分调节器,且微分增益取 10。

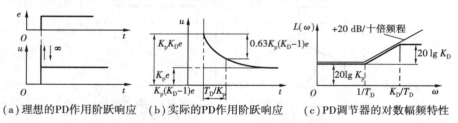

(a)理想的PD作用阶跃响应　(b)实际的PD作用阶跃响应　(c)PD调节器的对数幅频特性

图 4.5　PD 调节器的时间特性和对数幅频特性

PD 调节器的微分方程:

$$u = K_P \left(e + T_D \frac{de}{dt} \right) \tag{4.13}$$

理想的 PD 调节器传递函数:

$$W(s) = \frac{1}{\delta}(1 + T_D s) \tag{4.14}$$

实际的 PD 调节器传递函数:

$$W'(s) = \frac{1}{\delta} \frac{1 + T_D s}{1 + \dfrac{T_D}{K_D} s} \tag{4.15}$$

式中,T_D 为微分时间,K_D 为微分增益。在比例积分调节器中,希望能实现理想的控制规律,因为硬件达不到,只能应用实际的比例积分控制规律,取某一范围内的理想区域。而在比例微分调节器中,不需要理想的 PD,只需要具有饱和特性的 PD。

当输入信号是幅度为 e 值的阶跃函数时,实际的 PD 阶跃响应曲线用拉氏反变换求得:

$$u(t) = K_P \left[e + e(K_D - 1) e^{-\frac{K_D}{T_D} t} \right] \tag{4.16}$$

由上式作出图 4.5(b),并由此图得到实验测定微分调节参数 K_D、T_D 的方法。由 $u(0) = K_D K_D e$,$u(\infty) = K_p e$,$u(T_D/K_D) = 0.37[u(0) - u(\infty)] + u(\infty)$,有步骤:

①给调节器加幅度为 e 的阶跃输入 $e \cdot 1(t)$,记录 $u(0)$ 与 $u(\infty)$。

②计算出 K_D 与 $u(T_D/K_D)$,$K_D = u(0)/u(\infty)$。

③再次给调节器加幅度为 e 的阶跃输入 $e \cdot 1(t)$,同时启动秒表,当输出为 $u(T_D/K_D)$ 时记下时间 t,则 $T_D = K_D t$。

(4) 比例积分微分调节器(PID)

比例积分微分调节器又称 PID 调节器,为三种调节效果的叠加。理想的 PID 调节器传递函数为:

$$W(s) = \frac{1}{\delta} \left(1 + \frac{1}{T_I s} + T_D s \right) \tag{4.17}$$

实际的 PID 调节器具有饱和特性,传递函数为:

$$W'(s) = \frac{1}{\delta} \frac{1 + \dfrac{1}{T_I s} + T_D s}{1 + \dfrac{1}{K_I T_I s} + \dfrac{T_D}{K_D} s} \tag{4.18}$$

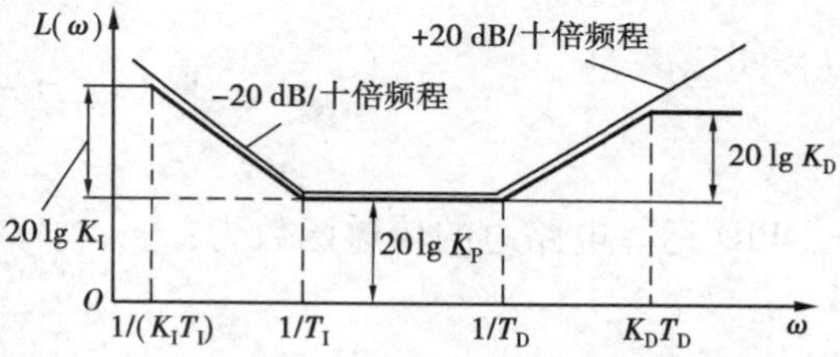

图 4.6　PID 调节器理想与实际的对数幅频特性

根据控制理论和大量仿真实验可知,决定比例、微分、积分控制作用强弱的参数分别是比例系数 K_P、微分时间 T_D、积分时间 T_I,且有以下规律:

①K_p：K_p 越大,系统反应灵敏,过渡过程越快,但稳定度下降。

②T_D：T_D 越大,微分作用越强,能够克服容量和测量滞后,但对突变信号反应过猛。

③T_I：T_I 越小,积分作用越强,消除余差越快,稳定度下降,振荡加强。

PID 调节器理想与实际的对数幅频特性如图 4.6 所示。

4.2.2　控制规律的实现方法

(1) 模拟调节器实现方法

用 RC 电路的各种电阻电容组合实现控制规律。例如,一个简单的 RC 电路,如图 4.7 所示。该电路的传递函数为:

$$W(s) = \frac{V_o}{V_i} = \frac{1}{1 + RCs} \tag{4.19}$$

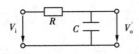

图4.7 一个 RC 电路实现控制规律示例

它是时间常数为 RC 的惯性环节,当 RC 较大时,可在一个区间内看成积分环节。但是,这种电路的输入输出特性不好,不能用于实现调节器,必须应用放大器、RC 反馈组合来处理输入输出特性,构成 P、PI、PD、PID 等控制规律。这是最早的实现方法。

用模拟电路实现 PID 调节器随电子技术的发展已经有了几次换代:电子管、晶体管、集成电路以及超大规模集成电路等。主要的发展思路是:使用维护方便、提高控制精度、尽可能小的应用干扰等。下面介绍目前应用中的一些 PID 实现方案。

1)串联式 PID 调节器

应用运算放大器构成负反馈电路时,可以证明:电路的输出阻抗为零,输出为理想的电压信号。这个特点使得应用运算放大器实现控制规律电路非常简单。图4.8 所示为 PID 运算电路。由于各单元电路的输出阻抗为零,所以电路的串联使得各单元的传递函数直接相乘,没有负载效应。

比例环节传递函数 $W_1(s)$、比例微分环节传递函数 $W_2(s)$、比例积分环节传递函数 $W_3(s)$ 分别为:

$$W_1(s) = -K_{P1} \tag{4.20}$$

$$W_2(s) = K_{P2} \frac{1 + T_D s}{1 + \frac{T_D}{K_D}s} \tag{4.21}$$

$$W_3(s) = -K_{P3} \frac{1 + \frac{1}{T_I s}}{1 + \frac{1}{K_I T_I s}} \tag{4.22}$$

PID 运算电路总的传递函数为:

$$W(s) = W_1 W_2 W_3 = K_{P1}K_{P2}K_{P3} \frac{1 + \frac{T_D}{T_I} + \frac{1}{T_I s} + T_D s}{1 + \frac{T_D}{K_D K_I T_I} + \frac{1}{K_I T_I s} + \frac{T_D}{K_D}s}$$

因 $\frac{T_D}{K_D K_I T_I} \ll 1$ 可略去,令干扰系数 $F = 1 + \frac{T_D}{T_I}$,有

$$W(s) = FK_P \frac{1 + \frac{1}{FT_I s} + \frac{T_D}{F}s}{1 + \frac{1}{K_I T_I s} + \frac{T_D}{K_D}s} = K_P' \frac{1 + \frac{1}{T_I' s} + T_D' s}{1 + \frac{1}{K_I T_I s} + \frac{T_D}{K_D}s} \tag{4.23}$$

由于干扰系数 F 的存在,式中,K_P、T_I、T_D 为调节器仪表的刻度值,K_P'、T_I'、T_D' 为实际值,即实际的调节器整定值或控制效果值。它们之间的关系为:

相互干扰系数:$F = 1 + T_D/T_I$

比例系数:$K_P' = FK_P$

再调时间:$T_I' = FT_I$

预调时间:$T_D' = T_D/F$

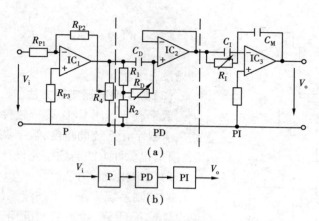

图 4.8　串联式 PID 运算电路

只要 $F \neq 1$，T_I、T_D 的变化都会影响 K'_p、T'_I、T'_D，这是由于 PID 的串联式结构的原因。并且可以证明，正是这种串联式结构，使应用受到限制：在调节器的整定中，T'_I 与 T'_D 的整定必须满足：$T'_D / T'_I \leqslant 1/4$。

2）微分先行调节器

在图 4.8 电路中，输入信号为测量信号与设定信号的差值，即包括设定信号。也就是说，当操作者旋转设定信号发生器的操作旋钮，改变设定信号时，操作的变化速率将因微分控制规律 PD 电路作用，在输出端 V_o 上反映出来。如图 4.9 所示电路方案，将对信号变化的控制作用只作用于测量值，让微分先行，从而克服了操作者在操作时引起的扰动。

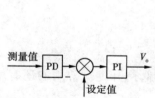

图 4.9　测量值微分先行调节器示意图

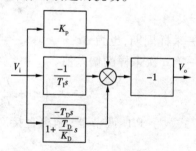

图 4.10　并联式 PID 运算电路框图

3）并联与串并联混合式调节器

PID 串联式结构的干扰系数 F 使控制不方便、有应用限制，并且串联也使各环节的误差积累放大。在组件组装式仪表中出现了并联式结构与串并联混合式结构。显然，误差积累降低了，干扰也减小或消除了，如图 4.10 所示（电路略）。图 4.10 的传递函数为：

$$W(s) = K_P + \frac{1}{T_I s} + \frac{T_D s}{1 + \dfrac{T_D}{K_D} s} = K_P \left(1 + \frac{1}{K_P T_I s} + \frac{\dfrac{T_D}{K_P}}{1 + \dfrac{T_D}{K_D} s} \right) \qquad (4.24)$$

在并联式结构中，干扰系数为 K_P，K_P 变化会使实际的再调时间 T'_I 和预调时间 T'_D 发生变化。

串并联混合式 PID 调节器电路如图 4.11 所示，传递函数为：

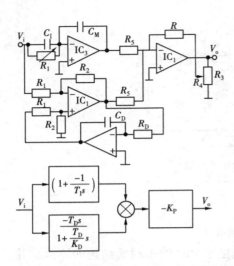

$$W(s) = K_P \left[1 + \frac{1}{T_I s} + \frac{T_D s}{1 + \frac{T_D}{K_D} s} \right] \quad (4.25)$$

可见没有干扰。

（2）数字调节器实现方法

数字调节器用 CPU 运行软件来代替模拟运算电路。从数字化系统的角度，数字调节器有两种实现方法：模拟化设计方法与数字化设计方法。

1）模拟化设计方法

将控制系统看作一个连续系统，应用连续系统理论设计校正环节，然后将校正环节的模拟算法离散化。当然，需要采样理论的支持，即采样周期选择合适，采样周期应小于信号最小周期的 1/2 倍（常取 1/8 倍）。

图 4.11　串并联混合式 PID 运算电路图

①标准微分方程的离散化

由
$$u(t) = K_p \left(e + \frac{1}{T_I} \int e \mathrm{d}t + T_D \frac{\mathrm{d}e}{\mathrm{d}t} \right) \quad (4.26)$$

将积分项与微分项离散化，有：

$$\int e \mathrm{d}t \approx \sum_{i=0}^{n} e_i \Delta t = T_s \sum_{i=0}^{n} e_i, \frac{\mathrm{d}e}{\mathrm{d}t} \approx \frac{e_n - e_{n-1}}{T_s}$$

式中：n——采样序号；

T_s——采样周期，也为 Δt；

e_n——第 n 次采样的偏差值。

$$u_n = K_P \left[e_n + \frac{T_s}{T_I} \sum_{i=0}^{n} e_i + \frac{T_D}{T_s} (e_n - e_{n-1}) \right] \quad (4.27)$$

上式称位置式数字 PID 调节器，输出直接对应执行机构阀门开度。常用的还有增量式数字 PID 调节器。

$$\Delta u_n = u_n - u_{n-1} = K_P (e_n - e_{n-1}) + K_P \frac{T_s}{T_I} e_n + K_P \frac{T_D}{T_s} (e_n - 2e_{n-1} + e_{n-2}) \quad (4.28)$$

比较位置式与增量式算法，后者计算机实现较为容易，只需存三个过程值。由仿真知，要使算法运行平稳，运算精度要求较高。

②传递函数离散化

将传递函数 $W(s) = K \dfrac{1 + T_1 s}{1 + T_2 s}$ 转换成用于计算机程序实现的数字化算法：

由
$$W(s) = \frac{u(s)}{e(s)} = K \frac{1 + T_1 s}{1 + T_2 s} \quad (4.29)$$

$$u(s)(1 + T_2 s) = e(s)(1 + T_1 s)K \quad (4.30)$$

有：
$$u_n + T_2 \frac{u_n - u_{n-1}}{T_s} = K \left(e_n + T_1 \frac{e_n - e_{n-1}}{T_s} \right) \quad (4.31)$$

整理得：$u_n = \dfrac{T_2}{T_s + T_2} u_{n-1} + K \dfrac{T_s + T_1}{T_s + T_2} e_n - K \dfrac{T_1}{T_s + T_2} e_{n-1} \approx u_{n-1} + \dfrac{KT_1}{T_2}(e_n - e_{n-1})$ (4.32)

2）数字化设计方法

将控制系统看作一个离散系统，应用离散系统理论，根据系统性能指标要求直接求出数字控制器的离散算法 $D(z)$。具体内容见计算机控制部分。

4.3 模拟调节器

模拟调节器的应用与发展已有 40 多年的历史，经历了电子管、晶体管、集成电路的 DDZ-Ⅰ、DDZ-Ⅱ 与 DDZ-Ⅲ 型系列仪表。其中，DDZ-Ⅲ 型调节器是一款完美的设计。随着微电脑的发展和单片机应用的普及，应该说 DDZ 系列模拟调节器仪表即将趋于被淘汰。但是，人们认识事物的规律是螺旋式的，DDZ-Ⅲ 型调节器的学习不仅可以为学习其他的调节器打下基础，还有助于开阔思路。

4.3.1 基型 PID 调节器

（1）DDZ-Ⅲ调节器的基本功能和性能指标

调节器仪表应该具有以下基本功能：能对偏差 $V_i - V_s$ 作 PID 运算；能指示输入信号 V_i、设定信号 V_s 与输出信号 I_o；可以实现正/反作用控制；在必要时能用手动操作，且操作很灵活；在自动与手动操作之间切换时能双向无平衡无扰动切换；有可靠灵活的故障措施等。DDZ-Ⅲ 调节器能以简单、可靠而巧妙的方式实现以上基本功能。

DDZ-Ⅲ 调节器的基本性能指标：

输入信号：1 ~ 5 VDC

输入阻抗影响 ≤ 0.1 Fscall%

内设定信号：1 ~ 5 VDC，稳定度：±0.1%

外设定信号：4 ~ 20 mADC

PID 参数整定范围：

比例带 δ：2% ~ 500%

再调时间 T_I：0.01 ~ 2.5 min 或 0.1 ~ 25 min

预调时间 T_D：0.04 ~ 10 min 或断

微分增益 K_D：10

输出信号：4 ~ 20 mADC

负载电阻：250 ~ 750 Ω

闭环跟踪精度：±0.5%

指示精度：动圈式 ±0.5%

输出保持特性：−1%/h

温度范围：0 ~ 50 ℃

电源：24V ±10%

（2）工作原理

DDZ-Ⅲ 型基型调节器组成框图如图4.12所示。该仪表由两块电路板组成：控制单元与指示单元。在控制单元内，输入信号 I_i 进入输入电路后转换为电压信号，与设定信号作减法运算求得偏差 $e(t)$，即 V_{01}。输入电路还有去掉干扰和控制整机电平的作用。V_{01} 通过后继串联的 PD、PI 电路进行 PID 运算得到 V_{03} 信号。输出电路将电压信号转换为适合于传输、便于带负载的电流信号 I_o。手动操作电路加在 PI 电路上，这是该设计的巧妙而上乘之作，性能良好且价格便宜，实现了自动与手动之间的双向无平衡无扰动切换。

(3)电路分析与设计特点

1)输入电路——偏差输入电平移动电路

DDZ-Ⅲ型仪表组成的控制系统采用直流 24 V 单电源集中供电,正是集中供电引出了信号传输误差。如图 4.13 所示为信号传输误差电路模型。由于变送器与调节器安装的地理位置不同,等效的传输电阻 R_{cm1}、R_{cm2} 则不同,其上的压降 V_{cm1}、V_{cm2} 也就不同。调节器的输入电路采用差动放大电路,将 V_{cm1}、V_{cm2} 作为电路的共模信号,就是为了利用差动放大电路不传输共模信号的特点来克服这种集中供电引入的误差。根据线性叠加原理,设 $R_1 = R_2 = R_3 = R_4 = R_5 = R_6$,运算放大器的反相输入端 V_F 有三个信号影响,如图 4.13 中的①、②与③,注意:V_{01} 是以 V_b 为基准的信号,V_b 是 10 V 电平移动电源,即调节器的输入电路将信号的电平移到了 V_b 上。

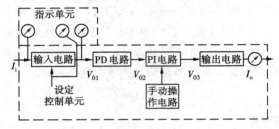

图 4.12　PID 调节器组成框图

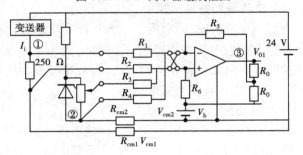

图 4.13　调节器的输入电路

$$V_F = \frac{R_4 /\!/ R_5}{R_1 + R_4 /\!/ R_5}(V_i + V_{cm1}) + \frac{R_1 /\!/ R_5}{R_4 + R_1 /\!/ R_5}V_{cm2} + \frac{R_1 /\!/ R_4}{R_5 + R_1 /\!/ R_4}\left(\frac{V_{01}}{2} + V_b\right) =$$

$$\frac{1}{3}\left(V_i + V_{cm1} + V_{cm2} + V_b + \frac{V_{01}}{2}\right) \tag{4.33}$$

同理,可求得:

$$V_T = \frac{1}{3}(V_R + V_{cm1} + V_{cm2} + V_B) \tag{4.34}$$

因为运算放大器的放大倍数非常大,有:

$$V_F = V_T'$$

则　　　　　　　　　　$$V_{01} = -2(V_i - V_R) \tag{4.35}$$

为什么要作电平移动?运算放大器的共模输入信号为:

$$V_F = V_T = \frac{1}{3}(V_R + V_{cm1} + V_{cm2} + V_B) \tag{4.36}$$

V_R 的变化范围为 1 ~ 5 V,V_{cm1} 与 V_{cm2} 的变化范围为 0 ~ 1 V。将数据代入上式,当 V_b 为零,即不

作电平移动时,共模输入信号为 0.33 ~ 2.33 V,显然低于运算放大器共模电压允许范围,会使运算放大器不能正常工作(例如,μA741 在 24 V 供电时,共模电压容许范围为 2 ~ 9 V)。若作电平移动,则共模输入信号为 3.7 ~ 5.7 V,运算放大器能正常工作。

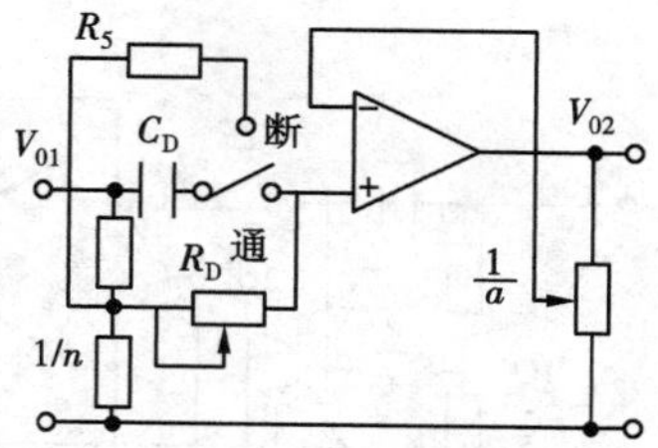

图 4.14　PD 电路与 D 作用开关

2)PD 电路——微分作用的投入与切除是无扰的

PD 电路用 RC 网络实现比例微分运算,用运算放大器构成的跟随器实现阻抗变换,传递函数为:

$$W_D(s) = \frac{V_{02}}{V_{01}} = \frac{\alpha}{n} \cdot \frac{1 + nR_DC_Ds}{1 + R_DC_Ds} \tag{4.37}$$

PD 电路的一个显著特点是:微分作用开关电路。该电路以简单可靠的方式,使微分作用的投入与切除"无扰"。"电路状态切换是无扰的"指电路切换前一瞬间的输出值与电路切换后一瞬间的输出值相等,即切换对电路不会引起扰动。若以 t_o 表切换时刻,无扰切换可表达为:

$$V_{02}(t_{o+}) = V_{02}(t_{o-}) \tag{4.38}$$

观察图 4.14,当微分作用开关置"通"时,$V_{02}(t_{o-}) = V_{01}/n$,$V_{CD}(t_{o-}) = (n-1)V_{01}/n$;当微分作用开关置"断"时,$V_{02}(t_{o+}) = V_{01} - V_{CD}(t_{o+}) = V_{01} - V_{CD}(t_{o-}) = V_{01}/n = V_{02}(t_{o-})$。所以,微分作用开关由"通"切向"断"的切换是无扰的。同理可以证明微分作用开关由"断"切向"通"的切换也是无扰的,从而可以证明微分作用的投入与切除是无扰的。

3)PI 电路——手动操作与切换问题

调节器的 PI 电路在运算放大器的前向通道上加了一个射极跟随器。因运算放大器的放大倍数 K_{03} 非常大,射极跟随器的加入不会对传递函数有影响,只是为了加限幅电路。积分时间有两挡:"×1"挡与"×10"挡,由开关 K_3 控制。在 V_F 端列节点电流方程为:

$$\frac{V_{02} - V_F}{\frac{1}{C_Is}} + \frac{\frac{V_{02}}{m} - V_F}{R_I} = \frac{V_F - V_{03}}{\frac{1}{C_ms}}, \quad V_{03} = K_{03}V_F \tag{4.39}$$

$$W_{PI} = \frac{V_{03}}{V_{02}} = -\frac{C_I}{C_m} \frac{1 + \frac{1}{mR_IC_Is}}{1 + \frac{1}{K_{03}R_IC_ms}} \tag{4.40}$$

令

$$T_I = mR_IC_I; C_I = C_m; K_I = \frac{K_{03}C_m}{mC_I}$$

则

$$W_{PI} = -\frac{1 + \frac{1}{T_Is}}{1 + \frac{1}{K_IT_Is}} \tag{4.41}$$

这是一个典型的具有饱和特性的比例积分环节。

调节器 PI 电路的设计精髓在于其上加入了简单的手动操作电路,如图4.15所示。用 K_1、K_2 联动开关实现无扰切换。K_1 置向 2,电路切换为软手动操作电路,它是一个典型的纯积

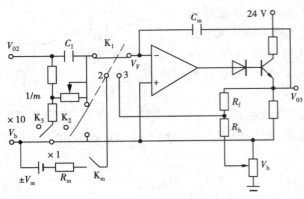

图 4.15　PI 电路与手操电路

分电路:当软手操按钮 K_m 按下时,正的或负的软手操电源 V_m 通过固定电阻 R_m 以恒定的电流 V_m/R_m 向积分电容 C_m 充电或者放电,使 V_{03} 以恒定的速度升高或降低。正是这个"恒定的速度",手动操作不会使电路输出 V_{03} 发生突变,所以,该电路称为软手动操作电路。K_1 置向 3,电路切换为硬手动操作电路,它是一个典型的反相比例放大电路: R_f 将输出信号反馈回运算放大器的反相输入端 V_F,相对于 V_B 为负的硬手操信号 $-V_h$

通过 R_h 进入 V_F。电路设计使 $R_f = R_h$,所以,在硬手操状态下,电路输出为正逻辑,即

$$V_{03} = V_h \tag{4.42}$$

下面讨论电路由自动或软手动操作状态向硬手动操作状态切换问题。在自动或软手动操作状态下,电路有一输出 $V_{03}(t_{0-})$。当切换到硬手动操作状态瞬间,电路输出 $V_{03}(t_{0+})$ 由硬手动操作电路,即由反相比例放大电路确定,$V_{03}(t_{0+}) = V_h$,如若调节 V_h,使之与 $V_{03}(t_{0+})$ 相等,仍可做到无扰切换。因此,称自动或软手动操作状态向硬手动操作状态的切换为"有扰动的切换",或"须预调平衡的无扰切换"。

下面讨论电路由手动操作状态向自动状态的切换问题:

在手操状态下,与 K_1 联动的 K_2 开关将 C_1 并接在 V_{02} 上,因此,C_1 总是在跟踪着 V_{02} 的变化,即 C_1 在作无扰切换的准备,有 $V_{C1}(t_{0-}) = V_{02}(t_{0-})$,并且 V_T 接信号公共端"地",则 V_F 虚地,有 $V_{03}(t_{0-}) = V_{Cm}(t_{0-})$。当 K_1、K_2 联动开关将电路状态由手操切向自动时,由于电容上的电压不能突变,有:

$$V_F(t_{0+}) = V_{02}(t_{0+}) - V_{C1}(t_{0+}) = V_{02}(t_{0+}) - V_{C1}(t_{0-}) = V_{02}(t_{0+}) - V_{02}(t_{0-}) = 0$$

从而能保证 V_F 继续虚地,由于 C_m 上的电压不能突变,因此,有:

$$V_{03}(t_{0+}) = V_{Cm}(t_{0+}) = V_{Cm}(t_{0-}) = V_{03}(t_{0-}) \tag{4.43}$$

因此,由手动操作向自动的切换是无扰的,并且是无平衡无扰动的切换。

当软手操按钮未按下,或开关 K_1 并未置于某一接点上时,运算放大器的反相输入端处于浮空状态,如图 4.16 所示,此时,电路输出 V_{03} 等于电容 C_m 上的电压。如果电容 C_m 的绝缘性能不好,或运算放大器的输入阻抗不够高,时间长了 V_{03} 会垮下来。衡量 C_m 与运算放大器性能的这项指标称为保持特性。在一些国外的调节器设计中,为了提高这项指标,有的还在 PI 电路上加接了补偿电路。

4)输出电路——负载可变的恒流电路

输出电路将 1~5 V 的 V_{03} 转换为电流信号 I_0 作为执行机构的控制信号。调节器与执行器的安装位置相距较远,线路传输变数较多,所以,该电路的衡流性能要求较高。性能指标列出负载电阻变化范围为 250~750 Ω,实际可达 150~1.2 kΩ。调节器的输出电路如图 4.17 所示。

$$V_T = \frac{1}{1 + K}(24\ V + KV_B) \tag{4.44}$$

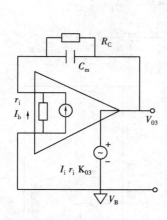

图 4.16　保持电路

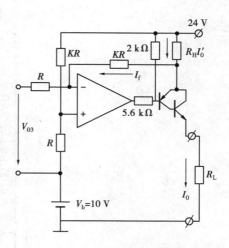

图 4.17　调节器的输出电路

$$V_F = \frac{1}{1+K}\left[K(V_{03} + V_B) + 24\text{ V} - I_0' R_H \right] \tag{4.45}$$

因 $V_T = V_F'$ 求得：

$$I_0' = \frac{KV_{03}}{R_H} \tag{4.46}$$

式中, $K = 250$, $R_H = 62.5\ \Omega$。通常用 R_H 调节来调节该电路的转换系数。

电路输出 $I_0' = I_0 + I_f$, 在设计的电路参数以及要求的精度下, $I_f \ll I_0$, 所以, 有 $I_0 \approx I_0'$, 即

$$I_0 = \frac{KV_{03}}{R_H} \tag{4.47}$$

表达式中不含负载电阻 R_L, 因此, R_L 只同电气极限参数有关。

5）指示电路——简单实用, 温度性能好

如图 4.18 所示, 指示电路为典型的差动放大电路。

$$V_0 = V_i \tag{4.48}$$

V_0 是以 V_b 为基准的输出电压, $I_0' = V_0/R_0$, 指示表头为毫安表, 指示 I_0 电流。由于 R 远大于表头支路电阻, 有 $I_0 \approx I_0'$。

由于表头安装在放大电路的前向通道上, 电流表内阻的热效应不会影响电路的工作。

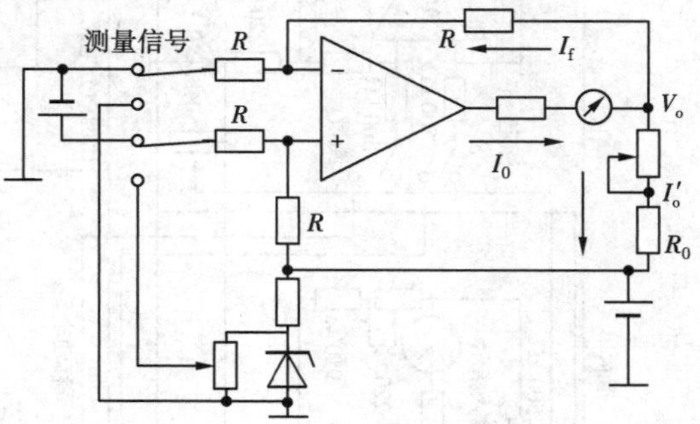

图 4.18　指示电路

（4）DDZ-Ⅲ调节器特性分析

1）调节器的传递函数

DDZ-Ⅲ调节器采用串联结构, 传递函数已有推导, 即

$$W(s) = FK_P \frac{1 + \frac{1}{FT_I s} + \frac{T_D}{F}s}{1 + \frac{1}{K_I T_I s} + \frac{T_D}{K_D}s} = K_P' \frac{1 + \frac{1}{T_I' s} + T_D' s}{1 + \frac{1}{K_I T_I s} + \frac{T_D}{K_D}s} \tag{4.49}$$

73

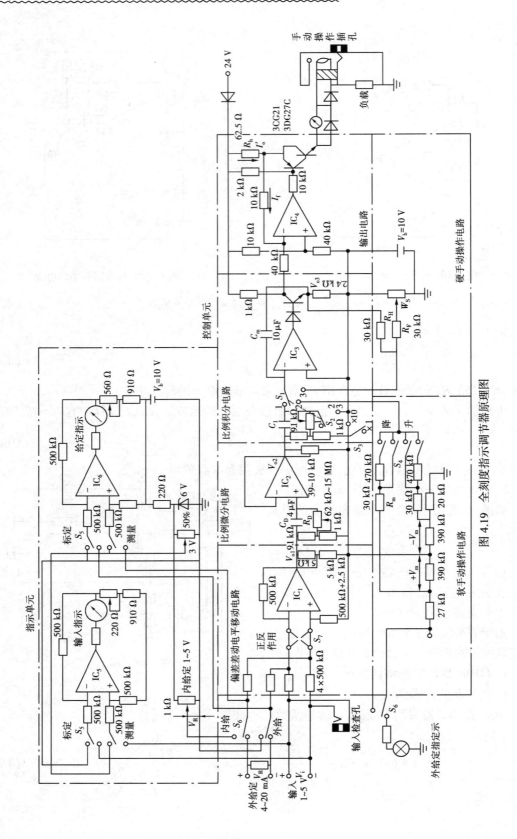

图 4.19　全刻度指示调节器原理图

式中：

$$\delta = \dfrac{nC_m}{2\alpha C_I} \times 100\%$$　刻度的比例度

$$T_D = nC_D R_D$$　刻度的预调时间

$$T_I = mC_I R_I$$　刻度的再调时间

$$K_D = n$$　微分增益

$$K_I = K_{03} C_m / (mC_I)$$　积分增益

$$F = 1 + T_D/T_I$$　相互干扰系数

$$K'_P = FK_P$$　实际的比例系数

$$T'_I = FT_I$$　实际的再调时间

$$T'_D = T_D/F$$　实际的预调时间

因此，DDZ-Ⅲ调节器仍然有应用受限问题：$T'_D/T'_I \leq 1/4$。在参数的取值中，$n = 10$，$C_m = C_I = 10 \ \mu F$，$C_D = 4 \ \mu F$，α 取 $1 \sim 250$，R_D 取 $62 \ k\Omega \sim 15 \ M\Omega$，$R_I$ 取 $62 \ k\Omega \sim 15 \ M\Omega$，$K_{03} > 10^5$，$m = 1$ 或 10，由此可得，可调参数范围为：

δ 取 $2\% \ \sim 500\%$

T_D 取 $0.04 \ \sim 10 \ \text{min}$

T_I 取 $0.01 \ \sim 2.5 \ \text{min}$ 或 $0.1 \ \sim 25 \ \text{min}$

2）误差分析

DDZ-Ⅲ调节器采用串联结构，误差会积累与放大，所以，第一级输入电路的误差影响较大。观察图 4.19，运算放大器电路高精度工作的一个条件是输入电路的静态对称，即将所有的信号去掉（电压源短路，电流源开路），运算放大器两个输入端的对地电阻应该相等。显然，取 1/2 输出反馈信号的方式引起了静态不对称，即

$$R_2 // R_3 // R_6 \neq R_1 // R_4 // (R_5 + R_{01} // R_{01}) \tag{4.50}$$

解决的办法是：在 R_6 支路上串接一个可调电阻，用于调节输入电路的静态对称。

积分电路中运算放大器的失调电压会引起误积分运算，这将会是相当大的误差。解决的办法是：运算放大器的同相输入端 V_T 不是直接地接 V_b，而是接一个高精度的可调电源。这种方法只能在某一温度下作失调补偿，温度变化后应进一步调整失调补偿。现在已有运算放大器能做到自动进行温度补偿，但还未应用于调节器仪表的生产。

4.3.2　积分饱和问题

PID 调节器在某些生产过程的控制中会出现积分饱和的问题。表现的现象是调节器在无征兆的情况下停止工作或似乎出现故障。这类问题常发生在反复启停、操作量限制较大、扰动较大和控制时间较长的系统中。

（1）积分饱和及其带来的危害

如图 4.20 所示，上述情况出现在积分电路输入信号 V_i 长期不为零时。由于 V_T 接地，则 V_F 虚地，充/放电电流 V_i/R 以恒定的电流值向电容 C 充/放电。由于电路的输出幅度总是有限的，或者操作量限制较大的系统不允许 V_o 太大，电容输出端的电位变化在充/放电过程中会因限制而停止。此时，V_i 存在，恒定的充/放电电流就存在，电容 C 的充/放电就不会停止，电容只有在 V_F 端变化。只有当 V_F 变得与 V_i 相等了，电容 C 的充/放电才会结束。因此，把由于积分引起 V_F 与 V_T 不相等称为积分饱和。

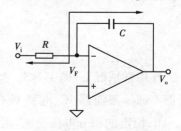

图 4.20　积分饱和问题

当积分电路的输入 V_i 反向时,调节器在正常的情况下,会马上进行反向积分,即电路输出 V_o 会马上反向变化。但是,如若电路发生了积分饱和现象,电路输出 V_o 不会马上反向变化,而是要等反相充电电流对电容 C 反相充电,直到 $V_F = V_T$ 后,V_o 才会反向变化。在此期间,V_o 不变,就好像调节器停止工作或出现了故障一样。这段时间引起了控制不及时,在调节系统中是十分有害的,它造成控制滞后、控制品质变坏,还会带来生产事故。

（2）抗积分饱和措施

积分饱和的原因是:当输出达到限幅值时,积分作用没有停止。因此,抗积分饱和的措施是应用某种方法自动地监视着积分环节的输出,当输出达到限幅值时:

①限制电容上的电压 V_c。

②取消积分作用,转换成比例作用。

③使输入信号为零或反向。

（3）电路举例

现就措施③举例,如图 4.21 所示。IC_5、IC_6 电路自动地监视着积分环节的输出 V_{03},IC_5 电路监视着输出上限值 V_H,IC_6 电路监视着输出下限值 V_L,则

IC_5 的同相端输入电压: $\qquad V_{T5} = (V_{03} - V_H)/2$

IC_6 的同相端输入电压: $\qquad V_{T6} = (V_{03} - V_L)/2$

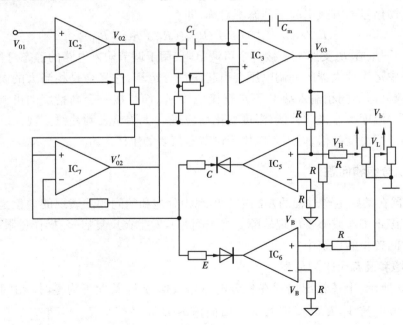

图 4.21　偏差反馈型积分限幅电路

在正常情况下,即 $V_L < V_{03} < V_H$,IC_5、IC_6 比较器分别输出负限幅值与正限幅值,两个二极管都不通。跟随器 IC_7 电路只有一个 V_{02} 信号输入。当 $V_{01} < 0$ 时,跟随器 IC_2 电路的输出 $V_{02} < 0$,恒定的积分电流使 V_{03} 恒定增加,如若 V_{01} 长期不为零,当 V_{03} 增加到 $V_{03} > V_H$ 时,比较器 IC_5 电路输出正限幅值,二极管导通,使图中 C 点电位 $V_C > 0$,此时,跟随器 IC_7 电路将增加一个

与 V_{02} 反相的输入信号,即措施③使输入信号为零或反向。当 $V_{01}>0$ 时,跟随器 IC_2 电路的输出 $V_{02}>0$,恒定的积分电流使 V_{03} 恒定减小,如若 V_{01} 长期不为零,当 V_{03} 减小到 $V_{03}<V_L$ 时,比较器 IC_6 电路输出负限幅值,二极管导通,使图中 E 点电位 $V_E<0$,此时,跟随器 IC_7 电路将增加一个与 V_{02} 反相的输入信号。

4.4 数字调节器和可编程序调节器

4.4.1 概述

数字调节器是模拟调节器的取代与向前的一个飞跃发展,对生产过程进行直接数字控制。与模拟调节器相比,性价比大为提高。但是,根据离散控制理论,对于相同的控制功能,模拟算法比离散算法稳定性好。随着电子技术的发展、计算机采样速度的提高以及控制算法的优化,这个缺陷会有所缓解。并且,数字调节器系统在现场总线系统中作为模拟现场仪表的接口仍将占有一席之地。

(1)硬件结构

数字调节器实际上就是一台用于工业控制的微型计算机,主要功能是对生产过程实行直接数字控制。如图 4.22 所示,除了生产过程以及与生产过程直接打交道的现场仪表,其他都属于数字调节器的硬件结构。由于生产现场环境复杂,地电场与空间电磁场的变化无序且分布混乱,因此,数字调节器与一般的微型计算机在硬件结构上的区别在于数字调节器有抗干扰能力极强的、多路的、多种信号的输入与输出通道;由于数字调节器作为一种工业控制仪表,在性价比上的考虑,它们的区别还在于数字调节器的人机对话硬件(即显示和键盘)可以极为简单,数字调节器的通信接口要符合某厂家的协议,数字调节器的 RAM 和 ROM 可以远比微型计算机小等。

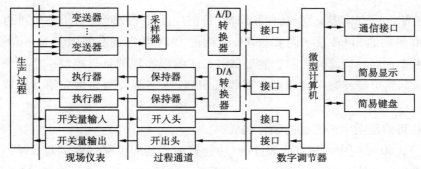

图 4.22 直接数字控制系统构成图

(2)软件构成

数字调节器作为一台工业控制仪表与计算机比较,具有软件功能单一、任务明确的特点。其软件由监控程序与应用程序构成。

数字调节器的监控程序是功能较为简单的操作系统,如图 4.23 所示,主要做本机管理并

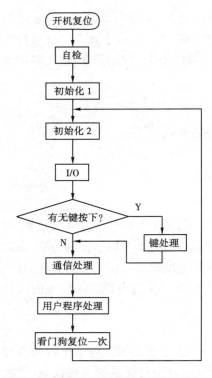

图 4.23 数字调节器监控程序框图

支持相应组态软件编制的用户程序。本机管理包括对调节器各部分硬件、用户程序管理和故障检测与处理，如开机或复位后，调节器检测传感器断线等与之相关的硬件是否正常，然后根据系统设置作初始化。初始化分为两步的目的是为了抗干扰。在每一个运算周期 T_s 里都作一次"初始化 2"，以防止扰动破坏常数。I/O 包括两部分：一部分是根据用户程序设置的通道进行信号输入、输出处理；另一部分是控制仪表面板状态指示灯、简易数据指示信号以及按键处理等。通过按键，可以显示、修改用户程序中设置的各控制回路的参数（T_I、T_D、δ、T_s）、传感器或变送器量程、控制方案、所需常数、报警值以及调节器手动/自动工作方式等。通过上位机仍可修改上述参数。监控程序对用户程序的处理，即是根据用户程序预定结构，依次查询各回路的预定任务、并依次执行，参见调节器组态方法。看门狗是一种定时器硬件电路，如果程序指针因扰动或其他问题而跳入死循环，监控程序在这个运算周期内就不会复位看门狗电路，此时，看门狗电路就会认为机器出故障了，会立即复位 CPU，从而跳出死循环，使监控程序自动恢复正常工作。

应用程序主要是指用户用于组态的软件。用户组态生成的程序就是用户程序。组态软件是一种"计算机编程软件"，为工程技术人员编写，只要具有控制系统常识就容易掌握。

4.4.2 数字式控制器

数字式控制器已有诸多类别、品种和规格，目前广泛使用的产品有 DK 系列的 KMM 数字调节器、YS-80 系列的 SLPC 数字调节器、FC 系列的 PMK 数字调节器以及 Micro760/761 数字调节器等。由于它们的运算与控制功能是靠组态或编程实现的且只控制一个回路，所以又常将它们称为单回路可编程数字调节器。下面以 SLPC 数字调节器为例介绍其构成原理、功能特点及应用：

（1）SLPC 可编程数字调节器的硬件构成

SLPC 是 YS-80 系列中一种有代表性的、功能较为齐全的可编程数字调节器，它的外形结构和操作方式与模拟调节器相似，只有在侧面面板上增加与编程有关的接口、键盘等。它具有基本的 PID、微分先行 PID、采样 PI、批量 PID、带可变滤波器设定的 PID 等多种控制功能，还可构成串级、选择性、非线性等多种复杂过程控制系统，并具有自整定、自诊断、通信等特殊功能，其硬件电路如图 4.24 所示。

各部分电路的具体构成及其功能简述如下：

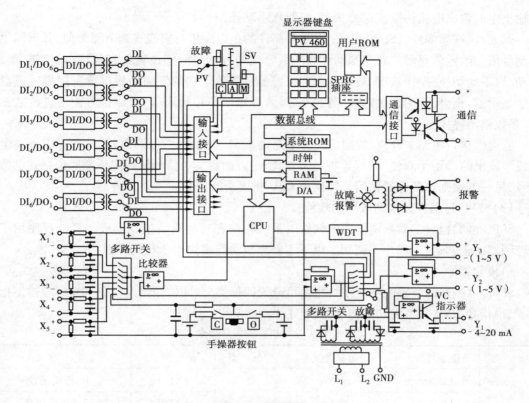

图 4.24 SLPC 可编程控制器的硬件电路

1）主机电路

主机电路中的 CPU 采用 8085AHC 芯片,时钟频率为 10 MHz;系统 ROM 为 64 KB,用于存储监控程序和各种功能模块;用户 ROM 为 2 KB,用于存放用户程序 RAM 为 16 KB。

2）过程输入/输出通道的特点

①过程输入通道中有五路模拟量输入和六路开关量输入。模拟量输入由 RC 滤波器多路开关、μPC648D 型高速 12 位 D/A 转换器和比较器等组成,并通过 CPU 反馈编码,实现比较型模、数转换。

②过程输出通道中有三路模拟量输出和六路开关量输出。模拟量输出中有一路输出为 4～20 mA直流电流,可驱动现场执行器;另两路输出为 1～5 V 直流电压,提供给控制室的其他模拟仪表。

③用一片 μPC648D 型 12 位高速 D/A 芯片,将 CPU 输出的数字量转换为模拟量输出,同时在 CPU 的程序支持下,通过比较器将模拟量输入转换成数字量输出;开关量输入与开关量输出共用同一通道,其选择由使用者用程序确定;所有开关量输入/输出通道与内部电路之间均用高频电压器隔离。

④在过程输入/输出通道中还分别设计了"故障/保持/软手动"功能,如图 4.24 所示。模拟量输入信号 X_1 经滤波器后分为两路:一路模数转换后进入 CPU,另一路则送往"故障/PV 开关"。当仪表工作不正常时,由 CPU 的自检程序通过 WDT 电路发出故障警报信号,并自动将"故障/PV 开关"开关切换到故障位置,直接显示被控量 X_1;与此同时,故障输出信号则将模

拟输出中的输出电流切换成保持状态,以便软手动操作。

⑤人/机联系部件。SLPC 的人/机联系部件的正面面板与模拟式调节器类似,其不同之处是测量值与给定值显示器有模拟动圈式和数字式两种;此外,还设置给定值增/减按键、串级/自动/软手动切换/操作按键、故障显示和报警显示灯等。它的侧面面板设置有触摸式键盘和数字显示器,正/反作用开关以及编程器和写入程序的芯片插座等,可以很方便地进行数据修改、参数整定等操作。

⑥通信接口电路。SLPC 的通信接口电路由 8251 型可编程通信接口芯片和光电隔离电路组成。该电路采用半双工、串行异步通信方式,一方面将发送信号转换成标准通信格式的数字信号,另一方面则将外部通信信号转换成 CPU 能接受的数据。

(2)SLPC 可编程数字调节器的软件

SLPC 可编程数字编程调节器的软件由系统程序和功能模块指令组成。系统程序用于确保控制器的正常运行,用户不调用。以下主要介绍功能模块指令及其应用:

1)模块指令

SLPC 可编程调节器的功能模块指令可分为四种类型,即信号输入指令 LD、信号输出指令 ST、结束指令 END 和各种功能指令,见表 4.1。

表 4.1　SLPC 的用户指令

分　类	指令符号	指令含义	分　类	指令符号	指令含义
输入	LD Xn	读 Xn	函数运算	FX1,2	10 折线函数
	LD Yn	读 Yn		FX3,4	任意折线函数
	LD Pn	读 Pn		LAG1~8	一阶惯性
	LD Kn	读 Kn		LED1,2	微分
	LD Tn	读 Tn		DED1~3	纯滞后
	LD An	读 An		VEL1~3	变化率运算
	LD Bn	读 Bn		VLM1~6	变化率限幅
	LD FLn	读 FLn		MAV1~3	移动平均运算
	LD Din	读 Din		CCD1~8	状态变化检出
	LD Don	读 Don		TIM1~4	计时运算
	LD En	读 En		PGM1	程序设定
	LD Dn	读 Dn		PIC1~4	脉冲输入计数
	LD CIn	读 CIn		CPO1,2	积算脉冲输出
	LD COn	读 COn		HAL1~4	上限报警
	LD KYn	读 KYn		LAL1~4	下限报警
	LD LPn	读 LPn		AND	与

续表

分　类	指令符号	指令含义	分　类	指令符号	指令含义
输出	ST Xn	向 Xn 输出	条件判断	OR	或
	ST Yn	向 Yn 输出		NOT	非
	ST Pn	向 Pn 输出		EOR	异或
	ST Tn	向 Tn 输出		COnn	向 nn 步跳变
	ST An	向 An 输出		GIFnn	条件转移
	ST Bn	向 Bn 输出		GO SUBnn	向子程序 nn 步跳变
	ST FLn	向 FLn 输出			
	ST Don	向 Don 输出		GIF SUBnn	向子程序 nn 条件转移
	ST Dn	向 Dn 输出			
	ST COn	向 COn 输出		SUBnn	子程序
	ST LPn	向 LPn 输出		RTN	返回
结束	END	运算结束		CMP	比较
基本运算	+	加法	存储位移	SW	信号切换
	−	减法		CHG	S 寄存器交换
	×	乘法		ROT	S 寄存器旋转
	÷	除法	控制功能	BSC	基本控制
	$\sqrt{}$	开方		CSC	串级控制
	$\sqrt{E}$	小数点切除型开方		SSC	选择控制
	ABS	取绝对值			
	HSL	高值选择			
	LSL	低值选择			
	HLM	高限幅			
	LLM	低限幅			

表 4.1 中的所有指令都与五个运算寄存器 $S_1 \sim S_5$ 有关，这五个运算寄存器实际上对应于 RAM 中五个不同的存储单元，以堆栈方式构成，只是为了使用和表示方便，才对它们定义了不同的名称和符号（如模拟量输入寄存器 Xn 等）。此外，SLPC 还有 16 个数据寄存器以分类存放各种数据。

指令中代码的含义说明如下：

Xn——模拟量输入数据寄存器，$n = 1 \sim 5$；

Yn——模拟量输出数据寄存器，$n = 1 \sim 6$；

An——模拟量输入数据寄存器，$n = 1 \sim 16$；

Bn——模拟量输出数据寄存器，$n = 1 \sim 39$；

FLn——状态标志寄存器,n = 1 ~ 32;

DIn——开关量输入寄存器,n = 1 ~ 6;

DOn——开关量输出寄存器,n = 1 ~ 6;

Dn——通信发送用模拟量寄存器,n = 1 ~ 15;

En——通信接收用模拟量寄存器,n = 1 ~ 15;

Pn——可变常数寄存器;

CIn——通信接收用数字量寄存器,n = 1 ~ 15;

Tn——中间数据暂存寄存器;

COn——通信发送用数字量寄存器,n = 1 ~ 15;

LP——可编程功能指示输入寄存器。

表 4.1 中除 LD、ST、END 三种指令外,其余均为功能指令。这些功能指令基本涵盖了控制系统所需的各种运算和控制功能。

2)运算与控制功能的实现

在熟悉了 SLPC 可编程调节器的模块指令后,即可使用这些指令完成各种运算和控制功能。下面以加法运算和控制方案的实现为例加以说明。

①加法运算的实现。加法运算的实现过程如图 4.25 所示。图中 $S_1 \sim S_5$ 的初始状态分别为 A、B、C、D、E。

加法运算程序为:

LD X_1;读取 X_1 数据

LD X_2;读取 X_2 数据

+;对 X_1、X_2 求和

ST Y_1;将结果存入 Y_1

END;运算结束

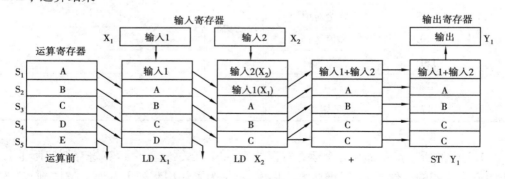

图 4.25　加法运算的实现过程

②控制方案的实现。SLPC 有三种控制功能指令,可直接组成三种不同类型的控制方案;

a. 基本控制指令 BSC,内含一个调节单元 CNT_1,相当于模拟仪表中的一台 PID 调节器,可用来组成各种单回路控制方案。

b. 串级控制指令 CSC,内含两个串级调节单元 CNT_1、CNT_2,可组成选择性控制方案。

c. 选择性控制指令 SSC,内含两个并联的调节单元 CNT_1、CNT_2 和一个单刀三掷切换开关 CNT_3,可组成选择性控制方案。图 4.26 所示为这三种控制指令的控制功能图。

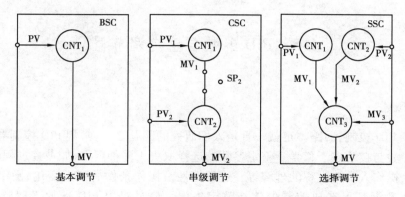

图 4.26　三种控制指令的控制功能图

　　这里需要说明的是,控制功能指令是以指令的形式在用户程序中出现,而调节单元所采用的控制算法则是以控制字代码由键盘确定,其部分控制字代码的功能规定为:$CNT_1 = 1$ 为标准 PID 算法,$CNT_2 = 2$ 为标采样 PI 算法,$CNT_3 = 0$ 为低值选择,$CNT_3 = 1$ 为高值选择。

　　以 BSC 为例,被控量接到模拟量输入通道 X_1,实现单回路 PID 控制的程序为:

LDX_1;读取 X_1 数据

BSC;基本控制

STY_1;将控制输出 MV 存入 Y_1

END;运算结束

　　此外,为了满足实际使用的需要,上述三种控制功能指令还可以通过寄存器 A 和寄存器 FL 进行功能扩展。寄存器 A 主要用于给定值、输入输出补偿、可变增益等;寄存器 FL 主要用于报警、运行方式切换、运算溢出等。图 4.27 所示为 BSC 指令扩展后的功能结构图。

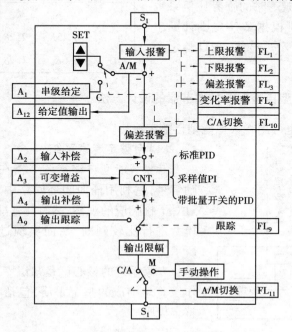

图 4.27　BSC 指令扩展后的功能结构图

4.5 PID参数自整定调节器

4.5.1 概述

自从有了PID控制,回路整定就一直是人们研究的问题之一,常规PID控制器的传统整定方法往往是经验与技巧多于科学。整定参数的选择取决于多种因素,如被控过程的动态性能、控制目标以及操作人员对过程的理解等。过程特性及操作条件的频繁变化、操作人员对回路整定方法不熟悉等都可造成控制欠佳与整定失误。最早提出PID参数工程整定方法是在1942年,简称Z-N整定公式。此后,出现了很多PID参数整定的方法。20世纪80年代中期以来,出现了很多商品化的自整定PID调节器和PID自整定软件包。

一个基本的、性能优良的自整定PID调节器,就是在按下自整定控制键或通过功能键设定了自整定方式后能自动识别被控过程的数学模型,尽可能地利用最少的直接或间接的动态过程模型参数,通过一种简单可靠的最优性能指标,得出的一种简明PID参数整定规则或公式,计算出优化的PID参数,然后,微处理器自动将该组PID参数装入仪表中,对被控对象进行自动控制。因此,PID自整定是一种依赖对被控过程动特性的识别,自动计算PID参数的整定方法。大致可分为两大类:波形识别和以对象数学模型为基础的自整定。

4.5.2 继电器振荡PID参数自动整定技术

根据人工手动整定PID参数方法,只要求出比例控制系统等幅振荡时的临界比例系数K_u和振荡周期T_u,即可根据Z-N规则计算出PID参数,如表4.2所示。显然,在自整定调节器中不易直接使用。

表4.2 临界比例度整定公式

控制器	比例项			
	K_p	δ	T_I	T_d
P	$0.5K_u$	$2\delta_u$		
PI	$0.45K_u$	$2.2\delta_u$	$0.85T_u$	
PID	$0.6K_u$	$1.7\delta_u$	$0.5T_u$	$0.125T_u$

4.5.3 专家智能型自整定PID调节器的设计方法

参数的实时修正也可用专家智能型自整定法。

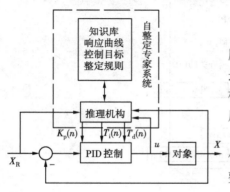

图4.28 专家自整定调节器构成框图

(1)自整定专家系统

专家智能型自整定调节器在识别过程中无须加激励信号,它利用任何闭环回路中总存在一定的干扰,通过对干扰响应的观察,然后与智能工程基础的最优响应模型进行比较判断,从而实现过程的识别,如图4.28所示。

专家系统的核心就是知识库,即按专家的整定与操作经验总结成的整定手册,包括响应曲线、控制目标与整定规则。

1)响应曲线

响应曲线库容纳了扰动情况下几乎所有的输出曲

线响应类型,以供参数整定时参照以及用户选择,如图4.29所示。

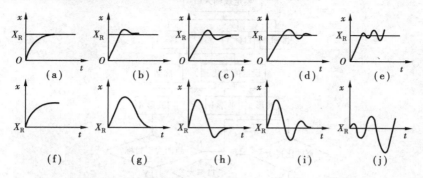

图4.29 设定值变化或负荷扰动下输出响应曲线类型

2)控制目标

控制目标可在使用时根据控制系统的具体要求选择;换言之,使用专家智能自整定PID控制器,用户必须首先根据所需要的目标值响应波形,指定控制目标类型,所需要的响应波形依过程特性而异,表4.3列出了目标类型。例如,温度控制最好不要超调,压力和流量的控制要求快速响应,故允许有较小的超调等。

表4.3 控制目标类型

类型	控制目标	目标表达式
0	超调量:无	超调量 $=0$
1	超调量:小(5%)	
	整定时间:短	$ITAE = \min\int |e| t \mathrm{d}t$
2	超调量:中(10%)	
	上升时间:略	$IAE = \min\int |e| \mathrm{d}t$
3	超调量:大(20%)	
	上升时间:短	$ISE = \min\int e^2 \mathrm{d}t$
4	1/4 衰减比	E-N 整定规则

3)整定规则

整定规则综合了许多控制工程师的经验,转换为定量整定公式存于计算机中。例如:

规则1 对设定值变化或干扰引起的输出响应采取不同的整定规则。

规则2 当输出响应的超调量过大及衰减比过小时,减小 K_p。若最大偏差大,且趋于非周期过程时,增加 K_p。如:当上述情况发生时,$K_p(n)$ 加减一个修正量或乘一个修正系数。

规则3 一般取 T_I 等于 1/2 系统振荡周期,取 $T_D = (1/3 \sim 1/4) T_I$。

规则4 输出响应若长期偏离给定值,减小 T_I。若波动较大,则增大 T_I。

规则5 K_p 过小或 T_I 过大都会引起系统响应迟缓,难以稳定。但两者的变化有区别:前者表现为曲线漂动较大,变化无规则;后者则会逐渐接近给定值。

将经验规则定量化、程序化,如图4.30所示。例如,控制目标选为1/4衰减比。当在设定值变化下,测得输出响应曲线相似如图4.29(d)时,根据专家经验,第一步先查看超调量是否

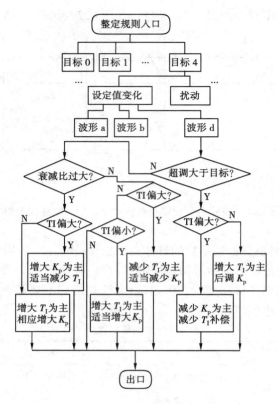

图 4.30　参数整定规则程序框图

大于要求目标值,若真,则判断 T_I 是否偏大;若真,则控制策略以减少 K_p 为主,相应减少 T_I 作为补偿。若 T_I 偏小,则控制策略以增大 T_I 为主,视超调量适当调 K_p。

若超调量小于要求目标值,则判断衰减比是否过大,若超调量在容许范围内,而 T_I 不偏大也不偏小,则继续应用该套参数。若 T_I 偏大,则主要以减少 T_I 为主,相应减少 K_p。

在整定规则中,K_p、T_I 的增加与减少常以下式执行:

$$K_p(n) = \alpha \times K_p(n-1) \quad \text{或} \quad K_p(n) = K_p(n-1) \pm \alpha$$
$$T_I(n) = \beta \times T_I(n-1) \quad \text{或} \quad T_I(n) = T_I(n-1) \pm \beta$$

其中,$K_p(n)$、$K_p(n-1)$、$T_I(n)$、$T_I(n-1)$ 分别为本次和上次的整定值,α 与 β 可以为预定的常数,但最好是按专家经验不断修正出来的变量。

4)推理机构

推理机构的作用是识别系统输出响应波形,归为知识库中存储波形中的一种,并进行品质评价,根据控制目标的要求,采取相应措施。

波形识别主要观察偏差的变化,通过识别并验证峰值、峰值时间的真实性进行。还应计算并记录反映过程实际品质的各特征量,如超调量、递减比、响应时间等。通过将反映过程实际品质的各特征量同目标值比较,即可确定整定方向。例如,当输出响应出现波动时,专家自整定控制器重新计算 K_p、T_I、T_D。输出响应在预置值之内波动时,则认为可控性良好,否则,需要重新估算过程特性,并计算 PID 参数。当输出响应有波动时,为检查过程特性的波动,需使用过程特性的估算模型,计算对应模型的输出变化率,若估算准确度高,则执行自整定功能,反之,表明要重新整定 PID 参数。

(2)整定过程

专家自整定控制器有两种工作模式:启动处理与在线自整定。专家自整定 PID 控制程序流程图如图 4.31 所示。

1)启动处理

刚投运时,需在此方式下进行启动处理,根据控制目标类型,把 0% ~ 20% 的阶跃变量施加到操纵变量 u 上,并自动计算出 K_p、T_I、T_D 及整定范围(限幅值),自动识别出过程类型、过程响应时间 T_R 等参数,为在线自整定作准备。

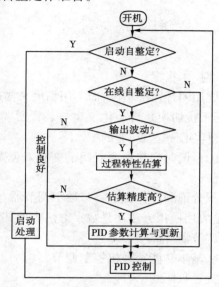

图 4.31　专家自整定 PID 控制程序流程框图

2)在线自整定

自整定控制器为 ON 方式下,启动自整定控制器,观测输出是否有波动,若无波动,则认为上一个控制周期所作的整定很好,从而转入普通 PID 控制;若观测到输出有波动,则重新进行过程特性参数的估算、评价估算的准确度、PID 参数的重新计算,所求得的 PID 参数更新 PID 控制器。在线自整定中,同时进行着时间判断。在经过 $T_R/5$ 时间后,便自动恢复为 OFF 方式(普通 PID),自整定控制器停止工作,此时,PID 参数已自动更新。

3)相关计算

①过程响应时间 T_R 计算

对于 T_R 的估算,可由阶跃响应或阻尼振荡波形估算,对静态模型,有:

$$T_R = \tau + 3T$$

②估算准确度 MR

可用过程输出变化率表征,即

$$MR = X(n)/X(n-1)$$

当过程输出变化率小于 0.5 或大于 2 时,认为估算准确度不够高。

③估算被控过程模型参数时滞时间 τ、一阶滞后时间常数 T 和过程增益 K 略。

专家智能型自整定 PID 控制器的优点是:采用闭环设定值响应和扰动响应的模式识别方

法,辨识被控过程的动态特性,降低了对被控过程数学模型的要求,适用于各种工业过程,鲁棒性强;但该方法需有优秀的专家经验知识库,该类控制器投运初期,可能由于 PID 参数值偏离目标值太远而引起较大超调,恢复时间长,需经几个回合的振荡调整后,才能达到目标值。

目前,大多数商品化的自整定控制器用于单回路控制及 DCS 系统中。在过去的十多年里,国外 PID 自整定技术不断取得新进展。基于人工神经元网络与模糊控制器相结合、预测控制和遗传算法相结合等,为智能自适应控制提供了一个有潜力的发展方向。并且,增强自适应控制器的鲁棒性、有效性和可靠性,也将是科研工作者和自动化仪表厂商面临的任务之一。

思考题与习题

4.1 试说明调节器的典型技术指标。

4.2 在调节器中为什么要用闭环跟踪精度,而不用精度来描述调节器的精度指标?

4.3 为什么说无平衡、无干扰切换是自动化仪表与装置所要追求的一项重要功能指标?模拟调节器与数字调节器是怎样实现这项功能的?

4.4 在调节器中,比例度、再调时间与预调时间的变化对调节规律有什么影响? 它们各自过大或过小会出现什么情况?

4.5 什么叫积分饱和? 积分饱和有什么危害? 数字调节器有积分饱和问题吗?

4.6 对于 PID 调节器,是应用模拟方法还是数字方法实现其静差更小?

4.7 试证明串联式模拟调节器 $T_{\mathrm{D}}'/T_{\mathrm{I}}' \leqslant 1/4$。

4.8 模拟调节器有些什么基本功能? 微机控制调节器增加了一些什么功能?

4.9 数字调节器有无干扰系数问题,为什么?

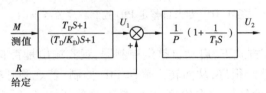

题图 4.1 微分先行 PID 调节器框图

4.10 如题图 4.1 所示为一个微分先行 PID 控制规律。试用模拟化设计方法设计微机实现该调节规律的数字调节器算法。

4.11 调节器的输入通道主要应考虑什么问题?

4.12 数字调节器用什么方法实现手动与自动之间的双向无平衡无扰动切换的? 试用框图说明。

4.13 试简单说明卡诺图在调节仪表设计中的作用。

4.14 可编程序调节器组态设计有何特点? 如果标志区全设计成 RAM 式或 ROM 式,情况会怎样?

4.15 试说明 PID 参数自整定 PID 调节器在设计与应用上与普通调节器的区别。

第**5**章
执行器

5.1 概 述

执行器在自动控制系统中起着十分重要的作用,它直接实施控制动作。就好像人的五官是变送器,大脑是调节器,而手就是执行器。执行器有很多种类,究其功能,可将它分为两个部分:执行机构与调节机构。执行器是一种现场类仪表,因此,它的精度、输出力、抗干扰、防爆、多种环境的适应能力等都是人们关注的指标。

5.1.1 执行器的发展概况

我国最早的执行器是 20 世纪 50 年代初的气动执行器和液动执行器,由于气动执行器具有结构简单、安全可靠、输出力大、价格便宜、本质安全防爆等,因此,广泛应用在各种石油、化工、冶金、电力等自控系统中,目前的使用量约为90%。但应用气动执行器需要压缩空气作为动力源,要有专门的供气、净化系统。一旦气源系统发生故障,如气源净化不纯、所含杂质、水分容易堵塞和冰冻阀门定位器中的气路等,会给自控系统带来灾难性的后果。50 年代末出现了电动执行器,电动执行器信号传输速度快、灵敏度和精度较高、安装接线简单;但缺点是应用结构较复杂、输出力小、不能变速、流量特性由调节机构确定等。80 年代出现了带微电脑的智能电动执行器,主要基于 DCS 控制、流量特性的补偿、自诊断功能、可变速等的发展。90 年代中期,开始出现智能执行器,主要基于现场总线控制,增加了多参数检测控制、电气一体化结构、更完善的组态功能。例如,可对输入信号种类、折线近似方法补偿输出特性曲线、执行器的运行速度和行程等做组态。

5.1.2 执行器的分类与构成

控制器的动作是由调节器的输出信号通过各种执行机构来实现的。执行器由执行机构与调节机构构成,在用电信号作为控制信号的控制系统中,目前广泛地应用以下三种控制方式,如图 5.1 所示。执行机构有各种不同的分类方法,其分类如下:

①按动力源分类 分为气动执行机构和电动执行机构两大类。电动执行机构的控制信号

为电信号（一般为 0～10 mA, 4～20 mA 或 1～5 V），气动执行机构的控制信号包括电信号、气信号两种。

②按动作极性分类　分为正作用执行器与反作用执行器。

③按动作特性分类　分为比例式执行器与积分式执行器。

④按动作行程分类　分为角行程执行器与直行程执行器。

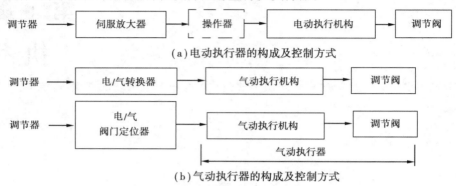

图 5.1　执行器的构成及控制方式

在自控系统中，为使执行机构的输出满足一定精度的要求，在控制原理上常采用负反馈闭环控制系统，将执行机构的位置输出作为反馈信号和电动调节器的输出信号相比较，将其差值经过放大用于驱动和控制执行机构的动作，使执行机构向消除差值的方向运动，最终达到执行机构的位置输出和电动调节器的输出电信号呈线性关系。

在应用气动执行机构的场合下，采用电/气转换器和气动执行机构配套时，由于是开环控制系统，只能用在控制精度要求不高的场合。当需要精度较高时，一般都采用电/气阀门定位器和气动执行机构相配套，执行机构的输出位移通过凸轮杠杆反馈到阀门定位器内，利用负反馈的工作原理，大大提高了气动调节阀的位置精度。因此，目前在自控系统中应用的气动调节阀绝大多数都与阀门定位器配套使用。

智能电动执行器将伺服放大器与操作器换成数字微电脑电路，而智能执行器则将所有的环节集成，信号通过现场总线由变送器或操作站发来，可以取代调节器。

5.2　气动执行器

气动执行器又称气动调节阀，由气动执行机构与调节阀构成，如图 5.2(a) 所示。执行器上有标尺，用以指示执行器动作的行程。

5.2.1　气动执行机构

常见的气动执行机构有薄膜式和活塞式两大类，如图 5.2 所示。气动薄膜执行机构的信号压力 p 作用于膜片，使其变形，带动膜片上的推杆移动，使阀芯产生位移，从而改变阀的开度。气动活塞执行机构使活塞在汽缸中移动输出推力。显然，活塞式的输出力度远大于薄膜式。因此，薄膜式适用于输出力较小、精度较高的场合；活塞式适用于输出力较大的场合。气动执行机构接收的信号标准为 $0.2 \times 10^5 \sim 1.0 \times 10^5$ Pa。气动薄膜执行机构输出的位移 L 与信号压力 p 的关系为：

$$L = \frac{A}{K}p \tag{5.1}$$

式中，A 为波纹膜片的有效面积，K 为弹簧的刚度。

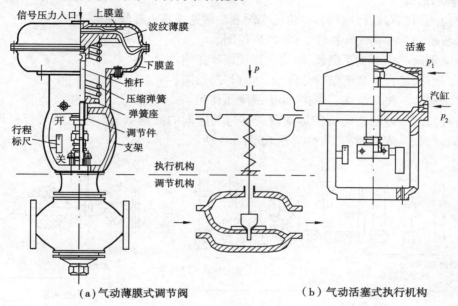

(a) 气动薄膜式调节阀　　　(b) 气动活塞式执行机构

图 5.2　气动调节阀示意图

推杆受压移动，使弹簧受压，当弹簧的反作用力与推杆的作用力相等时，输出的位移 L 与信号压力 p 成正比。执行机构的输出（即推杆输出的位移）也称行程。气动薄膜执行机构的行程规格有 10 mm、16 mm、25 mm、60 mm、100 mm。气动薄膜执行机构的输入、输出特性是非线性的，且存在正反行程的变差，如图 5.3，非线性偏差小于 $\pm 4\%$，正反行程的变差小于 2.5%。实际应用中常用上阀门定位器，可减小一部分误差。

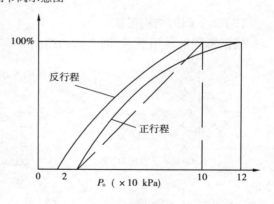

图 5.3　气动薄膜执行机构输入、输出特性

气动活塞执行机构的主要部件为汽缸、活塞、推杆，汽缸内活塞随汽缸内两侧压差的变化而移动。其特性有比例式和两位式两种。两位式根据输入活塞两侧操作压力的大小，活塞从高压侧被推向低压侧。比例式是在两位式基础上加以阀门定位器，使推杆位移和信号压力成比例关系。另外，还有一种长行程执行机构，其原理结构与活塞式基本相同。它具有行程长，输出力矩大的特点，输出直线位移为 $40 \sim 200$ mm，转角位移为 90°。

5.2.2　调节阀

调节阀由阀体、阀座、阀芯、阀杆、上下阀盖等组成。调节阀直接与被控介质接触,为适应各种使用要求,阀芯、阀体的结构、材料各不相同。

（1）阀芯形式

调节阀的阀芯有直行程阀芯与角行程阀芯。常见的直行程阀芯形式有:

①平板形阀芯　具快开特性,可作两位控制。

②柱塞形阀芯　可上下倒装,以实现正反调节作用。

③窗口形阀芯　有合流型与分流型,适宜作三通阀。

④多级阀芯　将几个阀芯串接,起逐级降压作用。

角行程阀芯通过阀芯的旋转运动改变其与阀座间的流通截面。常见的角行程阀芯形式有:偏心旋转阀芯、蝶形阀芯、球形阀芯,如图5.4所示。

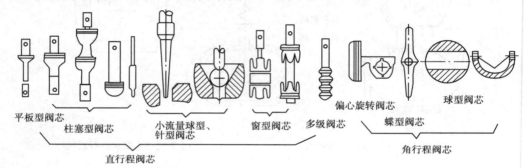

图5.4　阀芯简介

（2）调节阀的结构形式

根据不同的使用要求,调节阀的结构形式有很多,如图5.5所示。

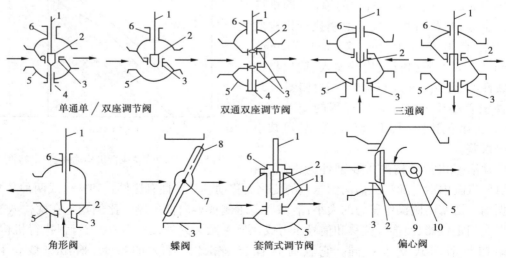

图5.5　调节阀的结构形式

92

①直通单座调节阀　只有一个阀芯与阀座,泄漏量小、不平衡力大。适用于泄漏量要求严格、压差小的场合。

②直通双座调节阀　与前者相反,流通能力约 20% ~ 50% 。

③三通阀　分为分流型与合流型。使用中流体温差应小于 150℃ ,避免阀变形。

④角形阀　阀体为直角形,为防止小开度时发生振荡,一般使用于底进侧出。阻力小,适用于高压差、高黏度、含悬浮物和颗粒状物料流量的控制。

⑤蝶阀　结构紧凑、成本低、流通能力大,但泄漏大、70°角度以后工作不稳定。

⑥套筒式调节阀　又称笼式阀,阀内有一个圆柱形套筒,套筒上有一些窗口。阀芯在套筒中上下移动改变窗口数量,从而改变节流孔的面积,实现了流量控制。

⑦偏心旋转阀:球面阀芯的中心线与转轴中心偏移。其特点是:体积小、使用可靠、维修方便、通用性强、流体阻力小,适用于黏度较大场合。

调节阀的安装形式根据流体通过调节阀时对阀芯的作用方向,分为流开阀与流闭阀,如图 5.6 所示。流开阀稳定性好,常为控制系统所应用。

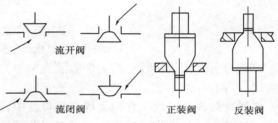

阀芯还有正装和反装两种形式。阀芯下移,阀芯与阀座间的流通截面积减小称正装阀;反之,流通截面积增加称反装阀。有的阀为双导向阀,既可作正装阀,也可作反装阀。公称直径小于 25 mm 的阀一般为单导向阀,只有正装阀。

图 5.6　阀的安装形式

(3)调节阀的特性

口径为 $A(\text{cm}^2)$,流体密度 $\rho(\text{kg/m}^3)$,在前后压差为 $\Delta P(\text{kPa})$ 时,流过的流体流量 $q_c(\text{m}^3/\text{h})$ 为:

$$q_c = 16.1 \frac{A}{\sqrt{\xi}} \sqrt{\frac{\Delta P}{\rho}} \tag{5.2}$$

式中,ξ 为调节阀阻力系数,与阀门结构形式、开度和流体的性质有关。在上式中,A 一定,ΔP 和 ρ 不变的情况下,流量 q 仅随阻力系数 ξ 变化(即阀的开度增加,阻力系数 ξ 减小,流量随之增大)。调节阀就是通过改变阀芯行程调节阻力系数 ξ,来实现流量调节的。

1)调节阀的流量特性

调节阀的流量特性是指介质流过调节阀的相对流量 q/q_{max} 与相对位移(即阀芯的相对开度)l/L 之间的关系,即

$$\frac{q}{q_{max}} = f \frac{l}{L} \tag{5.3}$$

由于调节阀开度变化时,阀前后的压差 ΔP 也会变,从而流量 q 也会变。为分析方便,称阀前后的压差不随阀的开度变化的流量特性为理想流量特性;阀前后的压差随阀的开度变化的流量特性为工作流量特性。

如图 5.7 所示,对于不同的阀芯形状,具有不同的理想流量特性:

①直线流量特性　虽为线性,但小开度时,流量相对变化值大、灵敏度高、控制作用强、易产生振荡;大开度时,流量相对变化值小、灵敏度低、控制作用弱、控制缓慢。

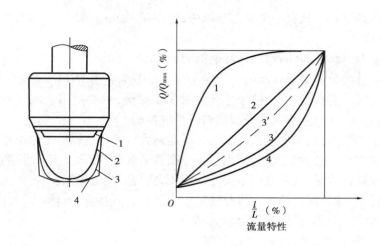

图 5.7　理想流量特性

1—快开；2—直线；3—抛物线；4—等百分比

②等百分比流量特性　放大倍数随流量增大而增大，所以，开度较小时，控制缓和平稳；大开度时，控制灵敏、有效。

③抛物线流量特性　在抛物线流量特性中，有一种修正抛物线流量特性，如图 5.7 中虚线所示。这是为了弥补直线特性在小开度时调节性能差的特点，在抛物线特性基础上衍生出的。它在相对位移 30% 及相对流量 20% 以下为抛物线特性，在以上范围为线性特性。

④快开流量特性　快开特性的阀芯是平板型的。它的有效位移一般是阀座的 1/4，位移再大时，阀的流通面积就不再增大，失去了控制作用。快开阀适用于迅速启闭的切断阀或双位控制系统。

如图 5.7 所示的各种调节阀，其特性都不过零（即都有泄漏），为此，常接入截止阀。

2）调节阀的工作流量特性

在实际生产中，调节阀前后压差总是变化的，如调节阀一般与工艺设备并用，也与管道串联或并联。压差因阻力损失变化而变化，致使理想流量特性畸变为工作流量特性。

①串联管道时的工作流量特性

如图 5.8（a）所示，系统的总压差 ΔP 等于调节阀的压差 ΔP_1 与其他压差 ΔP_2 之和，即

$$\Delta P = \Delta P_1 + \Delta P_2 \tag{5.4}$$

设 q_{max} 为管道阻力为零时调节阀全开流量；q_{100} 为存在管道阻力时调节阀全开流量，设

$$s = \frac{\Delta P_{1\min}}{\Delta P}$$

图 5.8（b）、（c）分别示出串联管道以 q_{max} 和 q_{100} 为参比值时的工作流量特性。从图中看出，没有管道损失时，$s = 1$，为理想流量特性。随着 s 的减小，管道阻力增加，不仅调节阀全开时的流量减小，流量特性曲线也发生很大畸变。直线特性趋近于快开特性，等百分比特性趋近于直线特性。因此，在实际应用中，常控制 s 值不低于 0.3。

②并联管道时的工作流量特性

如图 5.9（a）所示，系统的总流量 q 等于调节阀流量 q_1 与旁路流量 q_2 之和，即 $q = q_1 + q_2$，设 $x = \dfrac{q_{1\max}}{q_{max}}$，图 5.9（b）所示为并联管道在不同 x 值时的工作流量特性。从图中看出，打开旁

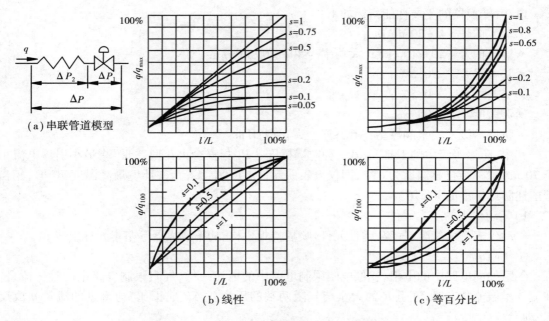

图 5.8　串联管道时调节阀的工作流量特性

路,虽然对阀本身的流量特性变化不大,但可调比大大降低了。同时,系统中总有串联管道阻力的影响,调节阀的压差会随流量的增加而降低,更使可调比降低,以致使调节阀在整个行程内变化时所能控制的流量变化很小,甚至不起控制作用。因此,旁路流量一般认为只能是总流量的百分之几,即 x 值不能低于 0.8。

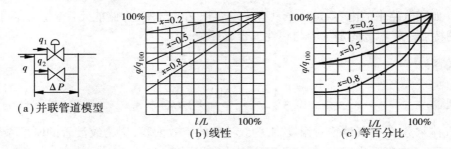

图 5.9　并联管道时调节阀的工作流量特性

5.2.3　电/气转换器与阀门定位器

在应用气动执行机构的场合下,若采用电/气转换器和气动执行机构配套,由于是开环控制系统,只能用在调节精度要求不高的场合。阀门定位器与气动执行机构相配套,执行机构的输出位移通过凸轮杠杆反馈到阀门定位器内,利用负反馈的工作原理,大大提高了气动调节阀的位置精度。因此,目前在自控系统中应用的气动调节阀绝大多数都和阀门定位器配套使用。由于气动执行机构安全可靠,因而广泛地应用在各种石油化工等自控系统中。

(1) 电/气转换器

电/气转换器将 4～20 mA 信号转换成 20～100 kPa 的标准气压信号,以实现电动仪表与气动仪表的连用,构成混合控制系统,充分发挥电、气仪表各自的优点。

电/气转换器的主要性能指标如下：

- 输入信号　4～20 mADC；
- 输出信号　20～100 kPa（大功率为40～200 kPa）；
- 基本误差　±0.5%；
- 变差　　　±0.5%；
- 灵敏度　　0.05%；
- 防爆等级　安全隔爆型：AB_{3e}；安全火花型：$H Ⅲ_e$。

其中，防爆等级中的 $H Ⅲ_e$ 是另一种防爆标准，"H"指安全火花型，"Ⅲ"指最小引爆电流小于70 mA，"e"指自燃温度为 e 组，即仪表表面允许温度80 ℃，允许环境最高温度70 ℃，相当于前述防爆标准的 Ⅱ iaT6。

1）气动仪表的基本元件

气动仪表是由气阻、气容、弹性元件、喷嘴挡板机构、功率放大器等基本元件组成。

①气阻

气阻如同电路中的电阻，就像电阻限制电路中的电流一样，气阻限制气路中的气体流量。在流体呈层流状态时，气阻 R 的大小与气阻两端的压力差 ΔP 成正比，与流过的流量 q 成反比，即

$$R = \frac{\Delta P}{q} \tag{5.5}$$

气阻有恒气阻（如毛细管、小孔等）与可调气阻、线性气阻与非线性气阻之分。流体为层流状态时，气阻呈线性；流体为紊流时，气阻呈非线性。

②气容

气容 C 如同电路中的电容，是一个具有一定容积 V 的气室，为储能元件，有气容两端气压不能突变的特点。气容分固定气容与弹性气容，如图5.10。

固定气容：
$$C = \frac{V}{kT} \tag{5.6}$$

弹性气容：
$$C = \frac{A_e^2}{C_b}\rho(1-\frac{dP_0}{dp}) + \frac{V}{kT} \tag{5.7}$$

式中，k 为气体常数，T 为气体绝对温度，A_e 为纹波管的有效面积，C_b 为纹波管的刚度系数，ρ 为气体密度。可见，在实际应用中，气容值随容室的容积而变。

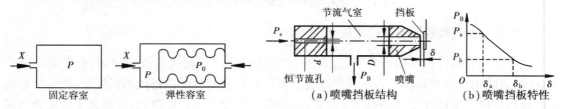

图5.10　气容结构原理图　　　　　图5.11　喷嘴与挡板机构原理

③弹性元件

弹性元件为适应不同的工作目的，可制作成不同的结构和形状，例如，不同形状的弹簧、波纹管、金属膜片和非金属膜片等。弹性元件在气动系统中用来产生力、储存机械动能、缓冲振动，或把物理量（如力、压差、温度等）转变为位移等。

④喷嘴挡板机构

喷嘴挡板机构的作用是将微小的位移信号 δ 转换成压力信号 P_B,如图 5.11 所示。喷嘴与挡板构成一个变气阻,气阻值取决于喷嘴与挡板间的间隙 δ。恒定的气源压力 P_s 经恒节流孔进入节流气室,再由喷嘴挡板的间隙排出。当 δ 发生变化时,气室压力(也称喷嘴背压)P_B 也改变。$\delta_a \sim \delta_b$ 区间线性较好,为工作区,实际只有百分之几毫米的变化范围,其间 P_B 有 8 kPa 的变化量。喷嘴挡板机构的输出经功率放大器放大 10 倍后,可输出 20 ~ 100 kPa 的气信号。图中恒节流孔是直径 d 为 0.1 ~ 0.25 mm 的毛细管,喷嘴直径 D 为 0.8 ~ 1.2 mm,节流气室直径约 2 mm,气源压力 P_s 为 140 kPa。

⑤功率放大器

功率放大器将喷嘴挡板的输出压力 P_B 和流量都放大。如图 5.12 所示为气动放大器结构原理图,当输入信号 P_B 增大时,金属膜片受压力产生向下的推力,此力克服簧片的预紧力推动阀杆下移,使锥阀关小,球阀开大。锥阀和球阀都是可调气阻,它们构成一个节流气室 A,阀杆的位移使两个气阻一个增大一个减小,从而改变了节流气室的分压系数。因此,对于一定的输入 P_B 就有一输出值与之对应。

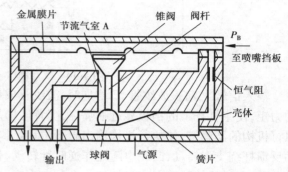

图 5.12　功率放大器结构原理图

2)电/气转换器工作原理

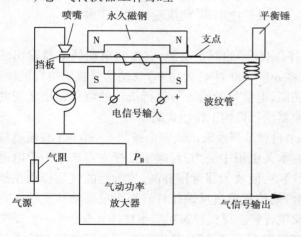

图 5.13　电气转换器简化原理图

电/气转换器简化原理图如图 5.13 所示。输入信号为电动控制系统的标准信号 4 ~ 20 mA 或 0 ~ 10 mA,转换为 $0.2 \times 10^5 \sim 1.0 \times 10^5$ Pa(或大功率为 $0.4 \times 10^5 \sim 2.0 \times 10^5$ Pa)再驱动气动执行器。电/气转换器基于力矩平衡工作原理。电流流过线圈产生电磁场,电磁场将可动铁芯磁化,极性如图 5.13 所示。磁化铁芯在永久磁钢中受力,相对于支点产生力矩,带动铁芯上的挡板动作,从而改变喷嘴挡板间的间隙,喷嘴挡板可变气阻发生改变,使图中气阻与喷嘴挡板机构的分压系数发生变化,有气信号输出 P_B,P_B 通过功率放大器放大,输出驱动气动执行器的标准气信号。输出气信号通过波纹管相对于支点给铁心加一个反力矩,信号力矩与反力矩相等时,铁芯绕支点旋转的角度达到平衡。气源压力为 $1.4 \times 9.81 \times 10^4$ Pa(大功率为 $2.4 \times 9.81 \times 10^4$ Pa)

(2)气动阀门定位器

气动阀门定位器的原理有位移平衡式和力(力矩)平衡式两大类,图 5.14 为力平衡式的阀门定位器。

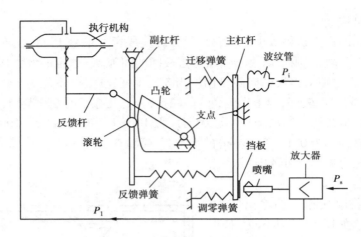

图 5.14   气动阀门定位器原理图

输入信号 P_i 输入波纹管,P_i 增加时,波纹管成比例变形,对主杠杆产生一个相对于其支点的力矩,使主杠杆上的挡板靠近喷嘴,喷嘴背压增加,经功率放大器放大后产生 P_1,P_1 作用于执行机构的薄膜室,使执行机构输出阀杆位移。执行机构的阀杆上装有反馈杆,阀杆的下移带动反馈杆绕支点转动,凸轮也随之作逆时针转动,带动滚轮顺时针微转,使副杠杆绕支点顺时针转动,通过反馈弹簧向主杠杆加一个反向力矩。当反向力矩与输入信号力矩达到平衡时,阀门定位器处于平衡状态。此时,一定的信号压力就对应一定的阀杆位移。

一般通过改变反馈凸轮的几何形状,可以修正调节阀的流量特性。改变反馈杆的长度实现与不同行程执行机构的匹配。将波纹管从主杠杆的右侧调至左侧,可将阀门定位器从正作用改为反作用。欲配反作用执行机构,可将凸轮反转使用,并将滚轮按规定下移。

(3)电气阀门定位器

电气阀门定位器具有电/气转换器与阀门定位器的双重功能,它接收电动调节器输出的 4~20 mA直流电流信号,输出 20~100 kPa 或 40~200 kPa(大功率)气动信号驱动执行机构。由于电气阀门定位器具有追踪定位的反馈功能,电信号的输入与执行机构的位移输出之间的线性关系比较好,控制精度比单用电/气转换器执行机构工作模式高。

电气阀门定位器原理如图 5.15 所示。来自调节器或输出式安全栅的 4~20 mA 直流电流信号送入输入绕组,使杠杆极化,极化杠杆在永久磁钢中受力,对应于杠杆支点产生一个电磁力矩,杠杆逆时针旋转。杠杆上的挡板靠近喷嘴,使放大器背压升高,放大后的气压作用在执行机构上,使执行机构的输出阀杆下移。阀杆的位移通过反馈拉杆转换为反馈轴与反馈压板间的角位移,以量程调节件为支点,作用于反馈弹簧。反馈弹簧对应于杠杆支点产生一个反馈力矩,当反馈力矩与电磁力矩平衡时,阀杆就稳定在某一位置,从而实现了阀杆位移与输入信号电流之间的线性关系。

(4)智能型电气阀门定位器

普通定位器的定位精度约为全行程的 20%,显然还不够高。目前,国外一些大公司(如西门子、费希尔·罗斯蒙特等)相继研制成功推出了智能型电气阀门定位器,使定位精度优于全行程的 0.5%,且符合现场总线标准,同时,其他性能也有提高。

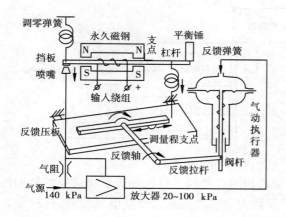

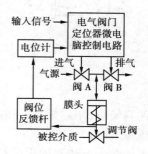

图 5.15 电气阀门定位器

图 5.16 智能型电气阀门
定位器基本构成

智能型电气阀门定位器的构成如图 5.16 所示。它以微处理器为核心,采用的是数字定位技术,即将从调节器传来的控制信号（4～20 mA）转换成数字信号后送入微处理器,同时,将阀门开度信号也通过 A/D 转换后反馈回微处理器,微处理器将这两个数字信号按照预先设定的性能、关系进行比较,判断阀门开度是否与控制信号相匹配（即阀杆是否移动到位）,如果正好匹配即偏差为零,系统处于稳定状态,则切断气源,即使两阀（可以是电磁阀或压电阀）均处于切断状态（两阀均只有通和断两种状态）,否则,应根据偏差的大小和类别（正偏差或负偏差）决定两阀的动作,从而使阀芯准确定位。

智能型电气阀门定位器的先进性在于:控制精度高、能耗低、调整方便、可任意选择调节阀的流量特性、故障报警,并通过接口与其他现场总线用户实现通信。

5.3 电动执行器

5.3.1 电动执行器概述

电动执行机构有两种形式:角行程和直行程。它们的作用是将直流电流信号线性地转换成位移量。电动执行机构结构如图 5.17 所示,两种执行机构都是这种采用两相交流电机为动力的位置伺服结构,所不同的是减速器不一样。下面讨论角行程电动执行机构:

角行程电动执行机构的主要性能指标如下:

①相互隔离的电流输入通道 3 个,输入电阻 250 Ω;

②输出力矩,40、100、250、600、1 000 N·m;

③基本误差和变差均小于 ±1.5%;

④灵敏度,240 μA。

电动执行机构由伺服放大器和执行机构构成,中间可以串接操作器。伺服放大器接受控制器发来的控制信号（可达三个）,将其同电动执行机构输出位移的反馈信号 I_f 比较,若不相等,伺服放大器输出接点开关信号让两相电机转动。减速器将电机输出的高转速低转矩转变

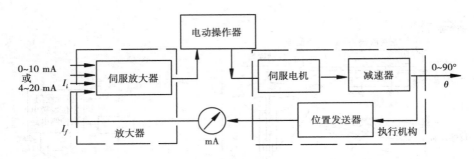

图 5.17　电动执行机构方框图

成低转速高转矩,用以推动后接的作为调节机构的各种阀。位置发送器将减速器的输出转换成反馈电流 I_f,当 I_f 与输入信号相等时,伺服放大器输出接点信号让电机停转,这种位置式反馈结构可使输入电流与输出位移的线性关系较好。

5.3.2　电动执行机构工作原理

(1)伺服放大器

电动执行机构的伺服放大器由前置磁放大器、触发器 Ⅰ 和 Ⅱ 及两个可控硅交流开关 G_1、G_2 组成,如图 5.18 所示。前置磁放大器将三个输入电流信号和一个反馈电流信号进行磁处理与放大,作运算:$I_{i1} + I_{i2} + I_{i3} - I_f$,输出与之成比例的相敏电压信号 U_{ab}。U_{ab} 通过两个触发器控制两个可控硅交流开关 G_1 与 G_2,用以控制单相伺服电机的换向转动与停转。I_f 反映电动执行机构输出位移量的大小,当 I_f 与输入电流信号相同时,U_{ab} 为零,G_1 与 G_2 会截止,伺服电机会停止转动。因此,伺服放大器的作用是接收调节器发来的控制信号,输出控制电机正转、反转和停转的接点开关信号。

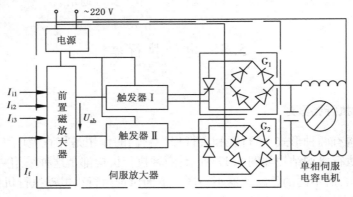

图 5.18　伺服放大器框图

1)前置磁放大器

前置磁放大器将输入信号进行磁放大处理,很好地实现了信号的隔离。它工作可靠、寿命长,是一种较好的仪表前置放大器,但它对材料和制造工艺要求较高。

①磁放大原理

磁放大原理如图 5.19 所示,坡莫合金环形导磁体上绕有直流绕组与交流绕组,交流绕组上有恒定的供电。由电磁原理可知:直流绕组 W_1 匝中流过的输入电流 I_i 会在导磁体中产生磁

场,磁场强度为 H,数值关系符合下式:

$$\sum I_i = \oint H dl, \text{即 } W_1 I_i = Hl \tag{5.8}$$

即磁场强度 H 与输入电流成正比。而磁感应强度 B 与磁场强度 H 在 H_o 后呈饱和特性,用磁导率 μ 表达 B/H,由图 5.19(b)可见,在 H_o 后 μ 在减小。交流绕组的电感由下式计算:

$$L = 0.4\pi SW_2^2 10^{-8} \mu/l \tag{5.9}$$

式中,S 为导磁环截面积,l 为导磁环平均周长。交流绕组感抗 $X_L = \omega L$。所以,有 I_i 增加 H 升高,μ 下降,L 下降,X_L 随着下降,则 I_L 升高。

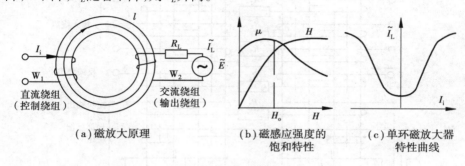

(a)磁放大原理　　　　(b)磁感应强度的　　　(c)单环磁放大器
　　　　　　　　　　　　　饱和特性　　　　　　　特性曲线

图 5.19　磁放大原理图

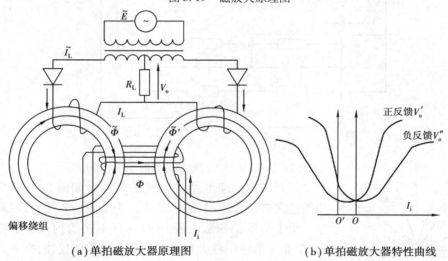

(a)单拍磁放大器原理图　　　　　　　(b)单拍磁放大器特性曲线

图 5.20　单拍磁放大器

②单拍磁放大器

为了克服交流电流的磁通在直流绕组上产生高压,在实际应用中的磁放大器用两个磁环,如图 5.20(a)所示,两磁环交流电流产生的磁通大小相同、方向相反、正好抵消,从而克服了单环结构的缺点,消除了直流绕组中感应的高压。

为了提高磁放大器的放大倍数,将交流绕组中的电流整流用做内反馈。当交流绕组电流的磁通与输入绕组电流的磁通 Φ 同向时,交流绕组电流的磁通对输入绕组电流的磁通助磁,称为正反馈;相反,则减磁,称为负反馈。其输入、输出关系相当于 y 轴绕原点 O 顺时针/逆时针旋转一个角度,如图 5.20(b)所示。在实际应用中,取 Ⅰ 象限区域特性。

　　为了调整方便,与输入绕组同绕一个偏移绕组,以便在输入、输出关系中能对 y 轴作平移调整,如 O' 坐标系。

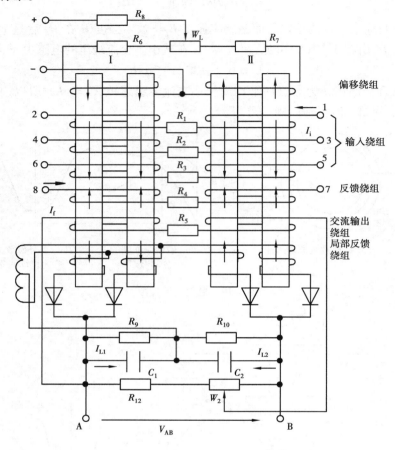

图 5.21　前置磁放大器电路原理图

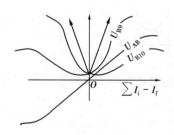

图 5.22　磁放大器 I/O 特性

　　③双拍内反馈推挽式前置磁放大器如图 5.21。将两个单拍磁放大器组合应用,称为双拍。为了表达方便,将磁环破开拉伸。第 I 个单拍磁放大器用做具有正向的内反馈,在 R_9 上输出;第 II 个单拍磁放大器用做具有负向的内反馈,在 R_{10} 上输出。其输入、输出关系如图 5.22 所示,推挽输出 U_{AB} 为 U_{R9} 与 U_{R10} 的差值,具有线性、相敏的特点。

　　局部反馈绕组用以调整前置磁放大器的稳定性,电位器 W_2 用以调整负反馈深度。

　　2)触发器

　　触发器电路如图 5.23 所示,其作用是将前置磁放大器输出的电压转换成两组互锁的脉冲信号。脉冲信号用以触发可控硅交流开关,以接通伺服电机的交流电源,使伺服电机可靠地正、反转或停转。触发器电路由两组对称的电路组成,现以一组为例分析工作原理。

　　这是一个受控的脉冲信号发生器:R_{17}、C_5、R_{19}、单结晶体管 V_3、脉冲变压器 T_1 及 V_{D11},组成一个典型的脉冲信号发生器;R_{15} 与 V_1 构成对脉冲信号发生器的控制,工作原理如下。

R_{17}、C_5充放电支路在控制管 V_3 没有导通时,20 V 电源通过 R_{17} 向 C_5 充电,当 C_5 上的电压上升到单结晶体管 V_3 的导通电压时,C_5 通过 V_3 放电,放电电流通过脉冲变压器 T_1 输出一个脉冲。放电在瞬间结束,V_3 截止,C_5 重新充电。V_{D11} 将放电过程中积蓄的磁能放掉,以防止 V_3 击穿。其振荡频率由下式确定:

$$T = R_{17}C_5\ln\frac{1}{1-\eta} \tag{5.10}$$

式中,η 为单结晶体管的分压比,由单结晶体管参数和 R_{19} 确定。

当控制管 V_1 导通时,C_5 被钳位,振荡器没有脉冲串输出。

触发器电路由两组对称的受控脉冲信号发生器组成,工作过程如下:

$V_{AB}>0$ 时,信号通路:$A\to R_{13}\to V_1\to V_{D10}\to R_{14}\to B$,$V_1$ 导通 V_2 截止,T_2 有脉冲输出。

$V_{AB}<0$ 时,信号通路:$B\to R_{14}\to V_2\to V_{D9}\to R_{13}\to A$,$V_2$ 导通 V_1 截止,T_1 有脉冲输出。

$V_{AB}=0$ 时,因 R_{15} 与 R_{16} 正向偏置,V_1 与 V_2 导通,T_1 与 T_2 均无脉冲输出。

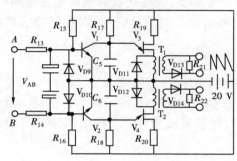

图 5.23　触发器电路

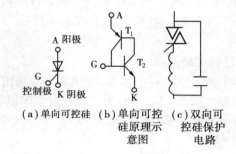

图 5.24　可控硅原理

3)可控硅交流开关

可控硅是一种电流控制的晶体管开关元件,有单向可控硅与双向可控硅之分,如图 5.24。当可控硅如同二极管一样正向偏置时,只要向控制极加一个控制电流,就能使可控硅导通,原理示意图如图 5.24(b)所示。可控硅关断条件同二极管:电压为零或反偏。在实际应用中,还须对可控硅作保护性限制如图 5.24(c)所示:① 电流变化率不能太大;② 可控硅两端的电压变化率不能太大。

触发器电路输出的脉冲串即用做控制极的控制信号。两个互锁的触发器控制伺服电机的两个电源开关,如图 5.18 所示,图中所用可控硅为单向可控硅,为实现交流开关,在可控硅上并接了二极管整流桥。为了保护可控硅,设计了如图 5.24(c)所示的保护措施。可以看到:伺服放大器无干扰地输入电流信号,输出具有一定容量的接点去为电机接通电源,输入输出特性如图 5.25 所示。其中,死区为触发器电路的控制管由导通到截止所需的信号。死区又表征灵敏度、控制精度等,是一个比较难于确定的参数。灵敏度太高,容易发生振荡;灵敏度太低,精度又不够。

(2)执行机构伺服电机

伺服电机结构示意图如图 5.26 所示,它输出机械转矩,停转时又能可靠制动,克服惰走,抵制负载对电机的反作用力。伺服电机原理示意图如图 5.18 所示,由鼠笼转子和均匀绕有两相绕组的定子组成。由于分相电容的作用,定子绕组中的交流电流在定子中产生旋转磁场,感应转子并产生与定子磁场相差一个角度的感应旋转磁场。两个磁场相互作用而使转子转动。

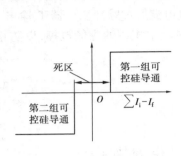

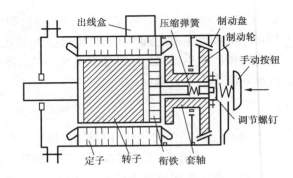

图 5.25　伺服放大器 I/O 特性　　　　图 5.26　两相伺服电机机构示意图

在电机转子一端的环上嵌装着磁路相互隔离的衔铁。通电后电机转动时,转子吸动制动轮,使它与制动盘脱开,于是电机转动。断电时,衔铁磁场消失,压缩弹簧将制动轮压入制动盘,迫使电机停转。制动轮上的调节螺钉可调整压缩弹簧,改变衔铁和制动轮轴套间的间隙,以保证可靠吸放。电机后盖上的手动按钮可使制动轮与制动盘脱开,以便就地手动操作执行器。

（3）机械减速器

为了减小执行器的体积,减速器主要采用高效率的内行星齿轮减速。内行星齿轮传动的工作原理如图 5.27。齿数为 z_1 的行星齿轮以轴心 O_1 在齿数为 z_2 的内齿轮中滚动。行星齿轮上开有销轴孔,通过销轴,输出轴 V 将内齿轮与行星齿轮的相对运动输出,减速比 i 由两个齿轮的齿数确定:

$$i = -\frac{z_2 - z_1}{z_1} \qquad (5.11)$$

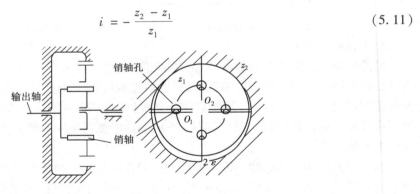

图 5.27　内行星齿轮传动工作原理

式中,z_2 与 z_1 一般相差不大(为 $1 \sim 4$),故减速比较高。负号表输入的行星齿轮与输出 V 轴方向相反。

执行机构的减速器按输出功率不同,分为单偏心与双偏心传动机构,前者在高速运转时,偏心力很大。所以,高速、大力矩的场合应选用双偏心传动机构。

（4）位置发送器

位置发送器位于电动执行机构的反馈通道上,将电动执行机构输出的角位移信号（$0 \sim 90°$）转换成反馈电流 I_f,转换精度直接影响执行器的精度。因此,位置发送器需要稳定性很好的电源、温度性能良好的电路等。位置发送器由交流稳压器、差动变压器、整流电路与零点补偿电路组成,如图 5.28 所示,分别用虚线区域 A、B、C 与 D 简单框出。

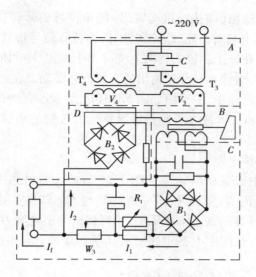

图 5.28 位置发送器原理图

①交流稳压器

交流稳压器应用铁磁谐振稳压技术,将电容与变压器 T_3 原边线圈电感串联,则电源电压 V_i 与电容电压 V_C 电感电压 V_L 的有效值关系为:

$$V_i = | V_L - V_C | = \left| \omega LI - \frac{I}{\omega C} \right| \qquad (5.12)$$

式中,I 为回路电流,ω 为电源角频率。

由于电感电压与电流 I 的关系受铁心饱和影响,呈非线性,如图 5.29 所示,I_1 为谐振点,铁磁谐振稳压技术选择变压器的工作点在磁饱和较深的 I_0 点。这样,当电源波动时,大部分波动都作用在电容上,如 $\Delta V_C \gg \Delta V_L$,从而可在 T_3 的输出端获得较稳定的电压。

铁磁谐振稳压受频率变化影响较大,使稳压精度较低。在此,增加了一个补偿变压器 T_4,T_4 工作在非饱和区,它的副边绕组与 T_3 的副边绕组反向串联,以抵消电源的波动,如图 5.28所示。

②差动变压器

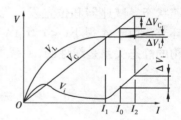

图 5.29 铁磁谐振磁饱和稳压器电压、电流关系曲线

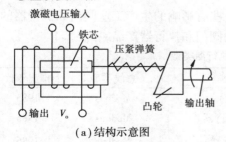

(a)结构示意图

(b)原理图

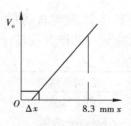

(c)直线位移与 V_o 的关系

图 5.30 差动变压器

差动变压器将减速器输出(即执行机构输出)的角位移信号转换成交流电压信号。如图5.30(a),减速器的输出轴上装有凸轮,凸轮转动时,角位移信号被转换成直线位移信号,并带动铁芯运动。差动变压器在一个三段式骨架上绕有三个绕组,中间的激磁绕组与两边的输出绕组。输出绕组反相串联,当铁芯在凸轮输出的直线位移带动下在线圈中移动时,差动变压器将直线位移转变为交流电压输出,原理图如图5.30(b)所示。直线位移与交流输出电压有效值的关系如图5.30(c)所示,Δx 是为了避开后级整流二极管的小信号非线性,使输入信号为零时,V_o不为零。

③整流电路与零点补偿电路

整流电路如图5.28中 C 区所示,I_f流过图5.21磁放大器电路中的反馈绕组。整流电路输出对应角位移的输出电流 I_1,调整 W_3 即可调整 V_o 与 I_1 的转换系数。由于 B_1 整流桥二极管小信号的非线性,差动变压器的铁芯不在零位,执行机构输出角度为0°时 I_1 不为零。为此,位置发送器设置了零点补偿,如图中 D 区电路所示,I_2 为恒定的补偿电流。

(5)整机特性

图5.31所示为电动执行机构各环节的特性及信号传递方框图。伺服放大器是一个具有继电特性的非线性环节,死区或不灵敏区为 Δ。当输入信号与反馈信号 I_f 之差小于 $\Delta/2$ 时,即 $|I_i - I_f| < \Delta/2$ 时,电动执行机构不会动作,只要 $|I_i - I_f| > \Delta/2$,伺服电机就会正转或反转。伺服电机为一积分环节,转动时工作在恒速状态。减速器和位置发送器均可看作比

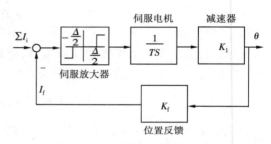

图5.31 电动执行机构整机特性

例环节。由于 Δ 很小($<150\ \mu A$),系统平衡时 $I_i - I_f = \Delta \approx 0$,则 $I_i = I_f = k_f\theta$。因此,电动执行机构的静态关系是线性的,关系式为:

$$\theta = kI_i \tag{5.13}$$

5.4　现场总线执行器

5.4.1　符合现场总线的智能执行器的特点

近年来,随着现场总线的出现与发展,在国际上一些有影响的生产工业阀门和执行器的专业化大公司相继开发设计出符合现场总线通信协议的阀门和执行器产品,见表5.1。

表5.1　符合现场总线的执行器类型

公司名称	阀门执行器产品及类型	总线类型	推出年代
EIM 美国	MOV1224(电动执行器)	Modbus	1985
Keystone 美国	Electrical Actuators(电动执行器)	Modbus	1985
Rotork 英国	PakscanIIE(智能电动执行器)	Modbus	1986
Limitorque 美国	DDC-100TM(电动执行器)	BITBUS Modbus	1989

续表

AUMA 美国	Matic（电动执行器）	Profibus	1991
Siemens 德国	SIPART PS2（阀门定位器）	HART	1995
Valtek 美国	Starpac（智能调节阀）	HART	1996
Masoneilan 美国	Smart Valve Positioner（阀门定位器）	HART	1996
Neles 美国	ND800（调节阀）	HART	1997
Jordan 美国	Electric Actuators（电动执行器）	HART	1998
ElsagBailey 德国	Contract（电动执行器）	HART	1998
FisherRosmount 美国	DVC5000f Series Digital（调节阀）	FF	1998
Flowserve 美国	logix14XX（阀门定位器）	FF	1999
	BUSwitch（离散型调节阀）	FF	1999
Yokogawa 日本	YVP（阀门定位器）	FF	1999
Yamatake 日本	SVP3000 Alphaplus AVP303（阀门定位器）	FF	1999
Rotork 英国	FF-01 Network Interface（电动执行器）	FF	2000

符合现场总线的智能执行器由传统的执行器、含有微处理器的控制器以及可与 PC 或 PLC 双向通信的模件及软件组成,具有与上位机或控制系统通信的功能。其特点大致可分为:

（1）智能化和高精度的系统控制功能

控制运算任务由传统的调节器转为由执行器的微处理器来完成,即执行器直接接收变送器信号,按设定值自动进行 PID 调节、控制流量、压力、差压和温度等多种过程变量。在一般情况下,阀门的特性曲线是非线性的,对执行器组态,定义 8 ~ 32 段折线可对输出特性曲线进行补偿,提高了系统的控制精度。

（2）一体化的结构

智能执行器包含了位置控制器、阀位变送器、PID 控制器、伺服放大器以及电动的和气动的模件,即将整个控制装在一台现场仪表里,减少了因信号传输中的泄露和干扰等因素对系统的影响,提高了系统的可靠性。

（3）智能化的通信功能

由于通信符合现场总线的通信协议,执行器与上位机或控制系统之间可通过总线进行双向数字通信,极大提高了系统的控制精度和稳定性。这是与以往的执行器最大的区别。由于符合现场总线的通信协议,所以,可与任何其他符合现场总线的系统相互集成,构成控制系统。

（4）智能化的自身保护和系统保护功能

当外电源掉电时,能自动利用后备电池驱动执行机构,使阀门处于预先设定的安全位置。当电源、气动部件、机械部件、控制信号、通信或其他方面出现故障时,都有自动保护措施,以保证系统本身及生产过程的安全可靠。另外,自启动和自整定功能使开车变得极为简易。

(5)智能化的自诊断功能

自诊断功能可帮助快速识别故障的原因。对于执行器的任何故障,智能执行器均可尽早、尽快地识别,这会增加系统可靠性,并延长设备寿命。清晰的状态报告完全可以使维护人员在执行器发生损坏前就采取有效措施,避免工厂停车维修。

(6)灵活的组态功能

可以自由组态的智能执行器具有较高的灵活性,因此,仅需少量类型的执行器就可满足多变的工业现场要求。这对于制造商和用户都是极有益的。例如,对于输入信号,可以通过软件组态来选择合适的信号源,而不必更换硬件,也可以任意设置执行器的运行速度和行程。

5.4.2　一种现场总线执行器 Starpac

Starpac 是美国 Valtek 公司于 1996 推出的智能调节阀,通信协议为 HART,其基本结构和功能如图 5.32 所示。Starpac 采用直流 24 V 供电,通过内部电源模块将 24 V 转换成本机所需的电压。它既可以用于传统的控制系统,接收模拟直流 4 ~ 20 mA 信号,也可用于现场总线系统,通过 HART 协议作信号传输,并且还配有 RS-485 接口作数字通信,接 DCS 系统、主计算机系统等。但它与 PC 机的连接、组态、校准、数据检索与故障诊断等重要通信,要求采用数字通信方式。

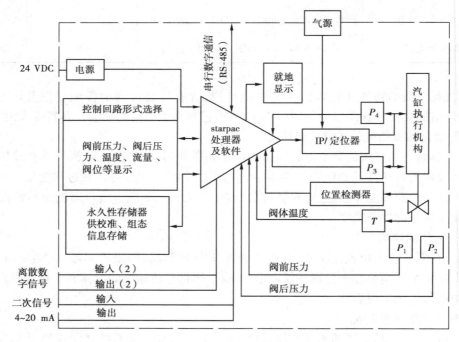

图 5.32　STARPAC 智能调节阀结构及功能块图

Starpac 内部装有多个检测器:阀体进出口部位的压力检测器 P_1、P_2 及温度检测器 T;阀杆处的阀杆位置检测器;汽缸执行机构进出口部位的压力检测器 P_3、P_4。这些信号送入内装的微处理器进行处理,使阀门的精度极大地提高。调节阀在运行过程中,微处理器根据这些工艺参数的变化,分析调节阀的动态工作状态,包括流量特性的变化,实时进行故障诊断,作必要的调整和校准。

　　通过组态,选择控制回路,能进行压力、温度、流量的检测和自动控制。压力控制还可选择上游对象(或下游对象)构成控制回路。

思考题与习题

　　5.1　试说明执行器的典型技术指标,将其与变送器、调节器比较后,你有何感想?

　　5.2　如何使执行器的应用精度较高?

　　5.3　将气动薄膜式调节阀与气动活塞式调节阀比较,试说明其应用特点。

　　5.4　什么叫单通双座调节阀、角行程阀、流开阀、流闭阀、气开阀、气闭阀、正装阀、反装阀、快开阀、抛物线阀?

　　5.5　应用电动执行器能否实现安全火花防爆系统? 试简要说明原因。

　　5.6　试简要设计一个需要大功率执行设备的、有多路温度流量成分等测量的、安全火花防爆的、检测控制系统,并画出系统框图。

　　5.7　执行器能够实现多信号的无干扰控制,其原因在于什么?

　　5.8　试从无干扰的角度说明一个控制系统的接地设计。

　　5.9　如果一个控制系统的执行器在检修时输入信号的接点不牢固,可能会出现什么情况? 控制系统能否工作? 为什么?

　　5.10　智能执行器较常规执行器增加了哪些功能?

　　5.11　现场总线执行器 Starpac 的设计中既有气动部分,又有电动部分,是否过于累赘? 你认为其设计初表是什么?

　　5.12　试分析现场总线执行器的发展趋势。

　　5.13　过程控制仪表与装置中的各部分是否都应考虑防爆问题? 为什么?

第 **2** 篇
简 单 控 制 系 统

第 **6** 章
过程控制对象的动态特性

过程控制对象(简称被控对象或对象)是过程控制系统的主体,全部控制装置都是为它服务的,并按照过程控制对象的特性和要求进行设计及调试。系统的控制质量在很大程度上取决于对象的特性,因此,研究过程控制对象的动态特性是分析、设计、整定过程控制系统的基础。

6.1 基本概念

任何自动控制系统都由被控对象、检测变送器、控制器、执行器(调节阀)等组成。研究对象的动态特性,可以合理地选择自动控制方案和设计最佳控制系统;对已设计好自动控制系统的生产过程,可根据对象动态特性,正确地确定系统的最佳整定参数,以达到最好的控制效果;也可以通过对象动态特性的研究,改进原有的控制系统;还可对新设计的设备提出要求,使之满足所需的动态特性以及最好的控制特性。

在过程控制中,被控对象是指工业生产过程中的各种装置和设备(例如:换热器、加热炉、锅炉、贮液罐、精馏塔、反应器等);被控量通常是温度、压力、流量、液位、成分、转速等。过程控制对象的动态特性是指对象在各个输入量发生扰动时,其被控量随时间变化的规律。

最简单的过程控制系统如图6.1所示。过程控制对象是多输入、单输出的物理系统。引起被控量 $y(t)$ 变化的原因(输入量)往往很多($\mu,d_1,d_2,\cdots,d_n$),而且各个输入量引起被控量变化的动态特性一般是不同的。通常选取一个可控性良好的输入量作为控制作用(一般就是控制机构的位移 μ ,也称为基本扰动),而其余的输入信号就都是干扰作用 $d_1,d_2,\cdots,d_n$ 等。在对象的多个输入量中,最主要的是执行器的输出,即对象的基本扰动,它是作用于闭合回路内的,所以,对系统的性能起决定性作用。但各个干扰作用对控制过程也有很大影响,也必须有所了解。被控对象往往存在某些非线性因素(如调节阀的阻力不是常数),某些对象还具有分布参数,为了简化描述对象动态特性的数学模型,本章仅讨论线性的或线性化的对象,即对象是满足叠加原理的,可由微分方程和传递函数来描述其动态特性。

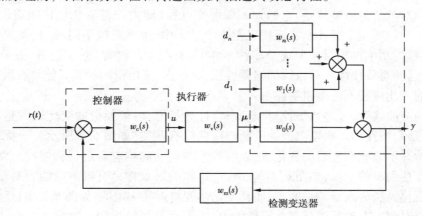

图 6.1　过程控制系统方框图

被控对象输入量与输出量之间的信号联系称为"通道"。控制作用与被控变量之间的信号联系称为控制通道,干扰作用与被控变量之间的信号联系称为干扰通道。由于控制通道在控制系统的闭环以内,而控制作用又是经常、自动、反复地进行,所以它的动态特性较强地影响控制系统的稳定性。外扰通道在控制系统的闭环以外,在一般的情况下,外扰是随机的、短暂的、一次发生的,因此,它的动态特性只影响调节过程的被控量的幅值。在研究过程控制对象的动态特性时,应充分了解各种引起被控量变化的原因,并了解其全部动态特性(如图中 $w_0(s),w_{d_1}(s),\cdots,w_{d_n}(s)$),其中最重要的是对象的控制通道动态特性 $w_0(s)$ 。

有些对象可能是多个输入量(例如: $u_1(t)$, $u_2(t)$,$\cdots,u_n(t)$)、多个输出量(如 $y_1(t)$,$y_2(t)$, $\cdots,y_n(t)$)的物理系统。本章仅讨论只有一个被控量的对象。

对于较简单的被控对象的动态特性,原则上可根据生产过程进行的机理和生产设备的具体结构用分析计算的方法得出,但过程控制对象中一般进行着物质和能量的传递过程,有的生产过程机理复杂,难以用解析方法求得其精确的动态数学模型,而常常采用现场测试的方法来了解对象的动态特性。在各种测试方法中,应用最普遍的是测出对象的阶跃响应。本章将主要介绍由对象阶跃响应得出其传递函数的工程方法。

尽管被控对象内部所进行的物理化学过程可以是各式各样的,但是,从控制的观点出发,它们在本质上有许多相似的共同特点。

6.1.1 过程控制对象的特点

过程控制对象生产过程几乎都离不开物质或能量的流动(能量常以某种流体作为载体),可将对象视为一个隔离体,从外部流入对象内部的物质或能量称为流入量,从对象内部流出的物质或能量称为流出量。显然,只有当流入量与流出量保持平衡时,对象才会处于稳定平衡的工况。平衡关系一旦遇到破坏,就必然会反映在某一个量的变化上。例如,液位变化就反映物质平衡关系遭到破坏,温度变化则反映热量平衡遭到破坏。实际上,这种平衡关系的破坏是经常发生且难以避免的。过程控制系统常要求将温度、压力、液位等表征平衡关系的物理量保持在其设定值上,这就必须随时控制流入量或流出量。在一般情况下,实施这种控制的执行器就是调节阀,它不仅适用于流入量或流出量是物质流的情况,也适用于流入量或流出量是能量流的情况。

过程控制对象的另一特点是,它们大多属慢变过程(即被控量的变化比较缓慢),时间尺度往往以若干分钟甚至小时计。在现代工业生产过程中,生产规模不同,工艺要求各异,产品品种多样,过程控制中被控对象形式是多种多样的,有些生产过程(热工过程)是在较大的设备中进行的,这些对象往往具有较大的储蓄容积,而流入、流出量的份额只能是有限值,这就使得被控制量的变化过程不可能很快。

从阶跃响应曲线看,大多数被控对象动态特性的特点是:被控量的变化通常是不振荡的、单调的、有迟延和惯性的。对象典型的阶跃响应曲线有两类,如图6.2所示。当扰动发生后,被控量一开始并不立刻有显著的变化,这表明对象对扰动的响应有迟延和惯性。而在最后阶段被控量可能达到新的平衡,如图6.2(a)所示,这样的对象称为有自平衡能力对象。被控量也可能不断变化无法进入新的平衡态,而其变化速度趋近某一定值,如图6.2(b)所示,则称为无自平衡能力对象。对象是否具有自平衡能力,是由对象的结构特点决定的。由于大多数过程控制对象阶跃响应具有上述特点,常可用其阶跃响应曲线上的几个特征参数值来表示对象动态特性。

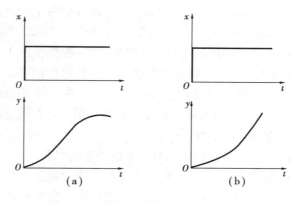

图6.2 对象的阶跃响应曲线

6.1.2　影响对象动态特性的结构性质

过程控制对象的动态特性取决于对象的结构特性和内部过程进行的机理。被控对象在结构上是多种多样的,影响对象动态特性的主要结构特征参数有容量系数、阻力和传递距离。容量系数、阻力和传输距离是大多数对象所共有的结构性质。

（1）容量系数 C

过程控制对象一般都具有储存物质或能量的能力,如水箱可以储水,电容器可以储存电荷等。容量系数就是衡量对象储存物质(或能量)能力的结构参数。

如图 6.3(a)所示等圆截面的立式水箱,被控参数水位为 h,水箱截面积为 F,则其储存量为 $V = Fh$。如果水箱储存液体量不变,但水箱竖直安装和横卧安装,分别加入同样大小的干扰后,液位(被控量)的变化显然是不同的。可见,储存量(容积)并不能确切地反映被控对象受干扰作用后被控量的变化情况。直接影响被控量变化的是容量系数。

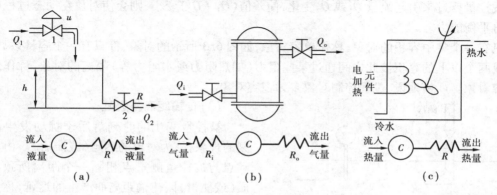

图 6.3　被控对象的容量系数与阻力

容量系数 C 指被控量改变一个单位量时,所需对象物质或能量储存量的改变量,即

$$C = \frac{dV}{dy} \tag{6.1}$$

式中,dV 为对象物质储存量的改变量,dy 为被控量的改变量。

由式(6.1)可知,如果对象的物质储存量的改变量 dV 一定,容量系数 C 越大,被控量的变化 dy 就越小。可见,容量系数是一个表征被控对象惯性的量。

图 6.3(a)所示水箱的截面积为 F,则 $dV = Fdh$,因此,容量系数 C 在数值上等于 F。不同的对象具有不同形式的容量系数。对于电容器,其储存的电荷量 q 的多少是由其端电压 U 来表现,则电容器的容量系数为:

$$C = \frac{dq}{dU}$$

图 6.3(b)所示有阀门的气罐,其容量系数 $C = \dfrac{V}{RT}$ 式中,R 为气体常数,T 为绝对温度;对于储存热量的对象,容量系数就是热容量,通常容量系数简称为容量。

（2）阻力 R

物质或能量在传递中存在阻力,因此,需给予推动流体(或能量)流动的压差(如电位差、水位差、温度差等)。

对象阻力的普遍式可写为：

$$R = \frac{\mathrm{d}y}{\mathrm{d}Q}$$ 　　(6.2)

式中：$\mathrm{d}y$——被控量的微小变化；

　　$\mathrm{d}Q$——对应于被控量 $\mathrm{d}y$ 变化时的流量(或能量)变化。

式(6.2)说明被控量变化 $\mathrm{d}y$ 时，就会引起流量(流入量或流出量)变化 $\mathrm{d}Q$，二者比值定义为对象的阻力。

在图6.3(a)所示的水箱系统中，流出侧阀门2开度一定时，流出水量 Q_2 的大小就取决于水箱水位 h 的高低。换言之，水箱流出侧的液阻为产生单位流量变化所必需的液位差变化量，即阀门2的阻力为：

$$R_2 = \frac{\mathrm{d}h}{\mathrm{d}Q_2}$$

本来被控量 y 的变化是由不平衡流量($Q_1 - Q_2$)的出现而引起的，但若因对象阻力的作用又使被控量反过来引起流量 Q_1 或 Q_2 变化，使差值($Q_1 - Q_2$)变小，则会使对象在动态过程中表现出自平衡能力。

只有一个集中容积的对象，称作单容对象，如图6.3所示的对象，都只有一个容量系数，有两个或两个以上的容积彼此之间通过某些阻力(如热阻力或水阻力等)隔离的对象，称作双容或多容对象。严格地说，过程控制对象多为多容对象。

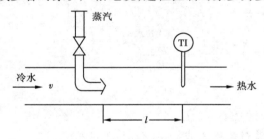

图6.4　蒸汽控制水温系统

(3)传输距离与迟延

被控量变化的时刻落后于扰动发生的时刻的现象，称为对象的迟延(或滞后)。由于扰动点与被控量测量点相隔一个距离所致。物质(或能量)因传输距离而产生的迟延，称为传输迟延或纯迟延，纯迟延时间用 τ_0 表示。如图6.4用蒸汽来控制水温的系统，蒸汽量的变化一定要经过长度 l 的管道后才反映出来，若水的流速为 v，则由蒸汽流量扰动引起测点温度变化需要一段时间 $\tau_0 = \frac{l}{v}$ 就是纯滞后的时间。

迟延的另一方面则是多个容积的存在彼此又为阻力隔开而形成的容积迟延 τ_c。

为分析方便往往将引起迟延的因素从对象中分离出来，对象的纯迟延作为一个独立的环节。设无迟延时对象的传递函数为 $W_0(s)$，则有纯迟延时对象的传递函数可表示为：

$$W(s) = W_0(s)$$ 　　(6.3)

纯迟延对控制系统的工作极为不利。

由于对象在结构性质上具有容量系数、阻力和传输距离，在动态过程中便表现出惯性、自平衡和迟延(包括传输迟延、容积迟延)三方面重要的动态特性，相应就有描述对象动态特性的三个特征参数 K(放大系数)、T(时间常数)和 τ(迟延时间)。

6.2　有自平衡能力对象的动态特性

被控对象受到扰动作用,平衡状态被破坏后,不需操作人员或控制装置的干预,能够依靠自身重新恢复平衡,则对象具有自平衡能力。对象有无自平衡能力完全由对象结构所决定,自平衡能力的实质是对象自身具有的一种内部负反馈过程所形成的。

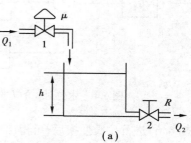

6.2.1　单容对象的动态特性

现以图 6.5(a)所示的单容水箱为例,讨论单容有自平衡能力对象的动态特性。图中不断有水流入水箱,同时也有水不断由水箱流出。被控参数为水箱水位 h,流入量 Q_1 由改变阀 1 开度 μ 加以控制,流出量 Q_2 则由用户根据需要改变阀 2 开度来改变。

(1)单容水箱的数学模型

现分析该对象在控制阀开度 μ 改变时水位 h 变化关系,即建立对象控制通道的数学模型。

初始时刻 $t = 0$ 以前对象处于平衡状态,即
$$Q_{02} = Q_{01}, h = h_0$$
$t = 0$ 时刻控制阀开度阶跃增大 $\Delta\mu$,流入量将成比例地改变(增大),即
$$\Delta Q_1 = k_\mu \Delta\mu \tag{6.4}$$

使 $Q_1 > Q_2$,水位 h 开始逐渐上升。随着 h 升高,流出阀 2 两侧的压差增大,流出量 Q_2 随 h 上升而增大,如图 6.5(b)所示。流量差 $Q_1 - Q_2$ 逐渐缩小,水位 h 上升速度越来越慢,使 $Q_1 = Q_2$ 水位 h 稳定在某一较高位置。可见,

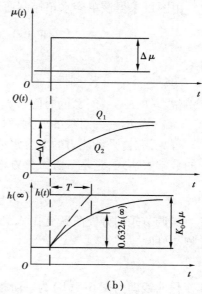

图 6.5　单容对象及其阶跃响应

当扰动 $\Delta\mu$ 出现后平衡被破坏,未施加外部控制作用,依靠水位 h 的变化,使 $Q_1 - Q_2$ 逐渐缩小,相当于被控制量 $h(t)$ 对破坏平衡工况的扰动作用施加了反作用,最后水箱水位达到一个新的平衡状态。

在 $\mathrm{d}t$ 时间内,水箱中储存的水量变化 $\mathrm{d}V$ 为:
$$\mathrm{d}V = (Q_1 - Q_2)\mathrm{d}t = F\mathrm{d}h$$
$$\frac{F\mathrm{d}h}{\mathrm{d}t} = Q_1 - Q_2$$

将其写为增量形式:
$$F\frac{\mathrm{d}\Delta h}{\mathrm{d}t} = \Delta Q_1 - \Delta Q_2 \tag{6.5}$$

水位变化引起流出量 Q_2 改变,$Q_2 = k\sqrt{h}$,是一个非线性关系,在一定条件(小偏差条件)下

可线性化为:

$$\Delta Q_2 = \frac{\Delta h}{R_2} \tag{6.6}$$

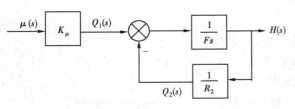

图 6.6 水位对象的方框图

式中, $R_2 = \frac{2\sqrt{h_o}}{k}$ 是开度不变时流出侧阀门 2 的阻力系数(流阻)。为了求得水位对象的数学模型,需消去中间变量 Q_2,消去中间变量方法很多,可由方框图变换的方法进行。

在零初始条件下对式(6.4)、式(6.5)和式(6.6)进行拉氏变换后,可得出调节阀开度 μ 变化下水位对象方框图如图 6.6 所示。

由图可求得该单容水箱控制通道的传递函数,即

$$W_0(s) = \frac{H(s)}{\mu(s)} = K_\mu \cdot \frac{1/Fs}{1 + 1/Fs \cdot 1/R_2}$$

$$= \frac{K_\mu R_2}{R_2 Fs + 1} = \frac{K_0}{T_0 s + 1} \tag{6.7}$$

式中: $T_0 = R_2 F$ ——对象的时间常数;

$K_0 = K_\mu R_2$ ——对象的放大系数。

可见,有自平衡能力的单容水箱是一个惯性环节。由传递函数可以方便地写出它在时域中的数学表达式,它是一阶微分方程,即

$$T_0 \frac{\mathrm{d}h(t)}{\mathrm{d}t} + h(t) = K_0 \mu(t) \tag{6.8}$$

当调节阀门开度阶跃变化 $\Delta\mu$ 时,流入量也将阶跃变化 ΔQ_1,对式(6.8)求解,可得水位变化规律,即

$$h(t) = K_0 \Delta\mu (1 - \mathrm{e}^{-\frac{t}{T_0}}) \tag{6.9}$$

其变化曲线即为图 6.5(b)为一阶指数曲线,其形状只取决于 T_0 值大小,幅值与 K_0 有关。

(2)特征参数及其与结构性质的关系

式(6.7)中时间常数 T_0 和放大系数 K_0 是描述有自平衡能力单容对象的动态特性的两个重要的特征参数。

1)放大系数 K_0

对象的放大系数 $K_0 = K_\mu R_2$,只与对象的阻力 R_2 有关。由式(6.9)知,$h(\infty) = k_0 \Delta\mu$。

放大系数 K_0 只与被控量的终、始稳态值有关,而与 $y(t)$ 的变化过程无关,放大系数是描述对象静特性(稳态性能)的参数。对象的放大系数大,则说明输入信号对输出稳态值的影响大。

2)时间常数 T_0

时间常数 T_0 是表征调节对象惯性大小的参数。由 $T_0 = FR_2$ 可知,对象的惯性是由对象的容量和阻力决定的。时间常数越大,被控量的变化越慢,达到新稳态值所需要的时间也越长,也表明对象的惯性越大,输出对输入变化的反应越慢,反之,T 越小,表示对象的惯性越小,输出对输入的变化的反应越快。时间常数的大小反映了对象受到扰动后被调参数达到新稳态值的快慢,即自平衡过程时间的长短。时间常数 T_0 的物理意义是:被控制量 $y(t)$ 以最大速度(即

t_0 时刻的速度）上升至新稳态值所需的时间；当 $t = T_0$ 时，$h(t) = 0.632h(\infty)$，这说明时间常数 T_0 就是对象被控量由原稳态值上升至新稳态值的 63.2% 时所需的时间。由式（6.9）可知，当 $t = 4T_0$ 时，对象已达到新的稳态。

由上述分析可知，阀 2 的阻力系数 R_2 不仅影响对象的时间常数，也影响放大系数，而容量系数 F 仅影响对象的时间常数，如图 6.7,6.8 所示。

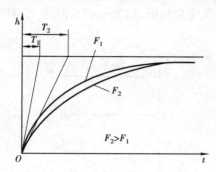
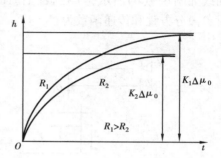

图 6.7　容量系数的影响　　　　　　　图 6.8　阻力的影响

凡是只有一个储存容积同时还有阻力的被控对象都属于有自平衡能力的单容对象，它们都具有相似的动态特性，都可由特征参数 K_0、T_0 表征其动态特性的特点。单容水箱只是一个典型的代表。图 6.3 中的储气罐、加热器都属于这一类对象。

3）自平衡率

以上介绍的对象的自平衡特性，这种特性是怎样产生的呢？影响自平衡能力的因素又是什么呢？

假如 Q_2 流出侧的阻力为无穷大（相当于将阀门关死），但出现流入量扰动后，水位无论如何变化，对流出点没有丝毫的影响，Q_2 不会重新等于 Q_1，当然对象也越永远不能自动平衡。这种对象的自平衡能力为零。

假如 Q_2 流出侧的阻力为零（相当于将阀门全打开，并且管道的内径大而长度较短），当出现流入量扰动（即 Q_1 增大）而水位刚有上升的趋势时，多流进水槽的水量丝毫无阻地从流出侧全部流出，即流出量 Q_2 时刻随着 Q_1 的变化而同步变化，始终维持着 $Q_1 = Q_2$ 的平衡状态，水位也始终保持某一位置上，这种现象的自平衡能力为无穷大。一般对象的自平衡能力的大小用自平衡率来表示，其定义为：

$$\rho = \frac{\mathrm{d}\mu}{\mathrm{d}h}$$

由于 $\dfrac{\mathrm{d}\mu}{\mathrm{d}h}$ 在液位 h 变化过程中是一变数，因此自平衡率在响应过程中不为常数。一般用稳态时的自平衡率来近似代替，即

$$\rho = \frac{\Delta\mu_0}{h(\infty)}$$

自平衡率的物理意义是被控量每变化 1 个单位所能克服的扰动量。由式（6.9）可知，$h(\infty) = K_0\Delta\mu_0$，该对象的自平衡率为：

$$\rho = \frac{\Delta\mu_0}{h(\infty)} = \frac{\Delta\mu_0}{K_0\Delta\mu_0} = \frac{1}{K_0}$$

117

6.2.2 有纯迟延的单容对象

在生产过程中对象的纯滞后(传输迟延)是经常遇到的问题,如皮带运输机的物料传输过程、管道输送、管道反应及混合过程等。以图 6.9(a)为例,调节阀门开度改变后,流入量 Q_1 需经长度为 l 的管道所需时间 τ_0 后流入水箱,液位 h 才会发生变化。具有纯滞后单容对象的阶跃响应曲线如图 6.9(b)所示,与无纯滞后时的形状完全相同,仅差一滞后时间 τ_0,具有纯滞后的单容对象微分方程和传递函数为:

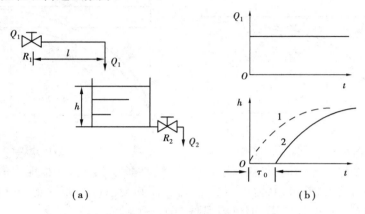

(a)   (b)

图 6.9 有纯迟延的单容对象及其响应曲线

$$T_0 \frac{\mathrm{d}\Delta h}{\mathrm{d}t} + \Delta h = K_0 \Delta\mu(t - \tau_0)$$

$$W_0(s) = \frac{K_0}{T_0 s + 1} \mathrm{e}^{-\tau_0 s}$$

(6.10)

6.2.3 多容对象的动态特性

生产实际中的被控对象往往是由多个容积与阻力构成的多容对象,下面以有自平衡能力的双容水箱为例来讨论其动态特性的特点。

图 6.10(a)所示两只串联工作的水箱,被控制量为第二水箱的水位 h_2,流入量 Q_1 仍由改变阀 1 的开度 μ 加以控制。流出量 Q_3 由用户根据需要改变阀门 3 的开度而变化。与图 6.5 所示单容对象分析相同,根据物质平衡关系可列出下列方程:

$$\Delta Q_1 = K_\mu \Delta\mu$$

$$F_1 \frac{\mathrm{d}\Delta h_1}{\mathrm{d}t} = \Delta Q_1 - \Delta Q_2$$

$$\Delta Q_2 = \frac{\Delta h_1}{R_2}$$

$$F_2 \frac{\mathrm{d}\Delta h_2}{\mathrm{d}t} = \Delta Q_2 - \Delta Q_3$$

$$\Delta Q_3 = \frac{\Delta h_2}{R_3}$$

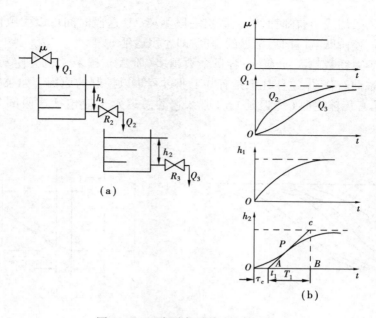

图 6.10　双容对象及其响应曲线

式中, F_1、F_2 分别为两个水箱截面积, 即容量系数; R_2、R_3 为线性化阀阻, $\Delta\mu$、ΔQ_1 和 Δh 均以各量的初始平衡值为起点计。

同前, 经拉氏变换可作出双容对象的方框图如图 6.11 所示, 由此可求得该对象的传递函数, 即

$$\frac{H_2(s)}{\mu(s)} = \frac{K_0}{(T_1 s + 1)(T_2 s + 1)} \tag{6.11}$$

式中: T_1——第一水箱的时间常数, $T_1 = F_1 R_2$;

　　　T_2——第二水箱的时间常数, $T_2 = F_2 R_3$;

　　　K——双容对象的放大系数, $K_0 = K_\mu R_3$。

该对象的微分方程为:

$$T_1 T_2 \frac{\mathrm{d}^2 h_2(t)}{\mathrm{d}t^2} + (T_1 + T_2) \frac{\mathrm{d}h_2(t)}{\mathrm{d}t} + h_2(t) = K_0 \mu(t) \tag{6.12}$$

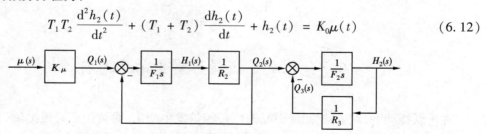

图 6.11　双容对象的方框图

由传递函数和微分方程可知是二阶的, 这是被控对象含有串联的两个容积的反映。当阀 1 开度增大 $\Delta\mu$ 时, h_2 的阶跃响应不是指数曲线, 而是呈 S 形。双容水箱的阶跃响应在起始段与单容水箱有很大差别, 由图 6.10(b) 可以看出, 在调节阀突然开大后的瞬间, 水位 h_1 具有一定的变化速度而其变化量本身却为零, 因此, Q_2 暂时尚无变化, 这使 h_2 的起始变化速度也为零。由此可见, 由于增加了一个容积, 就使得被控量的响应在时间上更落后一步。多容对象对扰动的响应在时间上存在迟延, 称为容积迟延 τ_c, 其值可由图解确定。在图 6.10 中, 从 $h_2(t)$

曲线拐点 p 画一条切线,它在时间轴上截出一段距离 $\overline{OA}$,这段时间可以大致衡量由于加多了一个储蓄容积而使阶跃响应向后推迟的程度,即容积迟延 $\tau_c = t_1$。

若对象的容量系数越大,τ_c 越大;容量个数越多(阶数 n 越多),也会使 τ_c 增大,阶跃响应曲线将沿时间轴向右移动,这往往也是有些工业过程难以控制的原因。如果多容对象除了容积滞后 τ_c 外,还有传输迟延(纯迟延)τ_0,那么它的总迟延 τ 应包括这两部分,如图 6.12 所示。即

$$\tau = \tau_0 + \tau_c \tag{6.13}$$

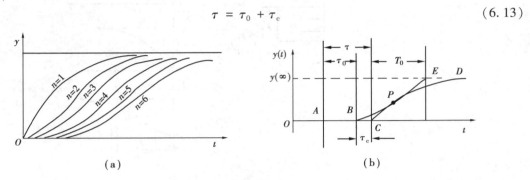

图 6.12　多容对象的阶跃响应曲线

从对象的阶跃响应上可见两类迟延的表现特点。在纯迟延 τ_0 时间内,尽管有输入,但输出无任何变化;在容量迟延时间 τ_c 内,输出有缓慢而微小的变化。

多容对象动态特性可以用特性参数 K_0、T_0、τ 描述。多容对象的传递函数为:

$$W_0(s) = \frac{K_0}{(T_1 s + 1)(T_2 s + 1)\cdots(T_n s + 1)}$$

若 $T_1 = T_2 = \cdots = T_n = T_0$,则上式可表示为:

$$W_0(s) = \frac{K_0}{(T_0 s + 1)^n}$$

当对象具有纯迟延 τ_0 时,有:

$$W_0(s) = \frac{K_0}{(T_0 s + 1)^n} e^{-\tau_0 s}$$

6.3　无自平衡能力对象的动态特性

在阶跃扰动下,对象的原稳态被破坏,被控量发生变化,而被控量对流出量(或流入量)没有影响,则对象内部不会存在负反馈作用,这种对象就没有自平衡能力。

无自平衡能力的对象只有依赖控制装置的帮助,才能重新恢复被破坏的平衡状态。

6.3.1　单容对象的动态特性

若将图 6.5(a)所示水箱出口阀 2 换为定量泵,如图 6.13(a),流出量 Q_2 为泵的排水量,它取决于水泵容量与转速(设计中已确定),与水箱水位 h 高低无关,则在式(6.5)中,$\Delta Q_2 = 0$。当流入量 Q_1 发生阶跃变化时液位 h 即发生变化,由于 Q_2 不变,所以,水箱水位将等速上升直至

溢出或等速下降直至被抽干,其阶跃响应曲线如图 6.13(b)所示。

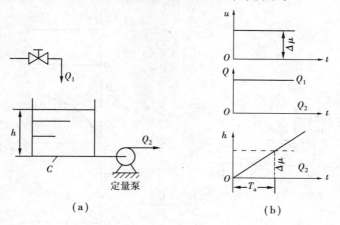

图 6.13　无自平衡单容对象

由前已知水位变化速度与流量差 $Q_1 - Q_2$ 正比,而 Q_2 为常数,Q_1 仅与阀门开度有关,则有对象微分方程:

$$F \frac{\mathrm{d}\Delta h}{\mathrm{d}t} = \Delta Q_1 = K_\mu \Delta \mu$$

所以

$$\frac{\mathrm{d}\Delta h}{\mathrm{d}t} = \frac{K_\mu}{F}\Delta \mu = \varepsilon \Delta \mu \tag{6.14}$$

传递函数为:

$$W(s) = \frac{H(s)}{\mu(s)} = \frac{\varepsilon}{s} = \frac{1}{T_a s} \tag{6.15}$$

式中:$\varepsilon = \dfrac{K_\mu}{F} = \dfrac{\mathrm{d}h/\mathrm{d}t}{\Delta \mu}$ ——对象的响应速度(飞升速度),定义为单位阶跃扰动下被控量的变化速度;

$T_a = \dfrac{1}{\varepsilon} = \dfrac{F}{K_\mu}$ ——对象的积分时间常数,通常称为响应时间。

显然,无自平衡单容对象为一积分环节。

当对象具有纯滞后 τ_0 时,则其传递函数为:

$$W(s) = \frac{1}{T_a s}\mathrm{e}^{-\tau_0 s} \tag{6.16}$$

6.3.2　多容对象的动态特性

对于无自平衡的双容对象,如图 6.14 所示。图中被控量 h_2、输入量 μ,μ 作阶跃变化时 Q_1 也作阶跃变化,但液位 h_2 并不立即以最大速度上升,由于中间水箱具有容量及阻力,所以,h_2 对扰动的响应有一定的滞后和惯性。

如同上述该双容对象的传递函数为:

$$W(s) = \frac{H_2(s)}{\mu(s)} = \frac{1}{T_a s(T_o s + 1)} \tag{6.17}$$

式中,T_a 为对象积分时间常数,T_o 为第一只水箱的时间常数。

T_a、T_o值可由阶跃响应曲线近似确定。

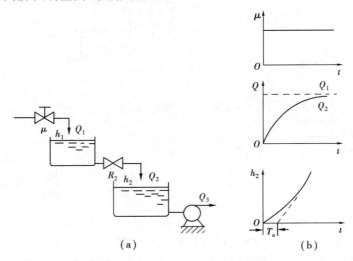

图 6.14　无自平衡双容对象

同理,无自平衡能力的多容对象的传递函数为:

$$W_0(s) = \frac{1}{T_a s(T_o s + 1)^n}$$

若多容无自平衡对象具有纯迟延时,则

$$W_0(s) = \frac{1}{T_a s(T_o s + 1)^n} e^{-\tau_0 s}$$

6.4　时域法辨识对象的数学模型

被控对象的数学模型是指工业生产过程的数学模型,特别是其动态模型,也就是指对象在各输入量(包括控制量和干扰量)作用下,其相应输出量(被控制量)变化关系的数学表达式。

对象的数学模型有非参量形式和参量形式之分。非参量形式是用曲线或数据表格来表示,形象直观但不便于对系统综合设计;参量形式则是用数学方程来表示,便于系统综合设计及参数整定。参量模型通常可用微分方程、传递函数、脉冲响应函数以及状态空间表达式等不同形式来表达。

求取对象数学模型的基本方法有两种:即机理法和测试法。

用机理法建模,是根据对象内在机理,通过静态与动态的物料平衡或能量平衡关系以及反映流体流动、传热、传质、化学反应等基本规律的运动方程、物性参数方程和某些设备的特性方程等,从中获得所需的数学模型形式。许多工业过程的内部工艺过程较为复杂,对某些物理、化学过程尚不完全清楚,使得复杂过程的数学模型较难建立;此外,工业过程多半有非线性因素、分布参数,在推导时常常作了一些近似与假设,尽管这些近似与假设具有一定依据,但并不能完全地反映实际情况,甚至会带来估计不到的影响,因此,即使由机理法建模,仍希望通过测试法加以检测,尤其是难以推导对象的数学模型时,更需通过测试法来建模。

测试法(即辨识方法建模),一般只用于建立输入、输出模型,即根据对象输入、输出的实验数据,通过过程辨识与参数估计的方法,建立对象数学模型,完全从外特性上测试和描述对象动态特性。

用测试辨识对象动态特性的方法,根据试验时加到对象上的扰动信号形式的不同而不同。其中时域法是目前应用最多的一种方法,通过比较简单的测试,获得被控对象的阶跃响应曲线(也称为飞升曲线),根据该曲线只需对少量的测试数据进行较简单的数学处理,即可拟合为近似的传递函数。

过程控制对象的动态特性一般随扰动来源的不同而不同,对象控制通道动态特性是最重要的,其次是负荷扰动下的对象动态特性等。因此,工程中总是测试调节阀扰动下的对象动态特性,有条件时也测试负荷或其他扰动下的对象动态特性。

6.4.1　阶跃响应的获取

(1)阶跃响应曲线的测定

测取阶跃响应的原理很简单,即在被控对象处于稳定的工况下,通过手动或遥控装置使调节阀作一次阶跃变化;与此同时,记录下扰动量和被调量的变化过程。实际上,现场试验往往会遇到许多问题,例如,不能因测试使正常生产受到严重干扰,还要尽量地设法减少其他随机扰动的影响以及系统中非线性因素的考虑等。为了得到可靠的测试结果,应注意以下事项:

①合理地选择阶跃扰动信号的幅度。过小的阶跃扰动幅度不能保证测试结果的可靠性,而过大的扰动幅度则会使正常生产受到严重干扰甚至危及生产安全。一般阶跃扰动量取为对象正常输入信号的 10% ~15% 。

②试验前(即在输入阶跃信号前),被控对象必须处于某一选定的、合适的稳定工况。试验期间应设法避免发生偶然性的其他扰动。在完成一次试验后,必须使对象稳定一段时间再施加测试信号进行第二次试验。

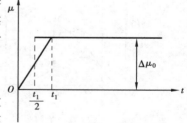

图 6.15　扰动输入信号修正

加扰动应该是瞬时的,但实际上阀门(特别是电磁阀门)只能以有限速度移动,这就要对试验结果作适当修正。假设实际的输入信号如图 6.15 所示,图中 $\Delta\mu_0$ 是输入信号的幅值,处理数据时可以认为阶跃信号实在 $t_1/2$ 时加入的,如图 6.15 虚线所示。

③要仔细记录阶跃曲线的起始部分,这一部分数据的准确性对确定对象动态特性参数的影响很大。对有自平衡能力对象,试验过程应在输出信号达到新的稳定值时结束;对无自平衡能力对象,则应在输出信号变化速度不再改变时结束。

④考虑到实际被控对象的非线性,应选取不同负荷,在被调量的不同设定值下,进行多次测试,在不同负荷每一工况下,应重复几次,至少要得到两条基本相同的曲线,以消除偶然性干扰的影响;即使在同一负荷和被调量的同一设定值下,也要在正向和反向扰动下重复测试,以求全面掌握对象的动态特性。

(2)由矩形脉冲法测定对象的阶跃响应曲线

阶跃响应曲线法是一种测取对象特性的常用方法,但当对象长时间处于较大扰动信号作用下时,被控量变化幅度可能超出实际生产允许范围。

为了能够施加比较大的扰动幅度而又不至于严重干扰正常生产,可以用矩形脉冲输入代替通常的阶跃输入,即大幅度的阶跃扰动施加一小段时间后立即将它切除。测取到对象的矩形脉冲响应后,再从它转换成对象的阶跃响应曲线。

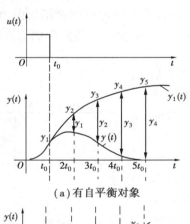

在图6.16中,矩形脉冲输入 $u(t)$ 可视为两个阶跃扰动 $u_1(t)$ 和 $u_2(t)$ 的叠加,它们的幅度相等但方向相反且开始作用的时间不同,即

$$u(t) = u_1(t) + u_2(t) = u_1(t) - u_1(t - t_0) \quad (6.18)$$

假设对象是线性的,则其矩形脉冲响应曲线 $y(t)$ 就是两个阶跃响应的叠加,即

$$y(t) = y_1(t) + y_2(t) = y_1(t) - y_1(t - t_0)$$

所需的阶跃响应即为:

$$y_1(t) = y(t) + y_1(t - t_0) \quad (6.19)$$

图6.16　矩形脉冲信号

式(6.19)即是由矩形脉冲响应曲线 $y(t)$ 逐段递推出阶跃响应曲线 $y_1(t)$ 的依据,如图6.17所示,在第一时段,$t = 0 \sim t_0$,阶跃响应曲线 $y_1(t)$ 与矩形脉冲响应曲线重合,即 $y(t) = y_1(t)$;第二段,$t = t_0 \sim 2t_0$ 时,$y_1(2t_0) = y(2t_0) + y_1(t_0)$,依次类推,即可由矩形脉冲响应曲线求出完整的阶跃响应曲线。

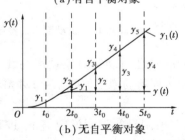

（a）有自平衡对象

（b）无自平衡对象

图6.17　由矩形脉冲响应确定阶跃响应

6.4.2　由对象阶跃响应曲线确定其传递函数

根据测定到的阶跃响应曲线可以拟合成近似的传递函数。在工业生产过程中大多数对象是有自平衡能力的,可用一阶、二阶或 n 阶惯性环节以及一阶惯性环节加迟延、二阶（或 n 阶）惯性环节加迟延来描述,即

$$W_0(s) = \frac{K_0}{T_0 s + 1} \quad (6.20a)$$

$$W_0(s) = \frac{K_0}{(T_1 s + 1)(T_2 s + 1)} \quad (6.20b)$$

$$W_0(s) = \frac{K_0}{(T_0 s + 1)^n} \quad (6.20c)$$

及

$$W_0(s) = \frac{K_0}{T_0 s + 1} e^{-\tau s} \quad (6.21a)$$

$$W_0(s) = \frac{K_0}{(T_1 s + 1)(T_2 s + 1)} e^{-\tau s} \quad (6.21b)$$

或

$$W_0(s) = \frac{K_0}{(T_0 s + 1)^n} e^{-\tau s_1} \quad (6.21c)$$

对少数无自平衡对象其数学模型应含有一个积分环节,可由下述传递函数近似描述:

$$W_0(s) = \frac{1}{T_a s} \quad (6.22a)$$

$$W_0(s) = \frac{1}{T_a s (T_0 s + 1)^n} \tag{6.22b}$$

有纯迟延时：

$$W_0(s) = \frac{1}{T_a s} e^{-\tau s} \tag{6.23a}$$

$$W_0(s) = \frac{1}{T_a s (T_0 s + 1)^n} e^{-\tau s} \tag{6.23b}$$

因而只要能由阶跃响应曲线求得对象动态特性的特征参数（即放大系数 K_0、时间常数 T_0、响应时间 T_a 以及纯迟延时间 τ_0），则对象的数学模型（传递函数）就可求得。下面先介绍几种常用的确定有自平衡能力对象 K_0、T_0、τ 参数的方法。

(1)放大系数 K_0 的确定

设对象输入信号的阶跃幅值为 x_0，由阶跃响应曲线上可确定 $y(\infty)$，不论将有自平衡能力对象的 $y(t)$ 曲线拟合为何种形式传递函数，对象的放大系数 K_0 均可由下式求出：

$$K_0 = \frac{y(\infty) - y(0)}{x_0} \tag{6.24}$$

(2)时间常数 T_0 及迟延时间 τ 的确定

对象的时间常数及迟延时间不像放大系数那样可准确地计算，只能通过切线法、两点法或半对数图解法得到。

1）切线法

①无迟延一阶对象

$$W_0(s) = \frac{K_0}{T_0 s + 1} \tag{见 6.20a}$$

当对象阶跃响应是指数形变化单调曲线如图 6.18 所示时，可由式(6.20a)去拟合。K_0 由式(6.24)确定，只要由响应曲线上确定时间常数 T_0 即可。

作响应曲线起始点的切线交 $y(\infty)$ 线于 A，则线段 OA 在时间轴上的投影为时间常数 T_0。响应曲线起始点的切线有时作不准，此时，可用下面的方法求时间常数 T_0：在响应曲线上找出 $y(t_1) = 0.632[y(\infty) - y(0)]$ 对应的时间 t_1，则 $T_0 = t_1$。

②有迟延一阶对象

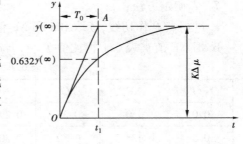

图 6.18　无迟延一阶对象的求取

$$W_0(s) = \frac{K_0}{T_0 s + 1} e^{-\tau s} \tag{见 6.21a}$$

如果阶跃响应是一条如图 6.19 所示的 S 形的单调曲线，就可以用式(6.21a)去拟合。过曲线的拐点 P 作切线，它与时间轴交于 A 点，与曲线的稳态渐近交于 B 点，B 点在时间轴上投影为 C，则 $\tau = OA$，而时间常数 $T_0 = AC$。作图得到的迟延时间 τ，包含了纯迟延 τ_0 和容积迟延 τ_c。

这种作图法的拟合程度一般是较低，但方法简单，而且实践证明它可以成功地应用于 PID 调节器的参数整定，因而得到广泛的应用。

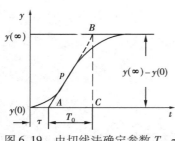

图 6.19　由切线法确定参数 T_0、τ

③二阶对象

$$W_0(s) = \frac{K_0}{(T_1 s + 1)(T_2 s + 1)} \quad (见 6.20b)$$

当 $y(t)$ 呈 S 形时,若用二阶传递函数(6.20b)式拟合,它含两个惯性环节可望拟合更好。

首先将 $y(t)$ 曲线转换为量纲一形式 $y^*(t)$,即 $y^*(t) = \dfrac{y(t)}{y(\infty)}$,$y^*(t)$ 如图 6.20 所示。

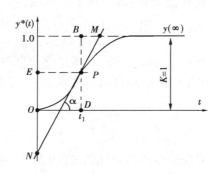

图 6.20　二阶对象切线法

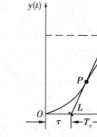

图 6.21　高阶对象切线法

切线法的要点是过 S 形曲线的拐点 P 作切线,切线交稳态值 y^* 的渐近线于 M,交 $y^*(t)$ 轴于 N;P 点的横坐标为 t_1,纵坐标为 E。由图 6.20 读出 BM 和 NE 值,可以证明 NE 为 T_1/T_2 的函数,(推证见附注)计算出 NE 读出值与 T_1/T_2 的关系,制成表 6.2。参阅有关数据就可定出时间常数 T_1、T_2。

T_1、T_2 确定方法:

a. 过拐点 P 作切线,读取 BM 和 NE 值;

b. 据 NE 值查表 6.1 得比值 $T_1/T_2 = k$;

表 6.1　NE 与 T_1/T_2 的关系

T_1/T_2	NE	T_1/T_2	NE	T_1/T_2	NE	T_1/T_2	NE
0.0	0.0	0.25	0.291 3	0.50	0.346 6	0.75	0.364 1
0.5	0.134 7	0.30	0.308 2	0.55	0.352 3	0.80	0.365 6
0.10	0.180 9	0.35	0.323 6	0.60	0.356 3	0.85	0.366 5
0.15	0.239 3	0.40	0.331 9	0.65	0.358 9	0.90	0.361 7
0.20	0.269 3	0.45	0.341 0	0.70	0.362 0	1.00	0.361 9

表 6.2　阶次 n 和时间常数 T_0 与响应曲线上 τ、T_c 值的关系

n	1	2	3	4	5	6	7	8	9	10	14	25
τ/T_c	0	0.104	0.218	0.319	0.410	0.493	0.570	0.642	0.710	0.773	1.000	1.500
τ/T_0	0	0.282	0.805	1.430	2.100	2.810	3.560	4.310	5.080	5.860	9.120	18.500
T_c/T_0	1	2.712	3.692	4.480	5.120	5.700	6.250	6.710	7.160	7.580	9.100	12.320

c. 解下列方程组：

$$\left.\begin{array}{c} BM = T_1 + T_2 \\ T_1/T_2 = k \end{array}\right\} \tag{6.25}$$

即可求出 T_1、T_2 值。

④不含迟延高阶对象

$$W_0(s) = \frac{K_0}{(T_0 S + 1)^n} \tag{见 6.20c}$$

式中，K_0 仍按式（6.24）计算。采用切线法求取时间常数 T_0 和阶次 n 时，如图 6.21 所示，过响应曲线 $y(t)$ 拐点 P 作切线，可得阶跃响应曲线上的参数 τ 和 T_c。根据 τ/T_c 的比值，利用表 6.2 求出与 τ/T_c 值相对应的阶数 n 和 τ/T_0（或 T_c/T_0）的值，有了 τ/T_0（或 T_c/T_0）的值就可以求出 T_0。

按上述查表 6.2 求出的 n 值可能不是一个整数，也可以把传递函数的形式略加改变，可令 $n = n_1$（整数部分）$ + a$（小数部分），则

$$W_0(s) = \frac{K_0}{(T_0 s + 1)^n} \approx \frac{K_0}{(T_0 s + 1)^{n_1}(aT_0 s + 1)} \tag{6.26}$$

例 6.1　用试验方法测得锅炉主气温在给水量阶跃扰动情况下的响应曲线，如图 6.21 所示。已知给水量的阶跃幅值为 $x_0 = 2t/h$。从阶跃响应曲线上量得 $y(\infty) = 18\ ℃$，$\tau = 63s$，$T_c = 153s$。试求此汽包对象以给水量为输入信号、主气温为输出信号的近似传递函数 $W_0(s)$。

解　设近似传递函数的形式为：　$W_0(s) = \dfrac{Y(s)}{X(s)} = -\dfrac{K_0}{(T_0 s + 1)^n}$

传递函数中的负号表示当给水量增加时主气温下降。

$$K_0 = \frac{y(\infty)}{x_0} = \frac{18}{2} = 9 \left[℃ \cdot (t/h)^{-1} \right]$$

$$\frac{\tau}{T_c} = \frac{63}{153} = 0.412$$

查表 6.2，可得：　$n \approx 5$，$T_c/T_0 = 5.12$

故　　　　　　　$T_0 = \dfrac{T_c}{5.12} = \dfrac{153}{5.12}s \approx 30\ s$

因此，对象的近似传递函数为：

$$W_0(s) = \frac{Y(s)}{X(s)} = -\frac{9}{(30s + 1)^5}$$

上述切线法均需过 $y(t)$ 曲线拐点作切线，拐点位置和切线方向（斜率）不易选准，就会使特征参数 T_0、τ、n 数值不够准确，而两点法则可避免这种作图造成的误差。

2）两点法

所谓两点法，是根据阶跃响应 $y(t)$ 曲线上两个点的数据去计算特征参数 T_0、τ、n 等值。

①有迟延一阶对象

$$W_0(s) = \frac{k_0 e^{-\tau s}}{T_0 s + 1} \tag{见 6.21a}$$

首先应将 $y(t)$ 曲线转换成它的量纲一形式 $y^*(t)$，即

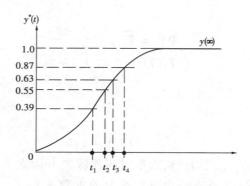

图 6.22 用两点法求动态参数 τ 和 T_0

$$y^*(t) = \frac{y(t)}{y(\infty)}$$

其中, $y(\infty)$ 是 $y(t)$ 的稳态值(见图 6.22)。在阶跃输入作用下, $y^*(t)$ 的解为:

$$y^*(t) = \begin{cases} 0 & t < \tau \\ 1 - e^{\frac{t-\tau}{T_0}} & t \geqslant \tau \end{cases} \tag{6.27}$$

上式中只有两个参数即 τ 和 T_0,可以根据两个点的测试数据进行拟合。为此先选定两个时刻 t_1 和 t_2,其中 $t_2 > t_1 \geqslant \tau$,从测试结果中读出 $y^*(t_1)$ 和 $y^*(t_2)$ 并写出下述联立方程:

$$\left. \begin{array}{l} y^*(t_1) = 1 - e^{-(t_1-\tau)/T_0} \\ y^*(t_2) = 1 - e^{-(t_2-\tau)/T_0} \end{array} \right\} \tag{6.28}$$

对上式两边取对数,并解出 T_0 和 τ:

$$T_0 = \frac{t_1 - t_2}{\ln[1 - y^*(t_1)] - \ln[1 - y^*(t_2)]}$$

$$\tau = \frac{t_2 \ln[1 - y^*(t_1)] - t_1 \ln[1 - y^*(t_2)]}{\ln[1 - y^*(t_1)] - \ln[1 - y^*(t_2)]}$$

为计算方便,一般选 $y^*(t_1) = 0.39$, $y^*(t_2) = 0.632$,代入上式则可得:

$$\left. \begin{array}{l} T_0 = 2(t_2 - t_1) \\ \tau = 2t_1 - t_2 \end{array} \right\} \tag{6.29}$$

对于计算结果可取另两个时刻进行校验,准确的 T_0、τ 值应有:

$$\left. \begin{array}{l} t_3 = 0.8T_0 + \tau \text{ 时}, y^*(t_3) = 0.55 \\ t_4 = 2T_0 + \tau \text{ 时}, y^*(t_4) = 0.87 \end{array} \right\} \tag{6.30}$$

②二阶对象

$$W_0(s) = \frac{K_0}{(T_1 s + 1)(T_2 s + 1)} \text{ 或高阶等容对象}$$

$$W_0(s) = \frac{K_0}{(T_0 s + 1)^n} \qquad (\text{见 6.20b、c})$$

如前所述若对象阶跃响应 $y(t)$ 曲线是 S 形,可由二阶或高阶传递函数拟合更好。

根据阶跃响应曲线上脱离起始毫无反应的阶段开始出现变化的时刻,就可以确定纯迟延参数 τ_0,则可由 $W_0(s) = \dfrac{1}{(T_1 s + 1)(T_2 s + 1)}$ ($T_1 > T_2$) 去拟合已截去纯迟延部分,并也化为量纲

一形式的阶跃响应 $y^*(t)$，由 $W_0(s)$ 可知：

$$y^*(t) = 1 - \frac{T_1}{T_1 - T_2}\mathrm{e}^{-\frac{t}{T_1}} - \frac{T_2}{T_2 - T_1}\mathrm{e}^{-\frac{t}{T_2}}$$

或

$$1 - y^*(t) = \frac{T_1}{T_1 - T_2}\mathrm{e}^{-\frac{t}{T_1}} - \frac{T_2}{T_1 - T_2}\mathrm{e}^{-\frac{t}{T_2}} \tag{6.31}$$

根据上式，就可以利用阶跃响应上两个点的数据 $[t_1, y^*(t_1)]$ 和 $[t_2, y^*(t_2)]$ 确定参数 T_1 和 T_2。通常是选择 $y^*(t_1) = 0.4$，$y^*(t_2) = 0.8$ 两点进行计算。其步骤是：

a. 作曲线 $y^*(t) = 1.0$ 的水平线，并找出 $y^*(t_1) = 0.4$、$y^*(t_2) = 0.8$ 两点对应的时间 t_1 和 t_2 如图 6.23 所示，此时有：

$$\left.\begin{array}{l} \dfrac{T_1}{T_1 - T_2}\mathrm{e}^{-\frac{t_1}{T_1}} - \dfrac{T_2}{T_1 - T_2}\mathrm{e}^{-\frac{t_1}{T_2}} = 0.6 \\[2mm] \dfrac{T_1}{T_1 - T_2}\mathrm{e}^{-\frac{t_2}{T_1}} - \dfrac{T_2}{T_1 - T_2}\mathrm{e}^{-\frac{t_2}{T_2}} = 0.2 \end{array}\right\} \tag{6.32}$$

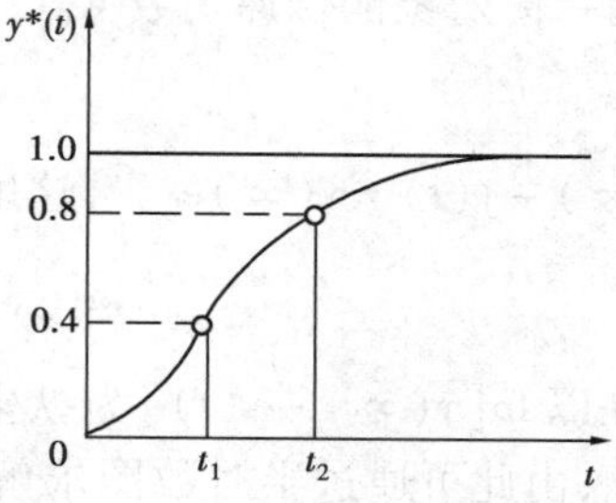

图 6.23　用两点法确定 T_1 和 T_2

b. 若 $0.32 < t_1/t_2 \leqslant 0.46$，可按下式计算 T_1、T_2：

$$T_1 + T_2 \approx \frac{1}{2.16}(t_1 + t_2) \tag{6.33}$$

$$\frac{T_1 T_2}{(T_1 + T_2)^2} \approx \left(1.74\frac{t_1}{t_2} - 0.55\right) \tag{6.34}$$

c. 若 $t_1/t_2 = 0.32$，则与 $y^*(t)$ 对应的 $W_0(s)$ 为一阶对象：

$$W_0(s) = \frac{k_0}{T_0 s + 1}; \quad T_0 = \frac{t_1 + t_2}{2.12};$$

d. 若 $t_1/t_2 = 0.46$，则与 $y^*(t)$ 对应的 $W_0(s)$ 为二阶等容对象，即 $W_0(s) = \dfrac{k_0}{(T_0 s + 1)^2}$；此时 $T_1 = T_2 = T_0 = \dfrac{t_1 + t_2}{2 \times 2.18}$。

e. 如果 $t_1/t_2 > 0.46$，则说明该阶跃响应需要用更高阶的传递函数才能拟合得更好，而 $y^*(t)$ 则显示为一条较为平坦的 S 形曲线，与 $y^*(t)$ 对应的传递函数应为 $W_0(s) = \dfrac{k_0}{(Ts + 1)^n}$。此时，仍根据 $y^*(t) = 0.4$ 和 0.8 分别定出 t_1 和 t_2，对象的阶数 n 与时间常数 T_0 和曲线上查得的 t_1、t_2 间有如下关系：

$$n \approx \left(\frac{1.075 t_1}{t_2 - t_1} + 0.5\right)^2 \tag{6.35}$$

$$n T_0 \approx \frac{t_1 + t_2}{2.16} \tag{6.36}$$

将 n 与 t_1/t_2 的关系制成表 6.3，则可由 t_1、t_2 计算 t_1/t_2 并利用表 6.3 查出 n 值，进而可按 $T_0 = \dfrac{t_1 + t_2}{2.16 n}$，求得 T_0 值。

表 6.3　　$t_1/t_2 = f(n)$

n	1	2	3	4	5	6	7	8	9	10	12	14
t_1/t_2	0.32	0.46	0.53	0.58	0.62	0.65	0.67	0.685	0.70	0.71	0.735	0.75

（3）求取对象传递函数的半对数法

半对数法为一种图解法，它利用试验测得的阶跃响应曲线数据画出半对数坐标图，然后由半对数坐标图求出有自平衡能力对象的时间常数。

设一阶对象的传递函数 $W_0(s) = \dfrac{K_0}{T_0 s + 1}$，阶跃扰动的幅值为 x_0，其阶跃响应为：

$$y(t) = y(\infty)(1 - e^{-t/T})$$

则 $y(\infty) - y(t) = y(\infty)e^{-t/T}$，这里 $y(\infty) = K_0 x_0$。对上式两边取对数：

$$\ln[y(\infty) - y(t)] = -\frac{t}{T_0} + \ln y(\infty) \tag{6.37}$$

在以 $\ln[y(\infty) - y(t)]$ 为纵坐标、t 为横坐标的坐标系中，式（6.37）是一条直线，斜率为 $-1/T_0$，由此可通过半对数图求解出时间常数 T_0。但通常半对数坐标轴是按常用对数刻度的，为了便于图解，必须将自然对数转换为常用对数。

由于 $\ln y = 2.303\,\lg y$，故将（6.37）式改写为：

$$2.303\,\lg[y(\infty) - y(t)] = 2.303\,\lg y(\infty) - \frac{t}{T_0}$$

所以

$$\lg[y(\infty) - y(t)] = \lg y(\infty) - \frac{1}{2.303}\frac{t}{T_0} \tag{6.38}$$

以 $\lg[y(\infty) - y(t)]$ 为纵坐标，按 $[y(\infty) - y(t)]$ 真值标注，t 为横坐标作图，得到的是一条直线。如图 6.24 所示，它交纵坐标于 A 点，交横坐标于 Q，Q 点对应的时间 t_Q（横坐标起点 P 对应的时间 $t_P = 0$），这条直线的截距是 $\lg y(\infty) = \lg K_0 x_0$，斜率是 $\dfrac{-1}{2.303} \cdot \dfrac{1}{T_0}$，$t = 0$ 时纵轴上真值 P，可知读出 A、P 值和交点 t_Q 值，则可得其时间常数 T_0：

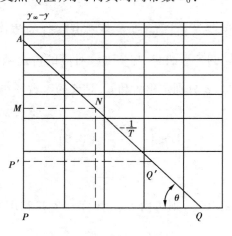

图 6.24　用半对数法求一阶对象时间常数

$$\tan \alpha = -\frac{1}{2.303} \cdot \frac{1}{T_0} = -\frac{\lg A - \lg p}{t_Q}$$

故有：
$$T_0 = \frac{1}{2.303} \frac{t_Q}{(\lg A - \lg p)} \qquad (6.39)$$

为了便于读数和计算，可平移时间轴到 P'、Q'，如图中虚线所示。

如果按各相应时刻 $[y(\infty) - y(t)]$ 作图连接各点得到的不是一条直线，在 t 较大时各点连接接近于直线，而在 t 较小时各点偏离直线，则说明对象是二阶或二阶以上的特性。这从响应曲线上也可以看出，如果响应曲线不是一开始就有一定斜率变化，而是呈 S 形，则这一对象一定是二阶或二阶以上的，这时也可由半对数法图解求各时间常数。

设三阶对象的传递函数为：
$$W_0(s) = \frac{K_0}{(T_1 s + 1)(T_2 s + 1)(T_3 s + 1)} \qquad (6.40)$$
式中，$T_1 > T_2 > T_3$。

其阶跃响应是：
$$y(t) = y(\infty) - A e^{-t/T_1} + B e^{-t/T_2} - C e^{-t/T_3}$$
式中，A、B、C 是与初始件有关的常数，$y(\infty) = K_0 x_0$，即
$$y(\infty) - y(t) = A e^{-t/T_1} - B e^{-t/T_2} + C e^{-t/T_3} \qquad (6.41)$$

在阶跃响应曲线的相应时间上，依次读出 $y(t)$ 值，然后分别将 $y(\infty) - y(t)$ 的真数值点在半对数坐标上，连接各点得图 6.25 中的线 1，显然，线 1 不是一条直线，但 t 很大时即线 1 后半部分近似为直线，这由式(6.41)也可看出，因 $T_1 > T_2 > T_3$，当 t 很大时，$B e^{-t/T_2}$ 与 $C e^{-t/T_3}$ 与

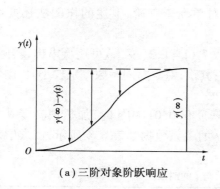

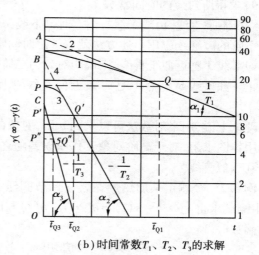

（a）三阶对象阶跃响应　　　　　　（b）时间常数 T_1、T_2、T_3 的求解

图 6.25　三阶对象时间常数的求解

$A e^{-t/T_1}$ 相比可以忽略不计，则式(6.41)可近似为：
$$y(\infty) - y(t) = A e^{-t/T_1} \qquad (6.42)$$

两边取对数：
$$\lg[y(\infty) - y(t)] = \lg A - \frac{1}{2.303} \cdot \frac{t}{T_1} \qquad (6.43)$$

可见，当 t 相当大时对象的三阶特性可近似为一阶特性，因而可用求一阶对象特性的方法

131

来求式中的时间常数 T_1。将曲线 1 的直线段部分延长至交纵轴于 $A(t=0)$ 点,得到虚线 2,虚线 2 便是曲线 1 在 t 较大时的渐近线,即式(6.42)的图形。时间常数 T_1 则由虚线 2 的斜率求得:

$$T_1 = \frac{1}{2.303} \frac{t_{Q1}}{\lg A - \lg p}$$

在 t 较小时,$Be^{-t/T_2} - Ce^{-t/T_3}$ 的影响不能忽略(所以图 6.25 中曲线 1 不是直线),在求取时间常数 T_2 时必须同时考虑,因此,可将直线 2 的数值减去同一时间下曲线 1 的数值(真数相减)而得曲线 3。对于曲线 3,在 t 较大时为一条直线,因 t 较大时,Ce^{-t/T_3} 可以忽略,式(6.41)近似为:

$$y(t) = y(\infty) - Ae^{-t/T_1} + Be^{-t/T_2}$$

即

$$Ae^{-t/T_1} - [y(\infty) - y(t)] = Be^{-t/T_2}$$

两边取对数:

$$\ln\{Ae^{-t/T_1} + [y(\infty) - y(t)]\} = -\frac{t}{T_2} + \ln B$$

同样,在以 10 为底的半对数坐标中,上式为:

$$\lg\{Ae^{-t/T_1} - [y(\infty) - y(t)]\} = \lg B - \frac{1}{2.303 T_2}t \tag{6.44}$$

同前面一样沿曲线 3 的直线段延长交纵轴于 $t=0$ 的 B 点,得曲线 3 的渐近线,即图 6.25 中虚线 4,也即式(6.44)的图形,它的斜率为 $-\dfrac{1}{2.303 T_2}$,则由图中 B 点、P_2 点及 t_{Q2} 值即可按式(6.39)求得所对应的时间常数 T_2。

线 3 不是直线,由线 4 值与同一时刻下线 3 值相减作出线 5,图中线 5 已近似直线,说明对象是三阶的。继续应用上述方法就可求出时间常数 T_3。

如果线 3 已近似于直线,则说明对象为二阶,即逐步转换的办法是直到得到一条近似的直线为止。如果线 5 仍然不是一条近似直线,则说明对象高于三阶,上述的作图法还要继续下去。

理论上说,用半对数法可以求到 n 阶,对象的参数 $T_i(i=1,2,\cdots,n)$ 可逐次求出,实际上,由于用作图求解,对于高阶对象其作图误差随之增大;其次,对象时间常数差别较小时,图解无法得到近似直线。

例6.2 今测定某加热炉在燃气调节阀压力阶跃变化 0.01 MPa 时,加热炉温度 θ 的响应,由测试求得 $y(\infty) - y(t) = \theta(\infty) - \theta(t)$ 与时间 t 的关系数据如表 6.4 所示,试求取对象传递函数。

表6.4　加热炉$[y(\infty) - y(t)]$与t的对应关系

时间/s	0	20	40	60	80	100	120	…	…	∞
$y(\infty) - y(t)$	35.6	33.2	28.8	24.0	20.0	16.4	13.0	…	…	0

解　按上述数据在半对数纸上以 $[y(\infty) - y(t)]$ 为纵坐标、t 为横坐标作图,如图 6.26 中的曲线 1 所示。

从图 6.26 可以看出,各点没有落在同一条直线上,所以不是一阶对象。延长曲线 1 对应

时间 t 较大部分的直线段与纵轴相交于 A，作图

得：$t_{Q1}=120$ s，$P_1=13$，$A=45$，如图中虚线 2，其斜

率为 $-\dfrac{1}{2.303T_1}$，则时间常数 T_1 之值可由虚线 2 的

斜率求出：

由　　　　　$T_0=\dfrac{1}{2.303}\dfrac{t_Q}{\lg A-\lg p}$

$$T_1=\frac{1}{2.303}\times\frac{120}{\lg 45-\lg 13}\text{s}=\frac{120}{2.303\times 0.539}=96\text{ s}$$

然后以 $\{Ae^{-\frac{t}{T}}-[y(\infty)-y(t)]\}$ 即虚线 2 值减曲

线 1 值与 t 作图，见图 6.26 中点画线 3。这是一条

直线，故对象为二阶的，由该直线斜率可求得 T_2，

由作图得线 3 与纵轴交点 $B=9.2$，与 t 轴线交点

Q_2 对应 $t_{Q2}=44$s，纵轴起点 $P=1$，由式 6.41 可得：

$$T_2=\frac{1}{2.303}\times\frac{44}{\lg 9.2-\lg 1}\text{s}=\frac{44}{2.303\times 0.963\ 7}\text{s}=19.8\text{ s}$$

对象放大系数仍按式(6.24)计算：

$$K_0=\frac{y(\infty)-y(t)}{x_0}=\frac{35.6}{0.01}\text{℃/MPa}=3\ 560\text{℃/MPa}$$

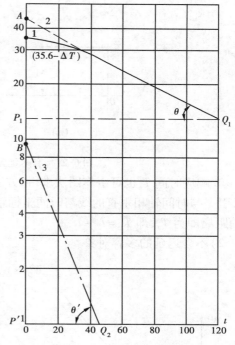

图 6.26　时间常数 T_1、T_2 的确定

故对象的传递函数：

$$W_0(s)=\frac{K_0}{(T_1s+1)(T_2s+1)}=\frac{3\ 560}{(96s+1)(19.8s+1)}$$

(4)由阶跃响应曲线确定无自平衡能力对象的特征参数

无自平衡能力对象的数学模型可由式(6.22)、式(6.23)来近似描述。下面讨论确定其特

征参数的切线法：

1)有迟延一阶对象

$$W_0(s)=\frac{1}{T_a s}e^{-\tau s}\qquad\qquad(见 6.23\text{a})$$

设含有迟延对象阶跃响应曲线如图 6.27 所示，图中(a)为阶跃输入 $x(t)=x_0\times 1(t)$，(b)

为阶跃响应曲线 $y(t)$，从图 6.27(b)可知，输出信号 $y(t)$ 变化的特点是在开始阶段因有迟延

$y(t)$ 不变，过了迟延时间后，便以一定的速度增加，其数学模型(传递函数)可以近似地认为由

一积分环节和一迟延环节串联而成，即

$$W_0(s)=\frac{1}{T_a s}e^{-\tau s}=\frac{\varepsilon}{s}e^{-\tau s}$$

式(6.23a)中的两个参数 T_a(或 ε，$\varepsilon=1/T_a$)和 τ 可以从图 6.27(b)的阶跃响应曲线上图解法

求得：

①作阶跃响应曲线的渐近线，与时间坐标轴的交点为 t_1，坐标原点到 t_1 的时间间隔即为迟

延时间 τ。

②渐近线与时间坐标轴相交的倾斜角 α 的正切 $\tan\alpha$ 与阶跃输入的幅值 x_0 之比，即为响

应速度 ε，$\varepsilon=\tan\alpha/x_0$，又因 $T_a=\dfrac{1}{\varepsilon}$，所以对象的响应时间 $T_a=\dfrac{x_0}{\tan\alpha}$。

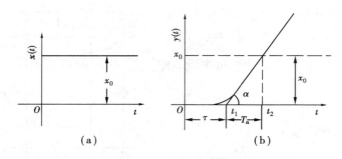

图 6.27　有迟延无自平衡单容对象的阶跃响应

③响应时间 T_a 也可由作图法求得,方法是将阶跃响应曲线 $y(t)$ 上升到阶跃输入的幅值 x_0 时,引一与时间轴相垂直的线与时间坐标轴(横轴)相交于点 t_2,如图 6.27(b)所示,交点 t_1 到 t_2 的距离即为 T_a,即 $T_a = t_2 - t_1$。

2)不含迟延的多容对象

$$W_0(s) = \frac{1}{T_a s (T_0 s + 1)^n} \qquad (见 6.22b)$$

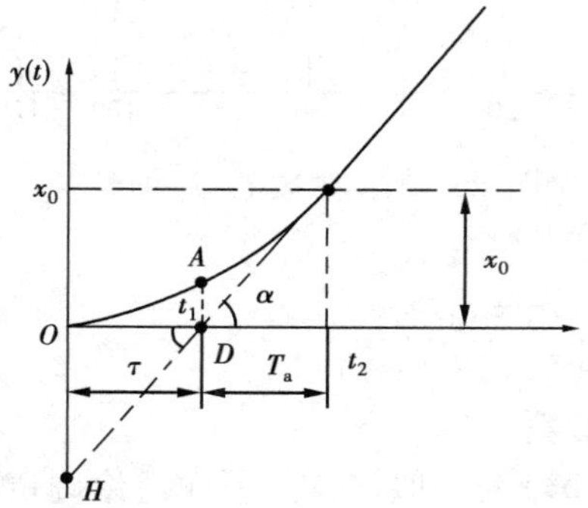

对象的阶跃响应曲线如图 6.28 所示时,其传递函数可拟合为式(6.22b)。式中,T_a 和 T_0 分别是对象的响应时间和惯性环节的时间常数,n 为惯性环节的阶数,都由切线法从阶跃响应曲线确定。作阶跃响应曲线的渐近线并与横坐标轴交于 D 点,如图 6.28 所示,与纵坐标轴交于 H 点。设阶跃响应曲线的起点为 O,则可由图中得到 OH、OD 和 DA,其中 $OD = \tau$,进而按下述求 T_a、T_0 和 n 的值。

①响应时间 T_a

$$T_a = \frac{x_0}{\tan \alpha} = \frac{x_0}{OH/OD} = \frac{OD}{OH} x_0 = \frac{\tau}{OH} x_0 \qquad (6.45)$$

图 6.28　无自平衡多容对象阶跃响应

式中:x_0——阶跃输入信号幅值;

　　　α——阶跃响应曲线的渐近线与横坐标轴的交角。

②时间常数 T_0

乘积 nT_0 表示对象惯性的大小,可以证明(略)$nT_0 = \tau$

由图中 $\tau = OD = nT_0$,故

$$T_0 = \frac{\tau}{n} \qquad (6.46)$$

③阶数 n

可由图 6.28 中的 DA 和 OH 的比值,查表 6.5 确定。

表 6.5　$n = f(DA/OH)$

n	1	2	3	4	5	6
DA/OH	0.368	0.271	0.224	0.195	0.176	0.161

如果由 $\dfrac{DA}{OH}$ 的数值查到的 n 值不是整数时,可以把传递函数的形式略加改变。

令 $n = n_1 + a$ 式中,n_1 为整数部分,a 为小数部分,则传递函数改变为:

$$W_0(s) = \frac{1}{T_a s (T_0 s + 1)^n} \approx \frac{1}{T_a s (T_0 s + 1)^{n_1} (a T_0 s + 1)} \tag{6.47}$$

当 $n \geq 6$ 时,无自平衡能力对象的传递函数可以简化为:

$$W_0(s) = \frac{1}{T_a s} \mathrm{e}^{-\tau s}$$

式中,$\tau = OD$(见图 6.28)。

例 6.3 用试验方法求得在给水量扰动量 $x_0 = 15 t/h$ 时,锅炉汽包水位的阶跃响应曲线如图 6.28 所示。从水位阶跃曲线上测得:$\tau = OD = 30\ \mathrm{s}$,$OH = 13.5\ \mathrm{mm}$,$AD = 4.32\ \mathrm{mm}$,试求汽包水位对于给水量扰动的近似传递函数。

解 设所求的近似传递函数的形式为:

$$W_0(s) = \frac{1}{T_a s (T_0 s + 1)^n}$$

① $T_a = \dfrac{OD}{OH} x_0 = \dfrac{30}{13.5} \times 15 = 33.3\ [\mathrm{s} \cdot (\mathrm{t/h}) \cdot \mathrm{mm}^{-1}]$

② $n T_0 = 30\ \mathrm{s}$

③ $DA/OH = 4.32/13.5 = 0.32$

由查表 6.5 可得:$1 < n < 2$,选 $n = 1.4$,则 $T_0 = \dfrac{30}{n} = \dfrac{30}{1.4}\mathrm{s} = 21.4\ \mathrm{s}$

所求传递函数 $\qquad W_0(s) = \dfrac{1}{33.3 s (21.4 s + 1)^{1.4}}$

或写为:$W_0(s) = \dfrac{1}{33.3 s (21.4 s + 1)(0.4 \times 21.4 s + 1)} \approx \dfrac{1}{33.3 s (21.4 s + 1)(8.6 s + 1)}$

综上所述,在获得对象的阶跃响应曲线后,可用切线法、两点法或半对数法求出对象的传递函数。此外,还有面积法,这种方法虽精度较高,但计算过程复杂。各种方法都有各自的优缺点,应根据实际情况选用。

6.5 用最小二乘法辨识对象的数学模型

对象动态特性辨识包括模型结构的确定和模型参数估计。

参数估计是在假定对象模型结构已知阶次 n 和纯迟延时间 τ_0 的条件下,根据输入、输出试验数据求取模型的参数。参数估计方法很多,而最小二乘法是最基本、最常用的一种方法。

6.5.1 基本定义和计算公式

(1)系统描述

对于一个单输入、单输出的 n 阶线性定常系统,可用下面的差分方程来描述(暂不考虑纯迟延 τ_0):

$$y(k) + a_1 y(k-1) + \cdots + a_n y(k-n) =$$
$$b_1 u(k-1) + b_2 u(k-2) + \cdots + b_n u(k-n) + e(k) \tag{6.48}$$

式中,k 为采样次数,$u(k)$、$y(k)$ 为实测对象在某时刻的输入、输出序列;$e(k)$ 为模型残差,它是一个零均值、同分布、不相关的随机变量序列;n 为模型的阶次。

参数估计问题是在已知模型阶次 n 时,如何从输入输出数据估计出模型中的未知参数 $a_1, a_2, \cdots, a_n; b_1, b_2, \cdots, b_n$。

若对输入输出观测了 $(N+n)$ 次,则得到实测的输入、输出序列为:
$$\{u(k), y(k), k = 1, 2, \cdots, N+n\}$$

为了估计上述 $2n$ 个未知参数,要构成如式(6.48)那样的 N 个观测方程,$N \geqslant 2n+1$,即

$$
\begin{cases}
y(n+1) = -a_1 y(n) - \cdots - a_n y(1) + b_1 u(n) + \cdots + b_n u(1) + e(n+1) \\
y(n+2) = -a_1 y(n+1) - \cdots - a_n y(2) + b_1 u(n+1) + \cdots + b_n u(2) + e(n+2) \\
\vdots \\
y(n+N) = -a_1 y(n+N-1) - \cdots - a_n y(N) + b_1 u(n+N-1) + \cdots + \\
\qquad b_n u(N) + e(n+N)
\end{cases}
$$

此为观测方程组。若此方程组用向量-矩阵形式表示,则可写成:
$$\boldsymbol{y}(N) = \boldsymbol{X}(N)\boldsymbol{\theta}(N) + \boldsymbol{e}(N) \tag{6.49}$$

或将系统描述为:
$$\boldsymbol{y} = \boldsymbol{X}\boldsymbol{\theta} + \boldsymbol{e} \tag{6.50}$$

式中

测试向量:
$$\boldsymbol{y}(N) = \begin{bmatrix} y(n+1) \\ y(n+2) \\ \vdots \\ y(n+N) \end{bmatrix} \tag{6.51}$$

数据向量:
$$\boldsymbol{X}(N) = \begin{bmatrix} \boldsymbol{x}^{\mathrm{T}}(1) \\ \boldsymbol{x}^{\mathrm{T}}(2) \\ \vdots \\ \boldsymbol{x}^{\mathrm{T}}(N) \end{bmatrix} =$$

$$
\begin{bmatrix}
-y(n) & -y(n-1) & \cdots -y(1) u(n) & u(n-1) & \cdots u(1) \\
-y(n+1) & -y(n) & \cdots -y(2) u(n+1) & u(n) & \cdots u(2) \\
& & \vdots & & \\
-y(n+N-1) & -y(n+N+2) & \cdots -y(N) u(n+N-1) & u(n+N-2) & \cdots u(N)
\end{bmatrix} \tag{6.52}
$$

$$\boldsymbol{x}^{\mathrm{T}}(i) = [-y(n+i-1), -y(n+i-2), \cdots, -y(i), u(n+i-1), \cdots u(i)] \quad i = 1, 2, \cdots, N \tag{6.53}$$

参数向量:
$$\dot{\boldsymbol{\theta}}(N) = \begin{bmatrix} a_1 \\ \vdots \\ a_b \\ b_1 \\ \vdots \\ b_n \end{bmatrix} = [a_1 \cdots a_n b_1 \cdots b_n]^{\mathrm{T}} \tag{6.54}$$

随机干扰向量：
$$e(N) = \begin{bmatrix} e(n+1) \\ e(n+2) \\ \vdots \\ e(n+N) \end{bmatrix} \tag{6.55}$$

从式(6.49)可以看出，每一个观测方程都可以表示为：

$$y(n+i) = \boldsymbol{x}^{\mathrm{T}}(i)\boldsymbol{\theta}(N) + e(n+i) \tag{6.56}$$

（2）参数的最小二乘估计方法

参数估计的最小二乘方法是指选择 $\hat{a}_i, \hat{b}_i (i = 1, 2, \cdots, n)$（即对象参数向量 $\boldsymbol{\theta}$ 的估计值 $\hat{\boldsymbol{\theta}}$），使系统按照模型描述时对输入、输出数据拟合的残差平方和（误差函数）。

$$J = \sum_{i=1}^{N} \boldsymbol{e}^2(n+i) = \boldsymbol{e}^{\mathrm{T}}(N)\boldsymbol{e}(N) \tag{6.57}$$

为最小，即当系统按下式拟合，则

$$y = X\hat{\boldsymbol{\theta}} + e$$

式中，$\hat{\boldsymbol{\theta}} = [\hat{a}_1, \cdots, \hat{a}_n \hat{b}_1 \cdots \hat{b}_n]^{\mathrm{T}}$，寻求使目标函数 J 为最小的 $\hat{\boldsymbol{\theta}}$。因此，参数 $\boldsymbol{\theta}$ 的最小二乘估计 $\hat{\boldsymbol{\theta}}$ 可通过对 J 极小化，即由 $\frac{\mathrm{d}J}{\mathrm{d}\boldsymbol{\theta}}\big|_{\theta} = 0$ 求得。

若对式(6.57)直接求导，可得出矢量-矩阵形式的正规方程式，即

$$\frac{\partial J}{\partial \hat{\boldsymbol{\theta}}} = \frac{\partial}{\partial \hat{\boldsymbol{\theta}}} e^{\mathrm{T}} e = \frac{\partial}{\partial \hat{\boldsymbol{\theta}}}[(\boldsymbol{y} - \boldsymbol{X}\hat{\boldsymbol{\theta}})^{\mathrm{T}}(\boldsymbol{y} - \boldsymbol{X}\hat{\boldsymbol{\theta}})]$$

$$= -2\boldsymbol{X}^{\mathrm{T}}(\boldsymbol{y} - \boldsymbol{X}\hat{\boldsymbol{\theta}}) = 0$$

或

$$\boldsymbol{X}^{\mathrm{T}}\boldsymbol{X}\hat{\boldsymbol{\theta}} = \boldsymbol{X}^{\mathrm{T}}\boldsymbol{y} \tag{6.58}$$

由上式可求得最小二乘估计值 $\hat{\theta}$ 为：

$$\hat{\boldsymbol{\theta}} = (\boldsymbol{X}^{\mathrm{T}}\boldsymbol{X})^{-1}\boldsymbol{X}^{\mathrm{T}}\boldsymbol{y} \tag{6.59}$$

通常认为 $\boldsymbol{X}^{\mathrm{T}}\boldsymbol{X}$ 为非奇异阵，有逆矩阵存在且只有一个局部极小值存在。因此，最小二乘法估计值 $\hat{\boldsymbol{\theta}}$ 是唯一的。

6.5.2　参数估计的递推最小二乘法

式(6.59)是用全部 $n+N$ 个数据进行计算的，以后每增加一个新数据都需要重新算一遍，这样不仅计算工作量大，而且需保留以前所有数据，增加了机器所需的储存量。为了解决这个矛盾，可采用递推算法进行在线辨识，即采用输入的数据来改进原来的参数估计，使估计值不断刷新，而不必重复进行计算。

为了导出 $\hat{\theta}$ 的递推估计公式，需把观测数中的 N 作为变动参数并引进下列符号：

将由 $n+N$ 个数据所获得的最小二乘估计记作 $\hat{\theta}(N)$，即

$$\hat{\boldsymbol{\theta}}(N) = [\boldsymbol{X}^{\mathrm{T}}(N)\boldsymbol{X}(N)^{-1}\boldsymbol{X}^{\mathrm{T}}(N)\boldsymbol{y}(N)] \tag{6.60}$$

其中

$$X(N) = \begin{bmatrix} \boldsymbol{x}^{\mathrm{T}}(1) \\ \boldsymbol{x}^{\mathrm{T}}(2) \\ \vdots \\ \boldsymbol{x}^{\mathrm{T}}(N) \end{bmatrix}$$

$\boldsymbol{x}^{\mathrm{T}}(i)$ 和 $\boldsymbol{y}(N)$ 的含义见式(6.53)和式(6.51)。

当增加一个观测对 $[u(n+N+1),y(n+N+1)]$ 时,$X(N)$ 就增加了一行,即

$$\boldsymbol{y}(N+1) = \begin{bmatrix} \boldsymbol{y}(N) \\ y(n+N+1) \end{bmatrix}, \qquad X(N+1) = \begin{bmatrix} X(N) \\ \boldsymbol{x}^{\mathrm{T}}(N+1) \end{bmatrix} \tag{6.61}$$

其中

$$\boldsymbol{x}^{\mathrm{T}}(N+1) = [-y(n+N), -y(n+N-1), \cdots, -y(n+1), u(n+N), \cdots, u(n+1)]$$

此时,由 $(n+N+1)$ 个观测数据对获得 $\hat{\boldsymbol{\theta}}$ 的最小二乘估计为:

$$\hat{\boldsymbol{\theta}}(N+1) = [X^{\mathrm{T}}(N+1)X(N+1)]^{-1}\boldsymbol{x}^{\mathrm{T}}(N+1)\boldsymbol{y}(N+1)$$

将式(6.61)代入上式,得:

$$\hat{\boldsymbol{\theta}}(N+1) = [X^{\mathrm{T}}(N)X(N) + \boldsymbol{x}(N+1)\boldsymbol{x}^{\mathrm{T}}(N+1)]^{-1}[X^{\mathrm{T}}(N)\boldsymbol{y}(N) + \boldsymbol{x}(N+1)y(n+N+1)] \tag{6.62}$$

为了书写方便,在下列推导过程中暂时省略 $X(N)$ 中的 N,记作 X,省略 $\boldsymbol{x}(N+1)$ 中的 $N+1$,记作 $\boldsymbol{x}$。待推导完后再把省略的 N 和 $N+1$ 添上,就获得明晰的递推公式。省略后,式(6.62)可写成:

$$\hat{\boldsymbol{\theta}}(N+1) = (X^{\mathrm{T}}X + \boldsymbol{x}\boldsymbol{x}^{\mathrm{T}})^{-1}[X^{\mathrm{T}}\boldsymbol{y} + \boldsymbol{x}y(n+N+1)] \tag{6.63}$$

为了避免每次递推计算必须进行 $(X^{\mathrm{T}}X + \boldsymbol{x}\boldsymbol{x}^{\mathrm{T}})$ 求逆计算的麻烦,可运用如下矩阵求逆引理。

求逆引理:设 $\boldsymbol{A}$、$\boldsymbol{C}$、和 $\boldsymbol{A}+\boldsymbol{BCD}$ 都是非奇异方阵,那么

$$(\boldsymbol{A}+\boldsymbol{BCD})^{-1} = \boldsymbol{A}^{-1} - \boldsymbol{A}^{-1}\boldsymbol{B}(\boldsymbol{C}^{-1}+\boldsymbol{D}\boldsymbol{A}^{-1}\boldsymbol{B})^{-1}\boldsymbol{D}\boldsymbol{A}^{-1} \tag{6.64}$$

推论:当有 $\boldsymbol{D}=\boldsymbol{B}^{\mathrm{T}}$ 时有:

$$(\boldsymbol{A}+\boldsymbol{BCD}^{\mathrm{T}})^{-1} = \boldsymbol{A}^{-1} - \boldsymbol{A}^{-1}\boldsymbol{B}(\boldsymbol{C}^{-1}+\boldsymbol{B}^{\mathrm{T}}\boldsymbol{A}^{-1}\boldsymbol{B})^{-1}\boldsymbol{B}^{\mathrm{T}}\boldsymbol{A}^{-1} \tag{6.65}$$

将上式用于式(6.63),且令

$$\boldsymbol{A}=X^{\mathrm{T}}X, \boldsymbol{B}=\boldsymbol{x}, \boldsymbol{C}=\boldsymbol{I}$$

则

$$(X^{\mathrm{T}}X + \boldsymbol{x}\boldsymbol{x}^{\mathrm{T}})^{-1} = (X^{\mathrm{T}}X)^{-1} - (X^{\mathrm{T}}X)^{-1}\boldsymbol{x}[\boldsymbol{I}+\boldsymbol{x}^{\mathrm{T}}(X^{\mathrm{T}}X)^{-1}\boldsymbol{x}]^{-1}\boldsymbol{x}^{\mathrm{T}}(X^{\mathrm{T}}X)^{-1} \tag{6.66}$$

将上式代入式(6.63)得:

$$\begin{aligned} \hat{\boldsymbol{\theta}}(N+1) &= (X^{\mathrm{T}}X)^{-1}X^{\mathrm{T}}\boldsymbol{y} + (X^{\mathrm{T}}X)^{-1}\boldsymbol{x}y(n+N+1) - \\ &\quad (X^{\mathrm{T}}X)^{-1}\boldsymbol{x}[\boldsymbol{I}+\boldsymbol{x}^{\mathrm{T}}(X^{\mathrm{T}}X)\boldsymbol{x}]^{-1}\boldsymbol{x}^{\mathrm{T}}(X^{\mathrm{T}}X)^{-1}X^{\mathrm{T}}\boldsymbol{y} - \\ &\quad (X^{\mathrm{T}}X)^{-1}\boldsymbol{x}[\boldsymbol{I}+\boldsymbol{x}^{\mathrm{T}}(X^{\mathrm{T}}X)^{-1}\boldsymbol{x}]^{-1}\boldsymbol{x}^{\mathrm{T}}(X^{\mathrm{T}}X)^{-1}\boldsymbol{x}y(n+N+1) \end{aligned} \tag{6.67}$$

$$= \hat{\boldsymbol{\theta}}(N) + (X^{\mathrm{T}}X)^{-1}\boldsymbol{x}[\boldsymbol{I}+\boldsymbol{x}^{\mathrm{T}}(X^{\mathrm{T}}X)^{-1}\boldsymbol{x}]^{-1}[y(n+N+1) - \boldsymbol{x}^{\mathrm{T}}\hat{\boldsymbol{\theta}}(N)]$$

在上式中,令

$$\boldsymbol{K}(N+1) = (X^{\mathrm{T}}X)^{-1}\boldsymbol{x}[\boldsymbol{I}+\boldsymbol{x}^{\mathrm{T}}(X^{\mathrm{T}}X)^{-1}X]^{-1} \tag{6.68}$$

得:

$$\hat{\boldsymbol{\theta}}(N+1) = \hat{\boldsymbol{\theta}}(N) + \boldsymbol{K}(N+1)[y(n+N+1) - \boldsymbol{x}^{\mathrm{T}}\hat{\boldsymbol{\theta}}(N)] \tag{6.69}$$

令 $\boldsymbol{P}(N) = [\boldsymbol{X}^{\mathrm{T}}\boldsymbol{X}]^{-1}$,并代入式(6.66)和式(6.68)中,则得递推最小二乘估计的一组算式,并将式(6.62)中省略的 N 和 $N+1$ 代回得:

$$\hat{\boldsymbol{\theta}}(N+1) = \hat{\boldsymbol{\theta}}(N) + \boldsymbol{K}(N+1)[y(n+N+1) - \boldsymbol{x}^{\mathrm{T}}(N+1)\hat{\boldsymbol{\theta}}(N)] \tag{6.70}$$

$$\boldsymbol{K}(N+1) = \boldsymbol{P}(N)\boldsymbol{x}(N+1)[I + \boldsymbol{x}^{\mathrm{T}}(N+1)\boldsymbol{P}(N)\boldsymbol{x}(N+1)]^{-1} \tag{6.71}$$

$$\boldsymbol{P}(N+1) = \boldsymbol{P}(N) - \boldsymbol{P}(N)\boldsymbol{x}(N+1)[1 + \boldsymbol{x}^{\mathrm{T}}(N+1)\boldsymbol{P}(N)\boldsymbol{x}(N+1)]^{-1}\boldsymbol{x}^{\mathrm{T}}(N+1)^{\mathrm{T}}\boldsymbol{P}(N) \tag{6.72}$$

说明:

①由递推算式可看出,$(N+1)$ 组数据的估计参数 $\hat{\boldsymbol{\theta}}(N+1)$ 等于 N 组数据的估计参数 $\hat{\boldsymbol{\theta}}(N)$ 加上修正项 $\boldsymbol{K}(N+1)[y(n+N+1) - \boldsymbol{x}^{\mathrm{T}}(N+1)\hat{\boldsymbol{\theta}}(N)]$ 构成,其中

$$\boldsymbol{x}^{\mathrm{T}}(N+1)\hat{\boldsymbol{\theta}}(N) = -\hat{a}_1 y(n+N+1)\cdots - \hat{a}_n y(N+1) + \hat{b}_1 u(n+N) + \cdots + \hat{b}_n u(N+1)$$

$\boldsymbol{x}^{\mathrm{T}}\hat{\boldsymbol{\theta}}$ 表示估计得到 $\hat{\boldsymbol{\theta}}(N)$ 后,由模型方程得到的预报值 $\hat{y}(n+N+1)$。$y(n+N+1)$ 则是新的实测值,因此,修正项中 $[y(n+N+1) - \boldsymbol{x}^{\mathrm{T}}(N+1)\hat{\boldsymbol{\theta}}(N)]$ 表示增加一组新的输入、输出数据后对输出的估计误差。$\boldsymbol{K}(N+1)$ 则相当于估计误差的加权矩阵,修正的幅度是根据使总的预测误差的平方和最小的准则来确定的,具体的关系即式(6.71)。

②在 $\boldsymbol{P}(N+1)$ 与 $\boldsymbol{K}(N+1)$ 公式中的因子 $[1 + \boldsymbol{x}^{\mathrm{T}}(N+1)\boldsymbol{P}(N)\boldsymbol{x}(N+1)]$ 实际上是一个标量。因此,这里 $[1 + \boldsymbol{x}^{\mathrm{T}}(N+1)\boldsymbol{P}(N)\boldsymbol{x}(N+1)]^{-1}$ 是一个除法,因而递推算法实际上并不作矩阵求逆运算,计算大为简单省时。

③若将式(6.71)代入式(6.72),可得:

$$\boldsymbol{P}(N+1) = \boldsymbol{P}(N) - \boldsymbol{K}(N+1)\boldsymbol{x}^{\mathrm{T}}(N+1)\boldsymbol{P}(N)$$
$$= [I - \boldsymbol{K}(N+1)\boldsymbol{x}^{\mathrm{T}}(N+1)]\boldsymbol{P}(N) \tag{6.73}$$

采用逆推公式计算时,每个采样时刻的 $\hat{\boldsymbol{\theta}}$ 和 $\boldsymbol{P}$ 值可按式(6.70)和式(6.72)计算,但其初值需先设定,可设 $\boldsymbol{P}(0) = \alpha^2 I$,其中 α^2 为恒值很大的标量,一般 α^2 可取 $10^6 \sim 10^{10}$,$\hat{\boldsymbol{\theta}}(0)$ 可设为 0,算法从 $\hat{\boldsymbol{\theta}}(1)$ 与 $\boldsymbol{P}(1)$ 递推。

6.5.3　模型阶次 n 和纯迟延时间 τ_0 的确定

以上讨论都是假定系统阶次 n 和纯迟延时间 τ_0 是已知的,实际上,n 和 τ_0 未必能事先知道,往往也需要根据实验数据加以确定。

模型阶次 n 的确定方法很多,最为简单实用的是拟合度检验法或称损失函数检验法,它是通过比较不同阶次的模型输出与观察输出的拟合好坏来决定模型阶次的,其具体做法是:先依次设定模型的阶次 $n = 1, 2, 3, \cdots$,再在不同阶次下计算相应的参数估计值 $\hat{\boldsymbol{\theta}}_n$ 和式(6.74)所示的 J_n,然后比较相邻的不同阶次 n 的模型与观察数据之间拟合程度的好坏。

若 J_{n+1} 较 J_n 有明显的减小,则阶次由 $(n+1)$ 上升到 $(n+2)$,直至阶次增加后 J 无明显变化,即 $J_{n+1} - J_n \le \varepsilon$,最后选用 J 减小不明显的阶次。拟合好坏的指标可选用误差平方和的函数或损失函数 J 来评定,即

$$J = \mathbf{e}^{\mathrm{T}}\mathbf{e} = (\boldsymbol{Y} - \boldsymbol{X}\boldsymbol{\theta})^{\mathrm{T}}(\boldsymbol{Y} - \boldsymbol{X}\hat{\boldsymbol{\theta}}) \tag{6.74}$$

式中:$\hat{\boldsymbol{\theta}}$——某一模型给定阶次 n 的参数的最小二乘估计值。

在一般情况下,随着模型阶次 n 的增加,J 值有明显的减小。当设定的阶次比实际的阶次大时,J 值就无明显的下降,可以应用这一原理来确定合适的模型阶次。现举例来说明这一阶次检验方法的具体应用。

设对象模型为如下差分方程所示:

$$y(k) = -\sum_{t=1}^{n} a_i y(k-i) + \sum_{i=1}^{n} b_i u(k-i) + e(k) \tag{6.75}$$

试由观察数据决定式(6.75)所示模型的阶次。

首先假设 $n=1,2,3$,对系统进行仿真,然后对五种不同的模型噪声水平,根据输入、输出数据来估计不同阶次假定下的参数 $\hat{\boldsymbol{\theta}}_n$,同时,算出 $n=1,2,3$ 所相应的 J_n 值,计算结果见表6.6。

表 6.6　不同 n 时的 J 值比较

噪声水平	误差函数 J 值		
	$n=1$	$n=2$	$n=3$
$\sigma=0.0$	265.863	0.000	—
$\sigma=0.1$	248.447	0.987	0.983
$\sigma=0.5$	337.848	24.558	24.451
$\sigma=1.0$	308.132	99.863	98.698
$\sigma=5.0$	5 131.905	2 462.220	2 440.245

由表6.6可见,不管噪声大小,$n=2$ 时的 J 值比 $n=1$ 时的 J 值有明显减小;$n=2$ 时的 J 值与 $n=3$ 时的 J 值相差不大,故选择模型的阶次为 $n=2$。此外,当 $\sigma=0$ 时,$n>2$ 时,由于 $\boldsymbol{X}^{\mathrm{T}}\boldsymbol{X}$ 为奇异矩阵,故 $\hat{\boldsymbol{\theta}}$ 不再存在。$\sigma\neq0$ 时,$n=1,2,3$,$\boldsymbol{X}^{\mathrm{T}}\boldsymbol{X}$ 均为非奇异矩阵,故 $\hat{\boldsymbol{\theta}}$ 存在。

在以上估计算法中,均未考虑纯延时间,即 $\tau_0=0$。但在实际工业生产过程中,τ_0 不一定为零,所以必须加以辨识。对于离散时间模型,纯时延时间 τ_0 取采样时间间隔 T 的整数倍,如 $\tau_0=k_0T,k_0=1,2,3\cdots$。

对象有纯时延时的差分方程为:

$$y(k) = -\sum_{i=1}^{n} a_i y(k-i) + \sum_{i=1}^{n} b_i u(k-k_0-i) \tag{6.76}$$

式(6.76)与前面使用算式的不同之处仅在于输入信号从 $u(k-i)$ 变为 $u(k-k_0-i)$。所以有关最小二乘估计算法也只要将数据矩阵中的 $u(k-i)$ 换成为 $u(k-k_0-i)$,其他可不作任何变动。

纯时延时间 τ_0 通常是可以事先知道的。当 τ_0 大小未知时,可以通过前述阶跃响应曲线实验法获得,或比较不同纯时延时间的损失函数 J 的方法来求取,具体做法与阶次 n 的确定方法相同,即设定 $\tau_0=k_0T,k_0=1,2\cdots$,给定不同的 n 和 k_0 反复进行最小二乘估计,使损失函数 J 为最小值的 n 和 k_0 就是所研究的最终 n 和 τ_0 值,很明显,n 和 τ_0 完全可结合起来同时确定。

这一过程辨识的计算机程序框图如图 6.29 所示。

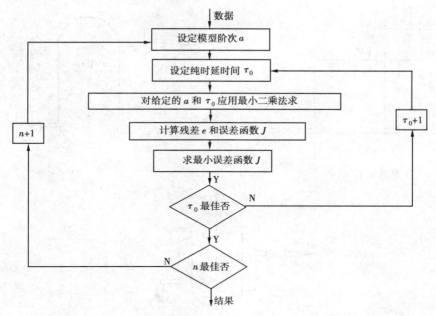

图 6.29 决定 n 与 τ_0 的最小二乘法计算框图

思考题与习题

6.1 什么是对象的动态特性？为什么要研究对象的动态特性？

6.2 通常描述对象动态特性的方法有哪些？

6.3 从阶跃响应曲线看,大多数过程控制对象有些什么特点？描述对象动态特性的参数有哪些？

6.4 被控对象的放大系数 K 和时间常数 T 与哪些因素有关？纯迟延与容积迟延各由什么原因造成的？

6.5 某水槽如题图 6.1 所示,其中 F 为槽的截面积,R_1、R_2 和 R_3 均为线性水阻。Q_1 为流入量,Q_2 和 Q_3 为流出量。要求：

①写出以水位 H 为输出量,Q_1 为输入量的对象动态方程；

②写出对象的传递函数 $W(s)$,并指出其增益 K 和时间常数 T 的数值。

6.6 已知题图 6.2 中气罐的容积为 V,入口处气体压力 p_1 和气罐内气体温度 T 均为常数。假设罐内气体密度 ρ 在压力 p 变化不大的情况下,可视为常数,并等于入口处气体的密度。R_1 在进气量 Q_1 变化不大时可近似看作线性气阻。求以用气量 Q_2 为输入量,气罐压力 p 为输出量时对象的动态方程。

6.7 A、B 两种物料在题图 6.3 所示的混合器中混合后,由进入夹套的蒸汽加热。已知：混合器容积 $V = 500$ L,加热蒸汽的汽化热 $\lambda = 2\ 268$ kJ。A 物料流量 $Q_A = 20$ kg/min,入口温度 $\theta_A = 20$ ℃（恒定）；B 物料流量 $Q_B = 80$ kg/min,入口温度 $\theta_B = (20 \pm 10)$ ℃。A、B 两物料的密

度相同,均为 1 kg/L。

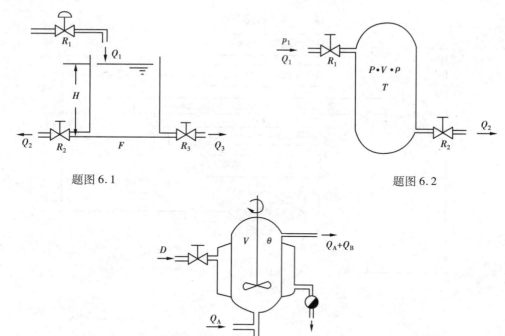

题图 6.1   题图 6.2

题图 6.3

假设:①在温度变化不大范围内,A、B 物料的比热容与其混合物的比热容相同,均为 4.2 kJ/kg·K;

②混合器壁薄、导热性能好,可忽略其蓄热力和热传导阻力;

③蒸汽夹套绝热良好,可忽略其向外的散热损失。

试写出输出量为混合器出口温度 θ、输入量为蒸汽流量 D 和 θ_B 时对象的动态方程,以及控制通道和扰动通道的传递函数。

6.8 有一水槽,其截面积 F 为 5 000 cm²。

①流出侧阀门阻力实验结果为:当水位 H 变化 20 cm 时,流出量变化为 1 000 cm²/s。试求流出侧阀门阻力 R,并计算该水槽的时间常数 T。

②其流入侧管路上调节阀特性的实验结果如下:当阀门开度变化量 $\Delta\mu$ 为 20% 时,流入量变化 Δq_i 为 1 000 cm²/s,则 $K_\mu = \dfrac{\Delta q_i}{\Delta\mu} = 50$ cm³/s(%)。试求该对象的增益 K。

6.9 在对象数学模型辨识中,当测取阶跃响应曲线时必须注意些什么问题?既然阶跃响应曲线能形象、直观地反映过程特性,为什么还要测取矩形(脉冲)响应曲线?如何由矩形曲线画出阶跃响应曲线?

6.10 怎样由对象阶跃响应曲线上确定对象的放大系数 K?可以用哪几种方法确定有自平衡能力对象的时间常数和迟延时间?为什么高阶自衡过程的数学模型可用一阶、二阶、一阶加时延和二阶加时延的特性之一来近似描述?

6.11　有一复杂液位对象,扰动量为 $\Delta\mu=20\%$,其液位阶跃响应实验结果为:

t/s	0	10	20	40	60	80	100	140	180	250	300	400	500	600
h/cm	0	0	0.2	0.8	2.0	3.6	5.4	8.8	11.8	14.4	16.5	18.4	19.2	19.6

①画出液位的阶跃响应曲线;

②试分别用一阶环节近似法和二阶环节近似法求对象的数学模型。

6.12　有一流量对象,当调节阀气压改变 0.01 MPa 时,流量的变化见下表:

t/s	0	1	2	4	6	8	10	…	…
$\Delta Q/m^3 \cdot h^{-1}$	0	40	62	100	124	140	152	…	180

若该对象用一阶惯性环节近似,试用半对数法确定其传统函数。

6.13　已知温度对象阶跃响应实验结果见下表:

t/s	0	10	20	30	40	50	60	70	80	90	100	150
$\theta/℃$	0	0.16	0.65	11.5	1.52	1.75	1.88	1.94	1.97	1.99	2.00	2.00

阶跃扰动量 $\Delta q=1t/h$ 。试用二阶或 n 阶惯性环节写出它的传递函数。

6.14　某温度对象矩形脉冲响应实验为:

t/min	1	3	4	5	8	10	15	16.5	20	25	30	40	50	60	70	80
$\theta/℃$	0.46	1.7	3.7	9.0	19.0	26.4	36	37.5	33.5	27.2	21	10.4	5.1	2.8	1.1	0.5

矩形脉冲幅值为 2 t/h,脉冲宽度 Δt 为 10 min。

①试将该矩形脉冲响应曲线转换为阶跃响应曲线;

②用二阶惯性环节写出该温度对象传递函数。

6.15　有一液位对象,其矩形脉冲响应实验结果为:

t/s	0	10	20	40	60	80	100	120	140	160	180	200	220	240
h/cm	0	0	0.2	0.6	1.2	1.6	1.8	2.0	1.9	1.7	1.6	1	0.8	0.7

t/s	260	280	300	320	340	360	380	400
h/cm	0.7	0.6	0.6	0.4	0.2	0.2	0.15	0.15

已知矩形脉冲幅值 $\Delta\mu=20\%$ 阀门开度变化,脉冲宽度 $\Delta t=20$ s。

①试将该矩形脉冲响应曲线转换为阶跃响应曲线;

②若将它近似为带纯迟延的一阶惯性对象,试用不同方法确定其特性参数 K、T 和 τ 的数值,并对结果加以评论。

6.16　怎样由递推最小二乘法进行对象参数估计? 在模型辨识中如何确定模型的阶次 n 与纯迟延 τ_0?

6.17　某广义被控过程传递函数为:

$$W(s) = \frac{2}{(s+1)(2s+1)(5s+1)(10s+1)}$$

①使用 MATLAB 语言编写程序,通过仿真求出阶跃输入下的响应曲线;

②若将广义被控过程考虑为有迟延一阶对象,确定 K_0, T_0, τ 三个参数;

③若将广义被控过程考虑为二阶对象,确定 K_0, T_1, T_2 三个参数。

第 **7** 章
单回路控制系统

7.1 单回路控制系统的组成

单回路控制系统通常是指由一个检测元件及变送器、一个控制器、一个执行器、一个被控对象所构成的一个闭合回路的控制系统,它又称简单控制系统或单参数控制系统。单回路控制系统的典型例子如图 7.1 所示。

在生产上常用液体储槽作为中间容器,从前一工序来的半成品不断流入槽中,而槽中的液体又送至下一工序进行加工。流入量(或流出量)的变化会引起槽内液位 L 的波动,严重的会溢出或抽干。因此,整个储槽就是被控对象,槽内液位 L 就成为被控参数,它经液位检测元件和变送器 LT 之后,变成统一标准信号,再送到液位控制器 LC 与工艺要求的液位高度(设定值)进行比较,按预定的运算规律算出结果,作为控制命令送至执行器。执行器按此信号自动地开大或关小阀门,从而保持槽内液位 L 在设定的要求上。

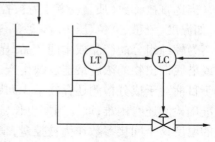

图 7.1 液位调节系统

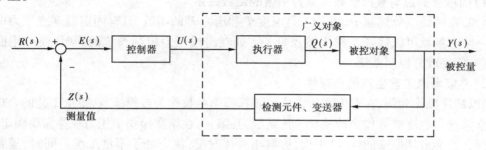

图 7.2 单回路系统方框图

为了分析方便,常将图 7.1 的控制系统用图 7.2 所示的方框图来表示。如果再把执行器、被控对象、检测元件及变送器等环节归并在一起,称为"广义被控对象",简称"广义对象",则单回路控制系统可简化成由广义对象和控制器两大部分组成。

单回路控制系统是所有过程控制系统中最简单、最基本、应用最广泛和成熟的一种。它适用于被控对象滞后时间较小、负荷和干扰变化不大、控制质量要求不很高的场合。

7.2　单回路控制系统方案设计

7.2.1　被控量的选择

被控量的选择是控制系统方案设计中必须首先解决的重要内容,它的选择对稳定生产,提高产品的产量和质量,节料节能,改善劳动条件,以及保护环境等都具有决定性意义。对于一个生产过程,影响正常运行的因素很多,但并非都要加以控制,而被控量的选择是一个较复杂的过程,因此,就要求设计人员必须深入生产实际,调查研究,熟悉和掌握工艺操作的要求,找出那些对产品的产量和质量、安全生产、经济运行、环境保护等具有决定性作用,能最好地反映工艺生产状态变化的那些参数,而这些参数往往又是人工控制难以满足要求或虽能满足要求,但操作十分紧张而频繁。

被控量的选择方法有两种:一种是选择直接参数,另一种是选择间接参数。能直接地反映生产过程产品的产量和质量、安全生产、经济运行、环境保护等具有决定性作用,并且可直接测量的工艺参数作为被控量。例如,蒸汽锅炉锅筒水位参数,因它能直接表征锅炉运行是否处于安全状态,是直接参数。显然,用直接参数作为被控量最好。

当选直接参数(质量指标)为被控量有困难时,可选那些能够间接地反映质量指标的参数,如温度、流量、液位、压力、湿度等参数作为被控量。例如,化工生产中常用精馏塔把混合物分离为较纯组分的产品或中间产品,显然,对控制的要求就是使产品达到规定的纯度,因而塔顶或塔底馏出物的浓度最能反映生产过程的要求,是直接参数,把它作为被控量最好。但是,由于目前对于成分检测还存在不少问题,例如,介质本身的物理、化学性质及使用条件的限制,使准确检测还有困难,取样周期也长,这样往往满足不了自动控制的要求,因而可用塔顶或塔底的温度这个间接参数作为被控量,来代替成分控制系统。

在选择间接参数为被控量时,应考虑以下原则:

(1)间接参数应与直接参数有某种单值的函数关系

例如,在精馏成分控制中,成分 X 是温度 T 和压力 P 的函数,只有固定温度或压力中的一个,另一个变量就可以代替 X 作为被控量了。如在组成压力控制系统的同时,便可用温度控制系统来代替成分控制系统。

(2)必须考虑工艺生产的合理性

仍以精馏操作为例,在温度和压力中究竟选哪个参数作为被控量,这得从工艺的合理性来考虑,常常选择温度参数作为被控量。这是因为:第一,在精馏操作中压力往往需要固定,如果塔压波动,就会破坏原来的气、液平衡,影响相对挥发度,使塔处于不良工况。同时,随着塔压的变化,往往还会引起与之相关的其他物料量的变化,影响塔的物料平衡,引起负荷的波动。第二,在塔压固定的情况下,各层塔板上的压力基本上是不变的,这样各层塔板上的温度与组分之间就有一定的单值对应关系。由此可见,固定压力,选择温度作为被控量是合理的。

(3)必须有足够的灵敏度且可测量

在上例中,当 X 变化时,温度 T 有足够大的变化量,容易被测量元件所感受,且相应的温度检测仪表比较简单、便宜。

(4)必须具有被控量间的独立性

假如在精馏操作中,塔顶和塔底的产品纯度需要控制在规定的数值上,据以上分析,可在固定塔压的情况下,分别设置塔顶和塔底温度两个控制系统。但这样一来,由于各塔板上物料温度之间有一定联系,塔底温度提高,上升蒸汽温度升高,塔顶温度也相应会提高。同时,塔顶温度提高,回流液温度升高,会使塔底温度相应提高。也就是说,塔顶温度与塔底温度之间存在关联问题。因此,以两个单回路控制系统分别控制系统时,通常只能保证塔顶或塔底一端的产品质量。如工艺要求塔两端的产品纯度都要保证,必须增加解耦装置,组成复杂控制系统。

7.2.2 操纵量的选择

选择了被控量之后,下一步的工作就是确定操纵量。能控制被控量变化的因素很多,但不是任何一个因素都可选为操纵量而组成可控性良好的控制系统。扰动作用是由扰动通道对过程的被控量产生影响,力图使被控量偏离设定值;控制作用是控制通道对过程的被控量起主导影响,以抵消扰动影响,使被控量尽力维持在设定值。为此,设计人员要在熟悉和掌握生产工艺机理的基础上,认真分析生产过程干扰因素的来源和大小,以被控对象特征参数对控制质量的影响为依据,正确地选择操纵量。

(1)放大系数对控制质量的影响

在图 7.3 的单回路控制系统简化方框图中,设控制器、干扰通道、被控对象的传递函数 $W_c(s)$、$W_d(s)$、$W_0(s)$ 分别为:

$$W_c(s) = K_c$$

$$W_d(s) = \frac{K_d}{(T_1 + 1)(T_2s + 1)}$$

$$W_0(s) = \frac{K_0}{Ts + 1}$$

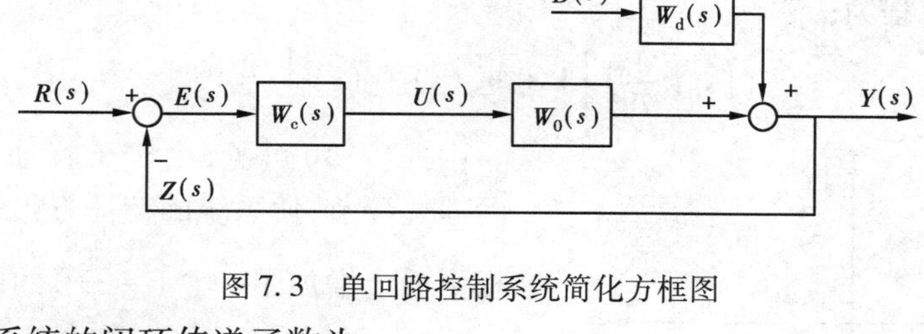

图 7.3 单回路控制系统简化方框图

由此可得出系统的闭环传递函数为:

$$\frac{Y(s)}{D(s)} = \frac{W_d(s)}{1 + W_c(s)W_0(s)}$$

控制系统的偏差为:

$$E(s) = R(s) - Y(s) = R(s) - \frac{W_d(s)D(s)}{1 + W_c(s)W_0(s)}$$

对于定值控制而言,$R(s) = 0$,因而

$$E(s) = -\frac{W_d(s)D(s)}{1 + W_c(s)W_0(s)}$$

因系统是稳定的,可应用终值定理求的控制系统的余差为:

$$c = e(\infty) = \lim_{t \to \infty} e(t) = \lim_{s \to 0} sE(s) = \lim_{s \to 0} s\frac{-W_d(s)D(s)}{1 + W_c(s)W_0(s)}$$

设 $D(s)$ 为单位阶跃干扰函数,并将 $W_c(s)$、$W_0(s)$、$W_d(s)$、$D(s)$ 的表达式代入上式,可求得系统的余差为:

$$C = \frac{-K_d}{1 + K_c K_0} \tag{7.1}$$

同理可推得,当系统的阻尼系数 $\xi = 0.221$ 时,系统的最大偏差为:

$$A = \frac{1.5 K_d}{1 + K_c K_0} \tag{7.2}$$

由式(7.1)、式(7.2)可知,在选择操纵量时,应使干扰通道的放大系数 K_d 越小越好,这样可使余差减小、最大偏差减小、控制精度和稳定性得到提高。控制通道的放大系数 K_0 似乎越大、余差越小,但是,由于最佳控制过程的 K_0 与 K_c 的乘积为一常数,而控制器的放大系数 K_c 是可调的,因而,即使 K_0 较小,也可通过选择较大的 K_c 来补偿,总可以做到 K_0 与 K_c 的乘积满足要求。在选择操纵量时可不考虑 K_0 的影响。但是,由于控制器的 K_c 总是有一定范围的,当被控对象控制通道的放大系数超过了控制器 K_c 所能补偿的范围时,K_0 的影响就显示出来了。因此,在选择操纵量时,仍宜希望 K_0 要大一些好,以加强控制作用,但必须以满足工艺的合理性为前提条件。

(2)干扰通道动态特性对控制质量的影响

1)时间常数对控制质量的影响

在图 7.3 的单回路控制系统中,设备环节的放大系数均为 1,干扰通道为一阶惯性环节,则系统的闭环传递函数为:

$$\frac{Y(s)}{D(s)} = \frac{W_d(s)}{1 + W_c(s)W_0(s)} = \frac{1}{T_d}\frac{1}{\left(s + \frac{1}{T_d}\right)\left[1 + W_c(s)W_0(s)\right]} \tag{7.3}$$

系统的特征方程为:

$$\left(s + \frac{1}{T_d}\right)\left[1 + W_c(s)W_0(s)\right] = 0 \tag{7.4}$$

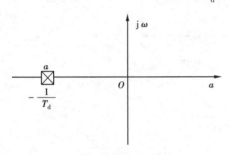

图 7.4 根平面上的附加极点

由式(7.4)可见,由于干扰通道中增加了一个一阶惯性环节,使系统的特征方程式发生了变化,即在根平面上增加了一个 $\left(-\frac{1}{T_d}\right)$ 的附加极点 a,如图 7.4 所示。随着时间常数 T_d 的增大,极点 a 将沿着实轴向虚轴靠近,这样,与此极点 a 对应的过渡过程分量的衰减系数减小了,过渡变慢,过渡过程时间加长。但是,由于该极点位于实轴上,这种影响并不很大,而重要的影响在于过渡过程中的非恒定分量的

系数乘上一个 $(\frac{1}{T_d})$ 的数值,即使过渡过程动态分量的幅值减小了 T_d 倍,从而使控制过程的超调量随着 T_d 的增大而减小,控制质量得到了提高。

同理可知,当干扰通道惯性环节的阶数增加时,控制质量将获得进一步改善。因此,当干扰通道的时间常数变大或时间常数个数增多,均将使这一通道的动态响应变得和缓,对干扰起了一个滤波作用。这样,在选择操纵量时,应使干扰通道的时间常数大些为好。

2)滞后时间对控制质量的影响

在图 7.3 的系统中,假定干扰通道存在滞后时间 τ_{d0}。在给定作用下,系统的闭环传递函数为:

$$\frac{Y(s)}{R(s)} = \frac{W_c(s)W_0(s)}{1 + W_c(s)W_0(s)} \tag{7.5}$$

在扰动作用下,系统的闭环传递函数为:

$$\frac{Y(s)}{D(s)} = \frac{W_d(s)e^{-\tau_{d0}s}}{1 + W_c(s)W_0(s)} \tag{7.6}$$

比较式(7.5)、式(7.6)可知,它们的特征方程是相同的,即

$$1 + W_c(s)W_0(s) = 0 \tag{7.7}$$

这就是说,干扰通道的滞后时间 τ_{d0} 不影响控制系统的控制质量,仅使系统的响应曲线 $Y(s)$ 推迟了一个时延 τ_{d0}。因此,在选择操纵量时可不考虑 τ_{d0} 的影响。

3)干扰作用点位置对控制质量的影响

被控对象往往存在着多个干扰,各个干扰进入系统的作用点位置是不同的,与被控量间传递函数也就不同,因而对被控量的影响也就不同。在图 7.5 所示的系统中,3 个独立的水箱串联工作而构成被控对象,干扰 D_1、D_2、D_3 由三处分别进入系统,设三个水箱均为一阶惯性环节。由前所述,惯性环节对干扰起着滤波作用,显然,$D_1(s)$ 经 $W_{01}(s)$、$W_{02}(s)$、$W_{03}(s)$ 三次缓冲已变得相当平缓了,对被控量 $Y(s)$ 的影响最小,$D_2(s)$ 次之,$D_3(s)$ 的影响最大。因此,在选择操纵量时,应尽量地使干扰信号远离被控量检测点,即干扰作用点位置越靠近控制阀越好。

4)干扰幅值对控制质量的影响

这是不言而喻的。干扰幅值越大,对被控量的影响越大,克服它的影响也越难,甚至无法进行控制。因此,当发现某一干扰幅值太大时,就需考虑是否单独设计一个控制系统来稳定该干扰,或者系统采取其他措施,以减小该干扰幅值。

5)周期性干扰对控制质量的影响

若干扰中存在周期性干扰,例如,当对象的输入物料端装有往复式压缩机或泵时,因泵的周期性工作过程造成周期性干扰,在控制系统设计时应考虑其影响。因为干扰的频率若与系统的工作频率合拍时,就会产生共振,系统无法稳定下来。因此,在系统设计时,应力求避免这种情况发生。根据实践经验和理论推证,当干扰的频率与系统的工作频率相差三倍以上时,就可避免发生共振现象。

(3)控制通道动态特征对控制质量的影响

1)时间常数 T 对控制质量的影响

控制器的校正作用是通过控制通道去影响被控量的,控制通道时间常数的大小反映了控制作用的强弱,或者说反映了控制器校正作用对被控量影响的快慢。若控制通道时间常数大,则控制作用弱,被控量控制缓慢,控制不够及时,系统过渡时间长,控制质量下降。在过程控制

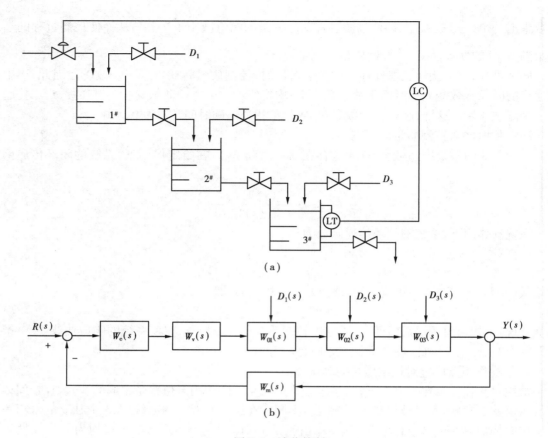

图 7.5　液位控制

对象中,T 较大的居多。例如,炼油厂管式加热炉燃料油至出口温度这一控制通道,$T > 15$ min。当出现 T 过大时,可采取以下措施:

①合理地选择执行器的位置,使之尽量地减小从执行器到被控量检测点之间的容量系数,从而减小控制通道的时间常数;

②采用前馈或更复杂的控制系统方案。

若控制通道的时间常数 T 小,则控制作用强,控制及时,克服干扰的影响快,过渡过程时间短。但是,T 过小时,容易引起过渡过程的多次振荡,使被控量难于稳定下来,系统稳定性下降。在过程控制对象中,时间常数过小的场合不多,但随着现代化生产日新月异地发展,在许多工艺中,反应速度加快了,设备的结构尺寸减小,这就象征着对象的时间常数日益减小,可能使得控制系统过于灵敏而不能保证控制质量。当出现 T 过小的情况时,可考虑采取如下措施:

①尽量地选择快速的检测元件、执行器;

②使用反微分单元适当地降低控制通道的灵敏度;

③在可能时,从工艺上进行适当改革,以增大控制通道的时间常数。

2)滞后时间对控制质量的影响

滞后时间包含纯滞后 τ_0 和容量滞后 τ_c。首先以图 7.6 的系统为例,讨论纯滞后对稳定性的影响。

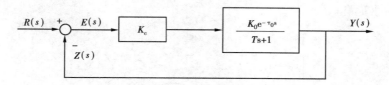

图 7.6 具有纯滞后 τ_0 的系统

设控制器为纯比例作用,放大系数为 K_c,当对象不存在纯滞后 τ_0 时,其开环传递函数为:

$$W_k(s) = W_c(s)W_0(s) = \frac{K_c K_0}{Ts+1}$$

由奈氏判据可知,不论开环放大系数 $K_c K_0$ 为多大,闭环系统总是稳定的。其频率特性如图 7.7 中的 $ABCD\cdots$ 曲线。

若对象存在纯滞后 τ_0,即对象的传递函数为:

$$W_0(s) = \frac{K_0}{Ts+1}e^{-\tau_0 s}$$

此时,系统的开环传递函数为:

$$W'_k(s) = W_c(s)W_0(s) = \frac{K_0}{Ts+1}e^{-\tau_0 s}$$

由于纯滞后 τ_0 的存在仅使相角滞后增加了 $(\omega\tau_0)$ 弧度,而幅值不变。据

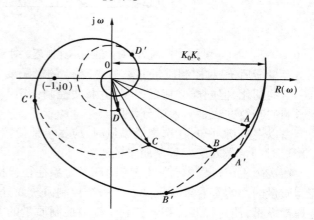

图 7.7 频率特性

此,可在无 τ_0 时的 $W(j\omega)$ 上取 ω_1、ω_2、$\omega_3\cdots$各点,例如:A 点处,频率为 ω_1,取 $W(j\omega_1)$ 的幅值,但相角滞后则增加了 $(\omega_1\tau_0)$ 弧度,从而定出新的 $W'(j\omega_1)$ 点 A',同理可得到 ω_2、ω_3、$\omega_4\cdots$各点,将它们连接起来,即为 $W'(j\omega)$ 的幅相频率特性 $A'B'C'D'\cdots\cdots$曲线。

由 $W'(j\omega_1)$ 特性曲线可见,具有纯滞后 τ_0 时,随着 $K_c K_0$ 的增大,有可能包围 $(-1,j0)$ 点,同时,τ_0 越大,包围 $(-1,j0)$ 点的可能性也越大。所以,纯滞后时间 τ_0 的存在降低了控制系统的稳定性。

当控制通道存在纯滞后 τ_0 时,由于控制器的校正作用将要滞后一个 τ_0 时间,从而使被控制的最大偏差增大了,引起系统动态品质指标下降。

如果将图 7.6 中的反馈通道断开,系统处于开环状态时,被控参数 $y(t)$ 在某一干扰作用下,相对于稳态值 y_0 的变化曲线(这时无校正作用)如图 6.9 中的 $y_k(t)$ 所示;当系统在闭环状态时,图 7.8 中的 $y'_1(t)$ 和 $y'_2(t)$ 分别表示控制通道纯滞后为 τ'_0 和 $\tau''_0(\tau''_0 > \tau'_0)$,控制变量 $u(t)$ 对被控参数的偏差 $y_k(t)$ 所产生的校正作用(在图中以反向画出),$y_1(t)$ 和 $y_2(t)$ 分别表示存在纯滞后 τ'_0 和 τ''_0 的情况下,被控参数在干扰作用与校正作用同时影响下的变化曲线。

控制纯滞后为 τ'_0 时,当控制器在 t_0 时刻接收到偏差信号并输出控制信号 $u(t)$,在 $t_0+\tau'_0$ 对被控参数产生校正作用 $y'_1(t)$,使被控参数从 $t_0+\tau'_0$ 以后沿曲线 $y_1(t)$ 变化;当对象纯滞后为 τ''_0 时,控制器也在 t_0 时刻接收到偏差信号,同时输出控制信号 $u(t)$,在 $t_0+\tau''_0$ 产生校正作用 $y'_2(t)$,使被控参数从 $t_0+\tau''_0$ 以后沿曲线 $y_2(t)$ 变化。比较图 7.8 中曲线 $y_1(t)$、$y_2(t)$ 可以发现,纯滞后 τ_0 越大,扰动引起的动差越大,使控制品质下降,可造成过渡曲线的振荡加剧,过渡过程时间

延长,系统稳定性变差。

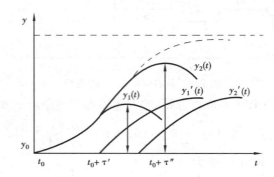

图 7.8　控制通道纯滞后 τ 对系统品质的影响

容量滞后 τ_c 对控制质量的影响要比 τ_0 的影响要和缓一些。因为在 τ_c 时间内,被控量尚有一定的变化,但同样会拖延控制作用,使控制作用不及时,控制质量下降。克服 τ_c 对控制质量影响的有效办法是引入微分作用。

由以上分析可知,在选择操纵量时,应尽量地使控制通道的纯滞后时间越小越好。

3)时间常数匹配对控制质量的影响

在实际生产过程中,控制系统的广义对象往往包括几个时间常数,讨论它们之间的匹配对控制质量的影响有着重要意义。当一个控制系统尚处于设计阶段时,可通过这种分析有效地选择操纵量,使这种匹配朝着有利于提高控制质量的方向进行;在控制方案已经确定时,仍可通过这种分析,合理地选择检测元件和执行器的特性,以改善控制系统的控制质量。

在第 1 章控制系统的品质指标一节中,以余差、最大偏差、递减比、过渡过程时间等参数描述系统的准确性、稳定性和快速性。过程控制系统的控制质量还可以用它的"准品质指标"给予综合性描述。设控制系统的临界放大系数为 K_m,临界振荡频率为 ω_k,则 $K_m \cdot \omega_k$ 被定义为系统的准品质指标。这样,不论 K_m 或 ω_k 提高一倍,就认为控制系统的控制质量提高了一倍。

在此以图 7.9 所示的具有三个时间常数的控制系统为例,分析时间常数在不同匹配情况下对控制质量的影响。根据代数判据判别系统的稳定性,在稳定边界条件下,系统的总增益和临界频率与时间常数 T 有下列关系:

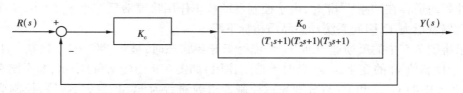

图 7.9　具有三个时间常数的控制系统

$$K_m = (T_1 + T_2 + T_3)\left(\frac{1}{T_1} + \frac{1}{T_2} + \frac{1}{T_3}\right) - 1 \tag{7.8}$$

$$\omega_k = \sqrt{\frac{T_1 + T_2 + T_3}{T_1 T_2 T_3}} \tag{7.9}$$

设 $T_1 = 10$,$T_2 = 5$,$T_3 = 2$,按上列关系式可计算得:$K_m\omega_k = 5.2$。若改变其中一个或两个时间常数的大小,$K_m\omega_k$ 的值也随之变化,其结果见表 7.1。

表 7.1　时间常数匹配对质量的影响

参数 变化情况	T_1	T_2	T_3	K_m	ω_k	$K_m\omega_k$
原始数据	10	5	2	12.6	0.41	5.2
减小 T_1	5	5	2	9.8	0.49	4.8
减小 T_2	10	2.5	2	13.5	0.54	7.3
减小 T_3	10	5	1	19.8	0.57	11.2
加大 T_1	20	5	2	19.2	0.37	7.1
减小 T_2T_3	10	2.5	1	19.3	0.74	14.2

从计算结果可知,减小最大的那个时间常数不但无益,反而使 $K_m\omega_k$ 值比原状态减小,即控制质量下降了;减小 T_2 或 T_3 都有利于改善控制质量,尤其以减小 T_3 为好,同时减小 T_2 和 T_3 最好;如果加大最大的时间常数 T_1,会使临界频率下降,但最大放大系数将有较大增加,结果使 $K_m\omega_k$ 值仍有所增大。这就是说,减小中间大小的那个时间常数,让几个时间常数的数值错开一些,可使系统的工作频率提高,过渡过程时间缩短,余差和最大偏差显著减小,系统的控制质量得到提高。

通过以上干扰通道和控制通道特性对控制质量影响的分析,可得出操纵量选择时应遵循的一般原则:

①操纵量应具有可控性、工艺操作的合理性、经济性。

②控制通道的放大系数 K_0 要适当大一些,时间常数 T_0 要适当小一些,纯滞后时间 τ_0 越小越好。

③干扰通道的放大系数 K_d 应尽可能小,时间常数 T_d 要大一些,容量滞后 τ_{dc} 越大,则有利于控制;干扰作用点位置要远离被控量的检测点,即向执行器靠近为好;干扰的频率与系统工作频率要相差 3 倍以上;当出现幅值太大的干扰时,应考虑设计一个单独的控制系统予以克服,或采取其他措施尽量地减小它的幅值。

④当广义对象具有几个时间常数时,应尽量地设法使它们越错开越好。

7.2.3　执行器的选择

执行器的工作原理及基本结构已在第 5 章中介绍,这里仅就在控制系统设计时需要解决的问题作简单阐述。

(1)控制阀的流量特性选择

在实际工程中,控制阀的流量特性选择实际上是在直线流量特性和对数流量特性之间进行选择。流量特性选择的步骤是先确定工作流量特性,再推算出理想流量特性(即产品铭牌上所标注的流量特性)。

工作流量特性选择的基本出发点是:从控制系统的角度看,希望整个系统具有线性特性。这样,分析处理问题方便,控制方法也比较简单。因此,在选择控制阀的流量特性时,力图用控制阀的特性与系统其他环节的特性相配合,从而使整个控制系统具有线性特性。

工作流量特性选择的方法很多,但可归结为理论计算法和经验法两大类。工程设计时常用经验法。表 7.2 列出了根据干扰情况选择工作流量特性的经验,表 7.3 列出了根据流量特性适用特点选择工作流量特性的经验,以供参考。

表 7.2　典型系统在不同干扰下流量特性选择

控制系统及被控变量	主要干扰	选用工作流量特性
流量控制系统(流量 Q) 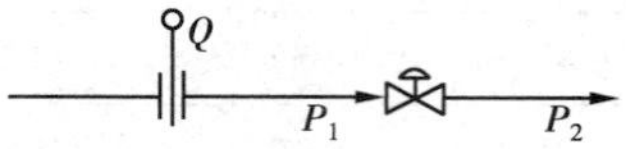	压力 P_1 或 P_2	对数
	设定值 Q	直线
压力控制系统(压力 P) 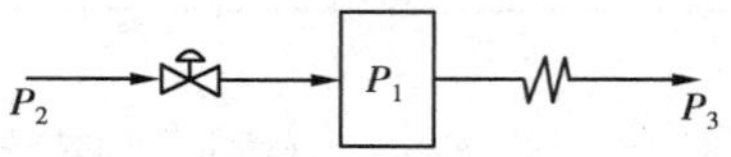	压力 P_2	对数
	压力 P_3 或设定值 P_1	直线
液位控制系统(液位 H) 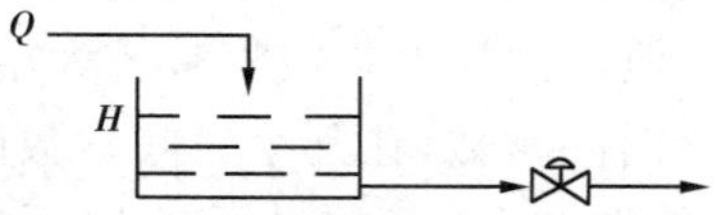	流入量 Q	直线
	设定值 H	对数
温度控制系统(出口温度 T_2) 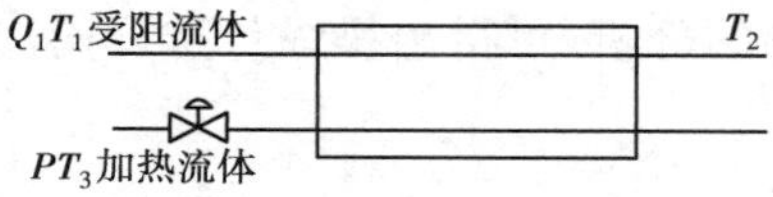	加热流体温度 T_3 或压力 P_1	对数
	受热流体流量 Q_1	对数
	受热流体入口温度 T_1	直线
	设定温度 T_2	直线

表 7.3　根据使用特点选择工作流量特性

	直线特性	对数特性
流量特性的选择	压降随负荷增大而逐渐下降	压降随负荷增大而急剧下降
		阀压降在小流量时要求大,大流量时要求小
	介质为气体的压力系统,其阀后管线长为 30 m	介质为气体的压力系统,其阀后管线短于 3 m
		液体介质压力系统,流量范围小的系统;阀需加大口径的场合
	工艺参数给得准	工艺参数不准
	外界干扰小的系统	外界干扰大的系统
		阀的压降占系统压降小的场合,$s < 0.6$
	阀口径较大,从经济上考虑时	从系统安全角度考虑时
	介质含有固体颗粒,为减小磨损时	

(2)控制阀的气开、气关作用方式选择

气开阀即随着控制信号的增加而开度加大,当无压力控制信号时,阀处于全关闭状态。反之,随着信号压力的增加,阀逐渐关闭,当无信号时,阀处于全开状态,则称为气关式阀。对于一个控制系统来说,究竟选择气开或气关作用方式,完全由生产工艺的要求决定。一般说来,要根据以下几条原则来进行选择:

①从生产的安全出发。当出现气源供气中断、控制器出现故障而无输出信号、阀的膜片破裂等情况而使控制阀无法工作,应能确保工艺设备及人身的安全,不致发生安全事故。例如,对于锅炉供水控制阀,为了保证发生情况时不致把锅炉烧坏,应选择气关阀。

②从保证产品质量考虑。当发生上述使控制阀不能工作时,阀所处的状态不应造成产品质量下降。如精馏塔回流量控制系统常选用气关阀,一旦发生故障,阀门全开着,使生产处于全回流状态,这就防止了不合格产品被蒸发,从而保证了塔顶产品的质量。

③从降低原料和动力的损耗考虑。如控制精馏塔进料的控制阀常采用气开方式,因为一旦出现故障,阀门是处于关闭状态的,不用给塔投料,从而减少浪费。

④从介质的特点考虑。如精馏塔釜加热器蒸汽控制阀一般选用气开式,以保证发生故障时不浪费蒸汽。但是,如果釜液是易结晶、易聚合、易凝结的液体,不允许停止供热时,则应选择气关式控制阀。

以上四个方面考虑,保证安全是首要的。

(3)控制阀的口径选择

确定控制阀的口径尺寸是选择控制阀的重要内容之一。口径选择合适与否,直接关系到工艺操作能否正常进行、控制质量的好坏和生产的经济性。确定口径的具体步骤简述如下:

1)确定主要计算数据

主要计算数据有正常流量 Q_n、正常阀压降 ΔP_n、正常阀阻比 S_n 和计算最大流量 Q_{max}。Q_n 是工艺装置在额定工况下稳定运行时流经控制阀的流量,用来计算正常流量系数;C_n 是指正常流量时,控制阀两端的压降;S_n 为正常阀压降和管道系统总压降之比,即 $S_n = \Delta P_n / \sum \Delta P$;$Q_{max}$ 通常为工艺装置运行中可能出现的最大稳定流量的 1.15 ~ 1.5 倍,也可以由工艺装置的最大生产能力直接确定。

2)计算控制阀应具有的流量系数 C_{max}

$$C_{max} = mC \tag{7.10}$$

式中,m 称为流量系数放大倍数,由下式确定:

$$m = n \sqrt{S_n / S_{max}} \tag{7.11}$$

式中,S_{max} 为计算最大流量时的阀阻比。

对于控制阀上下游均有恒压点的场合,S_{max} 可按下式计算:

$$S_{max} = 1 - n^2(1 - S_n) \tag{7.12}$$

对于装在风机或离心泵出口的控制阀,其下游有恒压点的场合,S_{max} 则按下式计算:

$$S_{max} = (1 - \Delta h / \sum \Delta P) - n^2(1 - S_n) \tag{7.13}$$

式中,Δh 为流量由正常流量增大到计算最大流量时风机或泵出口压力的变化值。

3)流量系数的圆整

根据选定的控制阀类型,在该系列控制阀的各额定流量系数中,选取不小于并最接近 C_{max} 的一个,作为最终选定的流量系数,即 C_{100}。

4)选定控制阀的口径

与上述确定的 C_{100} 值相对应的控制阀口径 D_q 和 d_q，即为最终选定的控制阀公称通径和阀座直径。

5）控制阀相对开度的验算

控制阀工作时其相对开度应处于表 7.4 所列范围。

表 7.4　控制阀相对开度范围

流量 \ 阀特性	阀相对开度 ×100	
	直线特性	等百分比特性
最大	80	90
最小	10	30

对于直线特性阀：

$$l \approx C/C_{100} \tag{7.14}$$

对于 f 等百分比特性控制阀：

$$l = 1 + \frac{1}{\lg R} \lg \frac{C}{C_{100}} \tag{7.15}$$

式中，C 为不同相对行程 l 时阀的相对流量；R 为控制阀的可调范围。

当 $R = 30$ 时：

$$l = 1 + 0.68 \lg \frac{C}{C_{100}} \tag{7.16}$$

6）控制阀的可调比验算

串联管系中工作的控制阀按下式验算可调比，即

$$Rs = Ri \sqrt{S_{100}} \tag{7.17}$$

对于控制阀上下游均有恒压点时：

$$S_{100} = \frac{1}{1 + \left(\dfrac{C_{100}}{C_n}\right)^2 \left(\dfrac{1}{S_n} - 1\right)} \tag{7.18}$$

对于控制阀装于风机或泵出口，而下游又有恒压点时：

$$S_{100} = \frac{1 - \dfrac{\Delta h}{\sum \Delta P}}{1 + \left(\dfrac{C_{100}}{C_n}\right)^2 \left(\dfrac{1}{S_n} - 1\right)} \tag{7.19}$$

图 7.10 为液体介质控制阀的口径计算程序框图。

7.2.4　控制器的选择

控制器的选择是过程控制系统方案设计的重要内容之一，包含控制器类型的选择和正、反作用方式的确定两个内容。

(1)控制器类型的选择

控制器类型选择实际上就是控制规律的选择。工程上应用最广泛的是比例控制规律（P控制器）、比例积分控制规律（PI 控制器）、比例积分微分控制规律（PID 控制器）。事实上，选

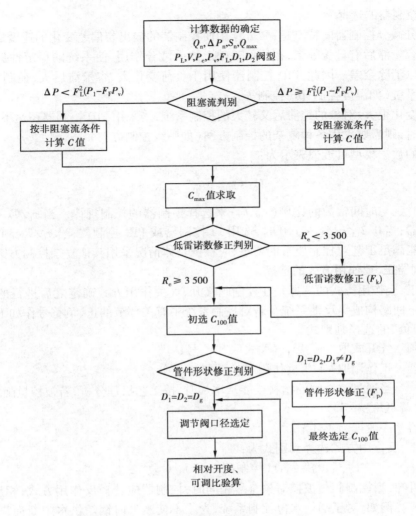

图 7.10　液体介质调节阀口径计算程序

择什么样的控制器与具体对象相匹配,这是一个比较复杂的问题,需要综合考虑多种因素方能获得合理的解决。通常用下面两种方法选择控制器的类型:①以 PID 控制规律对控制质量的影响为指导;②结合被控对象的特性、干扰情况、工艺对控制质量的要求来确定。

1)P 控制器的选择

由于比例控制器的特点是控制器的输出与偏差成比例,阀门的开度与偏差之间有对应关系,当负荷变化时,抗干扰能力强,过渡过程的时间短,但过程终了时存在余差。因此,它适应控制通道滞后较小、负荷变化不大、允许被控量在一定范围内变化的系统(如压缩机储气罐的压力控制、储液槽的液位控制、串级控制系统中的副回路等)。

2)PI 控制器的选择

由于比例积分控制器的特点是控制器的输出与偏差的积分成比例,积分作用使过渡过程结束时无余差,但系统的稳定性降低,虽然加大比例度可使稳定性提高,但又使过渡过程时间加长。因此,PI 控制器适用于滞后较小、负荷变化不大、被控量不允许有余差的控制系统(如流量、压力和要求较严格的液位控制系统)。它是工程上使用最多的一种控制器。

3）PID 控制器的选择

比例积分微分控制器的特点是：微分作用使控制器的输出与偏差变化的速度成比例，它对克服对象的容量滞后有显著效果，在比例基础上加入微分作用，使系统的稳定性提高，再加上积分作用可以消除余差。因此，PID 控制器使用于负荷变化大、容量滞后大、控制质量要求又很高的控制系统（如温度控制、pH 控制等）。

若负荷变化很大、对象的纯滞后又较大的控制系统，当采用 PID 控制器还达不到工艺要求的控制质量时，则需要采用各种复杂的控制方案（如串级控制方案）。

若过程的数学模型可近似表示为：

$$W_0(s) = \frac{K_0 e^{-\tau_0 s}}{(T_0 s + 1)}$$

则可根据纯时延与时间常数的比例（τ_0/T_0）来选择控制器的控制规律。当 $\tau_0/T_0 < 0.2$ 时，选用 PID 控制器；当 $0.2 < \tau_0/T_0 < 1.0$ 时，选用 PI 控制器或 PID 控制器；当 $\tau_0/T_0 > 1.0$ 时，单回路系统已不能满足工艺对控制质量的要求，应根据具体情况采用其他复杂控制方案。

（2）控制器正、反作用方式的选择

控制器正、反作用方式的选择是在控制阀气开、气关作用方式确定之后进行的，其确定原则是使整个单回路构成负反馈系统。若对控制系统中有关环节的正、负符号作如下规定，则可得出"乘积为负"的选择判别式。

- 控制阀　气开式取" + "号，气关式取" - "号；
- 控制器　正作用取" + "，反作用取" - "号；
- 对象　　当通过控制阀的物料或能量增加时，按工艺机理分析，若被控量随之增加则取" + "号，随之降低取" - "号；
- 变送器　一般视为正环节。

控制器正、反作用方式选择判别式为：

（控制器" ± "）（控制阀" ± "）（对象" ± "）=" - "

由上式可知，当控制阀与被控对象符号相同时，控制器应选择反作用方式，相反时则应选择正作用方式。例如，对于锅炉水位控制系统，为了不使断气时锅炉供水中断而烧干爆炸，控制阀选择气关式，符号为" - "；当进水量增加时，被控量水位上升，被控对象符号为" + "，由于控制阀与被控对象的符号相反，因而控制器应选择正作用方式。

这一判别式也适用于串级控制系统中副回路控制器正、反作用方式的选择。

7.3　控制器的参数整定

控制系统的控制质量与被控对象的特性、干扰信号的形式和幅值、控制方案及控制器的参数等因素有着密切的关系。对象的特性和干扰情况是受工艺操作和设备特性限制的，不可能随意改变，这样，一旦控制方案确定了，对象各通道的特性就成定局，这时控制系统的控制质量就只取决于控制器的参数。因此，所谓控制器的参数整定，就是通过一定的方法和步骤，确定系统处于最佳过渡过程时控制器的比例度 δ、积分时间 T_I 和微分时间 T_D 的具体数值。

所谓最佳过渡过程，就是在某种质量指标下（例如，误差积分面积 $F = \int_0^\infty e(t)dt$ 最小），系统达到最佳调整状态,此时的控制器参数就是所谓的最佳整定参数。对于大多数过程控制系统而言,当递减比为4∶1时,过渡过程稍带振荡,不仅具有适当的稳定性、快速性,而且又便于人工操作管理,因此,习惯上把满足这一递减比过程的控制器参数也称为最佳参数。

整定控制器的参数使控制系统达到最佳调整状态是有前提条件的,这就是控制方案必须合理、仪表选型正确、安装无误和调校准确。否则,无论怎样去调整控制器的参数,仍然达不到预定的控制质量要求。这是因为控制器的参数只能在一定范围内起作用。

控制器参数整定的方法很多,但可归结为理论计算法和工程整定法两类。理论计算法有对数频率特性法、扩充频率特性法、M 园法、根轨迹法等;工程整定法有经验法、临界比例度法、衰减曲线法和响应特性法等。理论计算法要求获取对象的特性参数。由于工艺对象的特性往往比较复杂,其理论推导和实验测定都比较困难。有的不能得到完全符合实际对象特性的资料;有的方法烦琐,计算繁杂;有的采用近似方法而忽略了一些因数。因此,最后所得数据可靠性不高,还需拿到现场去修正,因而在工程上采用较少。工程整定法就是避开对象特性曲线和数学描述,直接在控制系统中进行现场整定,其方法简单,计算方便,容易掌握。当然,这是一种近似的方法,所得到的控制器参数不一定是理论上的最佳参数,但相当适用,这里以此法为重点予以介绍。

7.3.1　控制器参数整定理论基础

首先,讨论一个过程控制系统的过渡过程和稳定性及特征方程的关系。在图 7.3 所示的单回路控制系统中,在干扰 $D(s)$ 作用下,闭环控制系统的传递函数为:

$$\frac{Y(s)}{D(s)} = \frac{W_d(s)}{1 + W_c(s)W_0(s)} = \frac{W_d(s)}{1 + W_k(s)}$$

式中,$W_k(s) = W_c(s)W_0(s)$——系统开环传递函数。

闭环控制系统的特征方程为:

$$1 + W_k(s) = 0$$

其一般形式为:

$$a_n s^n + a_{n-1} s^{n-1} + \cdots + a_1 s + a_0 = 0$$

式中,各系数 a_i 由广义对象的特性和控制器的整定参数值所确定。控制方案一经选定,广义对象特性就确定了,所以,各系数只随控制器的整定参数而变化,特征方程根的值也随控制器的整定参数而变化。因此,控制器参数整定的实质就是选择合适的控制器参数,用控制器的特性去校正对象的特性,使其整个闭环控制系统特征方程式的每一个根都能满足控制质量的要求。

从稳定性看,如果特征方程有一个实根,$s = \alpha$,其通解 $Ae^{-\alpha t}$ 所代表的运动分量是非周期变化过程。当 $\alpha < 0$,则运动幅值将越来越小,最后衰减为 0;当 $\alpha > 0$,则运动幅值将越来越大。如果特征方程式有一对复根,$s = \alpha \pm j\omega$,则通解 $Ae^{-\alpha t}\cos(\omega t + \varphi)$ 所代表的运动分量是一个振荡过程。当 $\alpha > 0$ 时,呈发散振荡,系统是不稳定的;当 $\alpha < 0$ 时,呈衰减振荡,系统是稳定的;当 $\alpha = 0$ 时,振荡既不衰减也不发散,通常认为是不稳定的。

对于稳定的振荡分量,有:

$$y(t) = Ae^{-\alpha t}\cos(\omega t + \varphi)$$

式中,$\alpha > 0$,其递减率 φ 与比值 α/φ 的大小有一定的关系。假定振荡分量在 $t = t_0$ 瞬间达到第

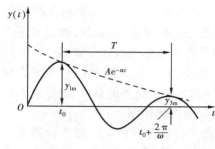

图 7.11　振荡分量的递减率

一个峰值 y_{1m}，那么，经过一个振荡周期 T 以后，即在 $t = t_0 + 2\pi/\omega$ 瞬间又要达到一个峰值 y_{3m}，如图 7.11 所示。

由递减率的定义可得：

$$\psi = \frac{y_{1m} - y_{3m}}{y_{1m}} = \frac{e^{-\alpha t} - e^{-\alpha(t + \frac{2\pi}{\omega})}}{e^{-\alpha t}} = 1 - e^{-2\pi \frac{\alpha}{\omega}} = 1 - e^{-2\pi m}$$

(7.20)

式中，m 为递减指数，为复根的实部 α 与虚部 $j\omega$ 之比值。它与递减率 ψ 有一一对应关系，见表 7.5。

表 7.5　ψ 与 m 的关系（$\psi = 1 - e^{-2\pi m}$）

ψ	0	0.150	0.300	0.450	0.60	0.750	0.90	0.950	0.98	0.998	1
m	0	0.026	0.057	0.095	0.145	0.221	0.366	0.478	0.623	1	∞

由于特征方程根的个数与微分方程的阶数相同，因此就有与阶数相同数目的运动分量。从自动控制系统来看，只要其中有一个不稳定的运动分量，整个系统就会变成不稳定的。这样，控制器参数整定就是选择合适的参数值，使特征方程所有实根及所有复根的实数部分 α 都为负数，才能保证系统是稳定的。

实际生产过程要求控制系统不仅是稳定的，而且要求有一定的稳定裕量。稳定裕量可以用相角裕量 γ、阻尼系数 ξ、递减率 ψ 和递减指数 m 的大小来描述，因为它们都能表征过渡过程的衰减程度。对于二阶系统，它们之间都有一一对应的关系，在自动控制原理中经推证有如下结论：

相角裕量：

$$\gamma = \arctan \frac{2\xi}{\sqrt{1 - 2\xi^2}}$$

(7.21)

阻尼系数：

$$\xi = \frac{\tan \gamma}{\sqrt{4 - 2\tan^2 \gamma}}$$

(7.22)

递减率：

$$\psi = 1 - e^{-2\pi\xi\sqrt{1 - \xi^2}}$$

(7.23)

递减指数：

$$m = \frac{\alpha}{\omega} = \frac{\xi}{\sqrt{1 - \xi^2}}$$

(7.24)

因而，当 ξ 取 75% ~ 90% 时，γ 为 22.4° ~ 31.1°，ξ 为 0.216 ~ 0.344，m 为 0.212 ~ 0.366。

在根平面上，$m = \alpha/\omega$，图 7.11 的折线 AOB 与虚轴间的夹角为 β_0，因而 $m = \alpha/\omega = \tan\beta$，$\beta = \beta_0 = $ 常数，它对应于复根的 $m = m_0 = $ 常数，或对应于递减率 $\psi = \psi_0 = $ 常数。这就是说，凡是位于该折线左面的任何一对共轭复根所代表的振荡过程都具有比 ψ_0 大的递减率或比 m_0 大的递减指数。因此，在整定控制器参数时，要保证过渡过程具有一定的稳定裕量，就是要使闭环控制系统特征方程式的根位于 AOB 折线的左侧。利用衰减频率特性法来整定控制器参数，就是根据给定的递减指数而进行的。

从快速性看,一对共轭复根所代表的振荡分量的衰减速度取决于复根的实部 α。α 越大,则 $e^{-\alpha t}$ 衰减越快。所以,当 α 相同时,衰减速度也是相同的,也就是被控量达到稳定状态所需要的过渡过程时间相同。在图 7.12 中,与虚轴平行的垂线 CD 就代表相同的 $\alpha = \alpha_0$ 值。因此,要保证控制系统具有一定的快速性,就是通过对控制器的参数整定,使闭环控制系统特征方程式的根位于 CD 线的左侧。可以证明,过渡过程时间 $t_c \approx 3/\alpha$。

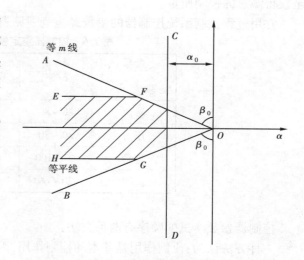

图 7.12 根平面中质量合格区域

在实际生产中,控制系统过渡过程的振荡频率不宜过高。因为过渡过程的振荡频率过高,势必使控制阀的开闭过于频繁,加大了设备的磨损,同时,被控量的变化也过于频繁,不利于生产的正常进行,所以,对过渡过程的振荡频率应加以限制。一对共轭复根所代表的振荡分量的振荡频率就是复根的虚部 ω。在图 7.12 中,水平线 EF 和 HG 就代表了频率相同的振荡分量,在此两直线之间的部分,其共轭频率必小于规定值。

从准确性看,最大偏差与干扰的幅值及递减指数 m 有关,因此,对递减率的要求不仅要考虑稳定裕量要求,还应该兼顾最大偏差的要求。对于稳态值,由于它是一个静态特性,它与过渡过程没有显著关系,因而不能从反映动态特性的根平面上有效地反映出来。

综上所述,要保证控制系统的控制质量,必须进行控制器的参数整定,用控制器的特性去校正对象特性,使整个闭环控制系统特征方程式的根全部落入图 7.12 中阴影部分之内。

还需指出,参数整定在实际操作时,往往是给控制系统加设定值扰动信号进行的。整定好以后,系统在运行时受到的干扰是生产过程中随机出现的外扰。用加设定值扰动可进行控制器的参数整定,其原因是:由自控原理可知,控制系统在不同的扰动作用下,闭环系统的特征方程式是相同的(即特征根是相同的),因此,加设定值扰动进行参数整定所得到的控制质量与其他扰动作用下系统的控制质量基本是一致的。但要注意,闭环控制系统传递函数的分子因不同干扰作用而有差异,也就是说过渡过程的动态分量不同,主要表现在最大偏差 A 不同,因而加设定值扰动整定好系统后,让系统投入运行,承受其他干扰作用,注意观察动态指标是否满足控制质量要求。若不满足,还必须针对性地改变控制器参数直至满足质量要求,整定工作才算结束。

7.3.2 控制器参数工程整定法

(1)经验凑试法

经验凑试法是根据经验先将控制器的参数放在某一数值上,直接在闭环控制系统中通过改变设定值施加干扰试验信号,在记录仪观察被控量的过渡过程曲线形状,运用 δ、T_1、T_D 对过渡过程的影响为依据,按规定的顺序对比例度 δ、积分时间 T_1、微分时间 T_D 逐一进行整定,直至获得满意的控制质量。

常用过程控制系统控制器的参数经验范围见表7.6。

表7.6 控制器整定参数经验范围

参数范围 控制系统	$\delta/\%$	$T_{\mathrm{I}}/\min$	$T_{\mathrm{D}}/\min$
液位	20 ~ 80	—	—
压力	30 ~ 70	0.4 ~ 3	—
流量	40 ~ 100	0.1 ~ 1	—
温度	20 ~ 60	3 ~ 10	0.3 ~ 1

控制器参数凑试的顺序有两种方法：

一种方法认为：比例作用是基本的控制作用，因此，首先把比例度凑试好，待过渡过程基本稳定后，然后加积分作用以消除余差，最后加入微分作用以进一步提高控制质量。其具体步骤为：

①对于P控制器，将比例度δ放在较大经验数值上，逐步减小δ，观察被控量的过渡过程曲线，直到曲线满意为止。

②对于PI控制器，先置$T_{\mathrm{I}} = \infty$，按纯比例作用整定比例度δ，使之达到4:1衰减过程曲线，然后，将δ放大10% ~ 20%，将积分时间由大至小逐步加入，直至获得4:1衰减过程。

③对于PID控制器，将$T_{\mathrm{D}} = 0$，先按PI作用凑试程序整定好δ、T_{I}参数，然后将δ减低到比原值小10% ~ 20%位置，T_{I}也适当减小后，再把T_{D}由小至大地逐步加入，观察过渡过程曲线，直到获得满意的过渡过程为止。

另一种整定顺序的出发点是：δ和T_{I}在一定范围内相匹配，可以得到相同递减比的过渡过程。这样，δ的减小可用增大T_{I}来补偿，反之亦然。因此，可根据表7.6的经验数据，预先确定一个T_{I}数值，然后由大至小调整δ，以获得满意的过渡过程为止。如需加微分作用，可取$T_{\mathrm{D}} = \left(\dfrac{1}{3} \sim \dfrac{1}{4}\right)T_{\mathrm{I}}$，置好$T_{\mathrm{I}}$、$T_{\mathrm{D}}$之后，再调整$\delta$至满意。

在用经验法整定控制器参数的过程中需要注意：要区分几种相似的振荡曲线产生的原因的不同，从而改变相应的参数。δ、T_{I}过小和T_{D}过大都会产生周期的激烈振荡，但是T_{I}过小时，引起的振荡周期较长，δ过小引起的振荡周期较短，T_{D}过大引起的振荡周期最短；δ过大而其他参数适当时，被控量将较大地偏离设定值，而T_{I}过大而其他参数适当时，则曲线在时间轴一方振荡，且慢慢地回复到设定值；几种不规则曲线产生的原因也不同，图7.13(a)所示曲线往往是由于控制阀内的干摩擦过大，阀杆卡住所引起的，图7.13(b)所示曲线是由于记录笔卡住所引起的，图7.13(c)所示曲线往往是仪表灵敏度过高造成的。

（2）临界比例度法

临界比例度法又称稳定边界条件法，是目前应用较广的一种控制器参数整定方法。它是先让控制器在纯比例作用下，通过现场试验找到等幅振荡的过渡过程，记下此时的比例度δ_{K}和等幅振荡周期T_{k}，再通过简单的计算，求出衰减振荡时控制器的参数。其具体步骤为：

①将$T_{\mathrm{I}} = \infty$，$T_{\mathrm{D}} = 0$，根据广义对象特性选择一个较大的δ值，并在工况稳定的前提下将控

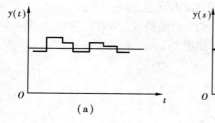
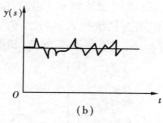
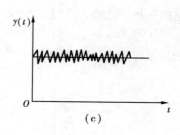

（a）　　　　　　　　　　（b）　　　　　　　　　　（c）

图 7.13　几种典型曲线

制系统投入自动状态。

②作设定值扰动试验，逐步减小比例度 δ，直至出现等幅振荡为止，如图 7.14 所示。记下此时控制器的比例度 δ_k 和振荡曲线得周期 T_k。

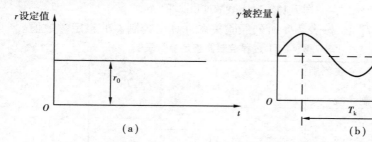

（a）　　　　　　　　　　　　　　（b）

图 7.14　临界比例度实验曲线

③按表 7.7 的经验公式计算出衰减振荡时控制器的参数值并设置于控制器上，再作设定值扰动试验，观察过渡过程曲线。若记录曲线不满足控制质量要求，再对计算值作适当的调整。

表 7.7　临界比例度法参数计算表（$\psi \geqslant 0.75$）

参数范围 控制系统	δ	T_I	T_D
P	$2\delta_k$	—	—
PI	$2.2\delta_k$	$0.85T_k$	—
PID	$1.7\delta_k$	$0.5T_k$	$0.13T_k$

在使用临界比例度法整定控制器参数时，应注意以下几个问题：

①当控制通道的时间常数很长时，由于控制系统的临界比例度 δ_k 很小，常使控制阀处于时而全开、时而全关的状态，即处于位式控制状态，对生产不利，因而不宜用此法进行控制器的参数整定。

②当生产工艺过程不允许被控量作较长时间的等幅振荡时也不能用此法。例如，锅炉给水控制系统和燃烧控制系统。

临界比例度法虽然是一种工程整定方法，但它并不是操作经验的简单总结，而是有理论依据的，这就是根据控制系统的边界稳定条件。

（3）衰减曲线法

衰减曲线法是针对经验凑试法和临界比例度法的不足，并在此基础上经过反复实验而得出的一种参数整定方法。如果要求过渡过程达到 4∶1 递减比，其整定步骤如下：

①将 $T_I = \infty$，$T_D = 0$，在纯比例作用下系统投入运行。按经验法整定比例度，直至出现 4∶1 衰减过程为止。此时的比例度记为 δ_s，衰减振荡周期为 T_s，如图 7.15 所示。

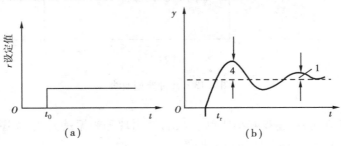

图 7.15   4∶1 衰减过程曲线

②根据已测得的 δ_s、T_s 值，按表 7.8 所列经验关系计算出控制器的整定参数值。

表 7.8   4∶1 过程控制器整定参数表

参数范围 / 控制系统	δ	T_I	T_D
P	δ_s	—	—
PI	$1.2\delta_s$	$0.5T_s$	—
PID	$0.8\delta_s$	$0.3T_s$	$0.1T_s$

③根据上述计算结果设置控制器的参数值，作设定值扰动试验，观察过渡过程曲线，如果记录曲线不够理想，再作适当调整参数值，直至符合要求为止。

应用衰减曲线法整定控制器参数时，应注意下列事项：

①对于响应较快的小容量对象（如管道压力、流量等控制系统），要在记录曲线上严格读出 4∶1 和求 T_s 比较困难，此时，可用记录指针的摆动情况来判断。指针来回摆动两次就达稳定状态，则可视为 4∶1 过程，指针摆动一次的时间即为 T_s。

②以获得 4∶1 递减比为最佳过程，这符合大多数控制系统。但在有的过程中，例如，对于热电厂的燃烧控制系统，4∶1 递减比振荡太厉害，则可采用 10∶1 的递减过程。在这种情况下，由于衰减太快，要测取操作周期比较困难，但可测取从施加干扰试验信号开始至达到第一个波峰的飞升时间 t_r。10∶1 衰减曲线法整定控制器参数的步骤和要求与 4∶1 衰减曲线法完全相同，仅采用的经验计算公式不同，见表 7.9。表中 δ_s' 系指控制过程出现 10∶1 递减比时的比例度，t_r 系指达到第一个波峰值的飞升时间。

表 7.9   10∶1 过程控制器参数表

参数范围 / 控制系统	δ	T_I	T_D
P	δ_s'	—	—
PI	$1.2\delta_s'$	$2t_r$	—
PID	$0.8\delta_s'$	$1.2t_r$	$0.4t_r$

衰减曲线法与临界比例度法一样,虽然是一种工程整定方法,但它并不是操作经验的简单总结,而是有理论依据的。表7.8和表7.9中的公式是根据自动控制原理,按一定的递减率要求整定控制系统的分析计算,再对大量实践经验加以总结而得出的。

(4)响应曲线法

上面介绍的三种控制器参数整定方法都不需要预先知道对象的特性参数,而响应曲线法则需先知过程特性参数,再按经验公式计算出控制器的整定参数值,其整定精度将更高一些。整定步骤如下:

①测定广义对象的响应曲线,并对已得的响应曲线作近似处理,得到表征对象动态特性的纯滞后时间 τ_0、时间常数 T_0,如图7.16所示。

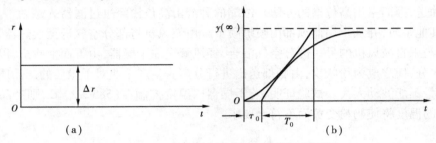

图7.16 响应曲线及近似处理

②按下式求取广义对象的放大系数 K_0。

$$K_0 = \Delta y / (y_{\max} - y_{\min}) / \Delta P / (P_{\max} - P_{\min}) \qquad (7.25)$$

式中:Δy——被控量测量值的变化量;

ΔP——控制器输出的变化量;

$y_{\max} - y_{\min}$——测量仪表的刻度范围;

$P_{\max} - P_{\min}$——控制器输出值变化范围。

③根据已得到的对象特性参数 τ_0、T_0 和 K_0,按表7.10所列经验公式计算确定4:1递减过程控制器的参数 δ、T_I 和 T_D 值。

上述四种工程整定方法各有其优缺点。在实际应用中,一定要根据对象的特性和操作者的实际情况,结合各种整定方法的特点,合理地选择适用的方法,才能收到好的整定效果。

表7.10 响应曲线法控制器整定参数经验公式表

参数范围 控制系统	δ	T_I	T_D
P	$\dfrac{K_0 \tau_0}{T_0} \times 100\%$	—	—
PI	$1.1 \dfrac{K_0 \tau_0}{T_0} \times 100\%$	$3.3\tau_0$	—
PID	$0.85 \dfrac{K_0 \tau_0}{T_0} \times 100\%$	$2\tau_0$	$0.5\tau_0$

7.4 单回路控制系统设计实例

本节介绍单回路过程控制系统的设计实例。通过干燥过程的控制系统设计实例,力求全面掌握单回路控制系统的设计方法,并为其他过程控制系统的方案设计提供借鉴。

7.4.1 干燥过程工艺要求

图 7.17 所示为乳化物干燥过程示意图。由于乳化物属于胶体物质,激烈搅拌易固化,也不能用泵抽送,因而采用高位槽的办法。浓缩的乳液由高位槽经过过滤器 A 或过滤器 B,滤去凝结块和其他杂质,并从干燥器顶部由喷嘴喷下。由鼓风机将部分空气送至换热器,用蒸汽进行加热,并与来自鼓风机的另一部分空气混合,经风管送往干燥器,由下而上吹出,以便蒸发掉乳液中的水分,使之成为粉状物,由底部送出进行分离。生产工业对干燥后的产品质量要求很高,水分含量不能波动太大。试验证明,若干燥器内温度控制在 $(585 \pm 2)℃$,则产品符合质量要求,过高的温度将使奶粉变黄而不符合要求。

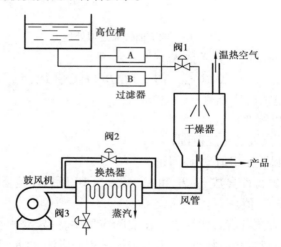

图 7.17 乳化物干燥过程示意图

7.4.2 方案设计与参数整定

(1)被控参数与控制参数的选择

1)被控参数的选择

根据上述生产工艺情况,产品质量(水分含量)与干燥温度密切相关。考虑到一般情况下测量水分的仪表精度较低,故选用间接参数(即干燥的温度未被控参数),水分与温度一一对应。因此,必须将温度控制在一定数值上。

2)控制参数的选择

由图 7.17 可知,影响干燥器温度的主要因素有乳液流量 $f_1(t)$、旁路空气流量 $f_2(t)$ 和加热蒸汽压力 $f_3(t)$。选其中任一变量作为控制参数,均可构成温度控制系统。图 7.17 中,用调节阀 1、调节阀 2、调节阀 3 的位置分别代表三种可供选择的控制方案,如图 7.18 所示。

方案 1　以乳液流量 $f_1(t)$ 为控制变量(由调节阀 1 进行控制),对干燥器出口温度(被控参数)进行控制。

方案 2　以旁路空气流量 $f_2(t)$ 为控制变量(由调节阀 2 进行控制),对干燥器出口温度(被控参数)进行控制。

方案 3　以加热蒸汽压力 $f_3(t)$ 为控制变量(由调节阀 3 进行控制),对干燥器出口温度(被控参数)进行控制。

为了便于比较优劣,需要对控制系统中各环节的特性进行分析。经计算和实验测定得知:检测元件的时间常数为 5 s;干燥器可以看成由一个 2 s 纯滞后环节和具有三个时间常数均为 8.5 s 的环节串联;换热器可用具有两个时间常数均为 100 s 的环节来表示,风管可用一个 3 s 纯滞后环节表示。冷、热空气混合过程可以看成带迟延的一阶惯性环节。由于其时间常数较小,近似为纯滞后环节。

由图可看出,选择不同控制参数,虽然各干扰对被控量的通道没有改变,但是进入控制系统的相对位置发生了变化。在系统中,乳液流量 $f_1(t)$ 对出口温度的影响最显著,旁路空气流量干扰 $f_2(t)$ 次之,加热蒸汽压力 $f_3(t)$ 最不灵敏。

在不同控制方案中,对克服这三种干扰的能力各不相同。方案 1 中,由于各干扰都从控制阀前进入控制系统,而且控制通道的滞后比其他两个方案都小,因而控制作用更强,可以认为是最好的控制方案;方案 2 中,由于控制通道增加了一个 3 s 的纯滞后环节,控制质量势必比前者差一些;方案 3 中又增加了两个时间常数均为 100 s 的环节,控制作用更不灵敏,操作周期势必最长,难以满足工艺对控制质量的要求,因而不可取。以上仅是从控制质量方面考虑。

再从工艺上考虑,第一种方案是不合理的,因为以乳液流量作为控制参数,为克服干扰对出口温度的影响,它就不可能始终在最大值工作,也就限制了该装置的生产能力,也不能保证产量的稳定。另外,在乳液管线上装设控制阀,容易使浓缩液结块,降低产品质量,因此,一般不宜采用此方案。以旁路空气流量为控制参数的方案差一点,其主要原因是由于增加了一个 3 s 的纯滞后环节。若能从工艺上稍加改进,尽可能地缩短风管,则控制质量可进一步提高,工艺上也是合理的。因此,实际生产过程中宜选用方案 2。

(2)仪表的选择

根据生产工艺及用户要求,宜选用 DDZ-Ⅲ型仪表,具体选择如下:

1)测温元件及变送器的选择

因被控温度在 600 ℃ 以下,故选用热电阻温度计。为提高检测精度,应采用三线制接法,并配用温度变送器。

2)调节阀的选择

根据生产工艺安全的原则,宜采用气关式调节阀;根据过程特性与控制要求,宜采用对数流量调节阀;根据被控介质流量的大小及调节阀流通能力与其尺寸的关系,选择调节阀的公称直径和阀芯的直径。

3)控制器的选择

根据过程特性与工艺要求,宜选用 PI 或 PID 控制律;由于选用调节阀为气关式,故 k_v 为负;当给被控过程输入的空气量增加时,干燥器的温度降低,故 k_0 为负;测量变送器的 k_m 通常为正,为使整个系统中个环节静态放大系统的乘积为正,则调节器的 k_c 应为正,故选用反作用调节器。

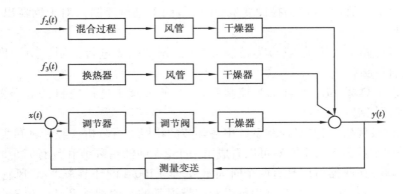

(a) 乳液流量为控制参数的系统框图

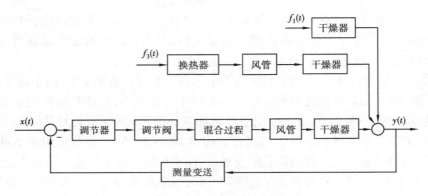

(b) 风量为控制参数的系统框图

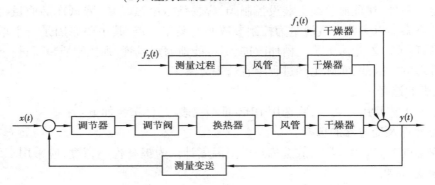

(c) 蒸汽量为控制参数的系统框图

图 7.18　采用不同控制参数的控制系统框图

(3) 温度控制原理图及其系统框图

根据上述设计的控制方案,喷雾式干燥设备过程控制系统的原理图与系统框图如图 7.19 所示。

(4) 调节器的参数整定

可按 7.3 节中所介绍的任何一种整定方法对控制器的参数进行整定。

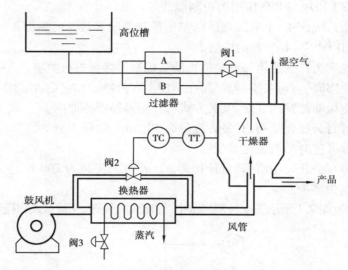

(a) 温度控制系统原理图

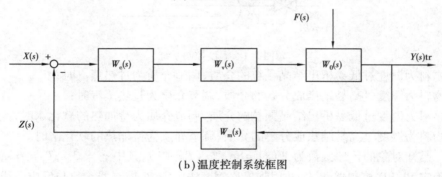

(b) 温度控制系统框图

图 7.19　干燥设备温度控制系统原理图和框图

思考题与习题

7.1　单回路控制系统是如何构成的？有何特点？适用于哪些场合？

7.2　如何选择被控参数？

7.3　选择操纵量有哪些基本原则？

7.4　P 控制器、PI 控制器、PID 控制器的特点是什么？各适用于什么场合？

7.5　确定控制器正、反作用的出发点和方法是什么？

7.6　简述控制器参数整定的实质。

7.7　用经验法整定控制器时，怎样凑试 δ、T_I 和 T_D 参数？

7.8　试述用临界比例法整定参数的步骤和注意事项。

7.9　试述用衰减曲线法整定参数的步骤和注意事项。

7.10　某控制系统采用 DDZ-Ⅲ型控制器，用临界比例度法整定参数。已测得 $\delta_K = 30\%$，

169

$T_K = 3$ min。试求 PI 作用和 PID 作用的控制器的参数值。

7.11 某控制系统用 4∶1 衰减曲线法整定控制器的参数。已测得 $\delta_s = 50\%$，$T_s = 5$ min。试求 PI 作用和 PID 作用时控制器的参数。

7.12 分析说明为什么能用加设定值扰动对控制器参数进行整定。

7.13 直通单座阀、直通双座阀、蝶阀在结构上有何特点？它们各适用于哪些场合？

7.14 试举例说明控制阀气开、气关方式选择应遵循哪些原则。

7.15 有一等百分比控制阀，其最大流量为 50 Nm³/h，最小流量为 2 Nm³/h，若全行程为 3 cm，那么在 1 cm 开度时的流量是多少？

7.16 有一等百分比控制阀，其可控比为 32，若最大流量为 100 Nm³/h，那么开度在 2/3 和 4/5 下流量分别为多少？

7.17 请判定题图 7.1 所示温度控制系统中，控制阀的气开、气关形式和控制器的正、反作用。

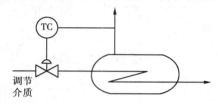

题图 7.1 温度控制系统

①当物料为温度过低易析出结晶颗粒的介质，调节介质为过热蒸汽时；

②当物料为温度过高易结焦成分解的介质，调节介质为过热蒸汽时；

③当物料为温度过低易析出结晶颗粒的介质，调节介质为待加热的软化水时；

④当物料为温度过高易结焦成分解的介质，调节介质为待加热的软化水时。

7.18 已知对象的传递函数为 $W(s) = 8e^{-\tau_0 s}/(T_0 s + 1)$，其中 $\tau_0 = 3$ s，$T_0 = 6$ s，试采用反应曲线法确定 PI、PD 控制器参数，并用临界比例度法确定 PI 控制器参数与反应曲线法确定的 PI 参数相比较，要求用 MATLAB 语言进行仿真。

7.19 某广义被控过程传递函数为：

$$W(s) = \frac{2}{(s+1)(2s+1)(5s+1)(10s+1)}$$

①若采用衰减曲线法，求衰减比为 4∶1 时的比例度 δ_s、振荡周期 T_s；此时，若采用 PI 控制，试求比例度 δ 和积分时间 T_I。

②若采用临界比例法，试求其临界比例度 δ_k 和临界振荡周期 T_k；当采用 PI 控制时，试求比例度 δ 和积分时间 T_I。

③试采用 MATLAB 语言进行仿真比较以上两种方法。

7.20 已知 7.4 节中方案 2（图 7.18(c)）的广义过程传递函数为：

$$W_0(s) = \frac{1}{(8.5s + 1)^3}e^{-5s}$$

主要干扰加热蒸汽压力的干扰通道传递函数为：

$$W_f(s) = \frac{1}{(100s + 1)^2(8.5s + 1)^3}e^{-5s}$$

试采用衰减曲线法确定 PID 控制器参数，并基于 MATLAB/SIMULINK 环境仿真分析。

第**3**篇
复杂控制系统

第**8**章
提高控制品质的控制系统

单回路控制系统是过程控制中结构最简单、最基本、应用最广泛的一种形式,它解决了工业生产过程中大量的参数定值控制问题。但是,随着现代工业生产过程向着大型、连续和强化方向发展,对操作条件、控制精度、经济效益、安全运行、环境保护等提出了更高的要求。此时,单回路控制系统往往难以满足这些要求。为了提高控制品质,在单回路控制方案的基础上,出现了诸如串级控制、前馈控制、大时延控制等一类的较复杂的控制系统结构方案。本章将对这些控制系统的结构、特点、设计原则和工业应用等问题进行讨论。

8.1 串级控制系统

8.1.1 串级控制系统基本概念

(1)串级控制系统的组成

串级控制系统是改善和提高控制品质的一种极为有效的控制方案,在工业生产过程自动化中得到了广泛的应用。串级控制系统的结构特点在于"串级",它是把两个单回路控制系统以一定的结构形式串联在一起。这里仍以实际应用的例子来说明串级控制系统的结构特点。

管式加热炉是原油加热或重油裂解的重要装置之一。在生产中,为了延长炉子寿命,保证下一道工序精馏分离的质量,炉出口温度稳定是十分重要的,工艺上要求炉出口温度在±2℃内波动。为此,很自然地考虑系统以出口温度为被控量、燃料油量为操纵量的单回路控制方案,如图8.1所示。

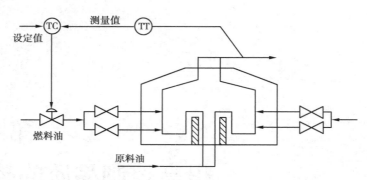

图8.1 管式加热炉出口温度单回路控制系统

这个控制方案从表面上看似乎很好,因为所有对温度的干扰因素都包括在控制回路之中了。但是,实践证明,这一控制方案的控制质量很差,达不到生产工艺的要求。这是由于对象内部燃料油要经历管道传输、燃烧、传热等一系列环节,控制通道的时间常数长达15 min,这就导致控制作用不及时。特别是当燃料油压力波动较大且频繁时,控制质量将显著下降。

既然燃料油压力的变化是主要干扰,也就很自然地考虑到能否通过控制燃料油的流量的方法来间接地达到控制炉出口温度的目的。这就出现了如图8.2所示的第二种控制方案。这种方案的优点是能够比较及时地、有效地克服来自燃料油压力方面的干扰。但是,实践也证明,这一方案有个很大的缺陷,因为燃料油流量的稳定并不是目的,它是为稳定炉出口温度服务的。在此方案中,炉出口温度却不是作为被控量,因此,当来自原料油入口流量和初始温度的变化、燃料油热值的变化、炉膛压力的变化等干扰因素引起炉出口温度发生变化时,此流量控制系统就无能为力了。

解决以上两个独立单回路控制系统不足的有效办法是将它们"串级"起来,这就是用炉温控制器的输出信号作为燃料油流量控制器的设定值,而由流量控制器的输出信号去控制燃料油管线上的控制阀,如图8.3所示。这就是加热炉出口温度与燃料油流量的串级控制系统。实践证明,这一控制方案达到了工艺提出的控制质量要求。

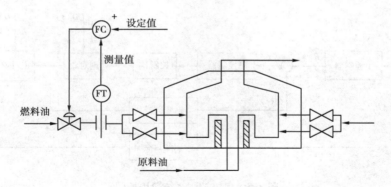

图 8.2　管式加热炉出口温度间接控制系统

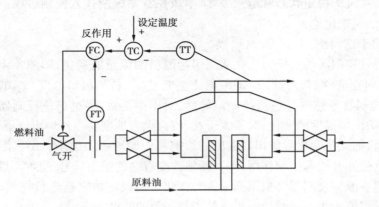

图 8.3　加热炉温度与流量串级控制系统

图 8.3 串级控制系统的方框图如图 8.4 所示。除去具体对象,串级控制系统通用方框图及有关名词术语如图 8.5 所示。

由上例可见,所谓串级控制系统,就是由两台控制器串联在一起控制一个控制阀,从而使工艺生产的主要参数达到更好的控制效果的控制系统。

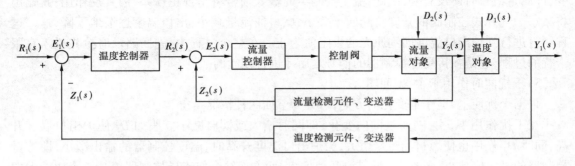

图 8.4　加热炉温度与流量串级控制系统

（2）串级控制系统的工作过程

仍以管式加热炉出口温度与燃料油流量串级的控制方案为例来分析它的工作过程。为分析方便,假定在该系统中控制阀选用气开式,温度控制器和流量控制器均处于反作用状态。

在稳定状态下,有关物料量和能量达到平衡并维持不变。如果某个时刻系统突然引进了

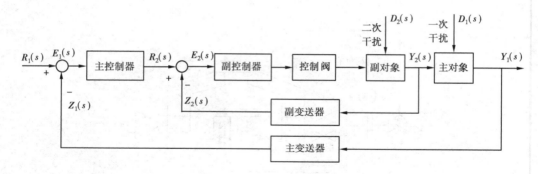

图 8.5 串级控制系统通用框图

某个干扰,那么,系统的稳定状态就遭到破坏,串级控制系统便投入控制过程。根据不同的干扰,以下分三种情况来讨论:

1)干扰作用于副回路

此时的干扰是控制阀前后压力变化从而引起燃料油流量的变化,即图 8.4 中的二次干扰 D_2。由于 D_2 离副变量(燃料油量)Y_2 的距离比主变量(原料油出口温度)Y_1 的距离短,因此,将首先被流量控制器所感受并进行控制。显然,对于小干扰,经过流量控制器这一控制的结果,将不会引起炉出口温度的变化;对于大干扰,将会大大地削弱它对炉出口温度的影响,随着时间的增长,燃料油流量变化对炉出口温度的影响将慢慢地显示出来。出口温度的变化将被温度控制器所感受并开始起控制作用,即不断地改变着它的输出信号,也就不断地改变着流量控制器的设定值。流量控制器将根据测量值与变化了的设定值之差进行控制,直至炉出口温度重新恢复到设定值为止。这时控制阀将处于某一新的开度上。

2)干扰作用于主回路

此时的干扰信号是原料油处理量的变化或初始温度的变化、燃料油热值的变化、烟囱的抽力变化等,这就是一次干扰 D_1。假定 D_1 使炉出口温度升高,根据温度控制器是反作用方式的假定,其输出必将减小,也就是说流量控制器的设定值在减小。由于此时燃料油流量并没有变,即测量值暂时还没有变,因此,流量控制器的输入信号将呈现正偏差,因其反作用,其输出将减小。气开式控制阀的开度将趋向于关小,燃料油流量减小,出口温度逐渐地下降,这一过程一直进行到炉出口温度回到原先的设定值为止。在整个过程中,副回路没有抢先投入克服干扰的过程,它是在接受主控制器的信号之后才进行控制的。

3)干扰同时作用于主、副回路

根据干扰使主、副变量变化的方向,可分为下面两种情况:

在干扰作用下,主、副变量同向变化,即同时增大或同时减小。假如 D_1 使炉出口温度升高,同时 D_2 作用也使燃料油流量增大,当炉出口温度升高时,温度控制器的输出减小,即流量控制器的设定值减小,同时,D_2 使其测量值增大,两方面结合使流量控制器感受一个比较大的正偏差,于是,输出大幅度地减小,控制阀大幅度地关小阀门,燃料油流量则大幅度地减小,炉出口温度将很快地回复到设定值;反之亦然。总之,当干扰使主、副变量同时变化时,副控制器获得的偏差大,这样控制作用大,克服干扰的能力强。

在干扰作用下,主、副变量反向变化,即一个变量增大,而另一个变量减小。假如 D_1 作用使炉出口温度升高,而 D_2 作用使燃料油流量减小,当温度升高时,温度控制器的输出减小,即流量控制器的设定值减小,与此同时,D_2 作用使它的测量值减小,这两个方面作用的结果,使流量控制器感受的偏差就比较小,其输出的变化量也较小。也就是说,燃料油流量只需作很小的调整即可。事实上,从炉出口温度与燃料油流量之间的关系来看,反向变化时,它们本身之间就有互补作用。同理可分析,当 D_1 作用使出口温度减小,而 D_2 作用使燃料油流量增大的情况。

从串级控制系统的结构和工作过程分析可知:从主环上看,它是一个闭环的负反馈系统;从副环看,它是主环内的一个负反馈系统,两个控制器串联在一起。副控制器具有"粗调"作用,而主控制器具有"细调"的作用,两者互相配合,从而使控制质量必然高于单回路控制系统。

8.1.2 串级控制系统的特点

串级控制系统与单回路控制系统相比,由于在系统结构上多了一个副回路,所以具有以下一些特点:

(1)改善了过程的动态特性,提高了控制作用的快速性

1)时间常数减小

设 $W_{c1}(s)$、$W_{c2}(s)$ 为主、副控制器的传递函数;$W_{01}(s)$、$W_{02}(s)$ 为主、副对象的传递函数;$H_{m1}(s)$、$H_{m2}(s)$ 为主、副变送器的传递函数;$W_v(s)$ 为控制阀的传递函数,则串级控制系统的框图可用图 8.6 所示的一般形式来表示。

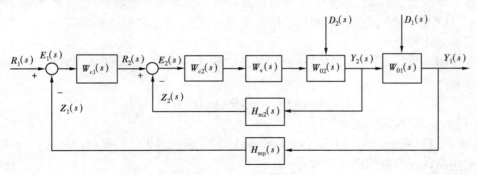

图 8.6 串级控制系统框图的一般形式

如果把整个副控制回路看成一个等效副对象,并以 $W'_{02}(s)$ 的传递函数表示,则图 8.6 又可简化成图 8.7 所示的单回路控制系统。

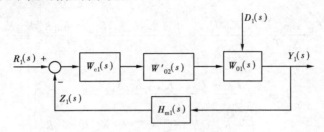

图 8.7 串级控制系统简化框图

假定 $W_{c2}(s)=K_{c2}$,$W_v(s)=K_v$,$H_{m2}(s)=K_{m2}$,$W_{02}(s)=\dfrac{K_{02}}{T_{02}s+1}$

则由图 8.6 可求出副回路的等效传递函数 $W'_{02}(s)$：

$$W'_{02}(s) = \frac{Y_2(s)}{R_2(s)} = \frac{W_{c2}(s)W_v(s)W_{02}(s)}{1 + W_{c2}(s)W_v(s)W_{02}(s)H_{m2}(s)} \quad (8.1)$$

将各环节的传递函数代入式(8.1)可得：

$$W'_{02}(s) = \frac{K_{c2}K_v \dfrac{K_{02}}{T_{02}s+1}}{1 + K_{c2}K_v \dfrac{K_{02}}{T_{02}s+1}K_{m2}} = \frac{K'_{02}}{T'_{02}s+1} \quad (8.2)$$

式中

$$\left.\begin{array}{l} T'_{02} = \dfrac{T_{02}}{1 + K_{c2}K_vK_{02}K_{m2}} \\[3mm] K'_{02} = \dfrac{K_{c2}K_vK_{02}}{1 + K_{c2}K_vK_{02}K_{m2}} \end{array}\right\} \quad (8.3)$$

将 $W'_{02}(s)$ 与 $W_{02}(s)$ 相比较，由于在一般情况下，$K_{m2}>1$，故有：

$$\left.\begin{array}{l} T'_{02} < T_{02} \\ K'_{02} < K_{02} \end{array}\right\} \quad (8.4)$$

由上述推算可以看出，在串级控制系统中，由于副回路的存在，使等效副对象的时间常数 T'_{02} 仅为副对象本身的时间常数 T_{02} 的 $1/(1 + K_{c2}K_vK_{02}K_{m2})$，并且在 K_v、K_{02}、K_{m2} 不变的情况下，随着副控制器放大系数 K_{c2} 的增大，这种时间常数减小的效果更显著。$T'_{02} < T_{02}$ 意味着控制通道的缩短，从而使控制作用更加及时，响应速度更快，控制质量必然得到提高。

2）工作频率提高

串级控制系统的工作频率可以从它的特征方程式中求得，而特征方程可用简化框图 8.7 方便地得到：

$$1 + W_{c1}(s)W'_{02}(s)W_{01}(s)H_{m1}(s) = 0 \quad (8.5)$$

将式(8.1)代入式(8.5)经整理后有：

$$1 + W_{c2}(s)W_v(s)W_{02}(s)H_{m2}(s) + W_{c1}(s)W_{c2}(s)W_v(s)W_{02}(s)W_{01}(s)H_{m1}(s) = 0 \quad (8.6)$$

现假定主回路各环节的传递函数为：

$$W_{c1}(s) = K_{c1}, H_{m1}(s) = K_{m1}, W_{01}(s) = \frac{K_{01}}{T_{01}s+1}$$

而副回路各环节的传递函数如前假定，将这些环节的传递函数代入式(8.6)后，经整理可得：

$$s^2 + \frac{T_{01} + T_{02} + K_{c2}K_vK_{02}K_{m2}T_{01}}{T_{01}T_{02}}s + \frac{1 + K_{c2}K_vK_{02}K_{m2} + K_{c1}K_{c2}K_{m1}K_{01}K_{02}K_v}{T_{01}T_{02}} = 0 \quad (8.7)$$

令

$$\left.\begin{array}{l} 2\xi\omega_0 = \dfrac{T_{01} + T_{02} + K_{c2}K_vK_{02}K_{m2}T_{01}}{T_{01}T_{02}} \\[4mm] \omega_0^2 = \dfrac{1 + K_{c2}K_vK_{02}K_{m2} + K_{c1}K_{c2}K_{m1}K_{01}K_{02}K_v}{T_{01}T_{02}} \end{array}\right\} \quad (8.8)$$

于是，将特征方程式可改写成标准形式，即

$$s^2 + 2\xi\omega_0 s + \omega_0^2 = 0 \quad (8.9)$$

式中：ξ——串级控制系统的阻尼系数；

176

ω_0——串级控制系统的自然频率。

对式(8.9)求解,其特征根为:

$$s_{1,2} = \frac{-2\xi\omega_0 \pm \sqrt{4\xi^2\omega_0^2 - 4\omega_0^2}}{2} = -\xi\omega_0 \pm \omega_0\sqrt{\xi^2 - 1}$$

因为只有当 $0 < \xi < 1$ 时,系统才会出现振荡,而振荡频率即为串级控制系统的工作频率,因此

$$\omega_{串} = \omega_0\sqrt{1 - \xi^2} = \frac{T_{01} + T_{02} + K_{c2}K_vK_{02}K_{m2}T_{01}}{T_{01}T_{02}}\sqrt{\frac{1 - \xi^2}{2\xi}} \tag{8.10}$$

为便于比较,必须求出相同条件下图 8.8 所示的单回路控制系统的工作频率 $\omega_{单}$,方法同前。系统的特征方程为:

$$1 + W'_{c1}(s)W_v(s)W_{02}(s)W_0(s)H_{m1}(s) = 0 \tag{8.11}$$

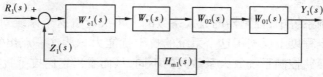

图 8.8　单回路控制系统

假定 $W'_{c1}(s) = K_{c1}$,而图中其他环节的传递函数同前假定,则由

$$1 + K'_{c1}K_v\frac{K_{02}}{T_{02}s + 1} \times \frac{K_v}{T_{01}s + 1}K_{m1} = 0$$

对上式整理简化,可得:

$$s^2 + \frac{T_{01} + T_{02}}{T_{01}T_{02}}s + \frac{1 + K'_{c1}K_vK_{02}K_{01}K_{m1}}{T_{01}T_{02}} = 0 \tag{8.12}$$

令

$$\left.\begin{array}{l} 2\xi'\omega'_0 = \dfrac{T_{01} + T_{02}}{T_{01}T_{02}} \\[3mm] \omega'^2_0 = \dfrac{1 + K'_{c1}K_vK_{02}K_{01}K_{m1}}{T_{01}T_{02}} \end{array}\right\} \tag{8.13}$$

于是,单回路控制系统特征方程式(8.12)可改写成标准形式,即

$$s^2 + 2\xi'\omega'_0s + \omega'^2_0 = 0 \tag{8.14}$$

同样方法可求得单回路控制系统的工作频率为:

$$\omega_{单} = \omega'_0\sqrt{1 - \xi'^2} = \frac{T_{01} + T_{02}}{T_{01}T_{02}}\sqrt{\frac{1 - \xi'^2}{2\xi'}} \tag{8.15}$$

假如通过控制器的参数整定,使得串级控制系统和单回路控制系统具有相同的衰减系数,即 $\xi = \xi'$,则有:

$$\frac{\omega_{串}}{\omega_{单}} = \frac{T_{01} + T_{02} + K_{c2}K_vK_{02}K_{m2}T_{01}}{T_{01} + T_{02}} = \frac{1 + (1 + K_{c2}K_vK_{02}K_{m2}) \cdot T_{01}/T_{02}}{1 + T_{01}/T_{02}} \tag{8.16}$$

因为 $(1 + K_{c2}K_vK_{02}K_{m1}) > 1$,所以 $\omega_{串} > \omega_{单}$。

由上述分析可知,当主、副对象都是一阶惯性环节,主、副控制器均采用比例作用时,串级

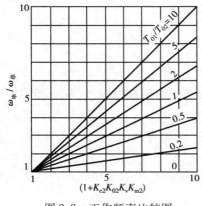

图 8.9　工作频率比较图

控制系统由于副回路的存在,使得整个系统的工作频率比单回路控制系统的工作频率有所提高。工作频率的提高可以使振荡周期缩短、系统的快速性增强,从而改善了系统的控制品质。

由式(8.16)还可看出,当主、副对象特性一定时,副控制器的放大系数 K_{c2} 整定得越大,则工作频率越高,尤其是 T_{01}/T_{02} 比值较大的对象,这种效果越显著,如图 8.9 所示。

可以证明,上述结论对于主控制器采用其他控制作用,主对象是多容环节,扰动作用于主回路时也是正确的。

(2)抗干扰能力增强

在一个自动控制系统中,控制器的放大系数的大小决定着这个系统对偏差信号的敏感程度,因此,也就在一定程度上反映了这个系统的抗干扰能力。从这一点出发,比较同等条件下串级控制系统与单回路控制系统放大系数间的不同,从而看出它们抗干扰能力的差异。

对于串级控制系统,假定二次干扰从控制阀前进入,如图 8.10 所示,并可等效成图 8.11。

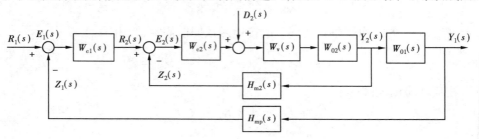

图 8.10　干扰从阀前进入串级控制系统

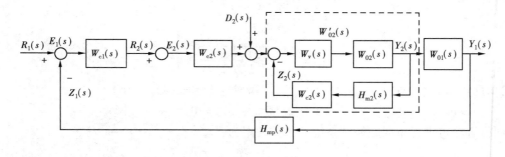

图 8.11　图 8.10 的等效框图

如果用 $W'_{02}(s)$ 代表图 8.11 中虚线部分的等效传递函数,则有:

$$W'_{02}(s) = \frac{W_v(s)W_{02}(s)}{1 + W_{c2}(s)W_v(s)W_{02}(s)H_{m2}(s)} \qquad (8.17)$$

在二次干扰 $D_2(s)$ 作用下,系统的闭环传递函数为:

$$\frac{Y_1(s)}{D_2(s)} = \frac{W_{01}(s)W'_{02}(s)}{1 + W_{c1}(s)W_{c2}(s)W'_{02}(s)W_{01}(s)H_{m1}(s)} \qquad (8.18)$$

在设定值 $R_1(s)$ 作用下,系统的闭环传递函数为:

$$\frac{Y_1(s)}{R_1(s)} = \frac{W_{c1}(s)W_{c2}(s)W_{01}(s)W'_{02}(s)}{1 + W_{c1}(s)W_{c2}(s)W_{01}(s)W'_{02}(s)H_{m1}(s)} \tag{8.19}$$

由自控原理理论可知,对于一个控制系统,在干扰作用下,要求能尽快地克服它的影响,使被控量稳定在设定值上。也就是说,式(8.18)越接近零,控制质量越好。而在设定值作用下,系统是一个随动过程,因此,要求被控量尽快地跟随设定值而变化,也就是说,式(8.19)越接近 1,控制质量越高。若两个方面一起考虑,控制系统的抗干扰能力就可用它们的比值来评价,即

$$\frac{Y_1(s)/R_1(s)}{Y_1(s)/D_2(s)} = W_{c1}(s)W_{c2}(s) \tag{8.20}$$

如果主、副控制器均采用比例作用,设放大系数分别为 K_{c1}、K_{c2},则有:

$$\frac{Y_1(s)/R_1(s)}{Y_1(s)/D_2(s)} = K_{c1}K_{c2} \tag{8.21}$$

这就是说,主、副控制器的放大系数的乘积越大,抗干扰能力越强,控制质量也越高。

为了便于比较,需分析如图 8.12 所示的同等条件下的单回路控制系统的抗干扰能力。由图可得在干扰作用下的闭环传递函数为:

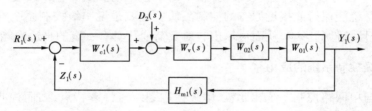

图 8.12　同等条件下的单回路控制系统

$$\frac{Y_1(s)}{D_2(s)} = \frac{W_v(s)W_{01}(s)W_{02}(s)}{1 + W'_c(s)W_v(s)W_{02}(s)W_{01}(s)H_{m1}(s)} \tag{8.22}$$

在设定值作用下的闭环传递函数为:

$$\frac{Y_1(s)}{R_1(s)} = \frac{W'_c(s)W_v(s)W_{02}(s)W_{01}(s)}{1 + W'_c(s)W_v(s)W_{01}(s)W_{02}(s)H_{m1}(s)} \tag{8.23}$$

抗干扰能力为:

$$\frac{Y_1(s)/R_1(s)}{Y_1(s)/D_2(s)} = W'_{c1}(s) \tag{8.24}$$

如果控制器也选用比例作用,其放大系数为 K'_c,则同等条件下的单回路控制系统的抗干扰能力为:

$$\frac{Y(s)/R(s)}{Y(s)/D_2(s)} = K'_{c1} \tag{8.25}$$

可以证明,在相同的质量指标下,即在同样的递减比下,比较串级控制系统与单回路控制系统的抗干扰能力,有:

$$K_{c1}K_{c2} > K'_c \tag{8.26}$$

由上述分析可知,由于串级控制系统副回路的存在,能迅速地克服进入副回路的二次干

扰,从而大大地减少了二次干扰对主参数的影响,提高了控制质量。可以说,串级控制系统主要是用来克服进入副回路的二次干扰的。也可证明,抗二次干扰的能力大于抗一次干扰的能力,但是,由于副回路的时间常数大大地减小,因而抗一次干扰的能力仍高于同等条件下的单回路控制系统。

(3) 对负荷变化的适应性强

对于过程控制系统中控制器的参数,一般是根据过程特性并按一定的控制质量指标要求整定的。如果过程具有较大的非线性,则随着操作条件和负荷的变化,过程特性就会发生变化。此时,控制器参数必须重新整定,不然,控制质量就会下降。而在串级控制系统中就不存在这个问题,这可以从下面两个角度来分析:

一方面,串级控制系统的主回路虽然是一个定值控制系统,但副回路却是一个随动控制系统,它的设定值是随主控制器的输出而变化的。这样,主控制器就可以按照操作条件和负荷变化的情况,相应地调整副控制器的设定值,从而保证在操作条件和负荷变化的情况下,控制系统仍然具有较好的控制质量。

另一方面,由式(8.3)可知,等效副对象的放大系数为 $K'_{02} = K_{c2}K_{v}K_{02}/(1 + K_{c2}K_{v}K_{02}K_{m2})$。虽然,当负荷变动时,也会引起对象特性 K_{02} 的变化,但在一般条件下有: $K_{c2}K_{v}K_{02}K_{m2} \gg 1$。因此, K_{02} 的变化对等效对象的放大系数来说,影响却是很小的。因而在不改变控制器原来整定参数的情况下,系统能保持或接近原有的控制品质。也就是说串级控制系统的副回路能自动地克服对象非线性特性的影响,从而显示出它对负荷变化具有一定的自适应能力。

8.1.3 串级控制系统的应用

如上所述,与单回路控制系统相比较,串级控制系统有许多特点,因而控制质量提高。但是,串级控制系统结构复杂,使用的仪表多,费用较高,参数整定也比较麻烦。因此,在系统设计时的指导思想应该是:如果单回路控制系统能满足工艺的控制要求时,就不要用串级控制方案,使用串级控制方案就必须能充分体现它的特点。下面列举一些串级控制系统的应用场合以供参考。

(1) 应用于容量滞后较大的过程

许多以温度或质量参数作为被控量的控制对象,其容量滞后往往比较大,工艺上对这些参数的控制要求又比较高。如果用单回路控制系统,则因容量滞后 τ_{c} 大,控制通道的时间常数又大,因而对控制作用反应迟钝而使超调量大,过渡过程时间长,控制质量满足不了工艺要求。

如果选用串级控制系统,则可以选择一个容量滞后较小的辅助变量组成副回路,使等效副对象的时间常数减小,以提高系统的工作频率,加快响应速度,缩短控制时间,从而获得较好的控制效果。对象容量滞后大,干扰情况复杂的情况下,串级控制方案使用最为普通。

管式加热炉出口温度控制系统就是一个很好的实例。当燃料油热值改变时,原料油出口温度响应特性可用一个纯滞后和一阶非周期环节来近似,其纯滞后时间为 0.3 min,时间常数为 15 min。对于这样的对象,即使采用 PID 作用的单回路控制系统,原料油出口温度的波动仍然比较大,从而影响到后面分馏塔的分离效果。而燃料油热值变化对炉膛温度这一通道的滞后时间较小,时间常数约为 3 min,反应较灵敏。如果取炉膛温度为副变量构成如图 8.13 的原料油出口温度与炉膛温度的串级控制系统,情况就大有好转。因为当干扰作用后,由于副回路的超前作用,它不需要通过时间常数为 15 min 的主对象,而只要通过时间常数为 3 min 的副对象就立刻为副回路的测温元件所感受,副控制器马上采取控制措施,使这一干扰被大大削弱或者完全克服,因而对出口温度的影响也就大大减小,超调量和过渡过程时间大为减小,控制品质得到了提高。

（2）应用于纯时延大的过程

对于时延大的被控对象,一直是过程控制的难题,若采用串级控制系统,在一定程度上可改善纯滞后对控制品质的影响。此时,可在离控制阀比较近、纯滞后时间较小的地

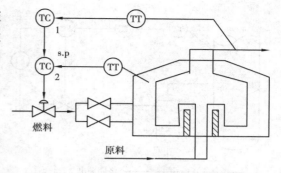

图 8.13　出口温度与炉膛温度串级控制系统

方选择一个副变量,将干扰纳入副回路中。这样就可以在干扰作用影响主变量之前,及时地在副变量上得到反映,由副控制器及时采取措施来克服二次干扰的影响。由于副回路通道短、滞后小、控制作用及时,因而使超调量减小,过渡过程周期缩短,控制品质得到提高。

图 8.14 所示为某造纸厂网前箱温度串级控制系统,它就是用来改善纯滞后对控制品质影响的一个实例。纸浆从储槽用泵送入混合器,在混合器内用蒸汽加热到 72 ℃ 左右,经过立筛和圆筛除去杂质后送到网前箱,再去铜网脱水后制纸。为了严格控制纸张质量,工艺要求网前箱温度恒定在 61 ℃,最大波动范围为 ±1 ℃。

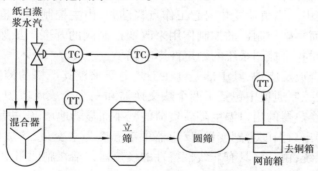

图 8.14　网前箱温度串级控制系统

经特性测试,从混合器到网前箱这一通道的纯滞后时间达 90 s。当采用单回路控制系统方案时,在纸浆流量波动（35 kg/min）情况下,最大偏差高达 8.5 ℃,过渡过程时间长达 450 s,根本无法满足对控制质量的要求。若选择混合器出口温度为副变量,将 90 s 的纯滞后时间隔离到主对象之内,构成图示的温度与温度的串级控制系统时,在同样的干扰作用下,最大偏差小于 1 ℃,过渡过程时间为 200 s,满足了工艺对控制品质的要求。

（3）应用于扰动变化剧烈且幅度大的过程

在讨论串级控制系统特点时已指出,系统对二次干扰具有很强的克服能力。因此,只要在设计时将那些变化剧烈和幅值大的干扰包含在副回路中,并且将副控制器的放大系数整定得比较大,在副回路超前、快速、有力的控制作用下,将这类干扰对主变量的影响减小到最低的程度,取得满意的控制品质。

图 8.15 所示为某厂的精馏塔塔底温度与蒸汽流量串级控制系统。在该系统中,蒸汽压力波动剧烈且幅值大,有时从 0.5 MPa 突然下降到 0.3 MPa,变化了 40%,对于这样大的干扰作

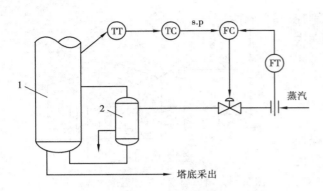

图 8.15　精馏塔塔釜温度串级控制系统
1—精馏塔;2—再沸塔

用,采用单回路控制系统时,控制器的 $\delta = 77\%$,最大偏差为 10 ℃,而工艺要求为 ± 1.5 ℃。当采用图示串级控制系统时,副控制器的 $\delta_2 = 20$,对于 40% 的蒸汽压力波动能顺利克服,最大偏差没有超过 ± 1.5 ℃。

从实测的记录曲线上明显地看出,当干扰作用后,曲线只稍微波动一下即平稳下来。

(4)应用于非线性过程

在过程控制中,一般工业对象都具有一定的非线性,当负荷发生变化时,工作点的移动会使被控对象的特性发生变化。当负荷比较稳定时,这种变化不大,因而可不考虑非线性对控制品质的影响而采用单回路控制系统。当负荷变化较大且频繁时,就要考虑它所造成的影响。此时用重新整定控制器参数来保证稳定性显然是行不通的。虽然可通过选择控制阀的流量特性来补偿,使整个广义对象具有线性特性,但常常因控制阀品种等各种因素的限制,这种补偿也是很有限的。有效的办法之一是:利用串级控制系统对操作条件和负荷变化具有一定自适应性的特点,将具有较大非线性的部分对象包括在副回路之中。当负荷变化引起工作点移动时,由主控制器的输出自动地重新设置副控制器设定值,继而由副控制器的控制作用来改变控制阀的开度。虽然这样会使副回路的递减比有所变化,但对整个控制系统的稳定性影响较小。

例如:醋酸乙烯合成反应炉,其中部温度在工艺上要求极其严格的控制,否则难以保证合成气的质量。在它的控制通道中包括了两个热交换器和一个合成反应炉,当醋酸和乙烯混合气流量发生变化时,换热器的出口温度随着负荷的减小而显著地增高,并呈现明显的非线性变化。如果选择换热器出口温度为副变量,反应器中部温度为主变量,构成图 8.16 所示的温度与温度的串级控制系统,由于将具有非线性特性的换热器包括在副回路中,其控制品质就比用单回路控制系统有极大的提高。

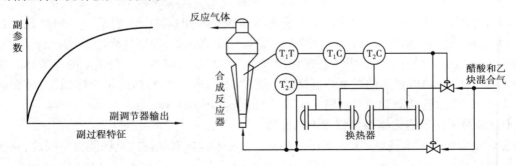

图 8.16　合成反应气温服串级分程控制系统

8.1.4　串级控制系统的方案设计

串级控制系统必须合理地进行设计,才能使它的优越性得到充分的发挥,因此,必须十分重视串级控制系统的设计工作。这里就方案设计中的有关问题提出一般性设计原则,并通过例子来说明这些原则的应用。

（1）主回路的选择

主回路的选择就是确定主变量。在一般情况下,主变量的选择原则与单回路控制系统被控量的选择原则是一致的。因此,这里不再重述。

（2）副回路的选择

副回路的选择也就是确定副变量。由于串级控制系统的种种特点主要来源于它的副回路,因此,副回路的设计好坏决定着整个串级控制系统设计的成败。副变量的选择一般应遵循下面几个原则:

1）主、副变量有对应关系

选择的副变量与主变量之间应具有一定的对应关系,即通过调整副变量要能有效地影响主变量。

2）副回路应包括主要的和更多的干扰

串级控制系统的副回路具有动作速度快、抗干扰能力强的特点。因此,在系统设计时,应尽可能地把生产过程中主要干扰纳入副回路,特别是把那些变化最剧烈、幅值最大、最频繁的干扰包含在副回路中,由副回路先把它们克服到最低程度,那么对主参数的影响就很小了,从而提高了控制质量。为此,在串级控制系统设计之前,先研究工艺生产中各种干扰的来源就显得十分必要和重要了。

例如,对于前述的管式加热炉原料油出口温度控制系统,当燃料油压力波动引起燃料油流量波动是工艺生产中的主要干扰时,采用出口温度与燃料油流量串级的方案是正确的,（若燃料油黏度太大,流量难于测量,则用出口温度与燃料油压力串级）。但是,假若燃料油压力和流量都比较稳定,而生产上经常变换原料油或原料油的处理量（即负荷经常变动时）,上述方案没有把主要干扰纳入副回路之内,因而是不可取的串级控制方案。若采用原料油出口温度与炉膛温度串级方案,则显得更为合理。因为除将主要干扰纳入副回路内之外,还将原料油的组分变化、初始温度变化、燃料油热值变化、烟囱抽力变化等次要干扰也包括在副回路中。这就是为什么同样是管式加热炉,不同工厂采用不同的串级控制方案的原因所在。

这里必须指出:副回路应包含更多的干扰并非越多越好,因为包含的干扰太多,势必使副变量的位置越靠近主变量,反而使副回路克服干扰的灵敏度下降。在极端情况下,副回路包括了全部干扰,那岂不是与单回路控制系统一样了。

3）主、副回路对象的时间常数应匹配

由式（8.16）可知,频率的提高与主、副对象时间常数的比值 T_{01}/T_{02} 有关,据此关系作出 $\omega_{串}/\omega_{单}$ 与 T_{01}/T_{02} 的关系曲线,如图 8.17 所示。

从关系曲线可见,串级控制系统频率增长的速度在 T_{01}/T_{02} 比值较小时最为显著,随着比值进一步增大而明显地减弱。一方面,希望 T_{02} 小一点,使副回路灵敏些,控制作用快一点;但另一方面,T_{02} 过小,必然使 T_{01}/T_{02} 比值加大,这对提高系统的工作频率是不利的。同时,T_{02} 过小,将导致副回路过于灵敏而不稳定。因此,在选择副回路时,主、副对象的时间常数比值应选取适当。

当 $T_{01}/T_{02}>10$ 时,表明 T_{02} 很小,副回路包括的干扰越来越少,因而副回路克服干扰能力强的优点未能充分地利用,并且系统的稳定性也受到影响。当 $T_{01}/T_{02}<3$ 时,表明 T_{02} 过大,副回路包括的干扰过多,控制作用不及时。当 $T_{01}/T_{02}\approx1$ 时,主、副对象之间的动态联系十分

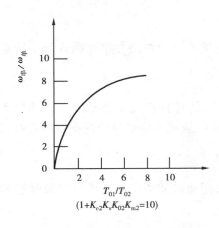

图 8.17 $\omega_{串}/\omega_{单}$ 与 T_{01}/T_{02} 关系曲线

密切,如果在干扰作用下,不论主、副变量哪个先发生振荡,必将引起另一个变量也振荡,显然应力求避免。一般认为 T_{01}/T_{02} 在 3～10 之间较为合适。

在实际应用中,比值 T_{01}/T_{02} 究竟取多大为好,应根据具体对象的情况和设计系统所希望达到的目的要求决定。如果串级控制系统的目的主要是利用副环快速和抗干扰能力强的特点去克服对象的主要干扰的话,那么副环的时间常数以小一点为好,只要能够准确地把主要干扰纳入副回路就行了;如果串级控制系统的目的是由于对象时间常数过大和滞后严重,希望利用副环可以改善对象特性这一特点,那么副环的时间常数可以取得适当大一些。如果利用串级控制系统克服对象的非线性,那么主、副对象的时间常数又宜拉开一些。

4）应注意工艺上的合理性和经济性

自动控制系统是为生产工艺服务的,因此,所设置的系统首先要考虑生产工艺的合理性,即不影响工艺系统的正常进行。从控制角度看系统是合理的,从工艺角度看是不合理的,则应重新考虑控制方案,服从于工艺要求。

在副回路的设计中,若出现几个可供选择的方案时,应把经济原则和控制品质要求有机地结合起来,能节省的就尽力节省。这就是说,在工艺合理、能满足工艺品质要求的前提下,应尽可能地采用简单的控制方案。

（3）操纵量（控制参数）的选择

在串级控制系统中,操纵量的选择原则与单回路控制系统基本相同,这里不再赘述。

（4）主、副控制器的选择

同单回路控制系统一样,控制器的选择包括控制器的选型(即控制作用或控制规律的选择)和正、反作用方式的选择两部分内容。

1）控制作用的选择

在串级控制系统中,由于主、副控制器承担的任务、生产工艺对主、副变量的控制要求不同,因而主、副控制器作用选择也就不同,一般来说有四种情况,见表 8.1。

表 8.1 不同情况下应选用的控制规律

序号	工艺对变量的要求		应选控制规律	
	主 变 量	副 变 量	主调节器	副调节器
1	重要指标,要求很高	要求不高,允许有余差	PID	P
2	主要指标,要求较高	主要指标,要求较高	PI	PI
3	要求不高,互相协调	要求不高,互相协调	P	P

2）正、反作用方式的选择

同单回路控制系统一样,正、反作用方式确定的基本原则是保证系统为负反馈。首先根据生产工艺安全等原则,选定控制阀的气开、气关类型;然后根据工艺条件和控制阀的形式决定副控制器的正、反作用方式;最后再根据主、副参数的关系,决定主控制器的正、反作用方式。

在单回路控制系统中,控制器正、反作用方式的选择可用"乘积为负"判别式来进行。这一判别式同样适用于串级控制系统副控制器的选择,即

$$（副控制器 ±）（控制阀 ±）（副对象 ±）=（-）$$

对于主控制器正、反作用的选择,其判别式为:

$$（主控制器 ±）（副对象 ±）（主对象 ±）=（-）$$

因此,当主、副变量同向变化时,主控制器应选反作用方式;当主、副变量反向变化时,则应选正作用方式。

8.1.5　串级控制系统的参数整定

在串级控制系统中,主、副控制器串联工作,其中任一个控制器的任一参数值发生变化时,对整个串级控制系统都具有影响。因此,串级控制系统控制器的参数整定工作要比单回路控制系统要复杂一些。

从主回路来看,串级控制系统是一个定值控制系统,因而其控制品质指标和单回路定值控制系统是一样的;从副回路来看,它是一个随动控制系统,对它的控制品质要求是能准确、快速地随主控制器的输出而变化。由于两个控制回路完成的任务侧重点不同,因此,必须根据各自完成的任务和控制品质要求,确定主、副回路控制器的参数。这是串级控制系统整定之前必须注意的问题。

串级控制系统参数整定的方法有逐步逼近法、两步法和一步法。

1)逐步逼近法

所谓逐步逼近法,这是一种依次整定副环、主环,然后循环进行且逐步接近主、副控制器最佳参数的一种方法。此法费时较多,特别是副控制器也采用 PI 作用时更是如此。因此,工程实践中采用越来越少了。

2)两步整定法

所谓两步整定法,就是让系统处于串级工作状态,第一步按单回路控制系统整定副控制器参数,第二步把已经整定好的副回路视为串级控制系统的一个环节,仍按单回路对主控制器进行一次参数整定。

一个设计合理的串级控制系统,它的主、副对象的时间常数有适当的匹配关系,一般 T_{01}/ T_{02} 为 3～10。这样,主、副回路的工作频率和操作周期就不相同。主回路的工作周期远大于副回路的工作周期,从而使主、副回路间的动态联系较小,甚至可以忽略。因此,当副控制器参数整定好之后,视其为主回路的一个环节,按单回路控制系统的方法整定主控制器参数,而不再考虑主控制器参数变化对副回路的影响。另外,在一般工业生产中,工艺上对主变量的控制要求很高、很严,而对副变量的控制要求较低。也就是说,在多数情况下,副变量设置的目的是为了进一步地提高主变量的控制品质。因此,当副控制器参数整定好之后再去整定主控制器参数时,虽然会影响副变量的控制品质,但是,只要主变量控制品质得到保证,副变量的控制品质差一点也是可以接受的。

两步法的整定步骤如下:

①在生产工艺稳定,系统处于串级运行状态,主、副控制器均为比例作用的条件下,先将主

控制器的比例度置于 100% 刻度上,然后由大而小逐渐降低副控制器的比例度,求取副回路满足 4:1 过程的比例度 δ_{2s}、过程曲线的振荡周期 T_{2s}。

②在副控制器的比例度等于 δ_{2s} 的条件下,逐步降低主控制器的比例度,同样求取 4:1 过程中的比例度 δ_{1s}、振荡周期 T_{1s}。

③按已求得的 δ_{1s}、T_{1s} 和 δ_{2s}、T_{2s} 值,结合控制器的选型,按单回路控制系统衰减曲线法整定参数的经验公式,计算出主、副控制器的整定参数值。

④按照"先副后主""先 P 次 I 后 D"的顺序,将计算出的参数值设置到控制器上,作一些扰动试验,观察过渡过程曲线,作适当的参数调整,直到控制品质最佳。

用此法整定的参数,其结果比较准确,因而在工程上获得了广泛的应用。

3)一步整定法

所谓一步整定法,就是根据经验先确定副控制器的整定参数,并将其放置好,然后按单回路控制系统控制器的整定方法,对主控制器的参数进行整定。

一步整定法的依据是:在被控对象特性一定的情况下,为了得到同样的递减比过程,主、副控制器的放大系数可以在一定范围内任意匹配,即 $K_{c1}K_{c2} = K_s$(常数),而控制品质基本相同。这样,就可以依据经验,先将副控制器的参数确定一个数值,然后按一般单回路控制系统控制器的整定方法整定其主控制器的参数。虽然按经验一次放上的副控制器参数大小不一定很合适,但可通过调整主控制器的放大系数而得到补偿,使主变量最终获得 4:1 过程。实践和理论分析均证明了这一点。

一步整定法的步骤如下:

①由表 8.2 选择一个合适的副控制器放大系数 K_{c2},按纯比例作用设置在副控制器上。

②将系统投入串级控制状态运行,然后按单回路控制系统参数整定方法整定主控制器的参数。观察控制过程,根据 K 值匹配原理,适当地调整参数,直到主变量的控制品质最佳。

③如果在整定过程中出现"共振",只需加大主、副控制器中任一比例度值就可以消除。如果共振太剧烈,可先换到手动,待生产稳定后,重新投运,重新整定。

表 8.2 参数匹配范围

副变量	放大系数 K_{02}	比例系数 δ_2(%)	副变量	放大系数 K_{02}	比例系数 δ_2(%)
温度	5~1.7	20~60	温度	2.5~1.25	40~80
压力	3~1.4	30~70	压力	5~1.25	20~80

8.1.6 串级控制系统设计实例

本节内容以 8.1.1 中的管式加热炉为例进行说明,由于对象内部燃料油要经历传输、燃烧、传热等一系列环节,具有较大的容量滞后,控制通道时间常数大,采用单回路控制往往会出现较大的动态偏差,很难达到好的控制效果,为提高系统对负荷变化较大或其他扰动比较剧烈时的控制质量,常将串级控制方法应用到系统控制中。

原料油在加热管中从入口到原料出口过程中被加热到指定的温度。该系统从燃料油燃烧到原料油出口温度有三个容量环节:炉膛、管壁和被加热的原料。系统的基本扰动来自三个方面:一是原料侧的扰动及负荷扰动;二是燃烧侧的扰动,诸如燃油压力、配风量等;三是炉膛结构的变化,如长期燃烧的积炭,燃油喷嘴的堵塞。

由于该系统容量滞后较大,如采用以原料出口温度为被控量的单回路控制系统,当燃料侧扰动产生时,调节器不能立即反应,直至经过较大的容量滞后反映到原料发生改变时,系统控制作用才开始反应,但为时已晚。对于负荷侧的扰动,虽然反应较早,控制器的动作必须经过较大容量滞后才能开始对输出的改变进行调整,这样反应慢、调整慢,控制系统的品质不可能提高。本节中提出一种有别于 8.1.1 中的流量-温度串级控制的方案,以炉膛温度作为副变量,构成一个如图 8.18 所示的温度-温度串级控制系统,系统的原理框图如图 8.19 所示。此控制方案的副回路不仅包含了燃料油流量的干扰,而且还考虑了炉膛结构变化(积炭)等干扰的影响。

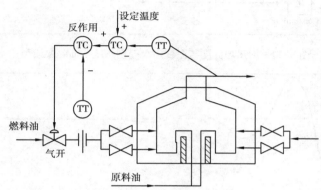

图 8.18　加热炉温度与温度串级控制系统

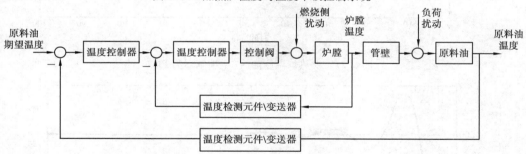

图 8.19　加热炉温度与温度串级控制系统

串级控制系统中主、副对象的传递函数 W_{01} 和 W_{02} 分别为:

$$W_{01} = \frac{1}{(30s+1)(3s+1)}, W_{02} = \frac{1}{(10s+1)(s+1)^2}$$

主、副控制器分别采用 PI 和 P 控制律,其传递函数分别为:

$$W_{c1} = K_{c1}\left(1 + \frac{1}{T_{i1}}s\right), W_{c2} = K_{c2}$$

采用传递函数描述的串级控制时,系统的 Simulink 模型如图 8.20 所示。

采用"一步法"整定控制器参数,首先设置副控制器比例度 $\delta_{c2} = 20\%$,$K_{c2} = 5$,经调试主控制器满足 4∶1 的 $K_{c1} = 10$;比例度 $\delta_{c1} = 10\%$,衰减振荡周期 $T_s = 20$ s;

采用 PI 控制律,$K_{c1} = 1/1.2\delta_{c1}$,$T_{i1} = 0.5T_s$。控制效果如图 8.21 所示。

若主控制器采用 PID 控制律,$K_{c1} = 1/0.8\delta_{c1}$,$T_{i1} = 0.3T_s$,$T_{d1} = 0.1T_s$。控制效果如图 8.22 所示。

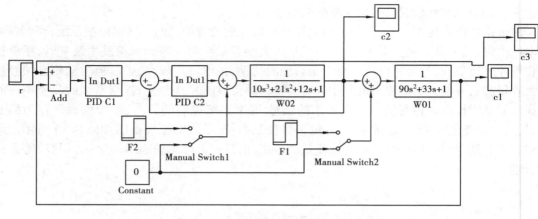

图 8.20　加热炉温度与温度串级控制系统 Simulink 模型

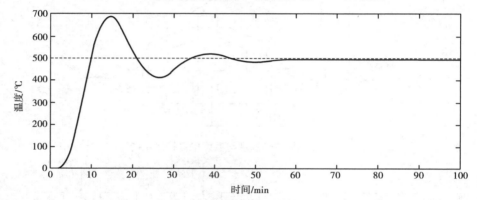

图 8.21　加热炉温度曲线(主控制器为 PI)

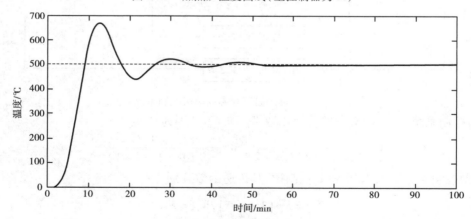

图 8.22　加热炉温度曲线(主控制器为 PID)

8.2　前馈控制系统

前面讨论的控制系统方案都是按偏差大小进行控制的反馈控制系统。反馈控制方案的本身决定了无法将干扰克服在被控量偏离设定值之前,从而限制了这种控制方案控制品质的进一步提高。如果当干扰一出现,控制器就直接根据测量到的干扰大小和方向,按一定的规律去进行控制。由于干扰发生后,在被控量还未显示出变化之前,控制器就产生了控制作用,这在理论上可以把偏差彻底消除。按照这种理论而构成的控制系统,称为前馈控制系统。

8.2.1　前馈控制原理

（1）前馈控制原理

以图 8.23 所示的换热器前馈控制系统为例。图中虚线部分表示反馈控制系统,以便于相互比较。

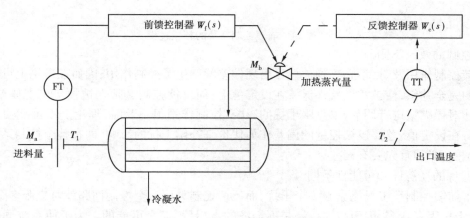

图 8.23　热交换器前馈控制系统

假定换热器的进料量 M_a 的变化是影响被控量出口温度 T_2 的主要扰动。在不加控制作用时,出口温度 T_2 的阶跃响应如图 8.24 中的曲线 a 所示。在前馈控制情况下,前馈控制器在测得进料量 M_a 的阶跃变化信号后,按照一定的动态过程去改变加热蒸汽量 M_b,使这一校正作用引起 T_2 的变化恰好同进料量 M_a 对 T_2 的阶跃响应曲线的幅值相等,而符号相反,如图 8.24 中的曲线 b 所示。这样便实现了对扰动 M_a 的完全补偿,从而使被控量 T_2 与扰动量 M_a 完全无关,成为一个被控量 T_2 对扰动量绝对不灵敏的系统。因此,前馈控制系统就是基于不变性原理组成的自动控制系统。

（2）前馈控制的特点

前馈控制系统与反馈控制系统相比有很大的差别,这些差别体现了前馈控制系统的特点。前馈控制的特点如下:

1）产生控制作用的依据不同

前馈控制系统检测的信号是干扰,按干扰的大小和方向产生相应的控制作用;而反馈控制系统检测的信号是被控量,按照被控量与设定值的偏差大小和方向产生相应的控制作用。

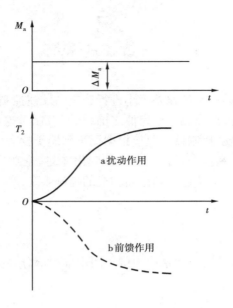

图 8.24　前馈控制系统的补偿过程

2）控制的效果不同

前馈控制作用及时,不必等到被控量出现偏差就产生了控制作用,因而在理论上可以实现对干扰的完全补偿,使被控量始终保持在设定值上;而反馈控制必须在被控量出现偏差之后,控制器才对操纵量进行调节,以克服干扰的影响,控制作用很不及时,理论上不可能使被控量始终保持在设定值,总要以被控量的偏差作为代价来补偿干扰的影响,即在整个控制系统中要做到无偏差,必须首先要有偏差。

3）实现的经济性和可能性不同

一个前馈控制系统只能克服一个干扰,而反馈控制只用一个控制回路就可克服多个干扰。事实上,干扰因素众多,因而前馈控制是不经济的,也是不完全可能的。为了使系统同时具有克服多个干扰影响的能力,前馈控制系统常与反馈控制结合起来,构成所谓的前馈-反馈控制系统。

4）前馈控制是开环控制系统

开环控制系统不存在稳定性问题,而反馈控制系统是闭环控制,则必须考虑它的稳定性问题。稳定性与控制精度又是互相矛盾的,因而限制了控制精度的进一步提高。

5）前馈控制器不同

前馈控制使用的是视对象特性而定的"专用控制器",一般的反馈控制系统均采用通用类型的 PID 控制器,而前馈控制要用专用的前馈控制器（或前馈补偿装置）。以图 8.25 所示的换热器前馈控制系统方框图为例,分析说明这一特点。图中 $W_0(s)$ 为控制通道的传递函数,$W_D(s)$ 为干扰通道的传递函数,$W_f(s)$ 为前馈控制器的传递函数。

系统的传递函数为:

$$\frac{T_2(s)}{M_a(s)} = W_D(s) + W_f(s)W_0(s) \tag{8.27}$$

系统对于干扰 M_a 实现完全补偿的条件是:

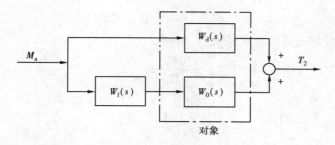

图 8.25 换热器前馈控制系统框图

$$M_a \neq 0 \ , 而 \ T_2(s) = 0$$

即
$$W_D(s) + W_f(s)W_0(s) = 0 \tag{8.28}$$

将式(8.28)代入式(8.27),可得出前馈控制器的传递函数 $W_f(s)$ 为:

$$W_f(s) = -\frac{W_D(s)}{W_0(s)} \tag{8.29}$$

由式(8.29)可知,理想前馈控制器的控制作用是干扰通道的传递函数与控制通道传递函数之比,式中负号表示前馈控制作用的方向与干扰作用的方向相反。显然,要得到完全补偿,不确切知道通道的特性是不行的。而且,对于不同的通道特性就有相应的前馈控制作用。

8.2.2 前馈控制系统的结构形式

(1)静态前馈控制

所谓静态前馈控制,是指前馈控制器的输出信号仅仅是输入(干扰)信号 d 大小的函数,而与时间因子 t 无关。因此,前馈控制作用可简化为:

$$m_f = f(d) \tag{8.30}$$

通常将上式的关系近似地表示为线性关系,则前馈控制器就仅考虑其静态放大系数作为校正的依据,即

$$W_f(s) = -K_f = -\frac{K_d}{K_0} \tag{8.31}$$

式中,K_d、K_0 分别为干扰通道和控制通道的放大系数。一般 K_f 可以用实验方法测得。如果有条件列写对象有关系数的静态方程,则 K_f 可以通过计算来确定。

例如,图 8.23 所示的换热器温度控制系统,当进入换热器的物料量 M_a 为主要干扰时,为了实现静态前馈补偿,可按热量平衡关系列写出静态前馈控制方程。假如忽略换热器的散热损失,其热量平衡关系为:

$$M_b H_b = M_a C_p(T_2 - T_1) \tag{8.32}$$

式中:T_1、T_2——被加热物料入、出口温度;

$\quad M_a$、C_p——被加热物料量及定压比热;

$\quad M_b$、H_b——加热蒸汽量、蒸汽汽化潜热。

由式(8.32)可得出静态前馈控制方程式为:

$$M_b = M_a \frac{C_p}{H_b}(T_2 - T_1) \tag{8.33}$$

或
$$T_2 = T_1 + \frac{M_b H_b}{M_a C_p} \tag{8.34}$$

当 T_1 不变时,控制通道的放大系数为:
$$K_0 = \frac{dT_2}{dM_b} = \frac{H_b}{M_a C_p} \tag{8.35}$$

干扰通道的放大系数为:
$$K_d = \frac{dT_2}{dM_a} = -\frac{M_b H_b}{C_p} M_a^{-2} = -\frac{M_b H_b}{C_p M_a} \frac{1}{M_a} = -\frac{(T_2 - T_1)}{M_a} \tag{8.36}$$

因此
$$-K_f = -\frac{K_d}{K_D} = \frac{C_p(T_2 - T_1)}{H_b} \tag{8.37}$$

这样,按式(8.37)所构成的换热器静态前馈控制原理流程如图8.25所示。

静态前馈因不含时间因子,比较简单,在一般情况下,不需要专用的补偿装置,单元组合仪表便可满足使用要求。事实证明,在不少场合下,特别是 $W_d(s)$ 和 $W_0(s)$ 滞后相位差不大时,应用静态前馈控制方法仍可获得较高的控制精度。

(2)动态前馈控制

所谓动态前馈控制,是指通过选择合适的前馈控制作用,使干扰经过前馈控制器至被控量通道的动态特性完全复制对象干扰通道的动态特性,并使它们的符号相反,便可达到控制作用完全补偿干扰对被控量的影响,从而使系统不仅保证了静态偏差等于或接近于零,而且也保证了动态偏差等于或接近于零。

动态前馈控制通常与静态前馈控制结合在一起使用,以进一步提高控制过程的动态品质。例如,在图8.26的换热器静态前馈控制系统的基础上,再考虑对进料量 M_a 进行动态补偿,则相应的动态前馈控制系统如图8.27所示。

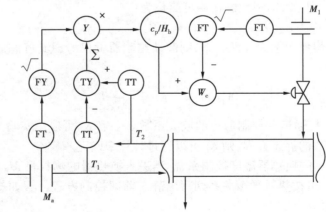

图8.26 按静态方程的静态前馈控制原理流程

图中 K 为静态前馈与动态前馈的切换开关。应用不变性原理,同样可求得动态前馈控制器的传递函数为:
$$W_f(s) = -\frac{W_d(s)}{W_0(s)}$$

式中:$W_d(s)$——进料量 M_a 对出口温度 T_2 的传递函数;
$\qquad W_0(s)$——蒸汽量 M_b 对出口温度 T_2 的传递函数。

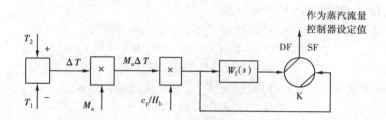

图 8.27　换热器动态前馈控制原理方案

显然,当对象的控制通道与干扰通道的传递函数完全相同时,则动态前馈补偿器的补偿作用即为一个静态增益了。也就是说,静态前馈是动态前馈的一种特殊情况。

动态前馈控制系统的结构比较复杂,系统的运行和参数整定过程也较复杂,需要一套专用的补偿装置。所以,当生产工艺对控制品质要求很高时,才使用动态前馈控制方案。

(3)前馈-反馈控制

虽然前馈控制方案是减少被控量动态偏差最有效的方法,但也有其局限性。首先表现在前馈控制是开环控制,不存在对被控量的反馈,即对于补偿效果没有检验的手段。因而,当前馈控制作用并没有最后消除偏差时,系统无法得知这一信息而将作进一步的校正。其次,由于实际的工业对象存在着多个干扰,为了补偿各个干扰对被控量的影响,势必要设计多个前馈通道,显然增加了投资费用和维护工作量。此外,前馈控制模型的精度也受到多种因素的限制,对象特性要受负荷和工况变化等因素的影响而产生漂移,必将导致 $W_d(s)$ 和 $W_0(s)$ 的变化,因此,一个事先固定的前馈模型难以获得良好的控制质量。为了克服其局限性,办法之一是将前馈控制与反馈控制结合起来,构成前馈-反馈控制系统,或称复合控制系统。在该系统中,对那些反馈控制不易克服的主要干扰进行前馈控制,而对其他的干扰进行反馈控制。这样,既发挥了前馈校正作用及时的优点,又保持了反馈控制能克服多个干扰并对被控量始终给予检验的长处。因此,它是一种极有发展前途的控制方案。

在此仍以换热器为被控对象,当进料量 M_a 是主要干扰时,前馈-反馈控制系统如图 8.28所示。

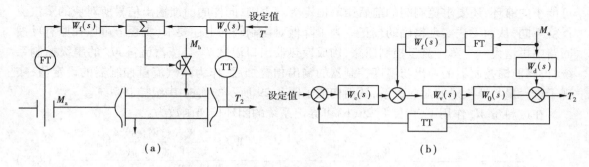

图 8.28　换热器前馈-反馈控制系统

当换热器的负荷 M_a 发生变化时,前馈控制器首先获得这一信息后,即按一定的控制作用改变加热蒸汽量 M_b,以补偿 M_a 变化对出口温度 T_2 的影响。同时,对于前馈未能完全消除的偏差,以及未被引入前馈的物料进口温度、蒸汽压力等干扰引起 T_2 的变化,则在温度控制器获得 T_2 变化的信息后,按照 PID 作用对加热蒸汽量 M_b 产生校正作用。这样,两个通道的校正作用相叠加,必将使 T_2 尽快地回复到设定值。

由图 8.28(b)可知,干扰 M_a 对被控量 T_2 的闭环传递函数为:

$$\frac{T_2(s)}{M_a(s)} = \frac{W_d(s)}{1 + W_c(s)W_0(s)} + \frac{W_f(s)W_0(s)}{1 + W_c(s)W_0(s)} \tag{8.38}$$

系统在负荷干扰 M_a 作用下,对被控量 T_2 完全补偿的条件是:

$$M_a(s) \neq 0 \quad 而 \quad T_2(s) = 0$$

因此,式(8.38)中的分子必有:

$$W_d(s) + W_f(s)W_0(s) = 0$$

即

$$W_f(s) = -\frac{W_d(s)}{W_0(s)} \tag{8.39}$$

由式(8.39)可知,从实现对主要干扰完全补偿的条件看,无论是采用单纯的前馈控制方案,还是采用前馈-反馈控制方案,其前馈控制器的特性不会因为增加了反馈而改变。应当指出,当前馈与反馈控制相结合时,由于前馈控制器的特性是由控制通道的特性 $W_0(s)$ 和干扰通道的特性 $W_d(s)$ 共同决定的,因而前馈控制器的输出信号加入点的位置不能任意改变。例如,对于图 8.28(b)所示的方框图,若将前馈控制器的输出信号改接到反馈控制器 $W_c(s)$ 的输入端,则可由实现全补偿的条件推得,前馈控制器的传递函数为:

$$W_f(s) = \frac{W_d(s)}{W_c(s)W_0(s)} \tag{8.40}$$

这时,前馈控制器的传递函数不仅与对象传递函数有关,而且与反馈控制器的特性也有关。因此,在实际设计和安装时应特别注意。一般在选用前馈-反馈控制方案时,力求使前馈控制器的模型尽量地简单,以便于工程实施。

(4)前馈-串级控制

由图 8.28 所示的换热器前馈-反馈控制系统可知,前馈控制器的输出信号与反馈控制器的输出信号相叠加后,直接作用在控制阀上。这实际上是将所要求的进料量 M_a 与所需加热蒸汽量 M_b 的对应关系转化为物料量与控制阀膜头压力之间的对应关系。因此,为了保证前馈控制的精度,对控制阀的性能就提出了比较严格的要求。例如,希望它灵敏、线性和具有尽可能小的滞环,还要求控制阀的前后压差恒定等。否则,同样的前馈输出信号所对应的蒸汽流量就不同,从而无法实现精确的校正。为了降低对控制阀的上述要求,工程上可以在原有反馈回路中再增设一个蒸汽流量控制回路,构成换热器出口温度 T_2 与蒸汽流量 M_b 的串级控制系统,再将前馈控制器的输出与温度控制器的输出相叠加后,作为蒸汽流量控制器的设定值,实现了进料量与蒸汽量的对应关系,从而构成了图 8.29 所示的前馈-串级控制系统。

在进料量 M_a 作用下,由图 8.29(b)可导出系统的闭环传递函数为:

$$\frac{T_2(s)}{M_a(s)} = \frac{W_d(s)}{1 + \dfrac{W_{02}(s)W_{c2}(s)}{1 + W_{02}(s)W_{c2}(s)}W_{01}(s)W_{c1}(s)} + \frac{W_f(s)\dfrac{W_{c2}(s)W_{02}(s)}{1 + W_{c2}(s)W_{02}(s)}W_{01}(s)}{1 + \dfrac{W_{c2}(s)W_{02}(s)}{1 + W_{02}(s)W_{c2}(s)}W_{01}(s)W_{c1}(s)} \tag{8.41}$$

因在串级控制系统中,当副回路的工作频率高于主回路的工作频率近 10 倍时,即副回路等效时间常数比主回路的时间常数约小 9/10,那么,副回路的传递函数可近似表示为:

$$\frac{W_{02}(s)W_{c2}(s)}{1 + W_{02}(s)W_{c2}(s)} \approx 1 \tag{8.42}$$

194

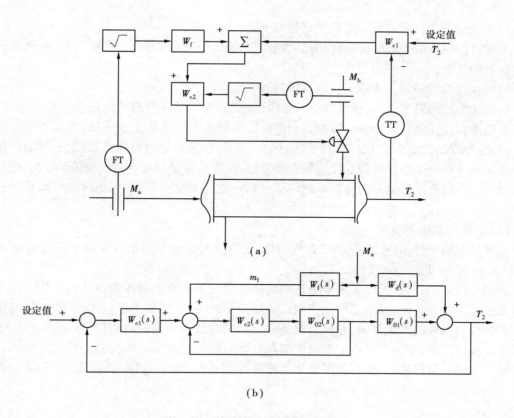

图 8.29　换热器前馈-串级控制系统

将式(8.42)代入式(8.41),并利用全补偿条件:$M_a(s) \neq 0$　而　$T_2(s) = 0$,可导出前馈控制器的传递函数为:

$$W_f(s) = -\frac{W_d(s)}{W_{01}(s)}$$

正由于前馈-串级控制系统具有上述的优点,因而在实际过程中获得了广泛的应用。

8.2.3　前馈控制系统的设计

(1)采用前馈控制系统的前提条件
在下列情况下选用前馈控制方案,它的长处才能得到充分地发挥,才是必要的。

1)系统中的干扰是可测不可控的

如果需要前馈的干扰是不可测的,就得不到干扰信号的数值大小,前馈控制也就无法实现。例如,不少物料的化学成分或物性至今尚是较难测的参数。假若干扰是可控的,则可以设置独立的反馈控制系统予以克服,也就无须设置比较复杂的系统进行前馈控制了。

2)干扰的变化幅值大、频率高

干扰变化幅值越大,对被控量的影响越大,偏差也越大,这时用按干扰的前馈控制显然比反馈控制有利。由于高频干扰对被控量的影响十分显著,尤其是对于滞后较小的流量对象,会使系统产生持续的振荡现象。此时,若采用前馈控制,则该干扰可得到同步的前馈补偿,因而可获得较满意的控制品质。

3）在系统中存在着对被控量影响显著的干扰

工艺对控制质量要求又高,单纯的反馈控制系统难于满足要求时,可通过前馈控制来改进反馈控制的品质。

4）控制通道的滞后太大或干扰通道的时间常数太小

对于加热炉的温度控制、精馏塔的产品质量控制、化学反应器的产品质量控制等,它们的控制通道滞后往往比较大,此时,可考虑采用前馈控制来克服某些主要干扰;而高效能的锅炉产生的蒸汽流量很大,但汽包体积却不大,因此,蒸汽-水位通道的时间常数很小,而锅炉在蒸汽负荷发生变动时还会出现假水位现象,单纯的水位反馈控制就可能会出现错误控制,这是十分危险的。若将蒸汽流量作为前馈控制信号加到液位反馈控制系统中,则将获得满意的控制效果。

（2）前馈控制器的模型

前面按照不变性条件,求得了前馈或前馈-反馈控制系统中前馈控制器的传递函数表达式,即 $W_f(s) = -W_d(s)/W_0(s)$。

要想获得完全补偿,显然必须十分精确地知道对象干扰通道和控制通道的特性。由于工业对象的特性极为复杂,导致了前馈控制器的模型形式颇多,但从工程应用的观点看,特别是应用常规仪表组成的控制系统,总是力求使得控制仪表具有一定的通用性,以利于设计、运行和维护。实践证明,相当数量的工业对象都具有非周期与过阻尼特性,因此,往往可以用一个一阶或二阶的容量滞后,必要时再串联一个纯滞后环节来近似。这样,就为前馈控制器的模型具有通用性创造了条件。假定控制通道的特性为:

$$W_0(s) = \frac{K_1}{T_1 s + 1} e^{-\tau_1 s}$$

干扰通道的特性为:

$$W_d(s) = \frac{K_2}{T_2 s + 1} e^{-\tau_2 s}$$

则前馈控制器的模型可归结为如下形式:

$$W_f(s) = -\frac{W_d(s)}{W_0(s)} = \frac{\dfrac{K_2}{T_2 s + 1} e^{-\tau_2 s}}{\dfrac{K_1}{T_1 s + 1} e^{-\tau_1 s}} = -\frac{K_2}{K_1} \frac{T_1 s + 1}{T_2 s + 1} e^{-(\tau_2 - \tau_1)s} = -K_f \frac{T_1 s + 1}{T_2 s + 1} e^{-\tau s} \quad (8.43)$$

当 $\tau_2 = \tau_1$ 时,上式可写成:

$$W_f(s) = -K_f \frac{T_1 s + 1}{T_2 s + 1} \quad (8.44)$$

在式(8.44)中,若 $T_1 = T_2$,则可写成:

$$W_f(s) = -K_f \quad (8.45)$$

由上可见,目前常用的前馈控制器有"K_f""$K_f \dfrac{T_1 s + 1}{T_2 s + 1}$""$K_f \dfrac{T_1 s + 1}{T_2 s + 1} e^{-\tau s}$"型三种。

1）"K_f"型前馈控制器

这种模型具有比例特性,实施起来比较容易,用比例控制器或比值器等常规仪表就可实现。K_f 可通过现场进行整定。当控制通道的时间常数与干扰通道的时间常数近似相等时,例如其比值在 1.3 ~ 0.7 之间时,采用这种静态前馈控制,其控制质量将有很大的改善,因而可不必考虑采用动态前馈控制方案了。

2）"$K_f \dfrac{T_1 s + 1}{T_2 s + 1}$"型前馈控制器

这就是所谓的一阶"超前-滞后"前馈控制器。当不考虑 K_f 时,在单位阶跃作用下的时间响应可表示为:

$$m_f(t) = 1 - \frac{T_2 - T_1}{T_2} e^{-t/T_2} = 1 + \left(\frac{1}{\alpha} - 1\right) e^{-t/\alpha T_1} \tag{8.46}$$

式中,$\alpha = T_2 / T_1$。当 $\alpha > 1$ 和 $\alpha < 1$ 时,相应的单位阶跃响应曲线如图 8.30 所示。当 $\alpha > 1$ 时,前馈补偿带有滞后性质,因此,适用于对象控制通道的滞后小于干扰通道滞后的场合;而当 $\alpha < 1$ 时,前馈补偿带有超前性质,因此,适用于控制通道滞后大于干扰通道的场合。

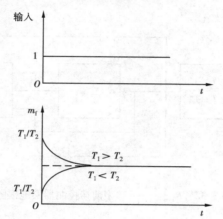

图 8.30　$\dfrac{T_1 s + 1}{T_2 s + 1}$ 型前馈控制器单位阶跃响应曲线

这种前馈模型可用一个正、反微分器及比值器串联组合来实现,如图 8.31 所示。在 DDZ-Ⅲ型仪表和组装仪表,已有这种模型的前馈控制器产品,这就为前馈控制的广泛应用,特别是为实现前馈-反馈控制提供了方便的条件。

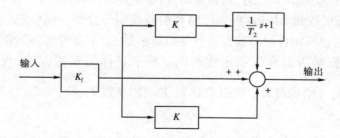

图 8.31　$K_f \dfrac{T_1 s + 1}{T_2 s + 1}$ 型前馈控制器实施框图

3）"$K_f \dfrac{T_1 s + 1}{T_2 s + 1} e^{-\tau s}$"型前馈控制器

这就是所谓的具有纯滞后的超前-滞后前馈控制器。显然,它的特性实际上就是上述两种特性与一个纯滞后特性的串联形式。

因为
$$e^{-\tau s} = \frac{1 - \dfrac{\tau}{2}s + \dfrac{\tau}{12}s^2 - \cdots}{1 + \dfrac{\tau}{2}s + \dfrac{\tau}{12}s^2 + \cdots}$$

由于工业过程具有低通滤波性,可以略去高次项,取一阶来近似,则有:

$$e^{-\tau s} = \frac{1 - \dfrac{\tau}{2}s}{1 + \dfrac{\tau}{2}s} = \frac{2}{1 + \dfrac{\tau}{2}s} - 1 = \frac{2}{1 + Ts} - 1 \tag{8.47}$$

式中,$T = \tau/2$。

这样,具有纯滞后的一阶超前-滞后前馈控制器模型实施框图如图 8.32 所示。图中虚线框部分即用来实现 $e^{-\tau s}$ 特性的。

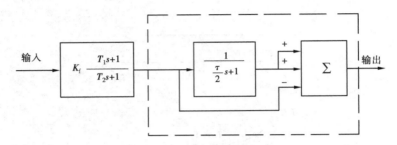

图 8.32 $K_f \dfrac{T_1 s + 1}{T_2 s + 1} e^{-\tau s}$ 型前馈控制器实施框图

当用计算机进行控制时,前馈控制器的模型和其他控制算法一样,是用软件来实现的。可将式(8.43)的传递函数转化为微分方程,离散化转换成相应的差分方程。

8.2.4 前馈控制系统的工程整定

前馈-反馈控制系统的投运有两种方法。其一,前馈和反馈回路分别投运,整定后再组合起来;其二,将反馈控制部分先投运,待整定后,再逐渐加入前馈作用。

在整定前馈-反馈控制系统时,反馈回路和前馈控制部分要分别整定。也就是说,当整定反馈回路时,只考虑反馈闭合回路具有适当的稳定裕量,而不要考虑前馈部分;当整定前馈装置时,不考虑反馈控制所引起的稳定性问题。对于具体的整定方法,现以常用前馈装置 "$K_f \dfrac{T_1 s + 1}{T_2 s + 1}$" 型为例,介绍如何确定静态参数 K_f 和动态参数 T_1、T_2。

(1) K_f 的整定

静态参数 K_f 是前馈模型中最基本的参数,它对前馈控制系统的运行状态影响很大,首先应将它整定好。其整定方法主要有开环整定和闭环整定。

1)开环整定法

所谓开环整定,是在系统作单纯的静态前馈运行下施加干扰,K_f 值由小逐步增大,直到被控量回到设定值,此时,所对应的 K_f 值便视为最佳整定值。在进行整定时,应力求工况稳定,以减小其他扰动对被控量的影响,否则,K_f 的整定值将有较大的误差。另外,由于系统是处于单纯前馈运行状态,在整定过程中被控量失去反馈控制。为了避免由于 K_f 过大而导致被控量产生太大的偏差、影响生产甚至发生事故,因此,K_f 值应由小逐步增大。由于这种方法容易影响生产的正常进行,因而在实际生产过程中应用越来越少了。

2)闭环整定法

设待整定的系统原理框图如图 8.33 所示。可以让系统处于前馈-反馈运行状态整定 K_f,也可让系统处于反馈运行状态对 K_f 进行整定。

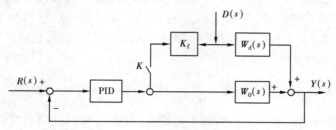

图 8.33　K_f 闭环整定法系统框图

①前馈-反馈运行状态整定 K_f

闭合图中开关 K,使系统处于前馈-反馈运行状态。在反馈控制已整定好的基础上,施加相同的干扰作用,由小而大地逐步改变 K_f 值,直到获得满意的补偿过程。

K_f 值对补偿过程的影响如图 8.34 所示。图 8.34(b)中曲线为 K_f 值刚好适当。若比此时的 K_f 值小,将造成欠补偿,如图 8.34(a)中曲线;若 K_f 值过大,则将造成过补偿,如图 8.34(c)中曲线。

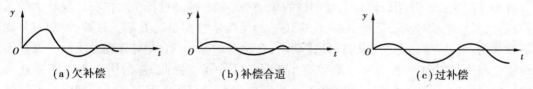

(a)欠补偿　　　　　　　(b)补偿合适　　　　　　　(c)过补偿

图 8.34　K_f 值对补偿过程的影响

②反馈运行状态整定 K_f

打开图中开关 K,使系统处于反馈运行状态。待系统运行稳定后,记下干扰量变送器的输出电流 I_{d0} 和反馈控制器的输出稳定值 I_{c0}。然后,对干扰 d 施加一增量 Δd,待反馈控制系统在 Δd 作用下,被控量重新回到设定值时,重新记下干扰量变送器的输出 I_d 及反馈控制器的输出 I_c,则前馈控制器的静态放大系数 K_f 为:

$$K_f = \frac{I_c - I_{c0}}{I_d - I_{d0}} \tag{8.48}$$

式(8.48)的物理含义是十分明显的。当干扰量为 Δd 时,由反馈控制器产生的校正作用改变了($I_c - I_{co}$),才能使被控量回到设定值,如果用前馈控制器来校正,那么 K_f 值也必须满足这一关系式。

需要指出,使用这种方法整定 K_f 时,反馈控制器应具有积分作用。否则,在干扰作用下,无法消除被控量的静差。同时,要求工况稳定,尽量地减少其他干扰的影响。

(2) T_1、T_2 的整定

前馈控制器动态参数的整定要比静态参数的整定要复杂得多。至今还没有总结出完整的工程方法,仍停留在经验或定性分析阶段。这里仅作原则性的介绍。

动态参数决定了动态补偿的程度。当 $T_1 > T_2$ 时,前馈控制器在动态补偿过程中起超前作用;当 $T_1 < T_2$ 时,起滞后作用;当 $T_1 = T_2$ 时只有静态前馈作用。因此,常将 T_1 称为超前时间,T_2 称为滞后时间。根据校正作用在时间上是超前或滞后,便可以决定 T_1、T_2 的数值。当 T_1 过大(或 T_2 过小)时,由于过补偿而使过渡过程曲线反向超调过高,因此,从生产安全角度出发,前馈控制器的动态参数整定应从欠补偿开始,按照过渡过程曲线变化的趋势,逐次试凑逼近。也可在初次试验时,取 $T_1/T_2 = 2$(超前)或 $T_1/T_2 = 0.5$(滞后)的数值进行,施加干扰观察补偿过程。首先调整 T_1 或 T_2,使补偿过程曲线达到上、下偏差面积相等,然后再调整 T_1 与 T_2 的比值,直到获得平坦的补偿过程曲线为止。

8.2.5　前馈控制系统设计和仿真

大型汽包锅炉是火力发电机组的重要生产设备,具有给水内扰动态特性延迟和惯性大的特点,且无自平衡能力。锅炉的汽包水位能够间接反映锅炉蒸汽负荷与给水量之间的平衡关系,维持汽包水位正常是保证锅炉和汽轮机安全运行的必要条件。汽包水位 H 是汽包中储水量和水面下汽包容积的综合反映,不仅受汽包储水量变化的影响,还受汽水混合物中汽包容积变化的影响。其中主要的扰动为给水流量 W、锅炉蒸发量 D、汽包压力、炉膛热负荷等,其对水位的影响各不相同。其中给水流量和蒸汽流量是影响汽包水位的两种主要扰动,前者来自调节侧,称为内扰;后者来自负荷侧,称为外扰。具体工作原理参见本书 14.1 节。

(1)串级三冲量给水控制方案

给水控制系统若采用以水位为被调量的单回路系统,控制过程中水位将出现较大的动态偏差,给水流量波动较大。因此,应考虑采用三冲量给水控制系统方案。另外,控制对象在蒸汽负荷扰动(外扰)时,存在"虚假水位"现象,在扰动的初始阶段,调节器将使给水流量向与负荷变化相反的方向变化,加剧了锅炉进出流量的不平衡。因此,应采用以蒸汽流量 D 为前馈信号的前馈控制,从而能够根据对象在外扰下虚假水位的严重程度来适当加强蒸汽流量信号的作用强度,以改善蒸汽负荷扰动下的水位控制品质。采用串级控制系统将具有更好的控制质量,调试整定也比较方便,故在大型汽包锅炉上可采用串级三冲量给水控制系统,如图 8.35所示。

控制系统由两个闭合回路及前馈调节部分组成。主回路由调节对象 $W_{HW}(s)$、水位变送器 Y_H、主调节器 PI_1 和副回路组成;副回路由给水流量 W、给水流量变送器 Y_W、给水流量信号分流系数 α_W、副调节器 P_2、执行器 K_2、调节工阀 K_v 组成;前馈部分由蒸汽流量信号 D、蒸汽流量变送器 Y_D、蒸汽流量信号分流系数 α_D 构成。给水控制的任务由两个调节器来完成,主调节器采用比例积分控制律,保证水位无静态偏差,其输出信号、给水流量信号和蒸汽流量信号都作用到副调节器。副调节器为保证副回路的快速性可采用比例调节器,能消除给水流量的自发扰动,当蒸汽负荷改变时迅速调节给水流量,保证给水流量和蒸汽流量的平衡。

根据串级三冲量给水控制系统的工作原理,与方框图对应的 SIMULINK 模型如图 8.35所示。

(2)控制系统的分析和整定

串级三冲量给水控制系统为前馈-串级控制系统,采用"闭环整定法"对控制器参数整定。

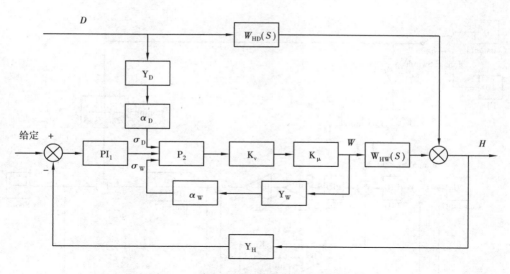

图 8.35 串级三冲量给水控制系统方框图

首先断开前馈控制器与串级控制系统的连接,对串级控制系统主、副控制器进行整定,然后对前馈控制器进行整定。

1)主、副回路的分析和整定

根据串级控制系统的分析整定方法,应将副回路处理为具有近似比例特性的快速随动系统,以使副回路具有快速消除内扰及快速跟踪蒸汽流量的能力。可采用串级控制系统控制器参数整定的"一步法"。首先设置副控制器比例度 $\delta_{c2} = 20\%$,$K_{c2} = 5$,经调试主控制器满足 4:1 的 $K_{c1} = 25$;比例度 $\delta_{c1} = 4\%$,衰减振荡周期 $T_s = 20$ s;采用 PID 控制律,$K_{c1} = 1/0.8\delta_{c1}$,$T_{i1} = 0.3T_s$,$T_{d1} = 0.1T_s$ 。

2)蒸汽流量前馈装置传递函数的选择

串级三冲量给水控制系统中的水位偏差完全由主调节器来校正,不要求送到副调节器的蒸汽流量信号等于给水流量信号。因此,前馈装置的传递函数选择将不受静态特性无差条件的限制,而可根据锅炉"虚假水位"的严重程度来确定。通常使蒸汽流量信号大于给水流量信号,从而改善负荷扰动时控制过程的质量。蒸汽流量信号不必过分加强。蒸汽负荷扰动 F1 时,水位最大偏差的数值决定于扰动的大小、速度和锅炉的特性,因此,蒸汽流量信号加强后对水位最大偏差的减小无多大作用,其意义在于减小控制过程中第一个波幅以后的水位波动幅度和缩短控制过程的时间,如图 8.36 所示。

(3)仿真效果

给水控制系统定值扰动仿真效果如图 8.37 所示,内扰仿真效果如图 8.38 所示,外扰仿真效果如图 8.39 所示。

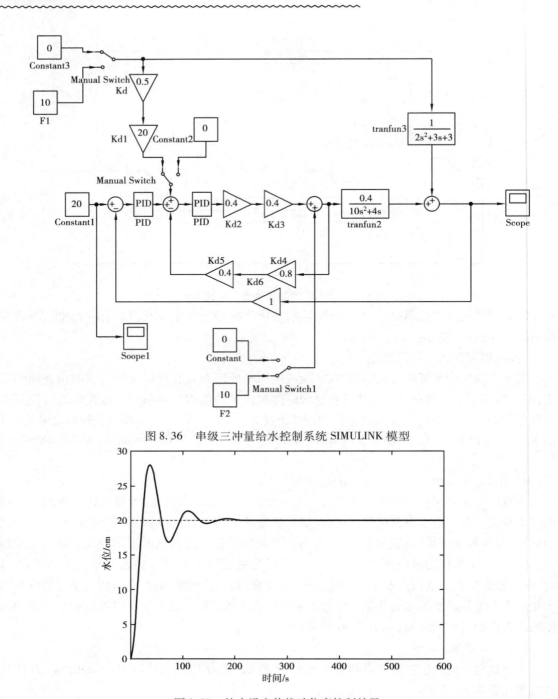

图 8.36 串级三冲量给水控制系统 SIMULINK 模型

图 8.37 给水设定值扰动仿真控制效果

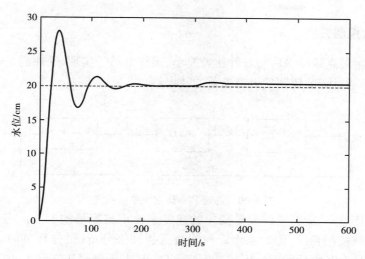

图 8.38　内扰下仿真控制效果(300 s 时,出现内扰 F2)

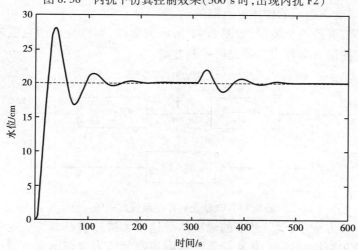

图 8.39　外扰下仿真控制效果(300 s 时,出现外扰 F1)

8.3　大纯滞后过程控制系统

　　具有大纯滞后工艺过程的自动控制一直是过程控制中最感棘手的问题之一。长期以来,人们提出了许多克服纯滞后的方法,但至今还没有哪种方法能达到令人十分满意的程度。目前讨论较多的控制方案有三类:常规控制方案、预估补偿方案和采样控制方案。常规控制方案由于通用性广、价格低、维护调整方便等原因,目前仍是常用的控制方案;预估补偿控制方案在原理上能消除纯滞后对闭环控制系统的动态影响,但它最大的弱点是对过程模型精确性的依赖极大,往往难于在工程上实现;采样控制比预估补偿方案成本略低,但控制过程的动态质量往往与干扰加入的时刻有关,若干扰刚好在采样时刻之后,则控制器就要推迟一个采样周期再起作用,从而达不到预期的控制效果。本节就这三类控制方案的原理作一简要介绍。

8.3.1 常规控制方案

微分先行控制对克服纯滞后是一种比较简单、工程上易于实现、又能满足一定控制品质要求的控制方案,特别对降低超调量更有显著的效果。

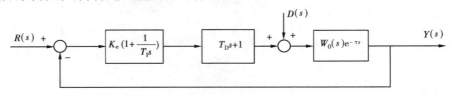

图 8.40 常规 PI + D 作用控制系统

微分作用的特点是:能够按被控量变化的速度来校正被控量的偏差。但是,对于图 8.40 所示的常规 PI + D 控制系统,无论从设定值或负荷扰动来分析,微分环节的输入都是对偏差信号作了比例积分运算之后的值。因此,微分环节实际上不能真正起到对偏差变化速度进行校正的目的,即克服动态超调的作用是有限的。

如果把微分环节更换一个装置,如图 8.41 所示的那样,则微分作用克服超调的能力就大不相同。这种结构控制方案称为微分先行控制方案。

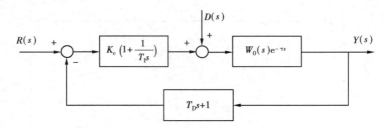

图 8.41 微分先行控制系统方框图

在微分先行控制方案中,微分环节的输出信号包括了被控量及其变化速度值。将此作为测量信号送入比例积分控制器中,从而使系统克服超调的能力得到增强。设被控对象的传递函数 $W_0(s)$(除纯滞后部分外)为:

$$W_0(s) = \frac{K_0}{(T_1 s + 1)(T_2 s + 1)}$$

则微分先行控制系统的闭环传递函数如下:

①在设定扰动作用下

$$\frac{Y(s)}{R(s)} = \frac{K_c(T_1 s + 1) e^{-\tau s}}{T_1 s W_0^{-1}(s) + K_c(T_1 s + 1)(T_D s + 1) e^{-\tau s}} \tag{8.49}$$

②在负荷扰动作用下

$$\frac{Y(s)}{D(s)} = \frac{T_1 s e^{-\tau s}}{T_1 s W_0^{-1}(s) + K_c(T_1 s + 1)(T_D s + 1) e^{-\tau s}} \tag{8.50}$$

同样,可求得 PI + D 控制系统的闭环传递函数如下:

$$\frac{Y(s)}{R(s)} = \frac{K_c(T_1 s + 1)(T_D s + 1) e^{-\tau s}}{T_1 s W_0^{-1}(s) + K_c(T_1 s + 1)(T_D s + 1) e^{-\tau s}} \tag{8.51}$$

$$\frac{Y(s)}{D(s)} = \frac{T_I s e^{-\tau s}}{T_I s W_0^{-1}(s) + K_c(T_I s + 1)(T_D s + 1)e^{-\tau s}} \tag{8.52}$$

比较式(8.49)~式(8.52)可见,两种控制方案的特征方程式完全相同,但是,在设定值扰动作用下,微分先行控制方案较之常规 PI + D 控制方案少了一个零点,$Z = -1/T_D$,所以超调量要小一些,控制质量得到了提高。

8.3.2　预估补偿控制方案

在大纯滞后过程中采用的补偿方法不同于前馈补偿,它是按照过程的特性,设想出一种模型(补偿器)加入到反馈控制系统中,力图使控制迟延了 τ 的被控量超前反映到控制器,使控制器提前动作,从而明显地减小超调量和过渡过程时间。

预估补偿控制系统的原理图如图 8.42 所示。图中 $W_0(s)$ 为对象除去纯迟延环节 $e^{-\tau s}$ 以后的传递函数,$W_\tau(s)$ 为预估补偿器的传递函数。

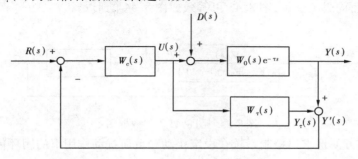

图 8.42　史密斯补偿原理

假若没有补偿器,则为一单回路控制系统,其闭环传递函数为:

$$\frac{Y(s)}{R(s)} = \frac{W_c(s)W_0(s)e^{-\tau s}}{1 + W_c(s)W_0(s)e^{-\tau s}}$$

显然,由于特征方程中含有纯滞后环节 $e^{-\tau s}$,随着 τ 的增大,相位滞后增加,系统的稳定性降低,控制品质下降。

由图 8.42 可求得经过补偿后的等效被控对象的传递函数:

$$\frac{Y'(s)}{U(s)} = W_0(s)e^{-\tau s} + W_\tau(s)$$

$$W_0(s)e^{-\tau s} + W_\tau(s) = W_0(s)$$

即　　　　　　　　　　$$W_\tau(s) = W_0(s)(1 - e^{-\tau s}) \tag{8.53}$$

则补偿器的作用就完全补偿了被控对象的纯滞后 $e^{-\tau s}$。因此,式(8.53)就是史密斯预估补偿器的数学模型。

在实际应用中,史密斯预估补偿器并不是接在被控对象上,而是反向并接在控制器上,则纯滞后补偿控制系统如图 8.43 所示。

若将图 8.43 中虚线框内的那部分视为带纯滞后补偿控制系统的控制器,则此控制器的传递函数为:

$$W_{c\tau}(s) = \frac{W_c(s)}{1 + W_c(s)W_0(s)(1 - e^{-\tau s})} = \frac{W_c(s)}{1 + W(s)(1 - e^{-\tau s})} \tag{8.54}$$

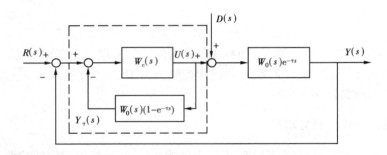

图 8.43　史密斯补偿回路

这样,带纯滞后补偿的控制器可认为是由一个常规控制器 $W_c(s)$ 与一个传递函数为

$$W'_\tau(s) = \frac{1}{1 + W(s)(1 - e^{-\tau s})}$$

的补偿器相串联而构成。于是,图 8.43 可等效成图 8.44 的形式。

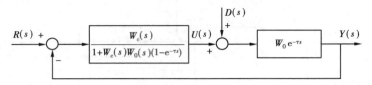

图 8.44　图 8.43 的等效框图

由图 8.44 可方便地求出控制系统在设定扰动和负荷扰动作用下的闭环传递函数为:

$$\frac{Y(s)}{R(s)} = \frac{\dfrac{W_c(s)W_0(s)e^{-\tau s}}{1 + W_c(s)W_0(s)(1 - e^{-\tau s})}}{1 + \dfrac{W_c(s)W_0(s)e^{-\tau s}}{1 + W_c(s)W_0(s)(1 - e^{-\tau s})}} = \frac{W_c(s)W_0(s)e^{-\tau s}}{1 + W_c(s)W_0(s)} \qquad (8.55)$$

$$\frac{Y(s)}{D(s)} = \frac{W_0(s)\left[1 + W_c(s)W_0(s)(1 - e^{-\tau s})\right]e^{-\tau s}}{1 + W_c(s)W_0(s)} \qquad (8.56)$$

由上两式可见,控制系统无论在设定扰动 $R(s)$ 或负荷扰动 $D(s)$ 作用下,闭环传递函数的分母是相同的,即特征方程均为:

$$1 + W_c(s)W_0(s) = 0$$

这就是说,系统经补偿后相当于不存在纯滞后了,或者说这个系统已经消除了纯滞后对系统控制品质的影响。至于分子中的 $e^{-\tau s}$ 仅仅将系统控制过程曲线在时间上推迟了一个 τ。

若在式(8.55)中,令

$$W_0(s)e^{-\tau s} = W_H(s)$$

则

$$W_0(s) = W_H(s)e^{\tau s}$$

式(8.55)可改写成:

$$\frac{Y(s)}{R(s)} = \frac{W_H(s)W_c(s)}{1 + W_c(s)W_H(s)e^{\tau s}} \qquad (8.57)$$

上式表明,一个带有纯滞后补偿的控制系统,相当于被控对象为 $W_H(s)$、控制器为 $W_c(s)$ 并在反馈回路中串接了一个超前环节 $e^{\tau s}$ 的单回路控制系统。在该系统中,被控量的检测信号

必须经过超前环节 $e^{\tau s}$ 才反馈到控制器的输入端,也就是说,控制器接受的测量信号比实测的被控量提前了时间 τ,使控制器提前动作,从而明显地减小超调量和加快控制过程。

从上面的预估补偿原理分析可知,补偿效果完全取决于补偿器模型的精度。而过程模型不可能与实际生产对象的特性完全一致,并且实际对象的特性还要随操作条件的变化而变化,要使过程模型越接近实际对象的特性,过程模型必是高阶的,那么补偿器的结构也就越复杂,因而难于在工业生产中广泛地应用。对于如何改善史密斯预估补偿器的性能,至今仍是研究的课题。现已提出了一些改进方案,例如,1977 年贾尔斯(R. F. Giles)和巴特利(T. M. Bat-ley)在史密斯方法的基础上提出增益自适应补偿方案。限于篇幅,对这些改进方案不能一一介绍。

8.3.3　采样控制方案

所谓采样控制方案,就是指当被控过程受到干扰作用而使被控参数偏离设定值时,即采样一次偏差信号,发出一个控制信号,然后保持其信号不变,保持的时间与纯滞后时间大小相等(也可略大一点)。当经过 τ 时间后,由于控制信号的作用,被控量必然有所改变,此时再按照新偏差大小、方向及速度值进一步加以校正,校正后又保持新控制信号不变,再等待下一个纯滞后时间 τ。这样重复动作,一步一步地校正被控量的偏差值,直至使系统达到一个新的稳定状态。一个典型的采样控制系统方框图如图 8.45 所示。图中数字调节器就是每隔 τ 时刻动作一次的采样控制器(或计算机)。K_1、K_2 表示采样器,它们周期地同时接通或同时断开。当 K_1、K_2 接通时,数字调节器在上述闭合回路中工作,此时偏差 $e(t)$ 被采样,由采样器 K_1 接入数字调节器,经信号转换与运算处理后,通过采样器 K_2 输出控制信号 $u^*(t)$ 去控制生产过程。当 K_1、K_2 断开时,数字调节器停止工作,此时 $u^*(t)$ 等于零,但是,$u^*(t)$ 是先通过保持器再输出 $u(t)$ 送至执行器的,保持器的输入信号 $u^*(t)$ 在时间上是离散信号,其输出却是连续信号,正是由于保持器的作用,保证了两次采样间隔期内执行器的位置保持不变。

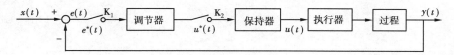

图 8.45　采样控制系统

思考题与习题

8.1　何谓串级控制? 试举一串级控制实例,分析它是如何工作的。

8.2　串级控制系统有何特点? 它主要使用在什么场合? 试举例说明。

8.3　为什么说串级控制系统具有一定的自适应能力?

8.4　串级控制系统在方案设计时,副参数的选择应遵循哪些原则?

8.5　何谓串级控制系统的两步整定法? 依据是什么?

8.6　何谓串级控制系统的一步整定法? 依据是什么?

8.7　在某加热炉温度-温度串级控制系统中,主控制器采用 PID 控制作用,副控制器采用

P 作用,用两步法对主、副控制器进行整定,按 4∶1 衰减曲线法测得:$\delta_{2s} = 42\%$,$T_{2s} = 25$ s;
$\delta_{1s} = 75\%$,$T_{1s} = 11$ s。试求主、副控制器的整定参数值。

8.8 前馈控制与反馈控制相比较有何特点?

8.9 前馈控制系统有哪几种结构形式? 它们各用在什么场合?

8.10 前馈控制器的数学模型有哪几种形式? 怎样实现?

8.11 前馈控制在什么条件下使用,其长处才能得以充分发挥?

8.12 试举一前馈-串级控制实例,分析说明它的工作过程。

8.13 在某工业生产过程中,根据现场的生产特点和工艺要求,设计了一个前馈-反馈控制系统。已知过程控制通道的传递函数为:

$$W_0(s) = \frac{K_0}{(T_1 s + 1)(T_2 s + 1)} e^{-\tau_0 s}$$

干扰通道的传递函数为:

$$W_d(s) = \frac{K_d}{T_f s + 1} e^{-\tau_d s}$$

试写出前馈控制器的传递函数 $W_f(s)$,并分析其实现方案。

8.14 大时延过程最常见的控制方案有哪些? 各有何优缺点?

8.15 试述采样控制的基本原理。

第 **9** 章
实现特定要求的控制系统

前面讨论了简单的单回路控制系统。单回路系统解决了工程上大量的定值控制问题,它是应用最为广泛的一种系统。随着现代工业生产的发展和工艺的革新,对于某些生产过程复杂、控制要求更高、控制任务特殊等情况,单回路过程控制方案已不能满足特殊生产工艺过程要求,这时,需要实现某些特定要求的过程控制系统。本章将着重介绍其中最常用的,如比值控制、均匀控制、分程控制和选择性控制等。

9.1 比 值 控 制 系 统

9.1.1 概 述

在各种工业生产过程中,经常遇到生产工艺要求两种或多种物料流量成一定比例关系的问题,一旦比例失调,就会影响生产的正常进行,影响产品质量,浪费原料,消耗动力,造成环境污染,甚至造成生产事故。

例如,在造纸生产过程中,使浓纸浆和水以一定的比例混合,才能制造出一定浓度的纸浆,显然,这个流量比与产品质量有密切的关系。在以重油为原料生产合成氨时,在造气工段应该保持一定的氧气和重油比率,在合成工段则应保持氢和氮的比值为一定。在硝酸生产中的氨氧化炉,其进料是氨气和空气,两者的流量必须具有一个合适的比例,因为氨在空气中的含量,低温时在15% ~28%之间和高温时在14% ~30%之间都有可能产生爆炸的危险。

因此,凡是把两种或两种以上的物料量自动地保持一定比例的控制系统,称为比值控制系统。

比值控制系统是使一种物料随另一种物料按比例而变化的系统。其中有一种物料处于主导地位,称此物料为主物料或主动量,用 Q_1 表示;而另一种物料 Q_2 以一定的比例随 Q_1 的变化而变化,称 Q_2 为从物料或从动量。在比值控制系统中,物料几乎全是流量,因而常将主动量称为主流量,从动量称为副流量。工艺要求的主、副流量间的比值用 K 表示。

如上所述,在比值控制系统中,从动量是随主动量按一定比例变化的,因此,比值控制系统实际上是一种随动控制系统。

9.1.2 比值控制系统的类型

(1) 开环比值控制系统

开环比值控制系统是最简单的比值控制方案,它的系统组成如图 9.1 所示。在稳定状态下,两物料的关系满足 $Q_2 = Q_1 K$ 的要求。当主物料 Q_1 在某一时刻由于干扰作用而发生变化时,比值器按 Q_1 对设定值的偏差而动作,按比例发出信号去改变调节阀的开度,使从物料 Q_2 重新与变化后的 Q_1 保持原有比例关系。然而,主物料 Q_1 仅提供主测量变送信号给调节器,本身并没有形成反馈回路;从物料 Q_2 则没有测量输入信号,只有控制信号,因此,整个系统是一个开环控制系统。

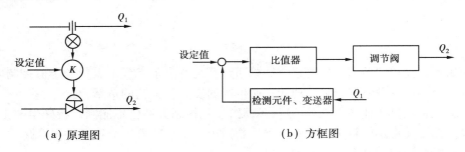

(a) 原理图　　　　　　　　　　(b) 方框图

图 9.1　开环比值控制系统

开环比值控制系统虽然结构简单,所用仪表少,仅需一台比例调节器就可实现。但是,只有当 Q_1 变化时才起控制作用。假若 Q_1 不变,而 Q_2 因管线两端压力波动而发生变化时,系统不起控制作用,此时难以保证 Q_2 与 Q_1 间的比值关系。也就是说这种比值控制方案对副流量 Q_2 本身无抗干扰能力,只能适用于副流量较平稳且比值要求不高的场合。在实际生产过程中,Q_2 的干扰常常是不可避免的,因此,生产上很少采用开环比值控制方案。

(2) 单闭环比值控制系统

单闭环比值控制系统是为了克服开环比值方案的不足,在开环比值控制系统的基础上,增加了一个副流量的闭环控制系统,如图 9.2 所示。

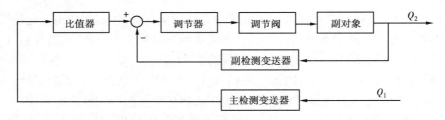

图 9.2　单闭环比值控制系统

在稳定状态下,主、副流量满足工艺要求的比值,即 $Q_2/Q_1 = K$。当主流量 Q_1 不变,而副流量 Q_2 受到扰动时,则可通过副流量的闭合回路进行定值控制。当主流量 Q_1 受到扰动时,比值器则按预先设置好的比值使输出成比例变化,即改变 Q_2 的给定值,调节器根据设定值的变化,发出控制命令,以改变调节阀的开度,使副流量 Q_2 跟随主流量 Q_1 而变化,从而保证原设定的比值不变。当主、副流量同时受到扰动时,调节器在克服副流量扰动的同时,又根据新的设定值,改变调节阀的开度,使主、副流量在新的流量数值的基础上,保持其原设定值的比值关系。

可见,该系统能确保主、副两个流量的比值不变。

如果比值器采用比例调节器,并把它视为主调节器,由于它的输出作为流量调节器的设定值,两调节器是串联工作的。因此,单闭环比值控制系统在连接方式上与串级控制系统相同,但从系统总体结构看,与串级控制不是完全一样的,它只有一个闭合回路,这就是两者的根本区别。

单闭环比值控制系统的优点是:它不但能实现副流量跟随主流量的变化而变化,而且可以克服副流量本身干扰对比值的影响,因此,主、副流量的比值较为精确。它结构形式较简单,实施起来较方便,因而得到广泛的应用,尤其适用于主物料在工艺上不允许进行控制的场合。

单闭环比值控制系统虽然两物料比值一定,但由于主流量是不受控制的,所以,总物料量是不固定的,这对于负荷变化幅度大,物料又直接去化学反应器的场合是不适合的。因负荷的波动有可能造成反应不完全,或反应放出的热量不能及时被带走等,从而给反应带来一定的影响,甚至造成事故。因此,单闭环比值控制方案一般在负荷变化不太大时选用为宜。

（3）双闭环比值控制系统

双闭环比值控制系统是为了克服单闭环比值控制系统主流量不受控,生产负荷在较大范围内波动的不足而设计的。它是在单闭环比值控制的基础上增加了主流量控制回路而构成的,如图 9.3 所示。

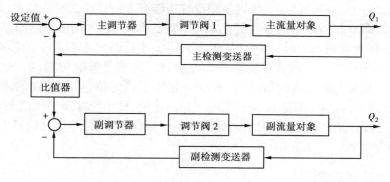

图 9.3　双闭环比值控制系统

双闭环比值控制系统由于主流量控制回路的存在,实现了对主流量的定值控制,大大地克服了主流量干扰的影响,使主流量变得比较平稳。通过比值控制副流量也将比较平稳。这样,不仅实现了比较精确的流量比值,而且也确保了两物料总量基本不变,这是它的主要特点。

双闭环比值控制系统的另一优点是升降负荷比较方便,只要缓慢地改变主流量调节器的设定值就可升降主流量。同时,副流量也自动跟踪升降并保持两者比值不变。因此,这种方案常适用于主流量干扰频繁及工艺上不允许负荷有较大波动或工艺上经常需要升降负荷的场合。

双闭环比值控制方案使用仪表较多,投资高,而且投运也较麻烦。在采用此控制方案时,尚需防止共振的产生。因主、副流量控制回路通过比值器是相互联系着的,当主流量进行定值控制后,它变化的幅值肯定大大地减少,但变化的频率往往会加快,使副流量调节器的设定值经常处于变化之中,当它的频率和副流量回路的工作频率接近时,有可能引起共振,以致系统无法投入运行。因此,对主流量调节器进行参数整定时,应尽量地保证其输出为非周期变化,从而防止产生共振。

（4）变比值控制系统

单闭环比值控制和双闭环比值控制是实现两种物料流量间的定值控制,在系统运行过程中,其比值系数是不变的。在有些生产过程中,要求两种物料流量的比值随第三个参数的需要而变化,为了满足上述生产工艺要求,开发并应用变比值控制系统。图9.4所示为用除法器构成的变比值控制系统方框图。从图可知,变比值控制系统是一个以第三参数或称主参数和以两个流量比为副参数所组成的串级控制系统。

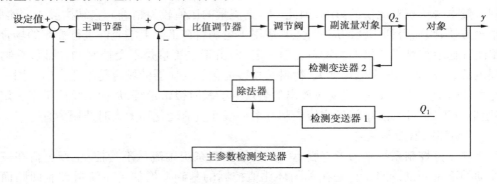

图9.4　变比值控制系统

系统在稳态时,主、副流量恒定,分别经测量变送器开方运算后送至除法器,其输出即为比值,同时作为比值调节器的测量信号。当 Q_1、Q_2 出现扰动时,通过比值控制回路,保证比值一定,从而不影响(扰动幅值不大时)主参数,或大大地减小扰动对主参数 y 的影响。对于某些物料流量(如气体等),当出现除流量扰动外如温度、压力,成分等变化时,虽然它们的流量比值不变,由于真实流量与原来流量值不同,所以,y 偏离了设定值,主调节器的输出产生变化,从而修正了比值调节器的给定值,即修正了两流量的比值,使系统在新的比值上重新稳定。

应该注意,在变比值控制系统中,流量比值只是一种控制手段,不是最终目的,而第三参数 y 往往是产品质量指标。

9.1.3　比值控制系统设计

（1）主物料流量、副物料流量的确定

比值控制系统按比值性质可分为定比值控制和变化值控制两种。在工业生产过程中,维持两流量比值不变,有时不一定是生产上的最终目的,而仅是保证产品产量、质量或安全的一种手段。在设计比值控制系统时,需要先确定主、副物料流量,其原则是:

①在生产中起主导作用的物料流量,一般选为主流量,其余的物料流量以它为准,跟随其变化而变化,则为副流量。

②在生产中不可控的物料流量,一般选为主流量,而可控物料流量作为副流量。

③在可能的情况下,选择流量较小的物料作为副流量,这样,调节阀可以选得小一些,控制较灵活。

④在生产中较昂贵的物料流量可选为主流量,或者工艺上不允许控制的物料流量作为主流量,这样不会造成浪费,或者可以提高产量。

⑤当生产工艺有特殊要求时,主、副物料流量的确定应服从工艺需要。

（2）控制方案的选择

由前所述,比值控制有单闭环比值控制、双闭环比值控制、变比值控制等多种方案。在具

体选用时应分析各种方案的特点,根据不同的生产工艺情况、负荷变化、扰动性质、控制要求等选择合适的比值控制方案。

例如,单闭环比值控制能使两种物料间的比值较精确、方案实现起来方便,仅用一个比值器或比例调节器即可。但是,主流量变化会导致副流量的变化。如果工艺上仅要求两物料流量之比值一定,负荷变化不大,而对总流量变化无要求,则可选用此控制方案。又如在生产过程中,主、副流量的扰动频繁,负荷变化较大,同时要保证主、副物料总量恒定,则可选用双闭环比值控制方案。再如,当生产要求两种物料流量的比值能灵活地随第三参数的需要进行调节时,则可选用变比值控制方案。总之,控制方案选择应根据不同的生产要求进行具体分析而定,同时还需考虑经济性原则。

(3)调节器控制规律的确定

比值控制系统调节器的控制规律是由不同的控制方案和控制要求而定。

在单闭环比值控制系统中,比值器仅接收主流量的测量信号,仅起比值计算作用,故选 P 控制规律;调节器起比值控制作用和使副流量相对稳定,故应选 PI 控制规律。双闭环比值控制系统,两流量不仅要保持恒定的比值,而且主流量要实现定值控制,其结果副流量的设定值也是恒定的,所以,两个调节器均应选 PI 控制规律。变比值控制系统,又可称为串级比值控制系统,它具有串级控制系统的一些特点,仿效串级控制系统调节器控制规律的选择原则,主调节器选 PI 或 PID 控制规律,比值调节器选用 P 控制规律。

(4)正确地选择流量计或变送器及其量程

流量测量是比值控制的基础。各种流量计都有一定的适用范围(一般正常流量选在满量程的70%左右),必须正确地选择和使用。变送器的零点及量程的调整都是十分重要的,具体选用时可参考有关设计资料手册。

(5)比值系数的计算

比值控制用于解决物料之间的比例关系。工艺上要求的比值 K 是两物料流量之比,在系统中如何实现这个比例,与系统中采用的仪表装置的类型有关,即必须把工艺规定的流量比 K 转换成仪表信号之间的比例系数 K' 才能进行比值设定。下面就测量变送中的不同情况对比值系数 K' 的计算方法进行讨论。

1)流量与测量信号之间呈线性关系

当使用转子流量计、涡轮流量计、椭圆齿轮流量计或带开方的差压变送器测量流量时,流量信号与测量信号呈线性关系。以 DDZ-Ⅲ 型仪表为例,说明比值系数的折算方法。

当流量从 $0 \sim Q_{max}$ 变化时,变送器的对应输出为 $4 \sim 20$ mADC,则流量的任一中间值 Q 所对应的输出电流为:

$$I = \frac{Q}{Q_{max}} \times 16 \text{ mA} + 4 \text{ mA} \tag{9.1}$$

则

$$Q = \frac{I - 4 \text{ mA}}{16 \text{ mA}} Q_{max} \tag{9.2}$$

由式(9.2)可得工艺要求的流量比值:

$$K = \frac{Q_2}{Q_1} = \frac{(I_2 - 4 \text{ mA}) Q_{2max}}{(I_1 - 4 \text{ mA}) Q_{1max}} \tag{9.3}$$

由此可折算成仪表的比值设定系数 K':

$$K' = \frac{I_2 - 4 \text{ mA}}{I_1 - 4 \text{ mA}} = K\frac{Q_{1max}}{Q_{2max}} \tag{9.4}$$

式中,Q_{1max}、Q_{2max}分别为主、副流量变送器的最大量程。

2)流量与测量信号之间成非线性关系

使用差压式流量计测量流量而未经开方处理时,流量与压差的非线性关系为:

$$Q = C\sqrt{\Delta p} \tag{9.5}$$

式中,C 为差压式流量计的比例系数。

当流量从 $0 \sim Q_{max}$ 变化时,即压差从 $0 \sim \Delta p_{max}$ 时,变送器输出为 $4 \sim 20$ mA,任一中间流量 Q(即相应差压 Δp)所对应的输出信号为:

$$I = \frac{Q^2}{Q_{max}^2} \times 16 \text{ mA} + 4 \text{ mA} \tag{9.6}$$

则可折算成仪表的比值设定系数:

$$K' = K^2\left(\frac{Q_{1max}}{Q_{2max}}\right)^2 \tag{9.7}$$

上式说明,虽然流量与其测量信号成非线性关系,但比值系数却是一个常数,它只与测量流量的最大量程有关,与负荷大小无关。

例 9.1 在生产硝酸的过程中,要求氨气量与空气量保持一定的比例关系。在正常生产情况下,工艺指标规定氨气流量为 $2\,100$ m³/h,空气流量为 $22\,000$ m³/h,氨气流量表的量程为 $0 \sim 3\,200$ m³/h,空气流量表的量程为 $0 \sim 25\,000$ m³/h,求仪表的比值系数。

解 已知 $Q_1 = 22\,000$ m³/h;$Q_2 = 2\,100$ m³/h;$Q_{1max} = 25\,000$ m³/h;$Q_{2max} = 3\,200$ m³/h。

根据工艺指标,氨气与空气的体积流量比值为:

$$K = \frac{Q_2}{Q_1} = \frac{2\,100}{22\,000} = 0.095\,45$$

若实际流量与其测量信号为线性关系,则

$$K'_{线} = K\frac{Q_{1max}}{Q_{2max}} = \frac{2\,100}{22\,000} \times \frac{25\,000}{3\,200} = 0.745\,7$$

若实际流量与其测量信号为非线性关系,则

$$K'_{非线} = K^2\frac{Q_{1max}^2}{Q_{2max}^2} = \frac{2\,100^2}{22\,000^2} \times \frac{25\,000^2}{3\,200^2} = 0.556$$

9.1.4 比值控制系统的工业应用

(1)工业应用中必须注意的有关问题

1)流量测量中的温度、压力补偿

流量测量是比值控制的基础。用差压流量计测量气体流量时,若温度和压力发生变化,其流量是变化的。所以,对于温度、压力变化较大、控制质量要求较高的场所,必须引入温度、压力补偿装置,对其进行补偿,以获得精确的流量信号。

2）比值控制方案的实施

实施比值控制方案基本上有相乘和相除方案两大类。

① 相乘方案

要实现两流量之间的比值关系，即 $Q_2 = KQ_1$，可以对 Q_1 的测量值乘上某一系数，作为 Q_2 流量控制的设定值，称为相乘方案，如图 9.5 所示。图中" × "为乘法符号，表示比值运算装置。如果使用气动仪表实施，可采用比值器、配比器及乘法器等，电动仪表实施则有分流器及乘法器等。如果比值 K 为常数，上述仪表均可应用；若 K 为变数（变比值控制）时，则必须采用乘法器，此时，只需将比值设定信号换成第三参数即可。

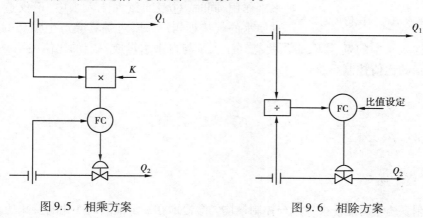

图 9.5　相乘方案　　　　　　　图 9.6　相除方案

② 相除方案

如果要实现两流量之比值为 $K = Q_2/Q_1$，也可以将 Q_2 与 Q_1 的测量值相除，作为比值调节器的测量值，称为相除方案，如图 9.6 所示。

相除方案无论是气动仪表还是电动仪表，均采用除法器来实现。由于除法器输出直接代表了两流量信号的比值，所以可直接对它进行比值指示和报警。该方案比值很直观，且比值可直接由调节器进行设定，操作简便。若将比值设定信号改作第三参数，便可实现变比值控制。

（2）比值控制系统的参数整定

比值控制系统调节器参数整定是系统设计和应用中的一个十分重要的问题。对于双闭环比值控制系统的主流量回路，可按单回路控制系统进行整定；变比值控制系统结构上属串级控制系统，故主调节器可按串级系统进行整定。这样，比值控制系统的整定就是讨论单闭环比值控制、双闭环的副流量回路、变比值控制的变比值回路的整定。由于这些回路实质上是一个随动系统，要求副流量能快速、正确地跟随主流量变化，而且不宜有过调，应以整定在振荡与不振荡的边界为最佳。其整定步骤如下：

① 根据计算的比值系数 K'，在满足工艺生产流量比的条件下，将比值控制系统投入自动运行。

② 将积分时间设置于最大，由大到小改变比例度，使系统响应迅速，并处于振荡与不振荡的临界过程。

③ 若有积分作用，则适当地放宽比例度，投入积分作用，并减小积分时间，直到系统出现振荡与不振荡或振荡过程为止。

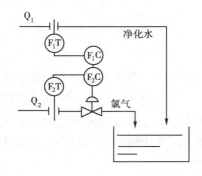

图 9.7 自来水消毒的比值控制系统

（3）工业应用举例

比值控制在工业生产过程中应用很广。下面介绍自来水消毒的比值控制。

来自江河、湖泊的水，虽然经过净化，但往往还有大量的微生物，这些微生物对人体健康是有害的，因此，自来水厂将自来水供给用户之前，还必须进行消毒处理。氯气是常用的消毒剂，氯气具有很强的杀菌能力，但如果用量太少，达不到灭菌的作用，而用量太多，则会对人们的饮用带来副作用，同时，过多的氯气注入水中，不仅造成浪费，而且使水的气味难闻；另外，对餐具会产生强烈的腐蚀作用。

为了使氯气注入水中的量合适，必须使氯气注入量与自来水量成一定的比值关系，故设计应用如图 9.7 所示的比值控制系统。

9.2　均 匀 控 制 系 统

9.2.1　概　述

均匀控制系统具有能使被控量与控制量均匀缓慢地在一定范围内变化的特殊功能。所谓均匀控制，就是指控制方案具有这种作用而言的。在定值控制系统中，为了保持被控量为定值，控制量可作较大幅度变化。在均匀控制中，控制量和被控量同样重要，控制的目的要使其缓慢而均匀地变化。从系统结构来看，可以是单回路控制系统、串级控制系统或其他形式的控制系统。

在连续生产过程中，一个装置（或设备）往往与前后的装置（或设备）紧密地相连，前一装置（或设备）的出料量是后一装置（或设备）的进料量，而后一装置（或设备）的出料量又输送给其他的装置（或设备）。所以，各个装置（或设备）是互相联系而又互相影响的。例如，石油裂解气分离过程，有许多精馏塔串联在一起工作，前一塔的出料就是后一塔的进料。如图 9.8 所示为两个连续操作精馏塔，为了保证分馏过程的正常运行，要求将 1 号塔釜液位稳定在一定的范围内，故设有液位控制系统。而后一精馏塔又希望进料量稳定，设有流量控制系统。显然，这两套系统是不能协调工作的。假如 1 号塔在扰动作用下使其塔釜液位上升时，液位调节器发出控制信号来开大调节阀 1 的开度，从而使出料流量增大；由于 1 号塔出料量是 2 号塔的进料量，因而引起 2 号塔进料量的增加，于是，流量调节器发出控制信号去关小调节阀 2 的开度。这样，按液位信号，调节阀 1 的开度要开大，流量要增大；按流量信号，调节阀 2 的开度要关小，流量要减小。而调节阀 1、2 装在同一条管道上，于是两套控制系统互相矛盾，在物料供求上互不兼顾，不能满足工艺生产要求。

为了解决前后两个塔之间在物料供求上的矛盾，可在前后两个串联的塔中间增设一个缓

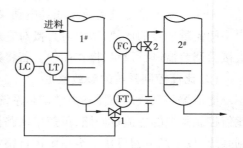

图 9.8　液位与流量不协调控制方案

冲设备。但是,增加缓冲设备不仅要增加投资,而且要增加物体输送过程中的能量消耗。尤其是有些生产过程的中间物料或产品不允许中间停留存在,否则,会使这些中间物料或产品分解,或重新聚合。所以,必须从自动控制方案设计上去找出路,以满足前后装置或设备在物料供求上互相均匀协调、统筹兼顾的要求。通常,把能实现这种控制目的的控制系统称为均匀控制系统。

均匀控制系统的特点如下:

①液位(或压力)和流量两个变量是变化的,不是固定不变的。

②两个变量的控制过程在工艺容许的范围内是缓慢地变化的。

图9.9所示为1号塔液位与2号塔进料量之间的关系。图9.9(a)为调节1号塔流量来保证液位稳定的曲线图。但是,流量波动大,不能满足2号塔进料平稳的要求,这是液位定值控制。图9.9(b)为把2号塔的进料量调整平稳的曲线,但是,1号塔的液位波动大,属流量定值控制。图9.9(c)所示为液位与流量都缓慢变化,是典型的均匀控制的过渡过程曲线。

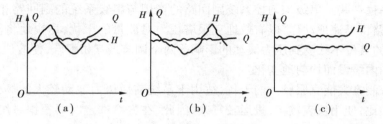

图9.9　液位、流量变化曲线

均匀控制的目的与定值控制不同,所以,其控制的品质指标也不相同。在均匀控制中,只要两个参数在工艺允许的范围内作均匀缓慢变化,生产能正常运行,控制质量就较高。

9.2.2　均匀控制方案

均匀控制系统常用三种结构形式:简单均匀控制、串级均匀控制、双冲量均匀控制。

(1)简单均匀控制

图9.10所示为简单均匀控制系统的结构形式。从图上看,它与单回路液位定值控制系统的结构和所使用的仪表完全是一样的,但由于它们的控制目的不同,因此,对控制的动态过程要求就不同,在调节器的参数整定上也不同。均匀控制系统的调节器整定时,比例作用和积分作用均不能太强,要求较大的比例度和较长的积分时间,通常比例度要大于100%,以较弱的控制作用达到均匀控制的目的。

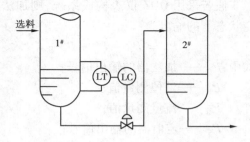

图9.10　简单均匀控制系统

简单均匀控制系统的最大优点是结构简单,投运方便,成本低。但是,当前后设备的压力变化较大时,尽管调节阀的开度不变,输出流量也会发生相应的变化,所以,它适用于干扰不大、要求不高的场合。此外,在液位对象的自衡能力较强时,均匀控制的效果较差。

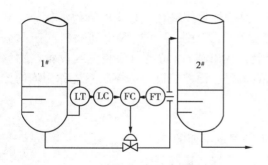

图 9.11　串级均匀控制系统

需要指出,在有些容器中,液位是通过进料阀来控制的,用液位调节器对进料流量进行控制,同样可实现均匀控制的要求。

(2)串级均匀控制

图 9.11 所示为串级均匀控制系统。由于 1 号塔通过塔釜流过调节阀的流量受 1 号塔液位影响,同时还与前后两个塔的压力有关,假若生产上对 2 号塔的进料量要求比较平稳时,简单均匀控制系统就不能满足要求。为了消除压力扰动的影响,设计以流量为副参数的副回路构成精馏塔塔釜液位和流出流量的串级均匀控制系统。

从结构上看,它与一般的液位和流量串级控制系统是一致的,但这里采用串级形式并不是为了提高主参数液位的控制质量,而是在充分地利用塔釜有效缓冲容积的条件下,尽可能地使塔釜的流出量平稳一些。串级均匀控系统副回路的作用与串级系统的副回路相同,当二塔压力波动时,副回路将迅速地动作,以有效地克服塔压力对流量的干扰,尽快地将流量调回到设定值,使 1 号塔的液位不致受到压力波动的影响。两个调节器互相配合,使液位和流量两个变量都在规定范围内缓慢而均匀地变化。

串级均匀控制方案能克服较大的干扰,适用于系统前后压力波动较大的场合。但与简单均匀控制系统相比,使用仪表较多,投运较复杂,因此,在方案选定时要根据系统的特点、干扰情况及控制要求来确定。

(3)双冲量均匀控制

所谓双冲量均匀控制系统,就是用一个加法器来代替串级控制系统中的主调节器,把液位和流量的两个测量信号通过加法运算后作为调节器的测量值。图 9.12 所示为双冲量均匀控制系统。它以塔釜液位与输出流量信号之差为被控量,通过均匀控制,使液位和流量两个参数均匀缓慢地变化。

假若采用 QDZ 仪表构成系统,则加法器在稳定状态下的输出为:

$$P_O = P_H - P_Q + P_S + C \qquad (9.8)$$

式中:P_O——加法器的输出信号;

　　P_H——液位测量值;

　　P_Q——流量测量值;

　　P_S——定值器的输出信号;

　　C——加法器的可调系数。

在正常情况下,调节 C 与 P_S 值,使 P_O 为

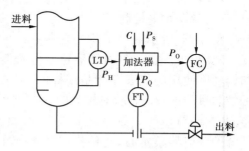

图 9.12　双冲量均匀控制系统

0.06MPa 左右,调节阀处于适当开度。当流量正常而液位受到扰动而上升时,P_O 增大,使流量调节器的输出信号增加,从而开大阀门的开度,使流量增大,以使液位恢复正常。当液位正常,而流量受到扰动而增加时,P_O 减小,流量调节器的输出减小,因而使流量慢慢地减小,从而达到了均匀控制的目的。

双冲量均匀控制与串级均匀控制系统相比,是用一个加法器取代了其中的主调节器。而

从结构上看,它相当于以两个信号之差为被控量的单回路系统,参数整定可按简单均匀系统来考虑。因此,双冲量均匀控制既具有简单均匀控制的参数整定方便的特点,同时由于加法器综合考虑液位和流量两信号变化的情况,故又有串级均匀的优点。

9.2.3　控制规律的选择

简单均匀系统的调节器及串级均匀系统的主调节器一般采用纯比例作用,有时也可采用比例积分的控制规律。串级均匀的副调节器一般用纯比例作用,如果为了照顾流量副参数,使其变化更稳定,也可选用比例积分控制规律。双冲量均匀调节器一般应采用比例积分控制规律。在所有的均匀控制系统中,都不需要也不应加微分作用,因为微分作用是加快控制作用的,刚好与均匀控制要求相反。

积分作用的引入主要对液位参数有利,它可以避免由于长时间单方向干扰引起液位的越限。此外,由于加入积分作用,比例度将适当地增加,这有利于液位存在高频噪声的场合。然而,积分作用的引入也有不利的方面。首先对流量参数产生不利影响,如果液位偏离设定值的时间长而幅值大时,则积分作用会使调节阀全开或全关,造成流量较大的波动。同时,积分作用的引入将使系统的稳定性变差,系统几乎经常不断地处于控制之中,只是控制过程较为缓慢而已。因此,平衡状态相对比纯比例作用时短得多,这不符合均匀的要求。此外,积分作用的加入,有时会产生积分饱和现象。

9.2.4　均匀控制系统的参数整定

串级均匀控制中的流量副调节器参数整定与普通流量调节器整定差不多,而均匀控制系统的其他几种形式的调节器都需按均匀控制的要求来进行参数整定。整定的主要原则是一个"慢"字,即过渡过程不允许出现明显的振荡,可以采用凭经验整定,看曲线调参数的方法来进行。它的具体整定原则和方法如下:

(1) 整定原则

①以保证液位不超出允许的波动范围为前提,先设置好调节器参数。

②修正调节器参数,充分地利用容器的缓冲作用,使液位在最大允许的范围内波动,输出流量尽量地平稳。

③根据工艺对流量和液位两个参数的要求,适当地调整调节器的参数。

(2) 方法步骤

1) 纯比例控制

①先将比例度放置在估计液位不会越限的数值,例如,$\delta = 100\%$。

②观察记录曲线,若液位的最大波动小于允许范围,则可增加比例度,比例度的增加必将使液位"质量"降低,而使流量过程曲线变好。

③如发现液位将超出允许的波动范围,则应减小比例度。

④这样反复调整比例度,直到液位、流量的曲线都满足工艺提出的均匀要求为止。

2) 比例积分控制

①按纯比例控制进行整定,得到合适的比例度。

②在适当地加大比例度值后,加入积分作用,逐步地减小积分时间,直到流量曲线将要出现缓慢的周期性衰减振荡过程为止,而液位有回复到设定值的趋势。

③最终根据工艺要求调整参数,直到液位、流量的曲线都符合要求为止。

9.3 分程控制系统

9.3.1 概 述

在反馈控制系统中,通常是一个调节器的输出只控制一个调节阀。但在某些工业生产中,根据工艺要求,一个调节器的输出信号分段,分别控制两个或两个以上的调节阀工作,即每个调节阀在调节器输出的某段信号范围内作全行程动作,这种过程控制系统称为分程控制系统。显然,分程控制的一个显著特点是多阀而且分程。只有多阀而无分程不能算作分程控制。

分程控制系统中调节器输出信号的分段是由附设在调节阀上的阀门定位器来实现的。阀门定位器相当于一个可变放大倍数、且零点可以调整的放大器。如果在分程控制系统中采用了 A、B 两个分程阀,并且要求 A 阀在 0.02 ～ 0.06 MPa 信号范围内作全行程动作,要求 B 阀在 0.06 ～ 0.10 MPa 信号范围内作全行程动作,那么,就可以对附设在调节阀 A、B 上的阀门定位器分别进行调整:使调节阀 A 的阀门定位器在 0.02 ～ 0.06 MPa 的输入信号下,输出由 0.02 MPa变化到 0.10 MPa,这样调节阀 A 即在 0.02 ～ 0.06 MPa 信号范围内走完全行程;调整调节阀 B 的阀门定位器在 0.06 ～ 0.10 MPa 的输入信号下,输出由 0.02 MPa 变化到 0.10 MPa,这样调节阀 B 即在 0.06 ～ 0.10 MPa 信号范围内走完全行程。这样一来,当调节器输出信号在小于 0.06 MPa 范围内变化时,就只有调节阀 A 随着信号压力的变化改变自己的开度,而调节阀 B 则处于某个极限位置(全开或全关)开度不变;当调节器输出信号在大于 0.06 MPa 范围内变化时,调节阀 A 因已移动到极限位置而开度不再变化,而调节阀 B 却随着信号的变化改变阀门的开度。

根据调节阀的气关、气开形式和分程信号区段不同,分程控制系统可分为以下两种类型:

(1)调节阀同向动作的分程控制系统

图 9.13 所示为调节阀同向动作的分程控制系统。图 9.13(a)表示两个调节阀均选气开型。当调节器输出信号从 0.02 MPa 增大时,A 阀打开;信号增大到 0.06 MPa 时,A 阀全开,同时 B 阀开始打开;当信号达到 0.1 MPa 时,B 阀也全开。图 9.13(b)表示两只调节阀均选气关型。当调节器输出信号从 0.02 MPa 增大时,A 阀由全开状态开始关闭,信号达到 0.06 MPa时,A 阀全关,而 B 阀开始启动;当信号到 0.1 MPa 时,B 阀也全关。

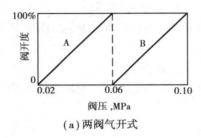
(a)两阀气开式

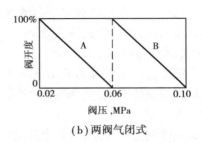
(b)两阀气闭式

图 9.13 调节阀同向动作

（2）调节阀异向动作的分程控制系统

图 9.14 所示为调节阀异向动作的分程控制系统。图 9.14（a）为调节阀 A 选用气开型、调节阀 B 选用气关型。当调节器输出信号大于 0.02 MPa 时，A 阀开启；信号到 0.06 MPa 时，A 阀全开，同时 B 阀启动；当信号到 0.1 MPa 时，B 阀全关。图 9.14（b）为调节阀 A、B 分别选气关，气开型的情况，其调节阀动作情况与图 9.14（a）相反。分程控制中调节阀同向或异向动作的选择完全由生产工艺安全的原则决定。

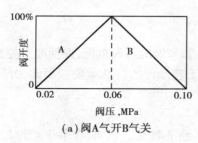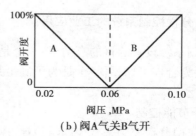

（a）阀A气开B气关　　　　　　　　　（b）阀A气关B气开

图 9.14　调节阀导向动作

9.3.2　分程控制系统的设计

分程控制系统本质上是属单回路控制系统。因此，单回路控制系统的设计原则全适用于分程控制系统的设计。但是，与单回路控制系统相比，分程控制系统的主要特点是分程而且调节阀多，所以，在系统设计方面也有一些不同之处。

（1）分程信号的确定

在分程控制中，调节器输出信号分段是由生产工艺要求决定的。调节器输出信号需要分成几个区段，哪一区段信号控制哪一个调节阀工作等，完全取决于工艺要求。

（2）调节阀特性的选择

1）调节阀类型的选择

根据工艺需要选择同向工作或异向工作的调节阀。

2）调节阀流量特性的选择

调节阀流量特性的选择会影响分程点特性，特别是在一个大阀和一个小阀并联时，分程点处会出现拐点，如图 9.15 所示。若采用图 9.16 所示流量特性，并在分程点附近有一定的重叠，情况有所改善。

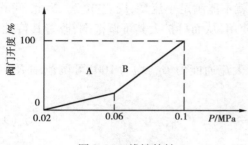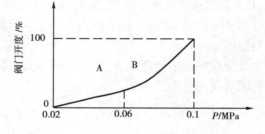

图 9.15　线性特性　　　　　　　　　　图 9.16　对数特性

3）调节阀的泄漏量

调节阀泄漏量大小是分程控制设计和应用中的一个十分重要的问题，必须保证在调节阀全关时,不泄漏或泄漏量极小。若大阀的泄漏量接近或大于小阀的正常控制量时,则小阀就不能发挥其应有的控制作用,甚至不能起控制作用。

(3)调节器控制规律的选择与参数整定

分程控制系统属单回路控制系统,有关调节器控制规律的选择及系统参数整定,可以参照前述单回路控制系统处理。但是,分程控制中的两个控制通道特性不会完全相同,所以,在系统运行中只能采用互相兼顾的办法,选取一组较为合适的整定参数值。

9.3.3 分程控制系统的工业应用

分程控制系统设置的目的有两个:一个是扩大调节阀的可调范围,以便改善控制系统的品质,使系统更为合理可靠;另一个是为了满足某些工艺操作的特殊需要。因此,分程控制的工业应用很广泛。

(1)用于节能控制

设计和应用分程控制来减少能量消耗,以提高经济效益。例如,在某生产过程中,冷物料通过热交换器用热水(工业废水)和蒸汽对其进行加热,当用热水加热不能满足出口温度要求时,则再同时使用蒸汽加热,为此,设计如图9.17所示的温度分程控制系统。在该系统中,蒸汽阀和热水阀均选气开式,调节器为反作用,在正常情况下,热水阀全开仍不能满足出口温度要求时,调节器输出信号同时使蒸汽阀打开,以满足出口温度的工艺要求。采用分程控制,可节省能源,降低能耗。

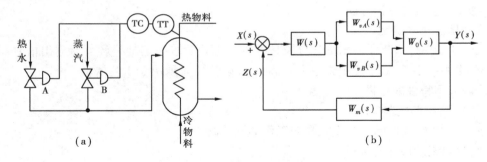

图 9.17　温度分程控制系统

(2)用于扩大调节阀的可调范围

在有些工业生产中,要求调节阀工作时其可调范围要大,但是国产统一设计的柱塞式调节阀,其可调范围 $R=30$。因此,有时满足了大流量就不能满足小流量,反之亦然。为此,可设计和应用分程控制,将两个调节阀当作一个调节阀使用,从而可扩大其可调范围,改善其特性,提高控制质量。

设分程控制中使用的 A、B 两只调节阀,其最大流通能力 $C_{\max}$ 均为 100,可调范围 $R=30$,由于调节阀的可调范围为:

$$R = \frac{C_{\max}}{C_{\min}} \tag{9.9}$$

式中,$C_{\max}$ 及 $C_{\min}$ 分别为调节阀的最大和最小流通能力。

由式(9.9)可得:

$$C_{\min} = \frac{C_{\max}}{R} = \frac{100}{30} = 3.33$$

当采用两只调节阀组成分程控制时,最小流通能力不变,而最大流通能力应是两阀都全开时的流通能力,即

$$C'_{\max} = C_{A\,\max} + C_{B\,\max} = 2C_{\max} = 200$$

因此,A、B 两只调节阀构成分程控制时,两阀组合后的可调范围应为:

$$R' = \frac{C'_{\max}}{C_{\min}} = \frac{200}{\frac{100}{30}} = 60$$

由此可见,采用两只流通能力相同的调节阀构成分程控制后,其调节阀的可调范围比单只调节阀进行控制时的可调范围扩大了一倍。这样,既能满足生产上的要求,又能改善调节阀的工作特性,提高控制质量。

(3)用于生产安全的防护措施

在工业生产中,许多存放着石油化工原料或产品的储罐放在室外,为了保证使这些原料或产品与空气隔绝,以免被氧化变质或引起爆炸,常采用氮封技术。如有些油品储罐的顶部需要充填氮气,以隔绝油品与空气中氧气的氧化作用,称为氮封。如图 9.18 所示,储罐顶部充填氮气,顶部氮气压力 P 一般为微正压。生产过程中,随着液位的变化,P 会产生波动。液位上升,P 上升,超过一定数值,储罐会被鼓坏;液位下降,P 下降,降至一定数值,储罐会被吸瘪。为了储罐的安全,采用如图 9.18 所示的分程控制,液位上升时,阀门 B 关闭,阀门 A 打开,将顶部氮气排出至大气中,维持压力 P 不变;液位下降时,阀门 A 关闭,阀门 B 打开,将氮气补充入储罐顶部,维持储罐顶都压力不变。阀门 A 选气关阀,阀门 B 选气开阀。当控制信号在 0.058 ~ 0.062 MPa 之间时,两个阀门均处于关闭状况,即储罐顶部压力 P 在这个区间波动时,控制系统不采取任何行动,这个区间是安全区间。这样的安全区间可避免阀门频繁转换动作,使系统更加稳定。

(4)满足生产过程不同阶段的需要

对于某些放热化学反应过程,在反应的初始阶段需要对物料加热,使化学反应能够启动。由于是放热反应,反应启动后,容器的热量得以积累,当化学反应放出的热量足以维持化学反应的进行时,就不需要外部的加热,如果放出的热量持续增加,反应器的温度可能增加到危险的程度,因此,又反过来需要冷却反应器,也就是将反应放热及时释放。为了适应这种需要,可构成如图 9.18 所示的分程控制系统。

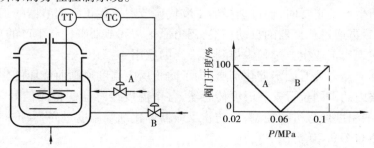

图 9.18　间歇反应器温度分程控制系统

该系统中,选 A 阀为气关阀,控制冷水流量;B 阀为气开阀,控制蒸汽流量,温度调节器 TC 为反作用调节器。

9.4　选择性控制系统

9.4.1　概　述

通常过程控制系统只能在生产工艺处于正常情况下进行工作。但在实际生产过程中，对控制系统提出了更高的性能要求，要求设计的过程控制系统不但能在正常生产的情况下克服外来扰动，实现平稳操作，而且还需考虑事故状态下安全生产，保证产品质量。当生产操作离开安全极限时，控制系统应有一种应变能力，能采取一些相应的保护措施，促使生产操作离开安全极限，返回到正常情况；或是使生产暂时停止下来，以防止事故的发生或进一步扩大。

然而，在现代化生产中，生产过程的启停会造成很大的经济损失。因此，开发了既能自动起保护作用而又不停车的所谓选择性控制系统。

选择性控制是把生产过程中的限制条件所构成的逻辑关系叠加到正常的自动控制系统上去的一种组合控制方法。即在一个过程控制系统中，设有两个调节器（或两个以上的变送器），通过高、低值选择器选出能适应生产安全状况的控制信号，实现对生产过程的自动控制。当生产过程趋于危险极限区，但还未进入危险区时，一个用于控制不安全情况的控制方案通过高、低选择器将取代正常生产情况下工作的控制方案，直至使生产过程重新恢复正常，然后，又通过选择器使原来的控制方案重新恢复工作。这种选择性控制系统又被称为自动保护系统（或称为软保护系统），也称为取代控制系统。

选择性控制系统的特点是采用了选择器。选择器可以接在两个或多个调节器的输出端，对控制信号进行选择；也可以接在几个变送器的输出端，对测量信号进行选择，以适应不同生产过程的需要。根据选择器在结构中的位置不同，选择性控制分为以下两种：

（1）选择器位于调节器的输出端，对调节器输出信号进行选择的系统

图 9.19 所示这种选择性控制系统的主要特点是：两个调节器共用一个调节阀。其中正常调节器在生产正常情况下工作，取代调节器处于待命备用状态。在生产正常情况下，两个调节器的输出信号同时送至选择器，选出正常调节器输出的控制信号送给调节阀，实现对生产过程的自动控制。当生产不正常时，通过选择器由取代调节器取代正常调节器的工作，直到生产情况恢复正常，然后再通过选择器的自动切换，仍由原正常调节器来控制生产的正常进行。该选择性控制系统在现代工业生产过程中得到了广泛的应用。

在固定床反应器内装有固定催化剂层，为了防止反应温度过高而烧坏催化剂，在反应器内固定催化剂床层内的不同位置安装温度传感器，各个温度传感器的检测信号一起送到高值选择器，选出最高的温度信号进行控制，以防止反应器催化剂层温度过高，保护催化剂层的安全，其控制系统框图与图 9.20 类似。

（2）选择器位于调节器之前，对变送器输出信号进行选择的系统

图 9.19 所示选择性系统的特点是：几个变送器合用一个调节器。通常选择的目的有两个：一是选出最高或最低测量值，二是选出可靠测量值。

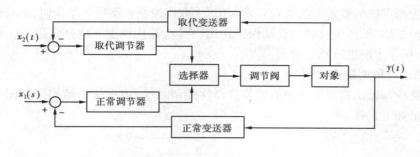

图 9.19　选择性控制系统

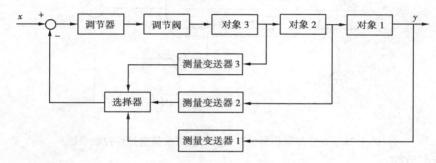

图 9.20　选择性控制系统

9.4.2　选择性控制系统设计

选择性控制系统设计包括调节阀气开、气关形式的选择,调节器控制规律及其正、反作用方式的确定,选择器的选型以及系统调节器参数整定等内容。

(1)调节阀气开、气关形式的选择

根据生产工艺安全要求来选择调节阀的气开、气关形式。

(2)调节器控制规律的选取及其正、反作用方式的确定

在选择性控制系统中,有两个调节器即正常调节器和取代调节器。对于正常调节器,由于有较高的控制精度要求,同时要保证产品的质量,所以应选用 PI 控制规律,如果过程的容量滞后较大,可以选用 PID 控制规律;对于取代调节器,由于在正常生产中开环备用,仅要求其在生产将出问题时能迅速、及时地采取措施,以防止事故发生,所以一般选用 P 控制规律即可。对于两个调节器的正、反作用方式,可完全按照单回路控制系统设计原则来确定。

(3)选择器的选型

选择器是选择性控制系统中的一个重要组成环节。正常与取代两调节器的输出信号同时在选择器中进行比较,其被选取的信号作用于调节阀,以实现对生产过程的自动控制。选择器有高值选择器与低值选择器两种。前者选出高值信号通过,后者选出低值信号通过。在选择器选型时,先根据调节阀的选用原则,确定调节阀的气开、气关形式;然后确定调节器的正、反作用方式,最后确定选择器的类型。在具体选型时,是根据生产处于不正常情况下,取代调节器的输出信号为高值或为低值来确定选择器的类型。如果取代调节器输出信号为高值时,则选用高值选择器,如果取代调节器输出信号为低值时,则选用低值选择器。

(4)调节器参数整定

在选择性控制系统调节器参数整定时,由于系统中两个调节器是轮换进行工作的,因此,

225

可按单回路控制系统的整定方法进行整定。但是,取代控制方案投入工作时,取代调节器必须发出较强的控制信号,产生及时的自动保护作用,所以,其比例度 δ 应整定得小一些。如果有积分作用时,积分作用也应整定得弱一点。

(5)系统设计原则应用举例

现有一氨冷却器出口温度与液氨液位选择性控制系统,该系统的结构图如图 9.21 所示。通过分析作出如下选择:

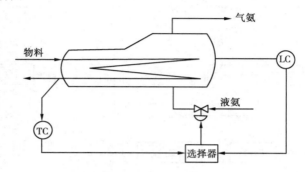

图 9.21　氨冷却器物料出口温度与液氨液位选择性控制系统

1)选择调节阀

为了防止液氨带液进入氨压缩机后危及氨压缩机的安全,调节阀应选气开式。这样一旦失去能源,调节阀处于关闭状态,不至于使液位不断上升。

2)调节器控制规律的选取

氨冷却器的作用是使物料通过它之后,经过换热使出口温度达到一定的要求,这里物料出口温度是工艺的操作指标。温度调节器是正常情况下工作的调节器,由于温度对象的容量滞后比较大,因此,温度调节器应该选择 PID 控制规律。系统中液位调节器为非正常情况下工作的调节器,为了在液位上升到安全限度时,液位调节器能迅速地投入工作,液位调节器应选为窄比例式的。

3)调节器正、反作用方式的确定

当选择器选中温度调节器的输出时,系统构成一单回路温度控制系统。在本系统中,当操纵变量(液氨流量)增大时,物料出口温度将会下降,故温度对象放大倍数的符号为“负”。因为调节阀已选为气开式,变送器放大倍数符号肯定也是“正”,所以,温度调节器选为正作用方式。

当选择器选中液位调节器的输出时,则构成一单回路液位控制系统。在该系统中,当液氨流量增大时,液氨液位将上升,故液位对象放大倍数符号为“正”。因此,液位调节器选为反作用方式。

4)选择器选型

由于液位调节器是非正常情况下工作的调节器,又由于它是反作用方式的,在正常情况下,液位低于上限值,其输出为高信号。一旦液位上升到大于上限值,液位调节器输出迅速跌为低信号,为了保证液位调节器输出信号这时能够被选中,选择器选低值选择器,以防止事故的发生。

9.4.3　积分饱和及其防止措施

在选择性控制系统中,由于采用了选择器,未被选用的调节器就处于开环状态。若调节器有积分作用,偏差又长期存在,则调节器的输出就会持续地朝一个方向变化,直至达到极限状态,这时就进入了积分饱和状态。如果在这种状态下,该调节器重新被选用,它不能迅速地从极限状态(即饱和状态)退出,控制系统不能及时地进行控制,系统质量和安全等性能都受到影响,甚至造成事故。积分饱和现象并不是选择性控制系统所特有的,只要符合产生积分饱和的三个条件(即调节器具有积分作用、调节器处于开环状况、调节器的偏差长期存在),系统都会发生积分饱和现象。这时,可采用限幅法、积分切除法或外反馈法的措施来加以克服。

9.4.4　应用案例

如图 9.22 所示为一个锅炉蒸气压力与燃气压力选择性控制系统的例子,其中燃料为天然气或其他燃料气。在锅炉运行过程中,蒸气负荷随用户的需要量而变化。在正常工况下,用调节燃料量的方法来实现蒸气压力的控制。燃料阀阀后压力过高,会产生脱火现象,可能造成生产事故;燃料阀阀后压力过低,则可能出现熄火事故。如果采用图 9.22 所示的蒸气压力与燃气压力自动选择控制系统,就能避免脱火和熄火事故发生。

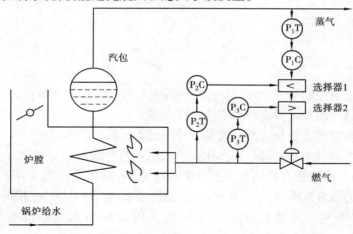

图 9.22　锅炉蒸气压力与燃气压力选择性控制系统

图 9.22 中燃气调节阀为气开式,P_1C 是蒸气压力调节器,在正常工况时工作,其输出信号用 a 表示;P_2C 是燃气压力调节器,在燃气阀压力过高(非正常工况)时工作,其输出信号用 b 表示;P_3C 也是燃气压力调节器,在燃气阀压力过低(非正常工况)时工作,其输出信号用 c 表示。调节器 P_1C、P_2C、P_3C 都为反作用方式。选择器 1 为低选工作方式,即从两个输入信号(调节器 P_1C、P_2C 的输出)a、b 中选最小值作为输出信号 e 送到选择器 2(高位工作方式);选择器 2 从两个输入信号(调节器 P_3C、选择器 1 的输出)c、e 中选最大值作为输出,去控制燃气调节阀的开度。

在正常情况下,蒸气压力调节器 P_1C 输出信号 a 小于燃气压力调节器 P_2C 输出信号 b,(低值)选择器 1 选择蒸气压力调节器 P_1C 的输出 a 作为输出 e 送到选择器 2,此时选择器 1 输出 $e = a > c$,选择器 2 从两个输入信号 c、e 中选最大值 e(蒸气压力调节器 P_1C 的输出 a)作为输出,去控制燃气调节阀的开度。这种情况下的选择性控制系统相当于一个以锅炉蒸气压力为被控参数,以燃气流量为控制变量的单回路控制系统。

当蒸气压力大幅度降低或长时间低于设定值,调节器 P_1C 的输出 a 增大,调节阀的开度也随之增大,导致燃气阀后压力增大,使燃气压力调节器(反作用)P_2C、P_3C 输出信号 b、c 减少。当调节器 P_1C 的输出 a 大于燃气压力调节器 P_2C 输出信号 b 时,(低值)选择器 1 选择调节器 P_2C 的信号 b 作为输出 e,送到选择器 2;选择器 2 从两个输入信号(调节器 P_3C、选择器 1 的输出)c、e 中选最大值 e(燃气压力调节器 P_2C 的输出 b)作为输出,去控制燃料调节阀,减小开度,是调节阀阀后压力下降,避免脱火事故飞发生,起到自动保护的作用。当蒸气压力上升,工况恢复正常,a<b 时,选择器 1 自动切换,蒸气压力调节器 P_1C 又自动投入运行。

当蒸气压力大幅度升高或长时间高于设定值,调节器 P_1C 的输出 a 减小,调节阀的开度也随之减小,导致燃气阀后压力减小,使燃气压力调节器 P_2C、P_3C 输出信号 b、c 增大。此时调节器 P_1C 的输出 a 小于燃气压力 P_2C 的输出信号 b,(低值)选择器 1 选择 a 作为输出 e 送到选择器 2;如果此时 e=a<c,选择器 2 从两个输入信号(调节器 P_3C、选择器 1 的输出)c、e 中选最大值 c(燃气压力调节器 P_3C 的输出 c)作为输出去控制燃料调节阀,以免调节阀阀后压力过低,熄火事故的发生,起到自动保护的作用。当蒸气压力下降,工况恢复正常,a>c 时,选择器 2 自动切换,蒸气压力调节器 P_1C 又自动投入运行,使锅炉系统恢复正常工作状态。

思考题与习题

9.1　什么是比值控制系统?常用比值控制方案有哪些?比较其特点。

9.2　设计比值控制系统时应解决哪些主要问题?

9.3　比值控制中的比值与比值系数是否是一回事?其关系如何?

9.4　在某生产过程中,要求参与反应的甲、乙两种物料保持一定比值。若已知正常操作时,甲流量 $q_1 = 7$ m³/h,采用孔板测量并配用差压变送器,其测量范围为 0 ~ 10 m³/h;乙流量 $q_2 = 250$ l/h,相应的测量范围为 0 ~ 300 l/h。试根据要求设计保持 q_2/q_1 比值的控制系统并求在流量和测量信号分别成线性和非线性关系时,采用 DDZ-Ⅲ 型仪表组成系统时的比值系数 K'。

9.5　为什么测量流量时需要对其进行温度、压力补偿?

9.6　同单回路控制、串级控制相比,比值控制系统的参数整定有何特点?

9.7　什么是均匀控制?常用均匀控制方案有哪几种?

9.8　试述设置均匀控制的目的与要求。

9.9　什么是分程控制?如何实现信号的分程?

9.10　在分程控制系统中,什么情况下选择同向动作的调节阀?什么情况下选择反向动作的调节阀?

9.11　在某化学反应器内进行气相反应,调节阀 A、B 用来分别控制进料流量和反应生成物的流量。为了控制反应器内压力,设计了题图 9.1 所示控制系统流程图。试画出其方框图,并确定调节阀的气开、气关形式和调节器的正、反作用方式。

9.12　人们在洗澡时,根据自己对水温的不同要求,可以分别控制题图 9.2 所示水管中的

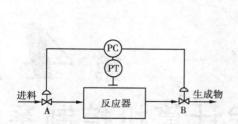

题图 9.1　反应器压力控制系统

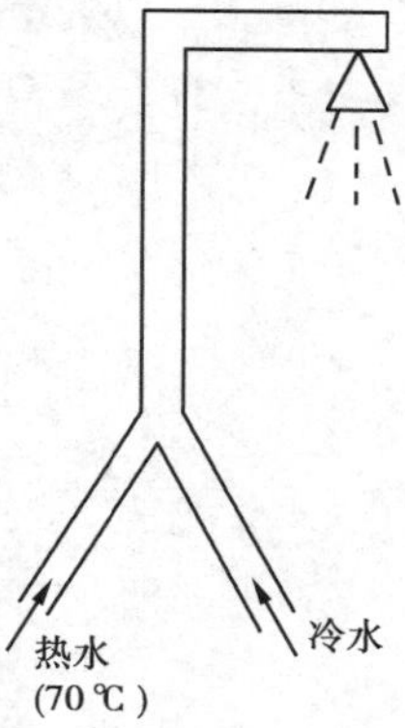

题图 9.2　温度控制

热水量和冷水量,即当感到水温太高时,控制冷水量;当水温太低时,控制热水量,以此来满足自己对水温的要求。试设计一个过程控制系统。

9.13　什么是选择性控制?试述常用选择性控制方案的基本原理。

9.14　系统为什么会出现积分饱和?产生积分饱和的条件是什么?抗积分饱和的措施有哪些?

9.15　对于如题图 9.3 所示的控制系统,要控制精馏塔塔底温度,手段是改变进入塔底再沸器的热剂流量,该系统采用 2 ℃的气态丙烯作为热剂,在再沸器内释热后呈液态进入冷凝液储罐。试分析:

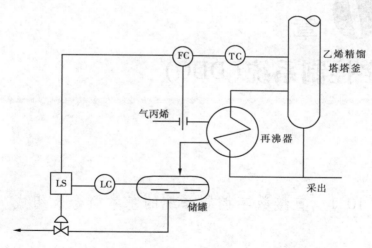

题图 9.3　精馏塔控制系统

①该系统是一个什么类型的控制系统?试画出其方块图;

②若储罐中的液位不能过低,确定调节阀的气开、气关形式;

③确定调节器的正、反作用方式;

④简述系统的控制过程。

第 **4** 篇
过程计算机控制系统

第 **10** 章
直接数字控制系统（DDC）

10.1 直接数字控制系统的基本概念及组成

直接数字控制系统简称 DDC（Direct Digital Control）系统，就是用一台计算机取代模拟控制器，并配置输入、输出通道而组成的计算机控制系统。它用数字形式的控制算法代替模拟信息的组合，用断续形式的计算机输出去控制调节阀与执行器，使被控量保持在设定值。

因为计算机运算速度快，可以分时处理多个控制回路，实现对多个系统的自动检测、运算和数字控制。直接数字控制系统的另一个优点是计算机运算能力强，很容易地实现各种比较复杂的控制规律，如串级控制、比值控制、选择性控制、前馈控制以及纯滞后补偿控制等。

DDC 系统对计算机可靠性的要求很高，这是因为若计算机发生故障会使全部控制回路失灵，直接影响生产，这是 DDC 系统的缺点。

DDC 系统由检测变送仪表、工业控制计算机、执行器和生产过程组成。工业控制计算机由四部分组成:CPU、存储器、通信外设以及与被控对象联系的过程输入、输出接口。输入、输出接口包括多路开关、信号预处理、A/D 接口、开关量输入接口和 D/A 接口、开关量输出接口以及信号转换、反多路开关等,图 10.1 是 DDC 系统的组成方框图。

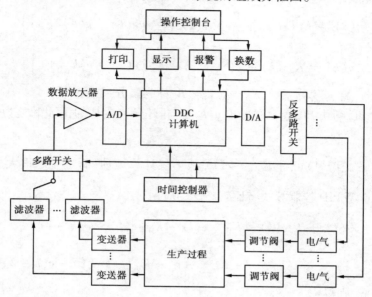

图 10.1 DDC 系统的方框图

DDC 系统的控制装置及输入、输出信号处理已在第 4 章作过介绍,这里从略。

10.2 直接数字控制系统的 PID 控制算法

PID 控制器是连续系统中技术成熟、应用最为广泛的一种基本控制器。它的结构简单,参数易于调整。PID 控制不要求被控对象的数学模型,控制效果好,在 DDC 系统中仍然得到广泛的应用。

10.2.1 PID 控制算法

对于模拟 PID 控制器,理想的 PID 其输出 $u(t)$ 与偏差 $e(t)$ 之间的表达式为:

$$u(t) = K_C \left[e(t) + \frac{1}{T_I} \int_0^t e(t)\,dt + T_D \frac{de(t)}{dt} \right] \tag{10.1}$$

式中,K_C、T_I、T_D 分别为模拟控制器的比例增益、积分时间、微分时间。

DDC 系统是采样控制,它只能根据采样时刻的偏差值计算控制量,因此,必须将式(10.1)离散化,表达成差分方程的形式。

令
$$\left. \begin{array}{l} \displaystyle\int_0^t e(t)\,dt \approx T_S \sum_{i=0}^k e(i) \\[3mm] \displaystyle\frac{de(t)}{dt} \approx \frac{e(k) - e(k-1)}{T_S} \end{array} \right\} \tag{10.2}$$

231

式中,T_s 为采样周期。

DDC 的理想 PID 算法有三种不同的表达形式。

（1）**位置型**

由式（10.1）和式（10.2）,可求得第 k 次采样时刻的 PID 输出为:

$$u(k) = K_C\left\{e(k) + \frac{T_S}{T_I}\sum_{i=0}^{k}e(i) + \frac{T_D}{T_S}\left[e(k) - e(k-1)\right]\right\} \tag{10.3}$$

或

$$u(k) = K_C e(k) + K_I\sum_{i=0}^{k}e(i) + K_D\left[e(k) - e(k-1)\right] \tag{10.4}$$

式中,$K_I = K_C T_S / T_I$ 称为积分系数,$K_D = K_C T_D / T_S$ 称为微分系数。

式（10.3）、式（10.4）中 PID 算式的输出 $u(k)$ 是与阀位一一对应的,因此称之为位置型输出。

（2）**增量型**

由式（10.3）、式（10.4）可看出,$\sum_{i=0}^{k}e(i)$ 项不仅计算烦琐,而且占用很大的内存,使用也不方便。目前增量型 PID 控制算式有比较广泛的应用。

由于

$$u(k) = K_C e(k) + K_I\sum_{i=0}^{k}e(i) + K_D[e(k) - e(k-1)]$$

则

$$u(k-1) = K_C e(k-1) + K_I\sum_{i=0}^{k-1}e(i) + K_D[e(k-1) - e(k-2)]$$

将上两式相减,则得:

$$\begin{aligned}\Delta u(k) &= u(k) - u(k-1)\\&= K_C[e(k) - e(k-1)] +\\&\quad K_I e(k) + K_D[e(k) - 2e(k-1) + e(k-2)]\end{aligned} \tag{10.5}$$

式（10.5）为前后两次采样输出之差称为增量型。即控制阀在接受此控制信号时,阀位应在原先的基础上改变多少。

（3）**速度型**

将增量型的输出 $\Delta u(k)$ 除以采样周期 T_S,即得 PID 算式输出的速度型:

$$\begin{aligned}v(k) &= \frac{\Delta u(k)}{T_S} = \frac{K_C}{T_S}[e(k) - e(k-1)] + \frac{K_I}{T_S}e(k) +\\&\quad \frac{K_D}{T_S}[e(k) - 2e(k-1) + e(k-2)]\\&= K_C\left\{\frac{1}{T_S}[e(k) - e(k-1)] + \frac{1}{T_I}e(k) +\right.\\&\quad \left.\frac{K_D}{T_S^2}[e(k) - 2e(k-1) + e(k-2)]\right\}\end{aligned} \tag{10.6}$$

PID 算式的速度型与直流伺服电机带动的执行机构的电机转动速度相对应。

由于 T_S 是常数,因此,增量型输出与速度型输出没有本质的区别。

以上位置、增量、速度型 PID 算式的一个共同特点是比例、积分和微分作用彼此独立,互不相关。这就便于操作人员直观地理解和检查各参数（K_C、T_I 和 T_D）对控制效果的影响。

DDC 系统 PID 输出形式究竟采用哪一种,要考虑执行器的形式和使用的方便。从执行器形式考虑:位置型输出除了可直接与数字式控制阀相连外,一般须经 D/A 转换器将二进制的数字量转换成 $1 \sim 5$ V(或 $4 \sim 20$ mA)的模拟量,并通过保持电路将其输出保持到下一采样周期的控制输出到来为止;增量型输出可通过步进电机等累积机构化为模拟量;而速度型输出则需采用积分式执行机构。从应用方面考虑:采用增量型和速度型,手动/自动切换都比较方便。因为它们从手动时的 $u(k)$ 出发,直接求取在投入自动时应该改变的控制量 $\Delta u(k)$ 或变化速度 $v(k)$,而且这两种算法不会产生积分饱和。目前,用得较多的仍然是采用步进电机作增量型控制。

10.2.2　PID 控制算法的改进

为了适应不同被控对象和系统的要求,改善系统控制品质,可在 DDC 理想 PID 控制算式的基础上作某些改进。

(1)数值积分的改进

从提高运算精度来说,改进数值求和的方法。在 PID 位置型算式中积分部分输出为:

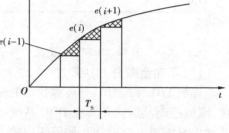

图 10.2　积分面积计算图

$$u_1(k) = \frac{K_C T_S}{T_I} \sum_{i=0}^{k} e(i) \tag{10.7}$$

$$= \frac{K_C}{T_I} \sum_{i=0}^{k} e(i) T_S$$

式(10.7)中 $\sum_{i=0}^{k} e(i) T_S$ 实际上是偏差变化曲线与时间轴所夹的面积,如图 10.2 所示。

从图 10.2 可看出,如果用 $\sum_{i=0}^{k} e(i) T_S$ 来求和,那么图中网格部分的面积就被丢失了,这对运算精度产生不利的影响,而且 $e(t)$ 曲线变化越陡,运算精度则越低。如果改用梯形面积求和的方法来代替,运算精度将会获得提高。即用 $\sum_{i=0}^{k} \frac{e(i) + e(i-1)}{2} T_S$ 代替 $\sum_{i=0}^{k} e(i) T_S$。

运用梯形求和方法后 PID 积分输出则为:

$$u_I(k) = \frac{K_C}{T_I} \sum_{i=0}^{k} \frac{e(i) + e(i-1)}{2} T_S = \frac{K_C T_S}{2 T_I} \sum_{i=0}^{k} [e(i) + e(i-1)] \tag{10.8}$$

用梯形法求和代替矩形法求和可以提高积分输出的精度,但是,需付出增大储存器容量和花费更多运算时间的代价。

(2)积分分离法

采用理想 PID 控制算法的 DDC 系统,在开停车或大幅度提降设定值时,由于短时间内出现的大偏差,在积分作用下,将引起系统过量的超调和不停的振荡。为此,可采取积分分离法。也就是在开始时取消积分作用,直至偏差小于一定值后才产生积分作用。这样,一方面防止了一开始有过大的控制量,另一方面即使进入饱和后,因积分积累小,也能较快退出,减少了超调。积分分离的控制算式为:

$$u_1(k) = \begin{cases} \dfrac{K_C}{T_I} \sum\limits_{i=0}^{k} e(i) T_S & |e(k)| \leqslant A \\ 0 & |e(k)| > A \end{cases} \tag{10.9}$$

A 为阀值。值得注意的是,为保证引入积分作用后系统的稳定性不变,在投入积分作用的同时,比例增益 K_C 应作相应变化(K_C 应减小),这可以在 PID 算式编程时予以考虑。图 10.3 表示具有积分分离 PID 算式的阶跃响应(见曲线 1),图中同时给出理想 PID 算式响应曲线 2,以供比较。

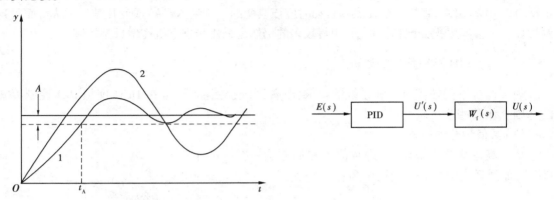

图 10.3　积分分离法　　　　　　　　　　图 10.4　不完全微分 PID 结构图

(3) 不完全微分 PID 算式

理想 PID 算式对具有高频扰动的生产过程,微分作用响应过于灵敏,容易引起控制过程振荡,降低控制品质。尤其在 DDC 系统,计算机对每个控制回路输出时间是短暂的,而驱动执行器动作又需要一定时间。如果输出较大,在短暂时间内执行器达不到应有的相应开度,会使输出失真。为克服这一弱点,同时又要使微分作用有效,可采用不完全微分的方法加以改善。也就是在 PID 运算环节后串联一阶惯性环节来实现,如图 10.4 所示。其中

$$W_f(s) = \frac{1}{T_f s + 1} \tag{10.10}$$

$$u'(t) = K_C\Big[e(t) + \frac{1}{T_I}\int_0^t e(t)\,\mathrm{d}t + T_D\,\frac{\mathrm{d}e(t)}{\mathrm{d}t} \Big]$$

$$T_f\,\frac{\mathrm{d}u(t)}{\mathrm{d}t} + u(t) = u'(t)$$

所以

$$T_f\,\frac{\mathrm{d}u(t)}{\mathrm{d}t} + u(t) = K_C\Big[e(t) + \frac{1}{T_I}\int_0^t e(t)\,\mathrm{d}t + T_D\,\frac{\mathrm{d}e(t)}{\mathrm{d}t} \Big] \tag{10.11}$$

将式(10.11)离散化,可得不完全微分位置型控制算式,即

$$u(k) = au(k-1) + (1-a)u'(k) \tag{10.12}$$

式中

$$a = \frac{T_f}{T_S + T_f}$$

$$u'(k) = K_C\Big\{ e(k) + \frac{T_S}{T_I}\sum_{i=0}^{k} e(i) + \frac{T_D}{T_S}[e(k) - e(k-1)] \Big\}$$

不完全微分也有增量型控制算式,即

$$\Delta u(k) = a\Delta u(k-1) + (1-a)\Delta u'(k) \tag{10.13}$$

式中，$\Delta u'(k) = K_C \left\{ \Delta e(k) + \dfrac{T_S}{T_I} e(k) + \dfrac{T_D}{T_S} \left[\Delta e(k) - \Delta e(k-1) \right] \right\}$

不完全微分速度型控制算式为：

$$v(k) = av(k-1) + (1-a)v'(k) \tag{10.14}$$

式中，$v'(k) = K_C \left\{ \dfrac{1}{T_S} \Delta e(k) + \dfrac{1}{T_I} e(k) + \dfrac{T_D}{T_S^2} \left[\Delta e(k) - \Delta e(k-1) \right] \right\}$

理想 PID 算式和不完全微分 PID 算式在单位阶跃输入时输出的控制作用有所不同，如图 10.5 所示。图中理想 PID 算式中的微分作用只在第一个采样里起作用，而且作用很强。而不完全微分算式的输出在较长时间内保持微分作用，因此可获得更好的控制效果。

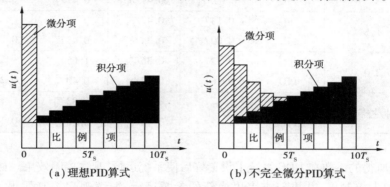

图 10.5　理想 PID 与不完全微分 PID 算式输出响应

10.3　数字式 PID 控制器的参数整定

与模拟控制器参数整定不同，数字式 PID 控制器的参数整定必须考虑采样周期 T_S 的影响。因为 DDC 系统的控制品质不仅与对象的动态特性和 PID 控制算式的参数 K_C、T_I 和 T_D 有关，还与采样周期 T_S 有关。下面介绍两种 DDC 系统 PID 参数整定的方法。

10.3.1　扩充临界比例度法

扩充临界比例度法是以模拟控制系统的临界比例度法为基础的一种离散 PID 参数整定方法。其具体步骤如下：

①选择一足够短的采样周期 T_{smin}。所谓足够短，就是采样周期选择为对象纯滞后时间 τ 的 1/10 以下。

②将 DDC 系统在纯比例作用下运行，逐步加大比例增益 K_C(缩小比例度 δ)，使系统产生等幅振荡，记录此时的比例度 δ_k 及振荡周期 T_k。

③选择控制度，并根据表 10.1 计算相应规律的控制器参数 K_C、T_I 和 T_D 及采样周期 T_S。

控制度的定义是 DDC 控制系统与相应的模拟控制系统的过渡过程误差平方面积之比。

$$\text{控制度} = \frac{\left[\min \int_0^\infty e(t)^2 \mathrm{d}t \right]_{\text{DDC}}}{\left[\min \int_0^\infty e(t)^2 \mathrm{d}t \right]_{\text{模拟}}} \tag{10.15}$$

当控制度为 1.05 时,DDC 控制与模拟控制的效果相当。当控制度为 2 时,DDC 控制效果比模拟控制差一倍。从提高 DDC 系统控制品质出发,控制度可选得小些,但从系统的稳定性看,控制度宜选大些。

表 10.1　扩充临界比例度法 PID 参数计算公式

控制度	控制规律	T_S	K_C	T_I	T_D
1.05	PI	$0.03T_k$	$0.55/\delta_k$	$0.88T_k$	—
	PID	$0.014T_k$	$0.63/\delta_k$	$0.49T_k$	$0.14T_k$
1.2	PI	$0.05T_k$	$0.49/\delta_k$	$0.91T_k$	—
	PID	$0.043T_k$	$0.47/\delta_k$	$0.47T_k$	$0.16T_k$
1.5	PI	$0.14T_k$	$0.42/\delta_k$	$0.99T_k$	—
	PID	$0.09T_k$	$0.34/\delta_k$	$0.43T_k$	$0.20T_k$
2.0	PI	$0.22T_k$	$0.36/\delta_k$	$1.05T_k$	—
	PID	$0.16T_k$	$0.27/\delta_k$	$0.40T_k$	$0.22T_k$
模拟控制器	PI	—	$0.57/\delta_k$	$0.83T_k$	—
	PID	—	$0.70/\delta_k$	$0.50T_k$	$0.13T_k$

④将查表所得的参数在 DDC 系统上设置好后使系统运行,观察控制效果。如系统稳定性欠佳,可适当地加大控制度,并重新查表更换新的参数运行,继续观察控制效果,直至达到满意为止。

10.3.2　扩充响应曲线法

采用扩充响应曲线法时,要预先通过实验测定系统对阶跃输入的响应曲线,以此确定出广义对象的等效纯滞后时间 τ 和等效时间常数 T 以及它们的比值 T/τ,其余步骤与上述扩充临界比例度法相同,查表 10.2,即可求得 K_C、T_I、T_D 及 T_S 的整定数值。

扩充响应曲线法相对于扩充临界比例度法的优点在于系统无须在闭环下运行,只需在开环状态下测得它的阶跃响应曲线。

表 10.2　扩充响应曲线法 PID 参数计算公式

控制度	控制规律	T_S	K_C	T_I	T_D
1.05	PI	0.1τ	$0.84T/\tau$	3.4τ	—
	PID	0.05τ	$1.15T/\tau$	2.0τ	0.45τ
1.2	PI	0.2τ	$0.73T/\tau$	3.6τ	—
	PID	0.16τ	$1.0T/\tau$	1.9τ	0.55τ
1.5	PI	0.5τ	$0.68T/\tau$	3.9τ	—
	PID	0.34τ	$0.85T/\tau$	1.62τ	0.65τ
2.0	PI	0.8τ	$0.57T/\tau$	4.2τ	—
	PID	0.6τ	$0.6T/\tau$	1.5τ	0.82τ
模拟控制器	PI	—	$0.9T/\tau$	3.3τ	—
	PID	—	$1.2T/\tau$	2.0τ	0.4τ

思考题与习题

10.1　什么是 DDC 直接数字控制系统？

10.2　DDC 控制系统主要包括哪些部分？

10.3　何谓数字滤波？常用的数字滤波有哪几种？

10.4　DDC 控制系统的 PID 算式有哪几种表达形式？试对它们的优缺点进行比较。

10.5　何谓积分分离？它有什么作用？

10.6　不完全微分是怎么一回事？

10.7　DDC 控制系统常用的参数整定方法有哪几种？

10.8　如何用扩充临界比例度法整定 DDC 控制系统的参数？

10.9　说明如何用扩充响应曲线法整定 DDC 控制系统参数？

第**11**章
分散型控制系统

11.1 概　述

11.1.1 分散型控制系统的发展

分散型控制系统（Distributed Control System，简称 DCS），又称分布式控制系统或集散系统，它是 20 世纪 70 年代中期发展起来的以微处理器为核心的新型计算机控制系统。DCS 是计算机技术、控制技术、通信技术和显示技术（即 4C 技术）相结合的产物，它不仅具有过程控制、信息管理和操作显示的功能，而且还有很强的数据通信能力，它是实现生产过程综合自动化的先进的工具和手段。

自 1975 年 12 月美国 Honeywell 公司正式推出了世界上第一个分布式控制系统 TDC-2000 以来，世界各国各大公司纷纷研制生产分散型控制系统，软件和硬件功能不断加强。目前，世界上已有十几个国家共 60 多个厂家推出各自开发生产的分散型控制系统。表 11.1 列举了国内外生产的部分分散型控制系统。

分散型控制系统自 20 世纪 70 年代推出以来，性能和结构不断完善，已被广泛地应用于冶金、纺织、石油、化工、电力、食品等工业部门，且具有广阔的发展前景。其发展大致经历了三个阶段：

①1975—1980 年为诞生期。此时的 DCS 通信系统是一种初级局部网络，全系统由一台上位机控制，对各单元的访问采用轮询的方式，连续控制和顺序控制分别由不同的控制器实现。这一时期的典型系统有 Honeywell 的 TDC-2000，Foxboro 的 Spectrum 和 Bailey 公司的 Network-90 等。

②1980—1985 年为成熟期。这期间随着各种高新技术、特别是信息处理技术和计算机网络技术的飞速发展，一方面是硬件和软件技术不断更新，例如，采用专用的高性能芯片、高分辨力的 CRT 和掩模式控制盘，不断地提高软件的水平，加强系统的自检功能，开发各类大、中、小型具有数、模混合的顺序控制功能的集散系统；另一方面开发了高一层次综合信息管理系统，以适应企业发展的需要。这一时期的典型系统有 Honeywell 的 TDC-3000、Westing House 的

WDPF、日本横河公司的 CENTUM A. B. D 等。

表 11.1 世界各国生产的分散型控制系统

国　家	生产公司	系统名称
美国	HONEYWELL	TDC3000
	Foxbore	I/A
	Rosemount	RS-3
	Tailer Instrument	MOD-300
	Bailey Controls	NETWORK-90
	Westing House	WDPF
	Fisher Controls	PROVOX-PLUS
	Leeds & Northrup	MAXI
	Fischer & Porter	DCI-4000
	Beckman Instruments	MV-8000
	Moore products	MYCRO-Ⅱ
	ABB	Advant OCS
日本	横河	YEWPACK、CENTUM
	Yamatake-Honeywell	TDCS-30000
	日立	HIACS-3000
	东芝公司	TOSDIC
	富士电机	MICREX
	三菱电机	MACTUS
	岛津制作所	SIDAC
德国	Siemens	TELEPERM-M
	Hartmann & Braun	CONTRONIC-P
	Eckatdt	PLS-80
	Philips	PCS-8000
法国	Controle Bailey	MICRO-Z
英国	Kent Process Control	P-4000
	Gec	GEM-80
	Ferranti Computer	PMS
	Eurotherm	TCS-6000
加拿大	Sentrol	SAGE
	Willowglen	SCADA
瑞典	Saab-Scania	NAF-UNIVIEW
芬兰	Valmel	DAMATIC
瑞士	BBC	CONTTTROL
中国	和利时	HS2000
	浙大中控	SUPCON JX-300
	浙江威盛	FB-2000

③1985 年至今为扩展期。这期间 DCS 系统把过程控制、监督控制、管理调度更有机地结合起来,并继续加强断续控制功能,采用专家系统、MAP(Manufacture Automation Protocol)标准及表面安装技术。扩展期的 DCS 系统特点是综合化、开放化和现场级的智能化。

综合化包括纵向和横向两个方面。纵向综合化就是管理功能,包括从原材料进厂到生产设计、计划进度、质量检查、成品包装、出厂及供销等一系列信息的管理调度。横向综合化是过程自动化与顺序控制、电机控制相结合的计算机、仪表、电器综合的控制系统。

开放化是改变过去 DCS 各厂自成系统的封闭结构,组成一个连接规则标准化的开放系统网络,使来自不同制造厂家的设备进行灵活的互相通信。

现场级的智能化是指现场传感器或变送器的智能化,现场仪表可由现场通信器或系统工作站进行远程访问、组态、调零、调量程及自动标定。传感器输出的数字信号直接在现场仪表的通信网络上传递。

扩展期的典型系统如 TDC-3000UCN、CENTUM-XL 和 μXL 以及 I/A Series 等。I/A Series 智能自动化系列是美国 Foxboro 公司 1987 年推出的新一代 DCS。它的网络符合 MAP 规程,能与符合 OSA 标准模型的系统直接兼容。硬件部分移植了宇航技术新成就,选用微粒无引线元器件和软印刷线路板,采用表面安装技术新工艺,高密度组件板真空密封在机壳内,体积小、可靠性高。软件部分采用 UNIX 实时操作系统,除使用本公司软件外,还能使用 C、FORTRAN、PASCAL、BASIC 等高级语言作为编程工具。控制系统具有专家系统和人工智能的特点。

11.1.2 分散型控制系统的基本组成

分散型控制系统的品种繁多,但系统通常由过程控制单元、过程输入/输出接口单元、CRT 显示操作站、管理计算机和高速数据通路等五个主要部分组成。其基本结构如图 11.1 所示。

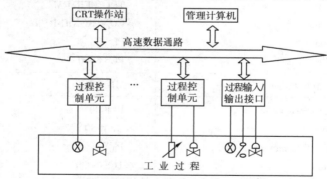

图 11.1　分散型控制系统的基本结构

(1)过程输入/输出接口

过程输入/输出接口又称数据采集装置(采集站),主要是为过程非控变量专门设置的数据采集系统,它不但能完成数据采集和预处理,而且还可以对实时数据进一步加工处理,供CRT 操作站显示和打印,实现开环监视,也可通过通信系统将所采集到的数据传送到监控计算机。在有上位机的情况下,它还能以开关量和模拟信号的方式,向过程终端元件输出计算机控制命令。为了减轻通信系统的负担,通常采用"非正常情况报告"的传送方式,由过程接口单元自身对采集的数据进行预处理和存储。

(2)过程控制单元

过程控制单元又称现场控制单元或基本控制器(或闭环控制站),是分散型控制系统的核心部分,主要完成连续控制、顺序控制、算术运算、报警检查、过程 I/O、数据处理和通信等功能等。该单元在各种分散型控制系统中差别较大:控制回路有 2 ~ 64 个;固有算法有 7 ~ 212 种,各类型 PID、非线性增益、位式控制、选择性控制、函数计算、多项式系数、Smith 预估等;工作周期为 0.1 ~ 2 s。

(3)CRT 操作站

CRT 操作站是分散型控制系统的人机接口装置,一般配有高分辨率、大屏幕的彩色 CRT、操作者键盘、工程师键盘、打印机、硬拷贝机和大容量存储器。操作员可通过操作者键盘在 CRT 显示器上选择各种操作和监视用的画面、信息画面和用户画面等;控制工程师或系统工程师可利用工程师键盘实现控制系统组态、操作站系统的生成和系统的维护。

(4)高速数据通路

高速数据通路又称高速通信总线、公路等,实际是一种具有高速通信能力的信息总线,一般采用双绞线、同轴电缆或光导纤维构成。为了实现分散型控制系统各站之间数据的合理传送,通信系统必须采用一定的网络结构,并遵循一定的网络通信协议。

早期,各家公司的分散型控制系统都采用专门的通信标准或通信协议,没有任何两个系统可以兼容互连,这为用户使用系统或进一步扩展系统带来了诸多不便。为此,国际上各标准化组织,如国际电工委员会(IEC)、国际标准化组织(ISO)、美国电子电气工程师协会(IEEE)、工厂自动化协议集团(MAP 集团)等都为不同层次网络制定了相应的标准。

分散型控制系统网络标准体系结构为:最高级为工厂主干网络(称计算机网络级),负责中央控制室与上级管理计算机的连接,采用 MAP、ETHERNET、ISO8802.4 宽带通信网;第二级为过程控制网络(称工业过程数据公路级),负责中央控制室各控制装置间的相互连接,能支持集中智能、分散智能、分级智能及其组合的控制系统;最低一级为现场总线级,负责安装在现场的智能检测器和智能执行器与中央控制室控制装置间的相互连接。

(5)上位计算机

上位计算机又称管理计算机,它功能强、速度快、存储容量大。通过专门的通信接口与高速数据通路相连,可综合监视系统的各单元,管理全系统的所有信息。也可用高级语言编程,实现复杂运算、工厂的集中管理、优化控制、后台计算以及软件开发等特殊功能。

11.1.3　分散型控制系统的特点

(1)采用微机智能技术

分散型控制系统采用以微处理器为核心的"智能技术",凝聚了计算机的最先进技术,成为计算机应用最完善、最丰富的领域。这是集散控制系统有别于其他系统装置的最大特点。

分散型控制系统中的现场控制单元、过程输入/输出接口、CRT 操作站以及数据通信口等均采用16 位或 32 位微处理器,有记忆、数据运算、逻辑判断功能,可以实现自诊断、自检测等"智能"。它们几乎能简便地使用软件、硬件实现所有控制、运算、管理的功能。

(2)采用分级递阶结构

分散型控制系统采用分级递阶结构,是从系统工程出发,考虑系统功能分散、危险分散、提高可靠性、强化系统应用灵活性、降低投资成本、便于维修和技术更新等优化选择而得出的。

分级递阶结构通常分为四级:第一级为现场控制级,根据上层决策直接控制过程或对象;第二级为优化控制级,根据上层给定的目标函数或约束条件、系统辨识的数学模型得出优化控制策略,对过程控制进行设定点控制;第三级为自适应控制级,根据运行经验,补偿工况变化对控制规律的影响,维持系统在最佳状态运行;第四级为工厂管理级,其任务是决策、计划、管理、调度与协调,根据系统总任务或总目标,规定各级任务并决策协调各级任务。

(3)丰富的功能软件包

分散型控制系统具有丰富的功能软件包,它能提供控制运算模块、控制程序软件包、过程监视软件包、显示程序包、信息检索和报表打印程序包等。

应用软件模块化后,用户只需根据系统设计的要求进行组态,就能达到程序设计的目的。分散型控制系统组态有两种方法:功能模块法和用高级语言进行程序设计。控制功能模块的连接方式通常是菜单法或填表法等;常用的高级语言有 C、FORTRAN、BASIC、LADDER(梯形)逻辑语言及专用控制语言,如顺序和批量控制语言 SABL、BATCH 90 等。

(4)采用局部网络通信技术

分散型控制系统的数据通信网络是典型的局域网。当今的分散型控制系统都采用了工业局域网技术进行通信,传输实时控制信息,进行全系统综合管理,对分散的过程控制单元和人机接口单元进行控制、操作管理。信道传输速率可达 5 ~ 10 Mbit/s,响应时间仅为数百微秒,误码率低于 $10^{-8} \sim 10^{-10}$。大多数分散型控制系统的通信网络采用光纤传输,通信的安全性和可靠性大大地提高,通信协议向标准化方向发展。

采用先进局域网技术是分散型控制系统优于模拟仪表控制系统和计算机直接数字控制系统(DDC)的最大特点之一。

(5)强有力的人机接口功能

随着微处理器的迅速发展,操作站中 CPU 广泛地采用 32 位微处理器,处理速度大大地加快;随着人机工程学不断发展,易操作性大大地提高;随着 CRT 显示技术的不断发展,可以显示更丰富的画面。

目前,每个操作站可监视的工位号达 16 000 个,趋势点达 2 300 个,流程图 300 ~ 400 个,每幅画面有 200 个数据,96 个图像,彩色 CRT 有 16 种颜色显示,带触摸式、跟踪球或鼠标器操作画面,带有窗口功能,分级报警功能,全画面可在 1 s 内调出显示,通常有总貌显示、报警汇总、操作编组、点调整、趋势编组、趋势记录点、操作指导信息、流程图等画面。用户根据需要,在流程图画面上还可以组态各种窗口,如报警、趋势、仪表图、过程变量、辅助变量等窗口。还有丰富的打印输出功能、电子音响报警功能、语音输出功能、系统维护功能等。

(6)采用高可靠性的技术

通常,系统的可靠性用平均无故障时间间隔(MTBF)和平均故障修复时间(MTTR)来表征。目前大多数集散控制系统的 MTBF 达 50 000 h 以上,MTTR 一般只有 5 min 左右。

保证高可靠性,首先是硬件的工艺结构可靠。集散控制系统使用高度集成化的元器件,采用表面安装技术,大量使用 CMOS 器件减小功耗,并且在很高的水准上对每个元部件进行一系列可靠性的测试等。

保证高可靠性的另一个重要技术就是冗余技术。集散控制系统中各级人机接口、控制单元、过程接口、电源、控制用 I/O 插件均采用冗余化配置;信息处理器、通信接口、内部通信总线、系统通信网络均采取冗余化措施。

保证高可靠性还采用容错技术来保证软件的冗余。集散控制系统采用故障自检、自诊断技术,包括符号检测技术、动作间隔和响应时间的监视技术、微处理器及接口和通道的诊断技术、故障信息和故障判断技术等。

11.1.4　分散型控制系统的展望

目前,分散型控制系统向着两个方向发展。一个是向着大型化的计算机集成制造系统(CIMS)、计算机集成过程系统(CIPS)发展,另一个是向着小型化的方向发展。

(1) 系统的硬件

分散型控制系统硬件的发展与半导体集成技术、数据存储技术、通信技术等高新技术的发展有着密切的关系。

分散型控制系统的主机系统将采用工作站;系统的结构将是客户机/服务器(Client/Server)的结构;系统的通信网络将是开放系统的网络,现场总线是集散控制系统向着全数字化系统发展的结果,也是集散控制系统向下开放的产物,它为系统的互操作性提供了基础,是系统开放的一个重要的方面;PLC 系统和 DCS 系统不断地互相渗透,两个领域最终可能达到完全的融合。

(2) 系统的软件

分散型控制系统的软件与系统的硬件相适应。软件系统的发展与图形处理技术、显示技术、控制技术等高新技术的发展有着密切的关系。

①多任务多用户的 UNIX 操作系统将会被改进,使它的实时性更好,应用更方便。在操作系统软件上采用优先级中断、压缩技术等来提高操作系统的实时性。

②引入人工智能。主要表现在采用智能变送器、智能控制算法及管理和调度等优化软件包。

③以 WINDOWS 为主的图形处理软件将被应用在分散型控制系统中,可使大量的数据以不同的方式显示,便于操作人员监视和操作。

④交互式关系数据库的应用。

(3) 标准化

标准化与开放系统有密切关系,系统是开放的,则系统将是符合标准协议的。

在标准化工作中,可操作性和互连性将是重要的两个方面。通信系统的标准化将会使用户得益。用户将可选用符合标准的制造厂产品,而不必再考虑能否与现有系统连接,能否与现有系统进行数据通信等问题。

目前,在硬件方面,机架的标准化、板件的标准化已在进行。与外部设备的连接信号的标准也已确认。基本的通信协议已为多数厂商认可。在软件方面,采用 UNIX 操作系统和 WINDOWS 窗口技术已为广大的制造商和用户认定。但在不少方面,各制造商还在各走各的路,国际公认的标准还未建立。

根据上述的发展方向,各 DCS 制造厂商已推出了各自符合开放系统要求的产品,例如,Foxboro 公司 I/A S50 系列系统;Honeywell 公司的 TDC-3000^x(Total Plant 系统);ABB 公司的 Advant500 系列系统;横河公司的 CENTUM-CS 系统;Fisher-Rosemount 公司的 RTM/1 系统;Needs & Northrup 公司的 MAX1000 系统;Moore 公司的 APACS 系列系统等。

11.2 分散型控制系统的组成

11.2.1 分散型控制系统的功能划分

现场控制站、操作员站、工程师站是集散系统的基本组成部分,起到"集中监视和集中管理,分散控制"的作用。由于操作员站和工程师站的硬件结构基本相同,因此,在一些小的集散系统中,可适当地扩大操作员站的硬件容量,将缩小了的工程师站的功能与操作员站的功能合到一起,不再设专门的工程师站,以达到简化系统的目的。现场控制站、操作员站、工程师站在功能上有明显的区别,下面将分别予以说明:

(1)现场控制站功能

现场控制站是完成对过程现场 I/O 信号处理,并实现直接数字控制(DDC)的网络节点,主要功能有三个:

①将各种现场发生的过程量(流量、压力、液位、温度、电流、电压、功率以及各种状态等)进行数字化,并将这些数字化后的量存放在存储器中,形成一个与现场过程量一致的、能一一对应的、并按实际运行情况实时地改变和更新的现场过程量的实时映像。

②将本站采集到的实时数据通过网络送到操作员站、工程师站及其他现场 I/O 控制站,以便实现全系统范围内的监督和控制,同时,现场 I/O 控制站还可接收由操作员站、工程师站下发的信息,以实现对现场的人工控制或对本站的参数设定。

③在本站实现局部自动控制、回路的计算及闭环控制、顺序控制等,这些算法一般是一些经典的算法,也可下装非标准算法、复杂算法等。

(2)操作员站功能

1)显示

这是操作员站的基本功能,它与键盘一起,完成各种画面的切换和显示,所显示的画面有:

①工艺流程和控制画面 能按工艺流程显示系统整体或局部的设备、控制点和监视点,并能由键盘方便地切换,以显示不同的画面。

②报警提示画面 包括报警一览和整体观察画面。报警一览能显示未被确认的报警信息,包括工位号、图页号等。整体观察则能将该工位的工况全部显示出来,并能分辨出该工位是否报警。

③控制回路画面 能分组显示系统中全部参数控制回路的工况,以取代常规仪表控制回路的工况显示。当选择单回路显示时,还可调整回路的设定参数。

④过程趋势画面 能画出过程参数随时间变化的曲线。它又分为当前趋势和历史趋势两种,当前趋势是从某一时刻到现在时刻的变化曲线,历史趋势是过去某一时段内的变化曲线。

⑤提示信息画面 能按顺序将已定义的工况逐条在屏幕上显示,例如,"第 1 号料仓装料已满"等。

⑥记录和表格画面 能按照用户定义的格式将待输出的记录数据或表格显示在屏幕上,起到监视输出的作用。

2）操作

操作员站具有很强的操作能力,用来管理系统的正常运行。这些操作都与画面显示相结合,可借助功能键来完成,从而大大地方便操作人员。这些操作可以分为:

①功能键　定义操作键盘上有若干个功能键供用户定义,定义完成后,触摸该键即可完成指定功能。例如,定义画面组号、画面展开号、操作命令等。

②回路状态修改　在调出控制回路图后,可利用键盘修改回路的设定值和 PID 参数。

③画面调用和展开　利用功能键或别的键调出指定画面组,并可展开而得到指定范围的画面。

④过程报告　含过程状态报告、历史事件报告和报警信息报告。过程状态是指控制回路的信息和状态,可以通过检索号有选择地报告。历史事件是指过去某一段时间内的过程信息,它们都以一定的格式显示和存储。报警信息可显示系统内的异常情况并由操作员确认。

⑤信息输出　信息包含过程状态信息、顺序信息、报警信息及与操作有关的信息。这些信息都编有信息号供检索用。输出方式有打印机打印、存入硬磁盘保存等,对图形和曲线有硬拷贝输出功能。

（3）工程师站的功能

1）系统组态功能

系统组态功能用来生成和变更操作员站和现场控制站的功能。其内容为填写标准工作单,由组态工具软件将工作单显示于屏幕上,用会话方式完成功能的生成和变更。组态又可分为操作站组态、现场控制站组态和用户自定义组态三种。

操作站组态从系统生成开始,包括操作站的规格指定、站的组成指定、信号点数指定及其他一些共同的规定;然后定义操作站的标准功能,如画面编号、工位号、信息编号、标准功能键定义等站内自身的标准信息;最后定义用户指定的规格,如某些功能键、指定画面、报表格式等。

现场控制站组态用来生成和变更站内反馈控制功能、顺序控制功能和报警功能等。不同厂家的集散系统提供不同类型的控制站,对这些控制站都提供专用的组态软件供选用,例如 CENTUM 系统通常配有四种控制站的组态软件。

集散系统中有些专用功能要由用户定义,例如,流程画面生成、画面分配和报表等。这些在标准组态时只定义规格,具体内容由用户借助于组态工具软件自行组态。

2）系统测试功能

测试功能用来检查组态后系统的工作情况,包括对反馈控制回路的测试和对顺序控制状态的测试。反馈控制测试是以指定的内部仪表为中心,显示它与其他功能环节的连接情况,从屏幕上可以观察到控制回路是否已经构成。顺序控制测试可以显示顺控元件的状态及动作是否合乎指定逻辑,而且,可显示每一张顺控表的条件是否成立,并模拟顺控的逻辑条件,逐步检查系统动作顺序是否正常。

3）系统维护功能

系统维护是对系统作定期检查或更改。例如,改变打印机等外围设备的连接,更改报警音频及将生成的组态文件存盘等。硬件维护有磁头定期清洗、建立备用存储区及磁头复原锁定等。

4）系统管理功能

它主要用来管理系统文件。一是将组态文件（如工作单）自动加上信息,生成规定格式的文件,便于保存、检索和传送;二是对这些文件进行复制、对照、列表、初始化或重新建立等。

11.2.2　分散型控制系统的硬件

(1)现场控制单元(FCU)

现场控制单元(FCU)通常也称现场控制站,它的功能是分散地实现过程数据的采集与实时控制。它包括对过程输入/输出数据的扫描、检测与处理,过程数据的保持与存储;用最新采集的信息更新数据库,保持面向过程的功能库;输入信号经某一算法处理后产生控制输出信号传送给执行设备;对各报警条件的扫描监测等。因此,其结构是许多功能分散的插板、插板箱,各箱又分层地插入机柜。

现场控制单元(控制站)是以微处理器为基础的基地式控制装置,它为分散型控制系统提供了直接对过程的调节控制功能,除常规的连续控制外,还可实现顺序控制、算术及逻辑运算。FCU 通过自己的过程接口与过程的信号变送器或过程信号转换器(SC)相连,实现信号的输入和输出转换;通过存放在存储器中的一整套算法功能模块,可方便、灵活地实现用户提出的各种控制方案;通过通信控制模块可与操作站交换信息进行人机对话;采用可靠的硬件和冗余结构等安全措施可保证其不间断地工作,使 MTBF 达上百年之久。

FCU 控制算法的组态,即控制方案的构成由操作站或上位机来实现。

现场控制单元(FCU)一般远离控制中心,安装在靠近过程区的地方,可消除长距离传输的干扰。

尽管不同厂家生产的 FCU 的结构、点数、控制回路数不同,所采用的微处理器以及能实现的控制算法的多少也不同,但各厂家设计生产的 FCU 均离不开以下几个方面:供电电源、信号输入/输出转换、存储器、控制算法、通信控制、冗余结构等。这些类似于计算机系统设计,但应对其安全及可靠性予以重视,下面分别予以介绍:

1)机柜

实现上述 FCU 各功能的硬件(插板)安装在由多层机架组成的机柜中。该机柜一般安放在远离中央控制室的靠近过程区的附近,应考虑其工作环境条件:温度、湿度、震动、灰尘等。

2)供电电源

分散型控制系统由直流稳压电源供电,在每一机柜内的设备集中供电。常用的是 5 V、±12 V直流电源。有时这些电源由集中供电的 24 VDC 分压、稳压得到。有些系统采用开关电源、磁心变压器。所有这些电源都来自 110 V 或 220 VAC 的交流电网。

为了保证现场控制单元安全可靠地工作,提供良好的供电电源系统是十分必要。根据不同的情况,可采用不同的解决电源扰动的办法。

首先,如果最大的扰动是由附近设备的开关引起的,最好采用超级隔离变压路。这种特殊结构的变压器在初级、次级线圈中有额外的屏蔽层,能最大限度隔离共模干扰。

其次,若系统有严重的电流泄漏问题,引起暂时的电压降低情况,应引入电网调整器(Line Conditon)。当初级电压在一定范围内变化时,保持次级电压的相对稳定。较经济的电网调整器可用铁磁共振的饱和隔离变压,这些还包括超级隔离变压器的屏蔽技术,使其与电网安全隔离,抑制开关噪声,调整适应初级电压变化。

第三,如果有较严重的停断电现象,就必须采用不间断电源(UPS)。它包括电池、电源充电器及直流-交流逆变器。来自电网的交流电首先与 UPS 电源输入相接,然后 UPS 电源的输出与现场控制单元相接。平时,电网给电池充电,并给 FCU 等插板供电。当有断电发生时,电池经逆变给 FCU 等插板供电。只要停断电时间不超过 UPS 电源所允许的限额,现场控制单元就会正常工作。

另外,为了进一步提高可靠性,大多数都采用冗余电源结构。采用主、副两组电源,由两路交替供电,一路出现故障时,切换到另一路。

总之,良好的供电系统是 FCU 正常工作的前提。必须引起重视。

3)信号输入、输出 I/O 插板

来自过程对象的被测信号通过输入插板进入现场控制单元,然后按一定的算法进行数据处理,并通过输出插板向执行控制设备送出调节或报警等信息。常见的输入、输出插板主要有:开关量输入插板(8 点、16 点、32 点)、开关量输出插板(8 点、16 点、32 点)、开关量输入/输出混合插板、模拟量输入插板(8 路、16 路)、模拟量输出插板(8 路、16 路)、模拟量输入/输出混合插板。

①输入信号种类

FCU 输入插板能接受三种形式的信号:

a. 标准电平模拟输入信号,即与过程变量相对应的 1~5 VDC 电压信号、4~20 mADC 电流信号。这种输入信号是大多数厂家采用的公用标准的模拟信号。

b. 输入信号是低电平的模拟信号,通常是毫伏范围,例如,来自热电偶或热电阻温度计的信号,以及来自涡轮流量计的可达 3 000 Hz 的脉冲信号等。这些信号必须转换成 1~5 V 标准电压信号。有些厂家提供的 FCU 本身就配有这种转换电路,而有许多厂家不提供这些电路,由用户自己另行解决。

c. 输入信号是数字(开关)信号,它将以电压形式出现在输入端,通常是 110 V(220 V)交流或 24 V 直流电。它们来自继电器触点、按钮开关以及接近开关等。

②模拟输入信号变换

模拟输入信号为了适于电路处理,必须进行转换。对于低电平输入信号,必须变成 1~5 V 标准信号。另外,大部分过程信号必须进行线性化处理。

为了消除干扰、抑制噪声,输入电路必须配有数字隔离器,等效于模拟电路的阻容滤波器等。

③模数转换

直流电压表示的模拟信号必须转换成二进制形式才能被数字计算电路所接收,为此,所有分散型控制系统大都包括模/数(A/D)转换部分。

A/D 转换器件很多,转换方式也多,如斜坡式、双积分式、逐次比较式,还有很多是电压/频率转换式,在一些现场控制插板以及单回路调节器中,也有很多用 12 位 A/D 转换,在软件的控制下,采用反馈编码逐次比较的方式。

④信号输出

现场控制单元作为特殊目的微处理器,它的计算结果产生的输出信号是以数字量的形式存放于输出寄存器中。

在数字量输出中,输出寄存器的每一位经放大后与特殊输出端子相连,将驱动专用晶体管电路,从而产生 24 V 直流或 110 V(220 V)交流电压输出信号,最终驱动电磁阀、继电器等开关。

在模拟量输出中,采用 D/A 转换器将输出寄存器中的二进制信号变换成模拟信号,经端子板输出。对现场控制单元,CPU 执行的是控制算法,经 D/A 输出的是控制信号,直接送执行机构;对于过程接口单元,CPU 执行的是测量算法,经 D/A 转换后输出的是模拟测量信号,送记录仪或其他相应仪表。

4)运算电路主机插板

运算电路主机插板也称主机板,是现场控制单元的核心,它包括 CUP、存储器、寄存器等。通常,各种功能的印刷电路模板(输入/输出模板、主机板等)分插在机箱的插座内。该机箱的底板也由印刷电路板制成,含有模板间交换信息的内总线及与现场总线联系的外总线。它可完成反馈控制、顺序控制、算术运算等功能。

在现场控制单元中有一定量的存储区,一部分是永久存储区,另一部分是可寻址的存储区。在永久存储区中存有计算机程序指令、控制常用的功能算法子程序。可寻址的存储区大部分用作组态区。在这个存储区内被置入操作数、常量、上下限报警值、输入/输出的编址以及其他所有计算机应用的特殊信息。

为了保证掉电时存储器中能保持数据不丢失,配备掉电保护电路是十分重要的。现在几乎所有厂家均提供掉电保护功能,可使数据在掉电后长达一年之久不丢失。

每一现场控制单元采用分时处理方式,根据组态的不同,对不同的回路完成不同的测量或控制。

5)信号的接线

在分散型控制系统中,接线有两种:一种是软接线(Soft Wiring),另一种是硬接线(Hard Wiring)。按组态要求,将各种功能算法用程序连接起来的过程称为软接线,这是分散型控制系统与模拟仪表不同的特点之一,而将实体的硬设备通过电缆连接起来的过程就是硬接线。

为了将来自过程现场的测量信号输入现场控制单元,或将控制量、报警等控制信号由现场控制单元送出,就必须采用合适的电缆线将现场控制单元与现场的输入、输出设备连接起来。

通常,所有的硬接线都是经过端子实现的。端子可以分布在为输入、输出服务的印刷电路板上,通过薄金属片将端子和插座的引脚相接,插入插座的电缆把输入/输出信号与电路相接,端子可以作为连接电路的印刷电路板的一部分,安装在机柜的背面上。另一种方法是采用专用的端子机柜。专用电缆将这种机柜的端子与分散型控制系统现场控制单元的输入/输出板的插座相接。

双绞线和屏蔽线常用于模拟信号与现场控制单元的连接。220 V(或 110 V)交流供电线和 24 V 直流供电线不必绞合和屏蔽。任何情况下,交流和直流接线不能分布在同一接线槽内,至少离开 20 cm。另外,大多数厂家需要信号接线只有一个系统接地,防止产生环路电流而引入不真实的干扰电压。

(2)操作接口

为了便于过程全面协调和监控,实现过程状态的显示、报警、记录和操作,分散型控制系统必须提供相应的操作接口,通常称操作站。其主要功能是为系统的运行操作人员提供人机界面,使操作人员通过操作站及时了解现场状态、各运行参数的当前值、是否有异常情况发生等。具体可分为操作、监视功能、数据处理功能及系统诊断功能几大类别。另外,具有操作记录打印、报警打印、报表打印、数据存储等功能。而且,操作站还可用于系统生成、调试和维护。

典型操作站包括以下几个部分:主机系统、显示设备、键盘输入设备、信息存储设备、打印输出设备。

操作站设置在控制室里,在显示由各个控制单元送来的过程数据的同时,对控制单元发出改变设定值、改变回路状态等控制信息。

1)显示设备

CRT 显示器是分散型控制系统重要的显示设备。通过串行通信接口及视频接口与微机通信,在 CRT 屏上直观地显示数据、字符、图形,通过系统的软件和硬件功能,随时增减、修改和变换显示内容,它是人机对话的重要工具,是操作站不可缺少的组成部分。

在 CRT 上显示输出的主要内容有:

①生产过程状态显示;

②实时趋势显示;

③生产过程模拟流程图显示;

④报警显示;

⑤关键数据常驻显示;

⑥检测及控制仪表模拟显示;

⑦数据及报表生成。

2)键盘输入设备

键盘和 CRT 有着同等重要的作用,是人机联系的桥梁和纽带。操作人员除了使用键盘和轨迹球实现显示画面的调用、翻页滚动外,更重要的功能是通过这些输入设备实现对现场的调节与控制,如对控制回路在线进行调整、启动或中止某个控制回路,甚至手工调节某个回路或控制某个现场设备动作。上面这些操作,多是通过 CRT 上的模拟图形及模拟调节钮、模拟按键实现的。

键盘和 CRT 是不可分的,它们一般都放在控制台上。

3)信息存储设备

目前,分散型控制系统中常用的信息存储设备有:半导体存储器和磁盘存储器。磁盘存储器又分为软盘存储器和硬盘存储器。软盘存储器容易操作、易于存放和便于携带,但存储容量小,而硬盘存储器存储容量大,读写速度快。

4)打印输出设备

为了提供永久的、可供多数人阅读的信息记录,打印机是分散型控制系统不可少的输出设备,用于打印报警的发生和清除情况,记录过程变量的输入、输出,组态状况的调整及数据信息的拷贝。通常一个系统配备两台打印机:一台用于记录报警点和突发事件,另一台用作生产记录。目前,打印机主要有针式打印机、喷墨打印机、激光打印机三大类。

11.2.3　分散型控制系统的软件

分散型控制系统融计算机技术、网络通信技术和自动控制技术为一体,因此,在它的产生和发展过程中吸取和借鉴了上述学科技术的优点,特别是在软件方面。目前世界上各大仪器仪表和控制设备制造公司所推出的分散型控制系统,在软件方面也迅速地更新换代,各家产品在功能分配上和系统配置上也不相同,各具特色。但就其整体来说,它的系统软件和应用软件与它的硬件结构相对应,可分成三个大部分:

（1）**工业控制计算机部分**

工业控制计算机部分包括存储设备、显示设备、外围接口、通信接口等。这部分的软件配置作为计算机软件技术相对来说是比较成熟的。它具有实时多任务操作系统、系统公用程序（如编辑程序、连接装配程序、运行程序）及各种软件工具等；各种高级语言如 BASIC、C、FORTRAN、PASCAL 等。并在此背景下开发出相应的软件包，如采用彩色显示器来设计、监视和执行控制系统的计算机辅助绘图程序包；从一个菜单驱动程序修改、验证组态和监视系统的文本程序包；使用梯形逻辑来设计逻辑和顺序控制系统的梯形逻辑程序包；使用选择功能编码或者功能顺序来控制系统的组态工作图表程序包；观察和存储数据，在一个图形格式上观察数据，或者把数据装载到一个延伸表程序中去的工具程序包；把现行数据直接提供给一个延伸表的数据表程序；以及用于信息检索和报表打印的程序包等。

（2）**通信网络部分**

通信网络部分包括计算机的通信接口、控制设备的通信接口、网络匹配器和通信线路等。这部分的软件配置主要是网络软件，各个公司的产品设计也各不相同，有的称为高速通道（high way）或高速门（high gate），有的称为工厂通信环路（Plant Communication Loop）。

（3）**工业控制和生产过程控制设备部分**

工业控制和生产过程控制设备部分包括可编程序控制器、可编程序调节器、多路模拟量输入接口、多路数字量输入和输出接口等；各个公司的产品配置和组成更是各具特色。与这部分相应的软件可分成两大类：一类是采用高级语言编制控制程序，这要求系统应用人员要熟悉系统的硬件，且具有一定的程序设计能力，随着分散型控制系统的发展将逐步地被取代；另一类是使用梯形逻辑语言（Ladder Logic Programming）和选择功能编码（Selected Function Code）或功能顺序表（Function Sequence Table）的方法来编制控制程序，这种方法简单易行，不要求应用人员具有软件编程能力，只要了解工艺过程和早已熟悉的继电器控制逻辑以及产生过程的调节方法，就能够方便地操作分散型控制系统。

11.3 分散型控制系统的通信网络

11.3.1 概述

为了实现"分散控制、集中监视和管理"，分散型控制系统在各现场控制站与操作员站之间要建立信息交换通道。这些通道和各计算机站的总体就构成一个计算机网络。这个网络有下列特点：

（1）**实时性**

它应能及时地传送现场过程信息和操作管理信息。与一般的信息管理网不同，它的响应时间应为 $0.01 \sim 0.5$ s，有的信息存取时间甚至要小于 10 ms。

（2）**高可靠性**

信息的传送是在生产过程中进行的，信息传送的正确与否直接关系到产品的质量和设备以及人身的安全，错误传递信息将会带来重大经济损失，甚至造成机毁人亡的恶果，因此，要求通信正确率达 100%。由于大多数生产过程是连续进行的，信息传送不能中断，这就对通信可靠性的要求更为苛刻。

（3）高抗干扰能力

网络在工业现场架设,环境相当恶劣,有来自各方面的干扰,如电源干扰、雷击干扰、电磁干扰等,网络必须采取多种抗干扰措施,确保通信可靠。

（4）网络结构的层次性和开放性

分散型控制系统网络的层次结构已日益清晰。底层为数据总线（网）,而随着现场总线的开发和应用,独立的底层网正在形成。中层是以数据高速公路为代表的区域网,这是目前分散型控制系统的主流网络。上层是管理信息网,其特点是传送管理信息,不直接参与过程运行。网络的开放性也十分重要,除了网内允许自由增减信息站外,还要有扩展以及与其他网络相连的能力。

11.3.2　分散型控制系统的网络形式

分散型控制系统一般采用两种基本的网络形式:主-从形式和同等-同等形式。

图 11.2 所示称为主-从系统。其中主机一般都是智能设备,为微型计算机或大型工作站,称之为主站。它承担处理网络设备之间的网络通信指挥任务。其中,从机或称从属设备,多指现场智能变送器、可编程控制器、单回路调节器以及各种现场控制单元插板等。在主-从系统中,网络中主站的程序设计采用独立访问每个从属设备的方式,来实现主设备和被访问的从属设备之间的数据传送,而从属设备之间不能够直接通信。如果需在从属设备之间传送信息时,必须首先将信息传送到网络主站,由主站充当中间桥梁的作用。在确定了传送对象后,主站再依次把该信息传送给指定的从属设备。这种主-从系统具有整体控制网络通信的优点。缺点是整个系统内的通信全部依赖于主站,因此,这类系统往往要采用辅助的后备网络主站,以便在主机发生故障时仍能保证网络正常运行。

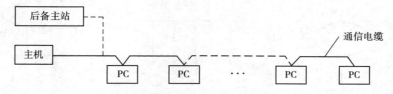

图 11.2　主-从设备的通信网络（PC 为从属站）

同等-同等系统不采用主站控制网络方式。相反,每个网络设备都有要求使用且控制网络的权力,能够发送或访问其他网络设备的信息,如图 11.3 所示。这类网络通信方式往往称为接力式或令牌式系统。因为网络的控制权力可以看作是一个设备到另一个设备的依次接力或令牌式地传递。这种系统的优缺点正好与主-从系统相反,由于每个网络设备都有权控制网络的数据通信,那么控制权该由哪个设备占用,占用多长时间以及网络上通信的类别等,这些实现起来既复杂又困难。其优点是一个或几个设备发生故障时,并不影响整个通信网络的正常运行。

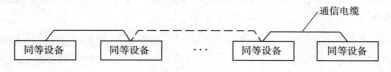

图 11.3　同等-同等设备之间的通信网络

11.3.3 通信网络的组成

通信网络主要由两部分组成:传输电缆(或其他媒介)和接口设备。传输电缆有同轴电缆、屏蔽双绞线、光缆等;接口设备通常称为链路接口单元,或称调制解调器、网络适配器等。它们的功能是在现场控制单元、可编程控制器等装置或计算机之间控制数据的交换、传送存取等。在一般情况下,接到网络上的每个设备都有一个适配器或调制解调器,系统只有通过这些单元、调制解调器或适配器才能将多个网络设备连接到网络通信线路上。由于网络必须设计成在恶劣的工业环境中运行,所以,调制解调器都规定在特定的频率下通信,以便最大限度地减少干扰造成的传送误差。数据通信控制的典型功能包括误码检验、数据链路控制管理以及与可编程控制器、控制单元或计算机之间的通信协议的处理等。

11.3.4 通信网络的物理拓扑结构

分散型控制系统的网络物理拓扑结构分为星形、树形、环形、总线形和复合形五种,如图11.4所示。

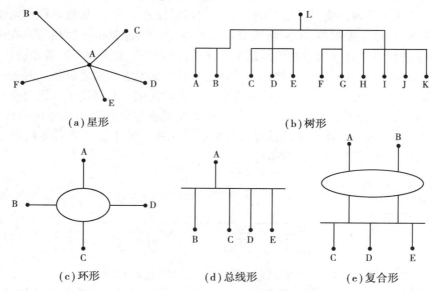

图 11.4 通信网络的物理拓扑结构

图(a)所示为星形网络结构,属于主-从形式的网络系统。网络中各主、从站之链路专用,传输效率高、通信简单,便于程序集中研制与资源共享,但各主站承担全部信息的协调与传输、负荷大,系统对主站的依赖性大。主站一旦发生事故,系统通信立即中断。

图(b)所示为树形网络结构,适用于分级管理和控制系统。与星形结构相比,由于通信线路总长度较短,故成本低,易推广,但结构较星形复杂。网络中除叶节点及其连线外,任一节点或连线的故障均影响其所在支路网络的正常工作。

图(c)所示为环形网络结构,网的首尾连成环形。网络信息的传送是从始发站经过其余各站最后又回到始发站。数据传输方向既可单向也可双向,环形网络结构简单,挂接或摘除处理设备较容易,但是,若节点处理器或数据通道有障碍时会影响整个系统。

　　图(d)所示为总线型网络结构。在这种结构中,所有节点通过接口连接到一条通道(总线)上,每个节点发送的数据可以同时被所有节点所接收,但是,每个节点只接收本节点的目的地址的数据。所以,每次只允许一台设备发送数据。这样就需要按一定介质(通常有双绞线、同轴电缆和光导纤维等)、访问方法来决定哪一个节点占有网络。

　　总线网络的结构简单,系统可大可小,易于扩展。若某一设备发生故障,不会影响整个系统。这种结构是目前广泛应用的一种形式。

　　在一些规模较大的集散系统中,为了提高其实用性,常常将几种网络结构合理地组合起来运用于一个系统中,充分发挥其长处。图(e)所示为环形网络与总线网络的复合结构。

　　网络拓扑的形状与信息传输速率有关,星形网有中心节点,所有信息的传送都要通过中心节点,故传输速率较低,环形网中信息是逐点传送,传输速率也受影响,树形网则可实现多路传输,速率就高。

11.3.5　网络的控制

　　网络上的每个节点都有权请求占用传输介质来发送信息,但一条传输介质在某个时刻只能由一个节点占用,否则,必然出现通信失误,网络无法正常工作。这就提出了网络的控制问题,即如何安排各个节点提出的占用介质的请求,使信息传送有序进行。网络控制有两种方法:

　　(1)集中控制

　　集中控制即指定某个节点负责管理各节点的占用请求,由它来选择哪个节点占用介质发送信息。这种方法的好处是:

　　①控制质量高,不会出现争抢现象,可提供通信的优先级服务等。

　　②控制功能集中在该中心节点,其他节点的控制逻辑大大地简化,只要在安排的占用时间内发送或接收信息即可。

　　但这种方法也存在一些缺点,如:

　　①对中心节点要求高,使其结构复杂。

　　②通信可靠性集中在中心节点,使危险性增加。

　　③数据和信息都要经过中心节点,它可能成为数据流量的瓶颈。

　　这种方法比较适用于星形网络,在其他网络中已很少应用。

　　(2)分散式控制

　　它不设中心节点来管理各节点的请求,而由各节点按一定的规则轮换上网,传送信息。目前使用的规则有下列两种:

　　1)带碰撞检测的载波侦听多路访问规则

　　该规则缩写为 CSMA/CD,这是一种争用规则。网上的每个节点当需要发送信息的时候都可以争用传输介质,但若同时要求占用的节点超过一个,它们发送的信息就会发生碰撞,发送无效。为避免无效发送,就规定当节点要求占用介质时,先侦听介质上有无正在传送的信息,这被称为载波侦听。如果介质空闲,就可发送信息,如果不空,则继续侦听,等待介质空闲。这样,如果发生碰撞,也只能在介质空闲的时间发生,这个时间只是信息发送完毕后等待接收端回音的一段延迟时间,这段时间相对很短,因此,发生碰撞的次数大大地减少。但此时存在另一问题,即一旦真的出现碰撞,则两个节点的信息都不能传到接收端,直到下一个延迟时间为止。这相当于这一段时间的传输介质没有被利用。解决的方法是增加碰撞检测,即节点发送信息时又将网上信息接收回来,与发送信息比较,如果相同,表示未发生碰撞,继续发送信息,如果不相同,则停止发送,让出介质给另一个节点使用,使介质得到充分利用。节点争取占用介质的这种方法就称为 CSMA/CD。

显然,CSMA/CD 是一种争用方式,谁能争用到介质没有固定的安排,有一定的随机性。这种网络控制方法的优点是算法简单、成本低、可靠性高。缺点是节点占用介质的时间不固定,实时性差,同时,对碰撞检测技术要求较高。这种方法适合于管理信息的传送,如 Ethernet 网中就用 CSMA/CD。在分散型控制系统中常用在上层信息管理网,IEEE802 标准中也已收入。

2)令牌传送规则

令牌(Token)是一组特定的二进制码,作为有权占用介质的标志。令牌在网中各节点间按次序轮流传递,形成循环。节点在接到令牌的某一时段内有权占用介质,时段结束时交给下一个节点,周而复始。每个节点都可定时占用介质,发送信息。

令牌传送协议可以有效地利用网络能力,防止信息冲突,同时,节点占用介质的顺序可以设定和调整,便于安排优先顺序,具有信息吞吐量大和实时响应特性好的优点,使它在工控网络中得到普遍地应用。分散型控制系统的中层控制网几乎都采用令牌分配方式。

11.3.6 网络通信协议

随着通信网络规模的扩大和功能的加强,对通信文本的组织有了规范化的要求。如果不按照一定的规范编制文本,接收端就难以分辨或区分传送的信息并难以加以利用。这种规范就称为通信协议。

集散系统中采用的通信协议有 IEEE802 标准、MAP 标准和 PROWAY 标准等。其中应用最多的是 IEEE802 标准,这几种标准和开放系统互连(OSI)模型的对照关系见表 11.2。

表 11.2 几种标准协议比较

协议\层数	OSI 模型	MAP	PROWAY	IEEE802
第七层	应用层	应用层	端点用户层	
第六层	表示层		网络可寻址部件服务层	
第五层	会话层	数据流控制层		
第四层	传输层	传输层	传送控制层	
第三层	网络层	网络服务层	通路控制层	
第二层	数据链路层	数据链路层	数据链路层	逻辑链路\媒体访问
第一层	物理层	物理层	物理层	物理层

(1)IEEE802 标准

IEEE802 标准的组成如图 11.5 所示。结构上它对应于 OSI 模型的数据链路层和物理层。因为局域网中信息交换量不大,多数是点与点之间的通信,因此,网络层的功能很简单,可以由数据链路层完成。

254

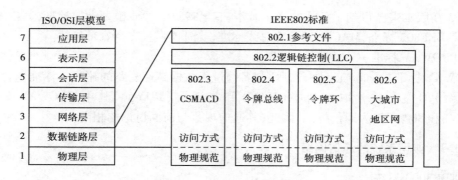

图 11.5　IEEE802 标准组成

IEEE802 标准又将逻辑链路层分成两个子层：逻辑链路控制（LLC）和介质存取控制（MAC）。其中 LLC 子层的功能有：

①提供相邻层之间的逻辑接口。

②在发送端，将数据装配成帧，加上地址和校验码。在接收端，拆卸数据帧，核对地址和校验码，取出数据。

③增加对点到点的通信进行管理所需的逻辑功能，即连接控制。

④对同一 LLC 子层，提供四种 MAC 方式，集散系统中选用的有 CSMA/CD 方式、令牌总线方式和令牌方式。

MAC 子层协议视访问方式不同有相应的子标准，子标准的内容为：

①为 LLC 子层提供的服务规范。

②MAC 标准，这是子标准的核心，它规定了数据帧结构和对介质存取控制的具体规定。

③与传输介质无关的物理层规范，规定了物理层与 MAC 子层的接口标准及向它提供的服务。

④与传输介质有关的物理层规范，规定了物理层与介质的接口、介质的物理特性及在介质上传送的信号电气特性。

（2）MAP 协议

MAP 协议是美国针对制造业通信网络制定的标准。它将美国国家标准局（NBS）对工业企业的分层模型与 OSI 协议模型对应起来，如图 11.6 所示。MAP 协议的分层规范基本与 OSI 模型一致。目前有几种不同的 MAP 标准如下：

①Mini MAP　它只保留物理层、数据链路层和应用层，取消了一些中间层，主要用于设备间的通信。

②增强型 MAP　它处于 MAP 的中层，向上接近全MAP，向下可接 Mini MAP。

③全 MAP　它可分成 OSI 模型的七个层次，规范了从底层到最高层的通信标准。

④宽带 MAP　它本身是一个宽带主干道通信规范，往下可接其他 MAP 协议，其实时性不强，可用于公司级通信。

NBS模型	对应MAP
公司级	宽带MAP
工厂级	MAP
区域级	EPAMAP
单元/管理级	EPAMAP
设备级	MINIMAP
装置级	专业网络

图 11.6　NBS 模型与 MAP

MAP3.0 版本是已得到了公认的稳定版本,它已接近于 OSI 模型七层标准,其中的数据链路层采用 IEEE802 标准,MAC 则用令牌总线标准,实时性强且支持宽带传输。

(3)PROWAY 标准

PROWAY 标准是国际电工协会 IEC 命名的过程数据高速公路的缩写。标准包含三层:链路控制层(PlC)、介质存取控制层(MAC)和物理层(PHY)。其中 PROWAY C 选用了 IEEE802.2 和 802.4 作为通信标准,因此,其通信规范与前面讨论的相同。

11.3.7 典型系统的通信网络

(1)TDC3000 系统

TDC3000 有三种通信网络:局部控制网络、万能控制网络和数据高速通道。前两个都是局域网,通信特性相同。后者用来支持设备间点对点的通信及资源共享。

局部控制网络用两条冗余的同轴电缆作为传输介质,传输速率为 5 Mbit/s。通信协议采用 IEEE802 标准,介质存取方式为令牌总线,信息以帧方式传递。采用循环冗余校验码和重发纠错技术,以确保信息的安全传送。

每个网络最多可接 64 个模块,信息在 64 个模块上传送的时间最长约 0.42 s,最短为 1.8 ms,每个模块占用介质发送时间为 30 μs。

每个模块都有两个网络接口,对两条同轴电缆发送和接收信息,互为冗余。发送与接收电路采用变压器隔离方式。所采用的硬件和软件措施可保证网络通信的高速、可靠和安全。

(2)CENTUM 系统

CENTUM 系统有两种通信网络:用于控制级通信的 HF 总线和用于管理级通信的 SV-NET 总线。

HF 总线采用同轴电缆作为传输介质,传输距离为 1~2 km,也可经光适配器同光纤通信系统一起使用,传输距离可达 20 km。传输速率为 1 Mbit/s。通信采用 PROWAY 标准,介质存取方式为令牌总线。信息传送采用循环冗余码校验技术,确保安全传送。

每条 HF 总线可接 32 个模块,通信线路和接口等硬件均有双重化冗余配置,保证网络工作可靠。

SV-NET 总线与 HF 总线的区别是通信协议采用 MAP 标准,已在 5 层半上与 OSI 模型符合。传输速率为 10 Mbit/s,传送标准距离为 500 m,总线最多可接 100 个模块。其他技术性能与 HF 总线相同。

CENTUM 系统的两个总线可以直接构成两级计算机控制和管理系统,并可通过网桥与其他型号的计算机网络相连。

11.4　分散型控制系统的组态

11.4.1 分散型控制系统硬件组态

分散型控制系统的硬件组态是根据系统的规模及控制要求而进行的硬件选择,主要包括通信系统的选择、人机接口的选择、过程接口的选择、分散型控制系统与 PLC、PGC 及上位机的通信接口的选择、电源系统的选择、上位机及可编程序控制器的选择、集散控制系统控制单元的选择等。

分散型控制系统在进行硬件组态时,应综合考虑各方面的因素。首先要满足系统的控制要求,选择性能价格比最佳的配置;其次,应考虑 DCS 未来的发展趋势是朝着监控一体化的生产管理系统,即计算机集成制造系统(CIMS)的方向发展,故选择通信系统还应考虑在未来的 CIMS 中的位置;另外,还应考虑操作人员的易操作性、系统的易维护性等。

11.4.2　集散控制系统的应用软件组态

DCS 应用软件组态是在系统硬件和系统软件的基础上,将系统提供的功能块用软件组态的方式连接起来,以达到过程控制的目的。如一个模拟控制回路的组态,就是将模拟输入板与选定的控制算法连接起来,再通过模拟输出板将控制输出的结果送至执行器。

(1)应用软件组态的几种方式

1)直接在 DCS 上通过操作站组态

DCS 应用软件组态最好的方式是直接在 DCS 操作站上进行。

2)通过填写表格进行组态准备工作

在一般工程中,由于受工厂调试时间和施工现场条件的限制,用户并不能通过操作站直接进行组态。为此,DCS 生产厂家为用户提供了针对本系统的组态表,用户可以通过填写表格来进行组态准备工作。

3)利用 PC 机进行组态

利用 PC 机进行组态的仅仅是少数几个生产厂。这些生产厂为用户提供一套软件和转换设备,用户可以在 PC 机上模拟操作站进行软件组态,并将组态结果转换成 DCS 可以接收的编码。与填写表格相比,使用 PC 机可以缩短键入过程,为工厂调试赢得时间。

(2)应用软件的组态

应用软件的组态包括以下几个部分:

1)网络组态文件(NCF)组态

NCF 组态就是对一个系统操作环境和操作特性的定义,它包括单元名称组态、区域名称组态、操作站名称组态、LCN 节点组态、系统参数组态和卷目组态。

2)数据点组态

数据点组态就是将工艺过程数据点及系统内部数据点进行参数组态,其内容随系统构成和工艺过程以及控制要求的不同而不同。它一般包括:HG 数据点组态、逻辑块组态、应用模块数据点组态、计算机模块数据点组态、数据点分配及 PM 组态、UCN 网络数据点组态。

3)用户画面、自由格式报表和键定义组态

根据用户需求,采用图形生成器(编辑器)设计显示画面、表格及报表,并对键盘功能进行定义。它一般包括工艺流程、控制画面、报警提示画面、过程趋势画面、提示信息画面、记录与表格画面、生产和统计报表等,并能由键盘方便地切换,以显示不同的画面和完成不同的报表生成。

4)区域数据库和历史数据组组态

一般 DCS 数据库组态软件提供完整的数据库建立功能。数据库组态包括两个部分:数据原始记录输入或修改;数据库下装文件的生成。通过历史数据组态,可以指定哪些点的哪些参数需要保存历史数据,以及历史数据的记录精度和保存时间等信息。

5)控制算法组态

控制算法组态是指对分散型控制系统中控制器的功能模块的连接组合,是面向控制过程的。控制算法组态的特点是实现"软连接"。例如,用户要系统实现反馈控制回路,则用户首先要组态一个 PID 算法,定义输出、输入地址,对检测变量、控制变量作何种处理,并将此类有关信息写入存储器。这些信息将告诉系统如何运行,例如,规定系统的某些参数如增益、积分、微分时间常数、极限值及标准值等。这些与某种算法的特定应用有关的信息,通常存储在分散型控制系统的控制器中存储器的一个区域内,即数据库内。如果要用两个 PID 算法一起组成串级模式,则副 PID 算式的参考输入是由主 PID 控制算法的输出地址决定。这样,两个 PID 控制算法没有任何直接联系(如硬线连接),就实现了串级控制。控制算法组态就是实现控制器中软件模块的连接。每个软件模块都具有入口参数和出口参数,模块的连接要规定好某个模块的出口参数为另一个模块的入口参数。当需要实现高级控制算法时,如串级控制、比值控制、前馈控制等,用户就通过组态,先选择所需的软件模块进行系统内部软件"连接"。这种"软连接"有时也叫"软布线"。

控制算法组态一般采用两种方式:功能框表填充法和高级程序设计语言编程。框表填充法一般采用菜单提示问答填空,功能框表填充连接等非过程方式将组态信息装入控制器。该方法是各种分散型控制系统最常用的组态方法,其特点为简单明了,易懂易学。分散型控制系统采用的高级语言一般有 BASIC、FORTRAN、C、梯形逻辑控制语言和专用控制语言。这些高级语言是通过提供一些特殊专用语句来完成控制器中各软件模块的连接。这种组态方式不常用,它往往要求用户有一定的编程能力。

6)特殊控制功能程序的编制

为完成某些特殊功能,须采用高级语言,如 BASIC、FORTRAN、C 或专用控制语言编制所需的程序。该内容由命令处理菜单下的字处理软件完成。

总之,各分散型控制系统都有自己的组态方式,且都有一定的特点,因此,具体组态方式要根据使用者的需要来确定。

11.5 常见分散型控制系统(DCS)简介

11.5.1 Honeywell 公司的 TDC3000

1975 年 11 月 Honeywell 公司在世界范围内首先推出了第一套以微处理器为基础的分散控制系统 TDC2000,在此基础上,开发了开放性分散控制系统 TDC3000,该系统在世界范围内广泛地应用,销售市场居 DCS 制造厂之首,在我国仅次于横河的 CENTUM 系统,居第二位。

(1)TDC3000 系统构成

TDC3000 主干网络称为局部控制网络(Local Control Network,LCN),在 LCN 上可以挂接万能操作站(US)、历史模件(HM)、应用模件(AM)、存档模件(ARM)以及各种过程管理站(APM)与各种网关接口。TDC3000 的下层网称为万能控制网络(Universal Control Network,UCN),在 UCN 上连接各种 I/O 与控制管理站。为了与 Honeywell 公司老的产品 Data Hi-way

相兼容,在 LCN 上设有专门的接口模块,而在 Data Hi-way 上可以接有操作员站、现场 I/O 及控制站等。TDC3000 结构示意图如图 11.7 所示。

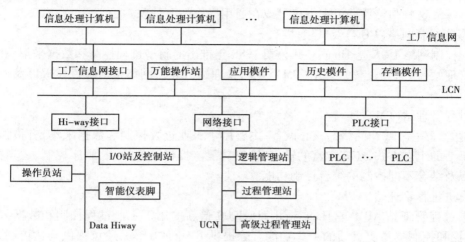

图 11.7　TDC3000 结构示意图

（2）TDC3000 系统主要组成

1）LCN 通信网络及其模件

①局部控制网（LCN 网）

局部控制网络用以支持 LCN 网络上模件之间的通信,遵循 IEEE802.4 通信标准,采用总线型通信网络,"令牌传送"协议。

②万能操作站（US）

万能操作站是 TDC3000 系统的主要人机接口,是整个系统的一扇窗口,由监视器和带有用户定义的功能键盘组成。具有三方面的功能:即操作员属性的功能（监测控制过程和系统）、工程师属性的功能（组态实现控制方案、生成系统数据库、用户画面和报告）和系统维护功能（检测和诊断故障、维护控制室和生产过程现场的设备、评估工厂运行性能和操作员效率）。

③万能工作站（UWS）

万能工作站是 TDC3000 系统的又一个人机接口,具有 US 的全部功能,主要是为工厂办公室管理设计的。

④应用模件（AM）

完成高级控制策略,从而提高过程控制及管理水平。应用模件通过最佳算法、先进控制应用及过程控制语言,执行过程控制器的监督控制策略。工程师可以综合过程控制器（过程管理站、高级过程管理站和逻辑管理站）的数据,完成多单元控制策略,进行复杂运算。

⑤历史模件（HM）

HM 是 TDC3000 系统的存储单元。其收集和存储包括常规报告、历史事件和操作记录在内的过程历史。作为系统文件管理员,提供模块、控制器和智能变送器、数据库、流程图、组态信息、用户源文件和文本文件等方面的系统储存库,完成趋势显示、下装批处理文件、重新下装控制策略、重新装入系统数据等功能。

⑥存档模件(ARM)

完成数据存取、数据分析功能。存档模件中所处理的数据包括连续历史数据、系统报表和ASC 文件等。这些归档数据可在微机上或在通用操作站上重现。

2)万能控制网络(UCN)及其模件

万能控制网络 UCN 是 Honeywell 公司 1988 年推出的新型过程控制和数据采集系统,由先进过程管理站(APM)、过程管理站(PM)、逻辑管理站(LW)、网络接口模件(NIM)及通信系统组成。

①过程管理站(PM)

过程管理站是 UCN 网络的核心设备,主要用于工业过程控制和数据采集,有很强的控制功能和灵活的组态方式,还有丰富的输入/输出功能。提供常规控制、顺序控制、逻辑控制、计算控制以及结合不同控制的综合控制功能。

②先进过程管理站(APM)

先进过程管理站 APM 是 Honeywell TDC3000 最新的用于工业过程控制和数据采集的工具,为监控和控制提供更灵活的 I/O 功能。除提供 PM 的功能外,还可提供马达控制、事件顺序记录、扩充的批量和连续量过程处理能力以及增强的子系统数据一体化。

③逻辑管理站(LM)

逻辑管理站(LM)是用于逻辑控制的现场管理站。LM 具有 PLC 控制的优点,同时 LM 在UCN 网络上可以方便地与系统中各模件进行通信,使 DCS 与 PLC 更加有机地结合,并能使其数据集中显示、操作和管理。LM 提供逻辑处理,梯形图编程,执行逻辑程序,与 LCN、UCN 中模件进行通信等功能,能构成冗余化结构。

(3)TDC3000 系统特点

1)开放性系统

TDC3000 系统局部控制网络 LCN、万能控制网络 UCN 通信与国际开放结构和工业标准的发展方向一致,实现了资源共享,实现了 DCS 系统与计算机、可编程序控制器、在线质量分析仪表、现场智能仪表的数据通信。

2)人机接口功能强化

TDC3000 系统采用了万能操作站(US),它是面向过程的单一窗口,采用了高分辨率彩色图像显示器技术、触摸屏幕、窗口技术及智能显示技术等,操作简单方便,功能强大。

3)过程接口功能广泛

TDC3000 系统过程接口的数据采集和控制功能范围非常广泛。它可以分散在一个或多个万能控制网络(UCN)、数据高速通道(DHW)上进行,也可以从其他公司的设备上获取数据。系统的控制策略包括常规控制、顺序控制、逻辑控制、批量控制等。控制生产的范围可以从连续生产到间歇生产。

4)工厂综合管理控制一体化

TDC3000 系统是一个规模庞大的系统,可以通过计算机接口与 DEC VAX 计算机相连,通过个人计算机接口或通用计算机接口与个人计算机相连,构成范围广泛的工厂计算机综合网络系统,实现先进而复杂的优化控制,实现对生产计划、产品开发及销售、生产过程及有关物质流和信息流进行综合管理,构成用计算机实现管理控制一体化的系统。

5）系统安全可靠,维护方便

TDC3000 系统广泛地采用容错技术、冗余技术。当一个模件发生错误或故障时,系统仍能继续运行;TDC3000 系统是积木化结构,实现功能分散,危险分散;TDC3000 系统中数据库提供了几个等级联锁保护,防止越权变更数据库;TDC3000 系统广泛采用自诊断、自校正程序、标准硬件和软件,通用性强,可在线维护。

11.5.2　和利时的 HS2000 系统

和利时自动化工程公司(原电子部六所华胜自动化工程事业部)于 1992 年自主开发设计成功了 HS-DCS-1000 系统。在此基础上于 1995 年底推出了升级版本 HS2000 分散型控制系统。HS2000 系统在可靠性和实用性方面尤具特色。该系统现已广泛地应用于我国石油化工、电力、玻璃、水泥、制药和冶金等工业控制系统,得到了我国广大用户的认可和支持。该系统不但用于普通工业生产装置的数据采集和实时检测,而且更多地应用于复杂的实时控制,甚至应用于安全性和可靠性要求非常高的 $3 \times 10^5 kW$ 和 $6 \times 10^5 kW$ 核发电机组控制中。

(1) HS2000 分散控制系统构成

HS2000 系统是分层分布式的大型综合控制系统。它通过三层数据网络将各种不同的设备挂接在一起,实现各部分信息共享和协调工作,从而完成综合控制与管理功能。系统的体系结构如图 11.8 所示。

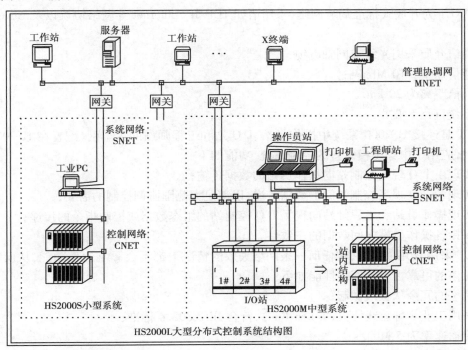

图 11.8　HS2000 分散型控制系统的体系结构

(2) HS2000 系统的基本构成单元

1）现场控制站

现场控制站主要由主控组件和辅助组件构成。主控组件包括主控模板、I/O 模板、系统电源模板、总线底板和插件箱。辅助组件除不包括主控模板外,其余部分和主控组件一样。现场控制站主要完成现场信号的输入、输出及回路的控制。一个现场控制站由一个主控组件及 0 ~ 3 个辅助组件构成。

2)操作员站

操作员站由工控机(IPC)及操作员站软件构成。它主要完成系统与操作员之间的人机界面功能,包括现场状态的显示、报警、报表及操作命令的执行等功能。

3)工程师站

工程师站由计算机及工程师组态软件构成。它主要完成 HS2000 系统的配置、控制回路组态及下装目标运行系统到操作员站和现场控制站的功能。工程师站中装载了操作员站软件后也可以作为操作员站使用。

(3)HS2000 **系统的网络结构**

HS2000 系统为三层网络结构,每层网络完成特定的功能:

1)管理协调网络 MNET

MNET 为 HS2000 系统的最高一级网络,配置在 HS2000L 大型系统中,其功能如下:

①完成不同装置之间的协调控制、数据通信;

②企业内多组装置的管理数据通信;

③大型工业过程不同部分间的协调控制;

④MNET 为开放式标准局域网络,采用诸如 TCP/IP、Ethernet 等网络协议以及 Novell 网络结构;

⑤通信介质采用光纤或同轴电缆;

⑥通信速率≥10 Mbit/s;

⑦通信距离为 20 km。

2)系统网络 SNET

SNET 是连接 HS2000 系统中操作员站、I/O 站和工程师站的主干网,配置在 HS2000M 中型系统中,应用于中等规模装置的控制系统,功能如下:

①实现由 I/O 现场控制站向操作员站的数据传输;

②实现各 I/O 现场控制站间的数据传递,以满足大范围协调控制的需要;

③实现操作员站和工程师站向现场 I/O 控制站的组态数据或控制指令的传递;

④保持各操作员站之间数据的一致性。

SNET 采用双冗余结构,在任何一条网络失效的情况下都不会影响通信功能,从而大大地提高了通信的可靠性。其网络性能如下:

①网络的冗余从板级做起;

②采用工业令牌总线协议(Token Bus),符合 IEEE802.4 标准;

③传输速率为 5 Mbit/s;

④传输最大距离 6.5 km;

⑤传输介质采用隔离同轴电缆或光缆;

⑥网络上最大节点数为 32 个。

3)控制网络 CNET

SH2000 系统的一个突出特点是,现场控制站内采用了目前国际先进的体系结构,即各个

I/O 组件之间及各组件内部的各模板之间的数据联系采用了网络通信,而不是传统的并行总线,这样做有如下优点:

①各 I/O 模板之间相对独立,功能进一步分散,其中的某块模板出现故障不会影响其他模板。而在过去的并行总线结构中,如果某块模板出现故障,特别是总线接口部分出现故障,则故障很难隔离,经常导致整个系统的瘫痪。

②采用网络技术连接各模板,有利于提高系统配置的灵活性。网络连接很容易将各 I/O 组件分散到现场,从而提高系统的 I/O 处理能力,并缩短信号电缆的长度。

③HS2000 系统的 CNET 采用国际最新流行的 CAN BUS(控制局域总线)。CAN BUS 是目前国际上流行的工业总线,也是各种现场总线(Field Bus)产品中已经成熟的一种。

4)HS2000 系统的三种配置结构

HS2000 系统以三层网络为主的分层分布结构,给系统配置带来了极大的伸缩性和灵活性。用户可以根据自动化系统的设计目标,选择三种不同规模的系统配置。

①HS2000S 小型分布式控制系统的配置

HS2000S 小型系统由辅助组件(包括 I/O 模块、系统电源模块、总线底板和插件箱)与工业 FC 机通过控制网络 CNET 直接连接而成。在现场由辅助组件实现数据采集、处理和输出,由工业 PC 机完成各种监视和控制操作功能。最大 I/O 点数:AI:200 点;AO:32 点;DI/DO:200 点。

②HS2000M 中型分布式控制系统的配置

HS2000M 中型系统由 SNET 系统网络连接多个操作员站、工程师站及现场控制站组成。每个 I/O 现场控制站内包含一个主控组件和 0~2 个辅助组件,构成一个中型规模的工业控制系统,其控制回路可达几百个回路。

③HS2000L 大型分布式控制系统的配置

HS2000L 大型分布式控制系统是基于 HS2000M 中型系统和 HS2000S 小型系统的基础上,集现场装置控制、多装置协调控制和厂级生产管理功能为一体的大型综合性系统。

HS2000L 系统由多套 HS2000M 中型系统和 HS2000S 小型系统构成控制层,由基于 Windows 的 PC 机以及基于 Windows NT 的工作站构成管理层,二者之间通过高速局域网络连接起来。由于采用了开放标准,在这个高速局域网络上能挂接的工作站、PC 机的数量没有明确的限制,配置也极为灵活。

思考题与习题

11.1　什么是集散系统? 集散系统的特点是什么?

11.2　与仪表控制系统相比较,集散系统有哪些相同处? 有哪些不同处?

11.3　与计算机直接控制相比较,集散系统有哪些共同点? 哪些不同点?

11.4　集散系统中,现场控制站的任务是什么? 依靠什么设备去完成这些任务?

11.5　什么是集散系统的现场组态?

11.6　操作员站的软件有哪些特点? 它与工程师站的软件相比,共同点有哪些,又有哪些不同?

11.7 什么是实时多任务操作系统？说明它是如何工作的。

11.8 什么是 CSMA/CD 方式？说明其工作原理。

11.9 什么是令牌传送方式？它与 CSMA/CD 有什么区别？在什么场合下使用？

11.10 DCS 的通信网络的拓扑结构有哪几种？各自的优缺点是什么？

11.11 什么叫通信协议？常用的有哪两种？它们是怎样进行工作的？

11.12 在过程控制局部网络通信中，为什么要对数据进行分类？分类后的数据通信方式又是怎样的？

11.13 集散系统工程化设计的内容和步骤是什么？

11.14 为什么要对集散系统进行评估？用什么方法进行评估？

11.15 简述新的集散控制系统将向哪几方面发展？

第 **12** 章
现场总线技术与现场总线控制系统

12.1 现场总线概念

12.1.1 现场总线的产生与发展

在 20 世纪 40 年代,过程控制是基于 $1.96 \sim 9.81$ N/cm^2 的气动信号标准。其后,由于 $4 \sim 20$ mA 模拟信号的使用,使得模拟控制器得到广泛的应用,但是,并不是所有的检测仪表和驱动装置都使用统一的 $4 \sim 20$ mA 信号(如有的使用 $0 \sim 10$ V 等)。70 年代,由于在检测、模拟控制和逻辑控制领域率先使用了计算机,从而产生了集中控制。进入 80 年代,由于微处理器的出现,促使工业仪表进入数字化和智能化时代,$4 \sim 20$ mA 模拟信号传输逐步被数字化通信代替,加之分布式控制以及网络技术的迅速发展,促进了控制、调节、优化、决策等功能一体化的发展。然而,由于检测、变送、执行等机构大都采用模拟信号连接,其传送方式是一对一结构,这使得接线复杂、工程费用高、维护困难,而信号传输精度低、易受干扰、仪表互换性差,这都阻碍了上层系统的功能发挥。另一方面,由于智能仪表的功能远远超过了现场模拟仪表,如可以对量程和零点进行远程设定,仪表工作状态实现自诊断,能进行多参数测量和对环境影响的补偿等。由此可见,智能仪表的发展和控制系统的发展,都要求上层系统和现场仪表实现数字通信。

为了解决上层系统与现场仪表之间数字通信问题,现场总线技术于 20 世纪 80 年代初问世了。1984 年,美国仪表学会 ISA 开始制定 ISA/SP50 现场总线标准。1986 年联邦德国开始制定过程现场总线 Profibus,并于 1990 年完成。1994 年又推出用于过程自动化的现场总线 Profibus-PA。1986 年由 Rosemount 提出 HART 通信协议,它是在 $4 \sim 20$ mADC 模拟信号上叠加 Fsk 数字信号,既可以用做 $4 \sim 20$ mA 模拟仪表,也可以用做数字通信仪表。显然,这是现场总线的过渡性协议。1992 年,由 Siemens、Foxboro、Yokogawa、ABB 等公司成立 ISP(可互操作规划组织),以 Profibus 为基础制定现场总线标准。1993 年成立 ISP 基金会 ISPF。1993 年由 Honeywell、Bailey 等公司牵头成立 World FIP,约 120 多个公司加盟,以法国 FIP 为基础制定现场总线标准。1994 年,世界两大现场总线组织 ISPF 和 World FIP 合并,成立现场总线基金会,简称 FF(Fieldbus Foundation),总部设在美国得克萨斯州的 Austin。由于标准众多,分别代表各大公司的利益,致使现场总线标准化工作进展缓慢。在长期的磋商统一过程中,各大公司为了自身利益,纷纷抢占市场,陆续将各自的现场总线智能化产品投放市场,如智能变送器、智能执行器、智能仪表及控制系统等,这反过来促进了国际现场总线标准统一的步伐。

现场总线是 20 世纪 80 年代末、90 年代初发展形成的,用于过程自动化、制造自动化、楼宇自动化、家庭自动化等领域的现场智能设备互连通信网络。作为工厂数字通信网络的基础,现场总线沟通了生产过程现场级控制设备之间及其与更高控制管理层次之间的联系,这项以智能传感、控制、计算机、数据通信为主要内容的综合技术已受到世界范围的关注而成为自动化技术发展的热点,并将导致自动化系统结构与设备的深刻变革。现场总线与企业信息网相结合,必将构成企业控制和信息系统的骨架。

12.1.2　现场总线的定义

现场总线是用于现场仪表与控制系统和控制室之间的一种开放式、全分散、全数字化、智能、双向、多变量、多点、多站的通信系统。可靠性高、稳定性好、抗干扰能力强、通信速率快、系统安全、符合环境保护要求、造价低廉、维护成本低是现场总线的特点。它可以:

①以数字信号取代传统的 4~20 mA 模拟信号;

②可对现场设备的管理和控制达到统一;

③使现场设备能完成过程的基本控制功能;

④增加非控制信息监视的可能性。

因此,现场总线是连接现场仪表与主控系统相互进行信息交换的工具。它与局域网 LAN 具有类似的工作原理和结构,两者的性能比较见表 12.1。

表 12.1　现场总线与 LAN 比较表

内　容	现场总线要求	LAN 要求	内　容	现场总线要求	LAN 要求
监视与控制能力	强	弱	与 OSI 一致性	差	好
实时响应性	好	中等	开放互连能力	中等	强
报文长度	短	长	通信速率	低	高
成本	低	高	环境适应能力	强	一般

12.1.3　现场总线系统的特点

(1)现场总线系统的结构特点

现场总线打破了传统控制系统的结构形式。传统模拟系统采用一对一的设备连线,按控制回路分别进行连接。位于现场的测量变送器与位于控制室的控制器之间以及控制器与位于现场的执行器、开关、马达之间均为一对一的物理连接。现场总线由于采用了智能现场设备,能够把原先 DCS 系统中处于控制室的控制模块、各输入、输出模块置入现场设备,加上由于现场设备具有通信能力,现场的测量变送仪表可以与阀门等执行机构直接传送信号,因而控制系统功能能够不依赖控制室的计算机或控制仪表,直接在现场完成,实现了彻底的分散控制。图12.1所示为现场总线控制系统与传统控制系统的结构对比。

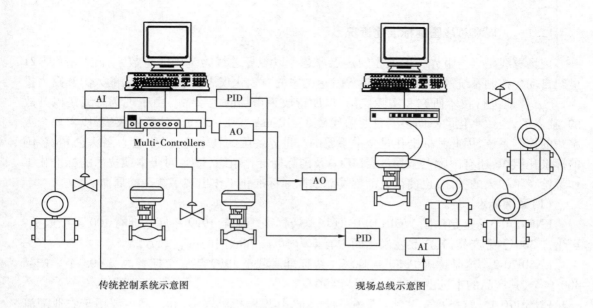

传统控制系统示意图　　　　　　　　现场总线示意图

图 12.1　现场总线控制系统与传统控制系统结构对比

由于采用数字信号代替了模拟信号,因而可实现在一对电线上传输多个信号,同时又为多个设备提供电源;现场设备以外不再需要 A/D、D/A 转换部件。这样就为简化系统结构、节约硬件设备、节约连接电缆、节约各种安装和维护费用创造了条件。

(2)现场总线控制系统的技术特点

1)系统的开放性

一个开放系统是指它可以与世界上任何地方遵守相同标准的其他设备或系统连接。通信协议一致公开,各不同厂家的设备之间可以实现信息交换。现场总线开发者就是要致力于建立统一的工厂底层网络的开放系统。用户可根据自己的需要和考虑,把来自不同供应商的产品组成大小随意的系统。通过现场总线构筑自动化领域的开放互连系统。

2)互可操作性与互用性

互可操作性是指实现互连设备间、系统间的信息传送与沟通;而互用性则意味着不同生产厂家的性能类似的设备可实现互相替换。

3)现场设备的智能化与功能自治性

现场总线控制系统将传感测量、补偿计算、过程处理与控制等功能分散到现场设备中完成,仅靠现场设备即可完成自动控制的基本功能,并可随时诊断设备的运行状态。

4)系统结构的高度分散性

现场总线已构成一种新的全分散性控制系统的体系结构,它从根本上改变了现有 DCS 集中与分散相结合的集散控制系统体系,简化了系统结构,提高了可靠性。

5)对现场环境的适应性

工作在生产现场前端,作为工厂网络底层的现场总线,是专为现场环境而设计的,可支持双绞线、同轴电缆、光缆、射频、红外线、电力线等,具有较强的抗干扰能力,能采用两线制实现供电和通信,并可满足本质安全防爆要求等。

12.1.4　现场总线国际标准化近况

现场总线是当今世界各国关注的热点课题。以现场总线为基础的全数字控制系统是 21 世纪自动化控制系统的主流。目前世界发达国家的自动化仪表公司都以巨大的人力和财力投入,全方位地进行技术研究和实际应用,以期待成为市场的主宰者。由于现场总线是以开放的、独立的、全数字化的双向多变量通信代替 0～10 mA 或 4～20 mA 的现场仪表,以实现全数字化的控制系统,因此其标准化是至关重要的。世界各国的技术协会(学会)、各大公司、各国的标准化组织,还有国际电工委员会(IEC)及国际标准化组织(ISO)对于本项技术的标准化工作都给予了极大的关注,也使得目前现场总线国际标准化工作出现了复杂的局面。

(1)欧洲标准

EN50170-3　这是法国 WORLDFIP 现场总线标准。截至 1999 年底它拥有 100 多个成员,可生产 300 多个产品,其产品在法国的占有率为 60%,在欧洲的占有率为 25%。

EN50l70-2　这是德国 Profibus 现场总线标准。截至 1999 年底它拥有成员 605 个。产品 800 多个,其产品的市场占有率在欧洲为 40%。

EN50170-1　这是丹麦 P-Net 现场总线标准,其规模相对较小,其产品主要用于农业灌溉和水厂自动化系统中。

欧洲标准 EN50170 实际上是上述三大现场总线协议的文件汇编。

(2)基金会现场总线 FF

在 1994 年以前,现场总线标准化问题主要出于 ISP(InteroFratable System Protocol,可互操作系统协议)和 WorldFIP 之间的矛盾,后来,二者看到了它们利益的共同点,于是 WorldFIP 的北美部分 WorldFIP NA 和 ISP 联手于 1994 年 6 月成立了现场总线基金会(Fieldbus Foundation,简称 FF),旨在制订一个单一、开放、可互操作的现场总线标准,并推出了其现场总线 FF (Foundation Fieldbus)。由于其得到美国大公司如 Rosemount、Honeywell、Foxboro 等的支持,很快在该领域确立了自己的优势。因而,从 1994 年以后,现场总线标准化问题便主要集中在 FF 和 Profibus 之间的矛盾上了。

12.1.5　现场总线的拓扑结构

现场总线可提供多种拓扑结构。根据现场设备到控制器的连接方式,现场总线可分为 3 种主要的拓扑结构方式:线型、树型和环型等,如图 11.4 所示。

(1)线型结构

在各种结构中,线型结构最简明、最常用。它用一条总干线从控制器铺设到机械设备装置(即控制对象),总线电缆从主干电缆分支到现场设备处,控制器扫描所有 I/O 站上的输入,必要时发送信息到输出通道。在这种结构中,可实现多主式和对等式通信;两个控制器可以共享同一系统中的信息和 I/O 站;而且,不必关闭总线系统就可以从总线上装上或拆下一个 I/O 设备,因此系统易于维护。

(2)树型结构

树型结构与线型结构类似,但树型结构允许分支。它主要用于包含智能传感器和执行机构的系统中,总线电缆从控制器铺设到机械装置,根据分支到 I/O 端点,每个端点分别寻址。控制器扫描传感器的输出信号,并在需要时给执行器发送输出信号。

（3）环型结构

在环型结构中,所有 I/O 设备和控制器被连接在同一个环中。所有信息都从控制器出发,通过每个 I/O 站最后回到控制器完成一个循环。环型结构的系统中只能有一个控制器,总线从该控制器出发连接到第一个 I/O 站之前与之进行对话。在信号传送到下一个 I/O 站之前,通常都进行放大或重复,最后一个从站把信息传送给控制器,形成封闭环。在每个循环周期中,控制器能收到所有 I/O 站上的响应信息。因而环上的每一个 I/O 站都工作正常,否则,即使一个 I/O 站响应失败,控制器都会探测到,因此,环型总线系统对设备的要求比较高。一方面,这类系统可以更迅速地发现故障;另一方面,系统对故障过于"敏感",一个站点出错,整个网络都必须停下来,才能把故障设备从总线上卸下来。

12.1.6　现场总线的通信协议

现场总线是用于支持现场装置,实现传感、变送、调节、控制、监督以及各装置之间透明通信等功能的通信网络。保证网内设备间相互透明有序地传递信息和正确理解信息是它的主要任务。此外,随着技术发展和应用需求的提高,将现场总线与上层信息网络有效地集成到一起也是势在必行,于是,对现场总线的实质内容——通信协议(图 12.2)在上一章已有所介绍,这里提出的要求如下:

①通信介质的多样性　支持多种通信介质,以满足不同现场环境的要求。

②实时性　信息的传送不允许有较大时延或时延的不确定性。

③信息的完整性、精确性　要确保通信质量。

④可靠性　具备抗各种干扰的能力和完善的检错、纠错能力。

⑤可互操作性　不同厂商制造的现场仪表可在同一总线上互相通信和操作。

⑥开放性　基本符合 OSI 参考模型,形成一个开放系统。

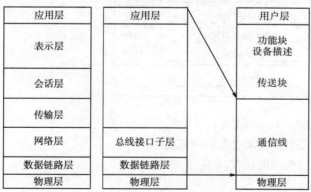

图 12.2　现场总线通信协议

269

12.2　现场总线通信模型

12.2.1　开放系统互连参考模型(OSI 模型)

(1)OSI 参考模型的结构

计算机网络体系结构(Network Architecture)又称为计算机网络系统结构,是计算机网络层次结构模型和各层次协议的集合。1974 年 IBM 公司提出世界上第一个网络体系结构,定名为系统网络体系结构 SNA(System Network Architecture);此后,许多公司也纷纷推出各自的网络体系结构,如 Digital 公司推出的 DNA(Digital Network Architecture)等。

国际标准化组织 ISO 和国际电子委员会 IEC(International Electrotechnical Committee)于 1978 年共同建立联合技术委员会 ISO/IEC JTC1,提出一个试图使各种计算机在世界范围内互连成网的标准框架,为保持相关标准的一致性和兼容性提供共同的参考,这就是开放系统互连参考模型 OSI/RM(Open System Interconnection/Reference Model)(图 12.3),有时简称为 OSI/RM。其中"开放"是指按 OSI/RM 建立的任意两系统之间的连接与操作,即相互通信、相互开放;"系统"是指计算机、终端、数据传输设备、外部设备、操作员与软件的集合。

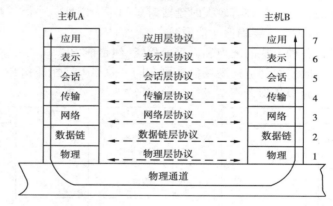

图 12.3　OSI 参考模型及协议

OSI 将整个通信功能分为七个层次,划分层次的原则是:

①网中各结点都有相同的层次,相同的层次具有相同的功能;

②同一结点相邻层之间通过接口通信;

③每一层使用下层提供的服务,并向上层提供服务;

④不同结点的同等层按照协议实现对等层之间的通信。

(2)OSI 参考模型各层功能的划分

OSI 各层的主要功能如图 12.4 所示,它们是:

1)物理层(Physical layer)

物理层处于 OSI 参考模型的最底层。物理层的主要功能是利用物理传输介质为数据链中提供物理连接,以透明地传送比特流。物理层实际上是设备之间的物理接口。

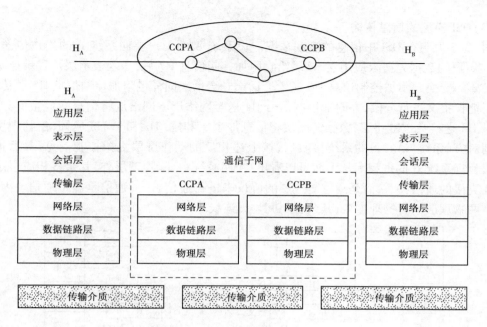

图 12.4　OSI 详图

2）数据链路层（Datalink layer）

在物理层提供比特流传输服务的基础上，在通信的实体之间建立数据链路连接，传送以帧为单位的数据，通过差错控制、流量控制方法，使有差错的物理线路变成无差错的数据链路。

3）网络层（Network layer）

网络层主要任务是通过执行路由选择算法，为报文分组通过通信子网选择最适当的路径。网络层执行路径选择、拥挤控制与网络互连等功能，即负责网络内任意两结点间数据的交换，是 OSI 参考模型七层中最复杂的一层。

4）传输层（Traosport layer）

传输层的目的是向用户提供可靠的端到端服务，透明地传送报文。它向高层屏蔽了下层数据通信的细节，是计算机通信体系结构中关键的一层。

5）会话层（Session layer）

会话层的主要目的是组织与同步在两个通信的会话服务用户之间的对话，并管理数据的交换。

6）表示层（Presentation layer）

表示层主要用于处理在两个通信系统中交换信息的表示方式。它包括数据格式变换、数据加密与解密、数据压缩与恢复等功能。

7）应用层（Applicational layer）

应用层是 OSI 参考模型中的最高层。应用层确定进程之间通信的性质，以满足用户的需要。应用层不仅要提供应用进程所需的信息交换和远程操作，而且还要作为应用进程的用户代理来完成一些为进行信息交换所必需的功能。它包括：文件传送访问和管理 FTAM、虚拟终端 VT、事务处理 TP、远程数据库访问 RDA、制造业报文规范 MMS、目录服务 DS 等协议或行规。

（3）OSI 模型的信息传输

图 12.5 说明在 OSI 中信息的流动情况。设系统 A 的用户要向系统 B 的用户传送数据。系统 A 用户的数据先送入应用层,该层给它附加控制信息 H7 后,送入表示层。表示层对数据进行必要的变换并附加控制信息 H6 送入会话层。会话层同样也附加控制信息 H5 送传输层。传输层把长报文进行分段,并附加控制信号 H4 送至网络层。网络层将信息变成报文分组,并加组号 H3 送给数据链路层,数据链路层将信息加上头和尾(Hz 和 Tz)变成帧,由物理层按位发送到对方(系统 B)。目的系统接收后,按上述相反的动作层层去掉控制信息,最后把数据传送给目标系统 B 的进程。从上面可以看出:在两系统中,除物理层外,其余各相应层之间均不存在直接的通信关系,而是通过对应层的协议来进行通信,这种通信是虚拟通信。因此,图中只有两物理层间有物理连接,其余各层间均无连线。

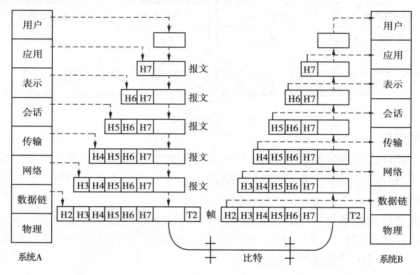

图 12.5　OSI 信息传输

OSI 模型对人们研究网络具有重要的指导意义。它把复杂的网络结构变得层次分明,概念清晰,便于人们学习、研究和开发,从而促进了网络的发展和应用。OSI 的分层思想使整个网络的设计变成了对各层的设计。由于各层的功能是独立完成,因此易于设计和实现。

OSI 参考模型也解决了异种机之间的通信问题。不管两个系统差异多大,只要它们具有以下共同之处,便可有效地进行通信。其共同之处如下:

①完成一组同样的通信功能。

②这些功能被分成相同的层次,同等层提供相同的功能,但实现功能的方法可以不同。

③同等层遵守公用的协议。为满足上述条件,需制定有关标准。标准定义各级提供的功能和服务,但不要求定义完成功能的方法。另外,标准还定义同等层之间的协议。

12.2.2　现场总线通信模型

工业生产现场存在大量传感器、控制器、执行器等,它们通常相当零散地分布在一个较大的范围内。对于由它们组成的工业控制底层网络,单个节点面向控制的信息量不大,信息传输的任务相对比较简单,但实时性、快速性的要求较高。如果按照七层模式的参考模型,由于层间操作与转换的复杂性,网络接口的造价与时间开销显得过高。为满足实时性要求,也为了实现工业网络的低成本,现场总线采用的通信模型大都在 OIS 模型的基础上进行了不同程度的简化。

典型的现场总线协议模型如图 12.6 第 2 列所示。它采用 OSI 模型中的三个典型层:物理层、数据链路层和应用层。在省去中间 3～6 层后,考虑现场总线的通信特点,设置一个现场总线访问子层。它具有结构简单、执行协议直观、价格低廉等优点,也满足工业现场应用的性能要求。它是 OSI 模型的简化形式,其流量与差错控制在数据链路层中进行。因而与 OSI 模型不完全保持一致。总之,开放系统互连模型是现场总线技术的基础。现场总线参考模型既要遵循开放系统集成的原则,又要充分兼顾测控应用的特点和特殊要求。

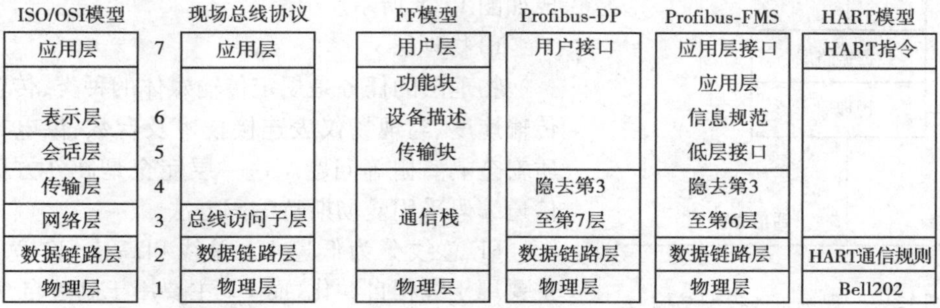

ISO/OSI模型		现场总线协议	FF模型	Profibus-DP	Profibus-FMS	HART模型
应用层	7	应用层	用户层	用户接口	应用层接口	HART指令
			功能块		应用层	
表示层	6		设备描述		信息规范	
会话层	5		传输块		低层接口	
传输层	4	总线访问子层	通信栈	隐去第3 至第7层	隐去第3 至第6层	
网络层	3					
数据链路层	2	数据链路层		数据链路层	数据链路层	HART通信规则
物理层	1	物理层	物理层	物理层	物理层	Bell202

图 12.6　现场总线通信协议模型

自 20 世纪 80 年代末以来,逐渐形成了几种有影响的现场总线技术。它们大都以国际标准组织的开放系统互连模型作为基本框架,并根据行业的应用需要施加某些特殊规定后形成标准,在较大范围内取得了用户与制造商的认可。

12.3　几种主要的现场总线技术

12.3.1　基金会现场总线 FF

(1) 概述

基金会现场总线 FF(Foundation Fieldbus)系统是为适应自动化系统、特别是过程自动化系统在功能、环境与技术上的需要而专门设计的。它可以工作在工厂生产的现场环境下,能适应本征安全防爆的要求,还可通过传输数据的总线为现场设备提供工作电源。

FF 总线标准是由现场总线基金会(Fieldbus Foundation)组织开发的。它得到了世界上主要自控设备供应商的广泛支持,在北美、亚太、欧洲等地区具有较强的影响力。现场总线基金会的目标是致力于开发出统一标准的现场总线,并已于 1996 年一季度颁布了低速总线 H1 的标准,安装了示范系统,将不同厂商的符合 FF 规范的仪表互连为控制系统和通信网络,使 H1 低速总线开始步入实用阶段。

FF 总线系统是开放的,由现场设备与其他控制监视设备组成分布式自动化系统。这种分布式自动化系统可由来自不同制造商的测量、控制设备构成,这些制造商设计开发的设备遵循相同的协议规范。在产品开发期间通过一致性测试确认产品与协议规范的一致性。当把不同制造商的产品连接到同一网络系统时,作为网络节点的各设备间应可实现互操作,也就是能做到信息共享。同时,还容许不同厂商生产的相同功能的设备之间进行相互替换。

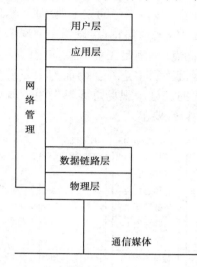

图 12.7　现场总线模型结构

（2）**FF 总线体系结构**

FF 总线采用了 ISO/OSI 的第 1、2、7 层,即物理层、数据链路层和应用层,另外,还增加了用户层,使现场总线模型统一为四层框架结构,如图 12.7 所示。物理层、数据链路层和应用层采用 IEC/ISA/SP—50 规定的现场总线标准。根据 FF 的模型框架,其具体结构组成如图 12.8 所示。

1）物理层

物理层的任务是规定传输媒体的种类、传输长度、传输速度、与现场仪表连接技术及台数、供电方式、本质安全隔离栅等问题。这一层完全是硬件方面问题。信道编码采用曼彻斯特编码方法。

FF 总线分为低速 H1 总线和高速 H2 总线。H1 主要用于过程自动化,而 H2 主要用于制造自动化。

传输介质为双绞线、同轴电缆、光纤和无线电。

H1 采用总线型或树型结构,H2 则为总线型。FF 总线可以由单一总线段或多总线段构成,也可以用网桥将不同传输速率、不同传输介质的总线段互连。网桥在不同总线段中透明地转化传送信息。H1 和 H2 之间可以用网桥相连。

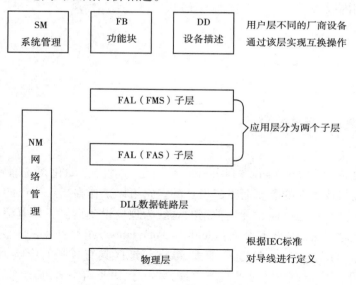

图 12.8　现场总线框架结构图

低速现场总线 H1 和传统模拟信号 4~20 mA 在信号传输方面的比较见表 12.2。

表 12.2　H1 和传统模拟信号 4~20 mA 比较

相　同　点	不　同　点
①都可采用双绞线进行信号传输 ②可利用现有 4~20 mA 信号线,并能保证质量 ③都可传输现场变送器、调节阀等的信号 ④容易掌握使用	①在一对双绞线上可传输连接多台设备 ②设备中电路不同(数字信号),设备连接是并联不是串联 ③在每个通信段要使用终端端子(即中继器) ④使用中继器可连接多个通信段

H1 和 H2 主要参数的比较见表 12.3。

表 12.3　低速现场总线 H1 和高速现场总线 H2 比较表

名　　称	低速现场总线 H1			高速现场总线 H2		
传输速率	31.25 kbit/s	31.25 kbit/s	31.25 kbit/s	1 Mbit/s	1 Mbit/s	2.5 Mbit/s
信号类型	电压	电压	电压	电流	电流	电压
拓扑结构	总线/树型	总线/树型	总线/树型	总线	总线	总线
最大通信距离	1 900 m	1 900 m	1 900 m	750 m	750 m	750 m
	(屏蔽双绞线)			(屏蔽双绞线)		
报文长度	120 m	120 m	120 m	0	0	0
供电方式	非总线直流供电	总线直流供电	总线直流供电	总线交流供电	非总线直流供电	非总线直流供电
本征安全	不支持	不支持	支持	支持	不支持	支持
设备数/段	32	32	32	32	32	32
	(用中继器可扩到 240 个)			(用中继器可扩到 240 个)		

2）数据链路层 DLL

这一层的主要作用是对总线上传输数据的存取、控制方式和错误检别进行规定。数据的存取分定时传输(Schedule Transfer)和非定时传输(Unschedule Transfer)两种。定时传输(如控制系统数据)是按预定时序进行。非定时传输(如报警信号)是随机无序的。不论是哪种传输都是受 DLL 主设备内 LAS(Link Active Schedule 链路活动调度器)控制。在总线上只有一个当权的 LAS 负责管理。当有网桥时,网桥上的 LAS 也可作为冗余。所有总线上设备需要发送数据必须得到 LAS 允许才行。LAS 内存放有所有设备的清单,由于数据传输是双向的,一个设备可以申请发送数据,也可以接收数据。当有几个设备在同一时间皆要发送时,则优先权高的设备占先发送。

定时传输是先由现场设备送来的信息 a 存放在 DLL 缓冲区,由 LAS 宣布将数据强制送到设备 X 去,接着(Xa)的数据包就发出广播,各接收设备(为 Y,Z,…)在侦听中如需要就将该报文接收下来。

非定时传输是当设备 Z 中的数据包 M 报文要发送给设备 X 时,LAS 首先向设备 Z 发布传输令牌 PT,接着设备 Z 中报文 M 通过总线传给设备 X(单个目标传输),也可多个目标传输。

在发令牌时要规定一个最大时间 t,超过 t 就不能发送,要再等待。

非定时传输一般多为报警、维修诊断信息、程序激活信息、显示信息、趋势信息等。

3)应用层

FF 把应用层分为两个子层:下层 FAS 访问子层和上层 FMS 报文子层。这一层主要是为设备间和网络间数据要求服务,包括发送变送器来的 PV 信息和操作员报文信息、事件通知、趋势报告和发布上装及下装的命令。

FMS 报文子层主要是为用户应用提供一种标准方法。用这种方法用户层各功能块可通过总线进行通信。因为功能块有所不同,所以要定义不同 FMS 的通信服务。典型服务包括下列内容:

①对象字典,是对读、写对象进行描述;

②变量访问服务;

③事件服务,包括接受事件通信、修改事件和确认事件,例如,对 DCS 某个事件是否让其进行下去还是中断其进行。

FAS 子层与数据链路层连接,提供三种服务:发布/索取、客户/服务器、报文分发。

4)用户层

用户层是把数据规格化成为特定的数据结构,其特定的功能可被网络上连接的设备所识别。FF 现场总线用户层分为功能块、设备描述和系统管理三部分。

①功能块　它有 10 个基本功能块和 19 个附加算术功能块。基本功能块有:开关量输入(DI)、开关量输出(DO)、模拟量输入(AI)、模拟量输出(AO)、PID 控制(包括有 PID、PI 和 I 的控制器)、PD 控制(包括有 PD、P 的控制器)、SS 信号选择器、ML 手操器、BG 偏置/增益、RA 比例。

用上述功能块可以按用户需要组合成不同的控制系统。附加算术功能块为一般算术,如 +、-、×、√、开方、平方等及逻辑运算。

②系统管理　用户层的系统管理功能为:

a.设备地址分配(离线);

b.实时应用管理:把实时时钟传到各设备,以保证一致性,并可使设备报警时附上动作时间;

c.设备位号搜索:按变量名称进行搜索,如要找位号 T-100,先把它送给各设备,各设备按索引进行查找,找到后发出信息。

③设备描述　现场总线基金会规定的设备有变送器块、功能块和资源块。

功能块已在前面介绍过。变送器块是把传感器送过来的信号进行接收并规格化。资源块是提供现场设备的物理和状态信息。

设备描述是现场总线实现各厂商可互操作的关键。现在,各厂商设备间的通信是专用性不开放的。要解决这个问题,首先要由设备厂商提供设备的物理状态的设备描述(DD),把设备描述作为设备描述语言(DDL)的源代码,并将其输入至编译器(DD Tokenizer),经编译成目标代码(DDOD)输送到描述服务库(DD Server)的光盘 CD-ROM 内储存。使用时,先在装有 DDOD 目标代码的解释软件的终端操作上读取 CD-ROM 内的设备描述,再从现场总线设备中读出数据。

编译器和设备描述服务库统一由现场总线基金会提供。

5）网络管理（NM）

网络管理是对所有网络间的数据交换进行管理。各个被管理的层的数据信息都要进行组态，包括数据链路层的存取时间、链路活动调度器（LAS）以及应用层。此外，还要监测通信性能及诊断等是否出现故障等。

12.3.2　过程现场总线 Profibus

（1）概述

1984 年，德国慕尼黑大学的一位教授提出了 Profibus 的技术构想。从这以后，联邦德国科技部组织十几家生产自动化控制系统的公司和研究院所，根据 ISO7439 标准以开放系统互连网络 OSI 作为参考模型，开始制订现场总线的德国国家标准，并同时研制 Profibus 现场总线产品。1991 年 Profibus 德国国家标准发布 DIN19245（1-4）。

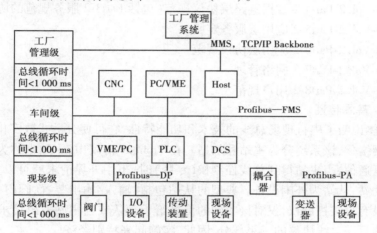

图 12.9　Profibus 应用范围示例图

经过十多年的开发、生产和应用，Profibus 现场总线已形成系列产品，并在各个自动化领域得到广泛的应用。到目前为止，Profibus 用户协会已拥有 605 个成员，他们遍布于欧洲、美洲、亚洲、非洲和澳大利亚。这些成员中的 150 多家生产厂生产 800 多个 Profibus 产品。Profibus 在欧洲市场的占有率大约 40%（根据 Profibus 提供的资料）。

Profibus 是唯一的全集成 H1（过程）和 H2（工厂自动化）现场总线解决方案，是一种不依赖于厂家的开放式现场总线标准。它可广泛地应用于制造加工、过程和建筑自动化领域。采用 Profibus 标准系统，不同厂商所生产的设备无须对其接口进行特别调整就可通信。Profibus 可用于高速并对时间苛求的数据传输，也可用于大范围的复杂通信场合，如图 12.9 所示。

Profibus 系列包括下列三个兼容版本（图 12.10）：

①Profibus-DP（H2）

②Profibus-PA（H1）

③Profibus-FMS

基于 Profibus 以上的一些特点，再加上十多年的应用经验，Profibus 在欧洲得到广泛的推广，目前正在向欧洲以外的地区扩展。1997 年 7 月，Profibus International 在中国建立了 Profibus 中国用户协会 CPO。

1996 年 6 月，Profibus（DIN19245）被采纳为欧洲标准 EN50170-2，它的具体体系结构如下：

图 12.10　Profibus 系列

- EN50170-Vol. 2-Part1-2EN50170 总论,卷 2-Profibus
- EN50170-Vol. 2-Part2-2 物理层规范和服务定义
- EN50170-Vol. 2-Part3-2 数据链路层服务定义
- EN50170-Vol. 2-Part4-2 数据链路层协议规范(包括 Part3-2 服务规范的协议)
- EN50170-Vol. 2-Part5-2 应用层服务定义
- EN50170-Vol. 2-Part6-2 应用层协议规范
- EN50170-Vol. 2-Part7-2 网络管理
- EN50170-Vol. 2-Part8-2 用户规范

（2）Profibus **基本特性**

Profibus 具体说明了串行现场总线的技术和功能特性,它可使分散式数字化控制器从现场底层到车间级网络化,该系统分为主站和从站。在 Profibus 协议中,主站也称为主动站。主站决定总线的数据通信,当主站得到总线控制权(令牌)时,不用外界请求就可以主动发送信息。从站也称为被动站,从站为外围设备。典型的从站包括:输入/输出装置、阀门、驱动器和测量变送器。它们没有总线控制权,仅对接收到的信息给予确认或当主站发出请求时向主站发送信息。由于从站只需总线协议的一小部分,因此,实施起来特别经济。

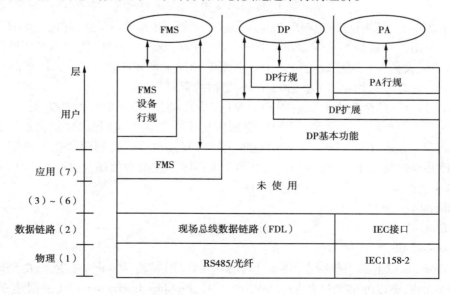

图 12.11　Profibus 协议结构图

（3）Profibus **协议结构**

Profibus 是以公认的国际标准为基础的，协议的结构是根据 ISO 7498 国际标准化开放式系统互连网络（OSI, Open System Interconnection）作为参考模型的。Profibus 协议的结构如图 12.11 所示。

Profibus-DP 使用第 1 层、第 2 层和用户接口，第 3 层到第 7 层未加以描述。这种流体型结构确保了数据传输的快速和有效进行，直接数据链路映像（Direct Data Link Mapper-DDLM）使用户接口易于进入第 2 层。用户接口规定了用户和系统以及不同设备对调用的功能，并详细说明了各种不同 Profibus-DP 设备的设备行为，还提供了传输用的 RS485 传输技术或光纤。

Profibus-FMS 中第 1、2 和第 7 层均加以定义。应用层包括现场总线信息规范（FMS, Fieldbus Message Specification）和底层接口（LLI, Lower Layer Interface）。FMS 包括了应用协议，并向用户提供了可广泛选用的、强有力的通信服务。LLI 协调不同的通信关系，并保证 FMS 不依赖设备访问第 2 层。第 2 层（FDL, Fieldbus Data Link）可提供总线访问控制和保证数据的可靠性，它还为 Profibus-FMS 提供 RS485 或光纤传输。

Profibus-PA 的数据传输采用扩展的 Profibus-DP 协议，另外，还使用了描述现场设备行为的 FA 行规。根据 IEC1158-2 标准，这种传输技术可确保其本征的安全性，并可通过总线为现场设备供电。使用分段式耦合器，Profibus-PA 设备能很方便地集成到 Profibus-DP 网络。

Profibus-DP 和 Profibus-FMS 系统使用了同样的传输技术和统一的总线访问协议，因而这两套系统可在同一电缆上同时操作。

（4）Profibus **总线存取协议**

三种 Profibus（DP、FMS 和 PA）均使用一致的总线存取协议。该协议是通过 OSI 参考模型的第 2 层来实现的。它也包括数据的可靠性、传输协议和报文的处理。其总线存取协议如图 12.12 所示。

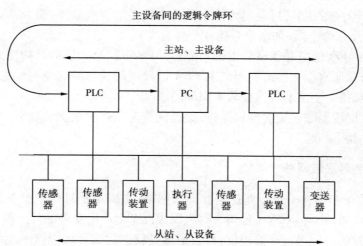

图 12.12 Profibus 总线存取协议

在 Profibus 中，第 2 层称为现场总线数据链路层（FDL）。介质存取控制（MAC, Media Access Control）具体控制数据传输的程序。MAC 必须确保在任何一个时刻只能有一个站点发送数据。Profibus 协议的设计旨在满足介质存取控制的两个基本要求：

①在复杂的自动化系统(主站)间通信,必须保证在确切限定的时间间隔中,任何一个站点要有足够的时间来完成通信任务。

②在复杂的程序控制器和简单的 I/O 设备(从站)间通信,应尽可能快速又简单地完成数据的实时传输。

因此,Profibus 总线存取协议包括主站之间的令牌传递方式和主站与从站之间的主从方式。

令牌传递程序保证了每个主站在一个确切规定的时间内得到总线存取权(令牌)。令牌信息是一条特殊的报文,它在主站之间传递总线存取权,令牌在所有主站中循环一周的最长时间是事先规定的。在 Profibus 中,令牌传递仅在各主站间通信时使用。

主从方式允许主站在得到总线存取令牌时可与从站通信,每个主站均可向从站发送或索取信息。通过这种存取方法,有可能实现下列系统配置:

①纯主-从系统;

②纯主-主系统(带令牌传递);

③混合系统。

图 12.12 为一个由 3 个主站和 7 个从站构成的 Profibus 系统配置。三个主站构成令牌逻辑环,当某主站得到令牌报文后,该主站可在一定时间内执行主站工作。在这段时间内,它可依照主-从关系表与所有从站通信,也可依照主-主关系表与所有主站通信。

令牌环是所有主站的组织链,按照它们的地址构成逻辑环。在这个环中,令牌(总线存取权)在规定的时间内按照次序(地址的升序)在各主站中依次传递。在总线系统初建时,主站介质存取控制 MAC 的任务是制定总线上的站点分配并建立逻辑环。在总线运行期间,断电或损坏的主站必须从环中排除,新上电的主站必须加入逻辑环。总线存取控制保证令牌按地址升序依次在各主站间传送,各主站的令牌具体保持时间长短取决于该令牌配置的循环时间。另外,Profibus 介质存取控制还可监测传输介质及收发器是否有故障,检查站点地址是否出错(如地址重复)以及令牌错误(如多个令牌或令牌丢失)。

第 2 层的另一重要任务是保证数据的可靠性。Profibus 第 2 层的结构格式保证高度的数据完整性,这是依靠所有报文的海明距离 HD = 4 以及使用特殊的起始与结束定界符、无间距的字节同步传输和每个字节的奇偶校验来保证的。

Profibus 第 2 层按照非连接的模式操作,除提供点对点逻辑数据传输外,还提供多点通信(广播及有选择广播)功能。

12.3.3 控制器局域网总线 CAN

CAN(Controller Area Network)即控制器局域网络,主要用于过程监测及控制。最早提出是 20 世纪 80 年代初,德国 BOSCH 公司为解决现代汽车生产中众多的传感器和执行装置之间的数据通信而开发的一种串行通信协议,目的是通过较少的信号线把汽车上的各种电子设备通过网络连接起来,并提高数据传输可靠性。CAN 已经被用于"Benz"等各种汽车生产上。CAN 具有很高的可靠性和卓越的性能,特别适合于工业过程监控设备的互连,因此,日益受到工业界的重视,并成为几种主要的现场总线之一。CAN 已成为一种国际标准(ISO 11898),总线规范为 2.0PART A、PART B。

CAN 属于总线型结构,采用同步、串行、多主、双向通信数据块的通信方式,不分主从,网络上每一个节点都可以主动发送信息,可以很方便地构成多机备份。

(1)CAN 控制器

CAN 控制器是 CAN 的核心,CAN 网络的通信和网络协议主要是由它完成。CAN 控制器对外部微控制器(CPU)来说,是一个存储器映像的 I/O 设备,它包括了所有控制 CAN 网络通信的硬件及功能。概括起来主要包括以下 8 个部分:

①接口管理逻辑(IML),译码 CPU 命令,分配信息缓冲区,并向 CPU 提供中断及状态信息;

②发送缓冲区(TBF);

③接收缓冲区(RBF0 和 RBF1);

④位流处理器(BSP),控制缓冲区与 CAN 总线(串行数据)之间的数据流;

⑤位定时逻辑(BTL),控制输出驱动器;

⑥收发器控制逻辑(TCL);

⑦错误管理逻辑(EML);

⑧控制器接口逻辑(CIL)与 CPU 的接口。

(2)协议结构

CAN 规范规定了任意两个 CAN 节点之间的兼容性,包括电气特性和数据解释协议。为了保证使用设计的透明性和执行的灵活性,CAN 协议分为目标层、传送层和物理层,如图 12.13所示。其中目标层和传送层对应了定义的数据链路层,物理层与 ISO/OSI 定义的物理层对应。

目标层功能:确认要发送的信息,确认接收到的信息,为应用层提供接口。

传送层功能:帧组织,总线仲裁,校验,错误报告,错误处理。

1)物理层

CAN 物理层选择灵活,没有特殊的要求,可以采用共地的单线制、双线制、同轴电缆、双绞线、光缆等。网上节点数理论上不受限制,取决于物理层的承受能力,实际可达 110 个。最大通信速率为 1 Mbit/s/40 m,直接通信距离最远可达 10 km/5 kbit/s。

2)数据链路层

CAN 数据链路层由一个 CAN 控制器实现,采用了 CSMA/CD 方式,但不同于普通的以太网

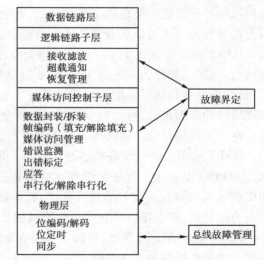

图 12.13 CAN 的分层结构和功能

Ethernet,它采用非破坏性总线仲裁(Non-Destruction Bitwise Arbitration)技术,网络上节点(信息)有高低优先级之分,以满足不同的实时需要。当总线上有两个节点同时向网上输送信息时,优先级高的节点继续传输数据,而优先级低的节点主动停止发送,有效地避免了总线冲突以及负载过重导致网络瘫痪的情况。

CAN 可以实现点对点、一点对多点(成组)以及全局广播等几种方式传送和接收数据。

CAN 支持四种报文帧:数据帧、远程帧、出错帧和超载帧。数据帧自一个发送节点携带数

据至一个或多个接收节点。网络上一个接收节点向网络上发送一个远程帧即可以启动数据传输。出错帧用于传输错误检查。

CAN 采用短帧结构,每帧有效字节数为 0～8 个,因此,传输时间短,受干扰概率低,重新发送时间短。数据帧的 CRC 校验域以及其他检查措施保证了极低的数据出错率。CAN 节点在严重错误情况下,具有自动关闭总线的功能,切断它与总线的联系而不影响其他操作。

(3)CAN 的技术优势

①多主方式工作,通信方式灵活;

②网络带宽利用率高;

③纠错能力强,帧末结束时就可以得到确认;

④CAN 总线插卡可任意插在 PC、XT、AT 兼容机上,方便地构成分布式监控系统;

⑤用户接口简单,编程方便,很容易构成用户系统;

⑥成本低,系统开发廉价,OEM 用户容易操作。

CAN 也有自身的缺点,如传输延迟不确定,因而只有最高优先级的帧的延时是确定的;数据传输方式单一等。

12.3.4　HART 通信协议

HART 是(寻址远程传感器变速通道 Highway Addressable Remote Transducer)的缩写。最早由 Rosemount 公司开发该协议时得到 80 多家著名仪表公司的支持,因此,于 1993 年成立了 HART 通信基金会。这种被称为可寻址远程传感器高速通道的开放通信协议,其特点是在现有模拟信号传输线上实现数字信号通信,属于模拟系统向数字系统转变过程中的过渡性产品,因而在当前的过渡时期具有较强的市场竞争能力,得到了较快发展。

HART 按命令方式工作。它有三类命令:第一类称为通用命令,这是所有设备都理解、执行的命令;第二类称为一般行为命令,所提供的功能可以在许多现场设备(尽管不是全部)中实现,这类命令包括最常用的现场设备的功能库;第三类称为特殊设备命令,是为某些设备中实现特殊功能而设置,这类命令既可以在基金会中开放使用,又可以为开发此命令的公司所独有。在一个现场设备中通常可发现同时存在这三类命令。

HART 采用统一的设备描述语言 DDL。现场设备开发商采用这种标准语言来描述设备特性,由 HART 基金会负责登记管理这些设备描述,并把它们编为设备描述字典。主设备运用 DDL 技术来理解这些设备的特性参数,而不必为这些设备开发专用接口。但由于这种模拟数字混合信号制,导致难以开发出一种能满足各公司要求的通信接口芯片。

HART 能利用总线供电,可满足本质安全防爆要求,并可组成由手持编程器与管理系统主机作为主设备的双主设备系统。

(1)HART 通信协议简介

HART 协议使用了 FSK 技术,在 4～20 mA 过程测量模拟信号上叠加了一个频率信号,它成功地使模拟信号与数字双向通信能同时进行,而不相互干扰。HART 还可在一根双绞线上以数字的方式通信,支持 15 个现场设备的多站网络,并且能对现场仪表的各项特性进行清楚的描述。HART 协议的特点是具有与现场总线类似的体系结构,它以国际标准化组织的开放性互连模型为参照,使用 OSI 的 1、2、7 三层。

物理层规定了 HART 通信采用基于 Bell202 通信标准的 FSK 技术,基本内容是:

①波特率　1 200 bit/s

②逻辑 1　1 200 Hz

③逻辑 0　2 200 Hz

由于正弦信号的平均值为 0，HART 通信信号不会影响 4～20 mA 信号的平均值，这就使 HART 通信可以与 4～20 mA 信号并存而不互相干扰，这是 HART 标准的重要优点之一。智能设备要检出 HART 通信的信号，要求它有 0.25 V_{p-p} 以上的电平，因而两线制智能设备与电源之间至少要有 250 Ω 以上的电阻，以免这一信号被电源的低内阻所短路。多数现有电缆都可以用于 HART 通信，但最好采用带屏蔽的直径大于 0.51 mm 的电缆。限制信号传输距离的主要因素还是电阻、电感与分布电容对信号的衰减。单台设备使用距离达 3 000 m，而多站结构也可达 1 500 m，这对于大多数用户是足够的。

数据链路层规定了通信数据的结构，每个字符由 11 位组成，其中包括：

①1 bit 起始位

②8 bit 数据

③1 bit 奇偶校验位

④1 bit 停止位

不仅每个字节有奇偶校验，一个完整的 HART 数据也用一个字节进行纵向校验。由于数据的有无与长短并不恒定，所以 HART 数据的长度也是不一样的，最长的可包括 25 个字节。

应用层规定了 HART 命令，智能设备从这些命令中辨识对方信息的含义。这些命令分为三类：通用命令（Universal Commands）、普通应用命令（Common-Practice Commands）及专用命令（Device-Specific Commands）。

第一类命令是通用的，对于所有遵从 HART 协议的智能设备，不管它是哪个公司的产品都适应。例如，读制造厂及产品型号、过程变量及单位、读电流百分比输出等。

第二类命令对大多数智能设备都适用，但不要求完全一样。它用于常用的操作，如写阻尼时间常数、标定、写过程变量单位等。

第三类命令是针对每种具体设备的特殊性而设立的，因而它不要求统一。

HART 通信协议允许两种通信模式：第一种是"问答式"，即主设备向从设备发出命令，从设备予以回答，每秒可以交换两次数据；第二种是"成组模式"，即无需主设备发出请求，而从设备自动地连续发出数据，传输率每秒提高到 3.7 次，但这只适用于"点对点"的连接方式，而不适用于多站连接方式。

HART 协议被认为是事实上的工业标准，但它本身并不算现场总线，只能说是现场总线的雏形，是一种过渡性协议。它的不足之处是速度较慢（1 200 bit/s），而一台智能设备要么选用"成组"方式，要么在"主-从"方式中充当从设备回答主设备的询问，它不像一台现场总线设备既可作从设备，又可作为主设备。由于目前使用 4～20 mA 标准的现场仪表大量存在，所以，现场总线进入工业应用之后，HART 仍会有一定的市场。

（2）HART 通信协议的特点与优势

①模拟信号带有过程控制信息，同时，数字信号允许双向通信。这样就使动态控制回路更灵活、有效和安全。

②因为 HART 协议能同时进行模拟和数字通信，因此，在与智能化现场仪表通信时还可使用模拟表、记录仪及控制器。

③既具有常规模拟性能,又具有数字性能。用户在开始时,可以将智能化仪表与现有的模拟系统一起使用。在不对现场仪表进行改进的情况下,逐步实现数字化,包括数字化过程变量。

④支持多主站数字通信:在一根双绞线上可同时连接几个智能化仪表,因此节省了接线费用。

⑤可通过租用电话线连接仪表:多点网络可以延伸到一段相当长的距离,这样就可使远方的现场仪表使用相对便宜的接口设备。

⑥允许"问答式"及成组通信方式。大多数应用都使用"问答式"通信方式,而那些要求有较快过程数据刷新速率的应用可使用成组通信方式。

⑦所有的 HART 仪表都使用一个公用报文结构。允许通信主机(如控制系统或计算机系统)与所有的 HART 兼容的现场仪表以相同的方式通信。

⑧采用灵活的报文结构。允许增加具有新性能的新智能化仪表,而同时又能与现有仪表兼容。

⑨在一个报文中能处理 4 个过程变量。测量多个数据的仪表可在一个报文中进行一个以上的过程变量的通信。在任一现场仪表中,HART 协议支持 256 个过程变量。

(3)HART 协议的应用

HART 是 Rosemount 公司推出的一套过渡性临时标准,目前已受到广泛的承认,并成为一项事实上的国际标准。据 1994 年统计,世界上智能变送器市场中符合 HART 协议的产品占 76%。目前这项技术还处于上升期,全世界已有上百家著名公司采用了这一协议,而且成立了非赢利组织 HCF(HART 通信基金会),以便发展和组织推广这项技术。

HART 通信的应用通常有三种方式,最普通的是用手持通信终端(HHT)与现场智能仪表进行通信。通常,HHT 供仪表维护人员使用,不适合于工艺操作人员经常使用。

为了克服上述不足,市场上出现了一些带 HART 通信功能的控制室仪表(如 Arocom 公司的壁挂式仪表 MID),它可与多台 HART 仪表进行通信并组态,实现灌区、加热炉等小规模控制系统。我国北京冶金自动化研究院在消化 HART 通信技术的基础上开发了多点 HART 监控仪 HM301,属于 HART 通信应用的第二种方式。

第三种方式是与 PC 机或 DCS 操作站进行通信。这是一种功能丰富、使用灵活的方案。但它会涉及接口硬件和通信软件问题,特别是这种应用带有系统性质,以使它与整个系统成为有机的整体。

由于 HART 仪表与原 4~20 mA 标准的仪表具有兼容性,HART 仪表的开发与应用发展迅速,特别是在设备改造中受到欢迎。尽管 HART 通信被认为是一种过渡性的标准,但其发展之快令人注目。在国际上其销售额目前仍处于上升期,而在国内可以说仅仅是开始。因此,从事 HART 仪表及相关技术的开发仍具有现实意义。

HART 协议与 FF 等协议相比,较为简单,而且由于速度慢及功耗低的要求,其数据链路层及应用层一般均由软件实现。物理层应用原有的 Bell202 调制解调器。这使得一些小型企业独立地开发一些专用 HART 设备成为可能。总线供电的 HART 仪表对低功耗的要求较为苛刻,要求其从总线吸取的电流不大于 4 mA,在供电电压为 24 V 时,其总功耗仅约 100 mW。因此,总线供电的 HART 仪表需使用典型的低功耗器件及高效的电源变换技术。如采用单独的电源线供电,则可以避免低功耗的限制。

12.4　现场总线控制系统及其应用

12.4.1　现场总线概述

现场总线控制系统与常规控制系统及 DCS 系统在系统构成、功能、控制策略等方面有许多类似之处。例如,一个最简单的单回路控制系统,其基本构成元素为测量变送单元、控制计算单元、操作执行单元。将它们与被控过程按一定连接关系联系起来,就可构成一个简单完整的控制系统。现场总线控制系统也是由这几个最基本的部分组成。不过,现场总线系统的最大特点在于,它的控制单元在物理位置上可与测量变送单元及操作执行单元合为一体,因而可以在现场构成完整的基本控制系统。又由于它所具有的通信能力,可以与多个现场智能设备沟通、综合信息,便于构成多个变量参与的复杂控制系统与精确测量系统。另外,由于现场总线仪表的数字通信特点,使它不仅可以传递测量的数值信息,还可以传递设备标志、运行状态、故障诊断状态等信息,因而可以构成智能仪表的设备资源管理系统。

在系统组成上,传统的控制系统中仪器设备与控制器之间是点对点的连接,而现场总线控制系统中现场设备多点共享总线,这不仅节约了连线,而且实现了通信链路的多信息传输。从物理结构上来说,现场总线主要由现场设备(智能化设备或仪表、现场 CPU、外围电路等)与形成系统的传输介质(双绞线、光纤等)组成。

12.4.2　FCS(现场控制系统)结构

现场控制系统(FCS,Fieldbus Control System)代表了一种新的控制观念——现场控制。它具有采用数字信号后的一系列优点。基于现场总线技术的基本思想,FCS 采用总线拓扑结构,变送调节器用于构成现场控制回路,置于现场或控制室均可。站点分主站和从站,上位机、手持编程器、调节器、变送调节器均为主站。主站采用令牌总线的介质存取方式,令牌按逻辑环传递。变送器、执行器为从站,从站不占有令牌。总体上为令牌加主从的混合介质存取控制方式。

FCS 的层次结构采用四层:物理层、数据链路层、应用层和用户层。

该系统结构具有如下主要功能特点:

①由上位机或手持编程器进行组态,确定回路构成及参数值,两者均可随时加入或退出系统。

②除调节器的控制功能之外,还可由上位机承担先进的控制运算或优化任务。

③调节器除输出控制操作量外,还向上位机传送状态、报警、设定参数变更及各种需要保存的数据信息。

④上位机可监视总线上各站运行情况,并保存历史数据。

⑤网络上各主站的软件均可支持网络组成的变化,具有灵活性。

12.4.3　FCS 技术特点

现场总线控制系统在技术上具有以下特点:

（1）系统的开放性

系统的开放性是指通信协议公开、各不同厂家的设备之间可互连为系统并实现信息交换。现场总线开发者就是要致力于建立统一的工厂底层网络的开放系统。这里的开放是指对相关标准的一致性、公开性，强调对标准的共识与遵从。开放系统是指它可以与世界上任何地方遵守相同标准的其他设备或系统连接。一个具有总线功能的现场总线网络，系统必须是开放的，开放系统把系统集成的权力交给了用户。用户可按自己的考虑和需要把来自不同供应商的产品组成大小随意的系统。现场总线就是自动化领域的开放互连系统。当今，位于企业基层的测控系统仍处于 20 世纪 70 年代计算机网络系统那样的封闭状态，严重制约了自身的发展，从用户到设备制造商都强烈要求形成统一标准，从根本上打破现有各自封闭的 DCS 体系结构，组成开放互连网络。正是这种需求促成了现场总线的诞生和发展。

（2）互可操作性与互用性

这里的互可操作性，是指实现互连设备间、系统间的信息传送与沟通；而互用则意味着对不同生产厂家的性能类似的设备可实现相互替换。

（3）现场设备的智能化与功能自治性

它将传感测量、补偿计算、工程量处理与控制等功能分散到现场设备中完成，仅靠现场设备即可完成自动控制的基本功能，并可随时诊断设备的运行状态。

（4）系统结构的高度分散性

现场总线已构成一种新的全分散性控制系统的体系结构，从根本上改变了现有 DCS 集中与分散相结合的集散控制系统体系，简化了系统结构，提高了可靠性和对现场环境的适应性。工作在现场设备前端，作为工厂网络底层的现场总线是专为在现场环境设计的，可支持双绞线、同轴电缆、光缆、射频、红外线、电力线等，具有较强的抗干扰能力，能采用两线制实现送电与通信，并可满足本征安全防爆要求等。

12.4.4 FCS 应用

作为控制系统，现场总线控制系统在控制方案的制订与选择上与普通控制系统基本相同。下面首先以锅炉汽包水位的三冲量控制系统为例，介绍现场总线控制系统在设计、安装、运行方面的特色以及如何实现现场总线控制系统。

图 12.14 所示为汽包水位三冲量控制系统的典型的控制方案，它把与水位控制相关的三个主要因素（即汽包水位、给水流量、蒸汽流量）都引入到控制系统，以此作为控制计算的依据，可以取得较好的控制效果。这里采用的是由两个控制器按串级方式构成的控制系统。

（1）现场总线控制系统的设计

在控制系统方案选定之后，接下来的设计还有：

1）根据控制方案选择必需的现场智能仪表

一个经典的三冲量水位制系统需要一个液位变送器、两个流量变送器和一个给水调节阀。现场总线控制系统同样也需要这些变送器、执行器。对于一般模拟仪表控制系统，由于汽包水位、蒸汽流量、给水流量的测量信号本身波动频繁，需要阻尼器对测量信号进行预处理；按工厂常规采用的孔板加差压变送器测量流量的办法，要使测量信号与流量呈线性关系，需加开方器；此外，还需要形成串级的主、副两个调节器。而对于现场总线控制系统，实现阻尼、开方、加减和 PID 运算等功能完全靠嵌入在现场变送器、执行器中的功能块软件完成，可减少硬件投

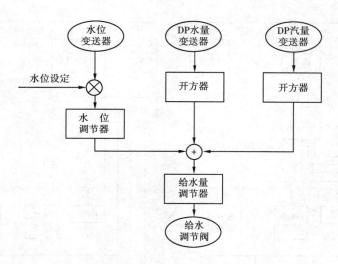

图 12.14 锅炉汽包水位三冲量系统控制方案

资,节省安装工时与费用。

2)选择计算机与网络配件

为了满足现场智能设备组态、运行、操作的需求,一般还需要选择一台或多台与现场总线网段连接的计算机。随着工业 PC 机在控制领域的日趋普及,许多不同通信协议的现场总线控制系统都采用安插在 PC 总线插槽中的 PC 现场总线接口板,把工业 PC 机与现场总线网段连接为能完成组态、运行和操作等功能的完整的控制与网络系统。PC 现场总线接口板可有几个现场总线通道,能把几条现场总线网段集成在一起。电源、终端器、缆线等也是现场总线的基本硬件。图 12.15(a)为现场总线基本硬件构成图。图中两台配置相同的工业 PC 机主要是为系统的安全冗余而设置的。图中所表示的现场总线 PCI 接口卡具有 4 个通道,每个 PCI 接口卡可与 4 条总线网段相接。

当然,采用插接在 PC 机总线插槽中的现场总线 PCI 卡,把现场总线网段直接与 PC 机相连,只是方案之一。考虑到方便现场配线等原因,另一种流行的硬件配置办法是设计某种通信控制器,其一例与现场总线网段连接,另一例按通常采用的 PC 机连网方式,如通过以太网方式,采用 TCP/ID 协议、网络 BIOS 协议,完成现场总线网段与 PC 机之间的信息交换。图 12.15(b)表示了这种控制系统的硬件配置。

为了优化通信,减少信号的往返传递,尽可能将同一控制系统中信号相关的现场设备就近安排在同一总线段上。除了上面提到的水位变送器、流量变送器、给水调节阀外,由于锅炉控制系统中还有用于联锁系统开关量控制的 PLC,它也需要与现场变送器等交换信息,可采用 PLC 上与现场总线网段接口,使 PLC 成为现场总线网段的节点成员。

另外,现场总线网段作为工厂底层网络,还要考虑到它与工厂其他层次网段间的连接与数据交换。

3)选择开发组态软件、控制操作的人机接口软件 MMI

软件是控制系统资源中不可缺少的。现场总线作为开放系统,希望软件尽可能摆脱专用软件的束缚,走上规范、开放的软件平台。鉴于硬件采用了 PC 机,因而 Windows 系列的应用软件为不可弃之的强大资源。

已经有多个操作界面友好、颇具影响的人机接口软件成为商品供用户选择。在选择中要

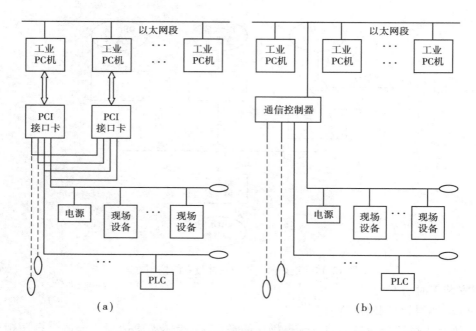

图 12.15　控制系统硬件配置示意图

注意到 MMI 软件平台的开放性,能与多个应用软件共享数据信息。

组态软件是现场总线控制系统的特色软件,它主要负责完成以下任务:

①在应用软件的界面上选中所连接的现场总线设备;

②对所选设备分配位号;

③从设备的功能库中选择功能块;

④实现功能块连接;

⑤按应用要求为功能块赋予特征参数;

⑥对现场设备下载组态信息。

窗口式软件采用图形化界面,易于操作,简单明了,便于用户熟悉掌握,因此,组态工具一般采用窗口式软件。

4)根据控制系统结构和控制策略所需功能块以及现场智能设备具备的功能块库的条件,分配功能块所在位置

分配在同一设备中的功能块连接属内部连接,其信号传输无须通过总线通信;而位于不同设备的功能块之间的连接属于外部连接,其信号传输须通过总线进行通信。分配功能块位置时应注意减少外部连接,优化通信流量。

具体到三冲量水位控制系统,功能块分配方案如下:

①汽包液位变送器内,选用 AI 模拟输入功能块,主调节器 PID 功能块;

②给水流量变送器内,选用 AI 模拟输入功能块,求和算法功能块;

③蒸汽流量变送器内,选用 AI 模拟输入功能块;

④阀门定位器内,选用副调节器 PID 功能块、AO 输出功能块,并实现现场总线信号到调节阀门的气压转换。

5)通过组态软件,完成功能块之间的连接

一般而言,现场总线功能块的选用可以是任意的,因而现场总线控制系统的设计具有较大柔性。

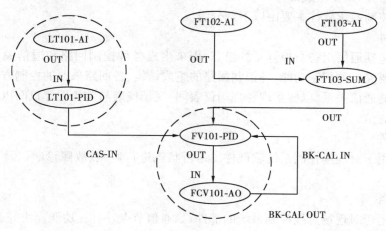

图 12.16　功能的分布与连接

按三冲量控制系统和功能块分配方案,功能块组态连接如图 12.16 所示。图中虚线表示物理设备,实线表示功能块,实线内标有位号和功能块名称。这里,水位变送器的位号为 LT101,蒸汽、给水变送器的位号分别为 FT102、FT103,给水调节阀的位号为 FV101。BK-CAL IN,BK-CAL OUT 分别表示阀位反馈信号的输入与输出;CAS-IN 表示串级输入。实行组态时,只需在窗口式图形界面上选择相应设备中的功能块,在功能块的输入、输出间简单连线,便可建立信号传递通道,完成控制系统的连接组态。

6)通过功能块的特征化,为每个功能块确定相应参数

每种功能块有各自的功能,也有各自的特征参数,组态的另一项任务就是要确定功能块中的特性与参数。图 12.17 为给水流量测量变送器的 AI 功能块,可以通过组态决定 AI 功能块的特征参数,如测量输入范围、输出量程、工程单位、滤波时间、是否需要开方处理等。

7)网络组态

由于现场总线是工厂底层网络,网络组态的范围包括现场总线网段,也包括作为人机接口操作界面的 PC 机及与它相连的网段。内容有分配网络节点号、决定链路活动主管、后备链路活动主管等。

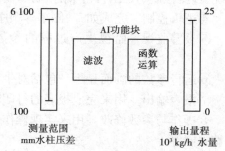

图 12.17　AI 功能块的特征化

8)下载组态信息

组态的最后操作是下载组态信息,也就是将组态信息的代码送到相应的现场设备,并启动系统运行。

(2)现场总线控制系统软件

现场总线最具特色的是它的通信部分的硬软件,但当现场信号传入计算机后,还要进行一系列的处理。它作为一个完整的控制系统,仍然需要具有类似于 DCS 或其他计算机控制系统那样的控制软件、人机接口软件。当然,现场总线控制系统软件有继承 DCS 等控制软件的部

分,也有在它们的基础上发展和具有自己特色的部分。现场总线控制系统软件是现场总线控制系统集成、运行的重要组成部分。

现场总线控制系统软件主要由以下部分组成:

1)组态软件

组态软件包括通信组态与控制系统组态,用来生成各种控制回路和通信关系。开发人员要明确系统需要完成的控制功能、各控制回路的组成结构、各回路采取的控制方式与策略以及节点与节点间的通信关系,以便实现各现场仪表间、现场仪表与监控计算机间以及计算机与计算机间的数据通信。

2)维护软件

维护软件用于对现场控制系统软硬件的运行状态进行监测、故障诊断以及某些软件测试维护工具等。

3)仿真软件

仿真软件用于对现场总线控制系统的部件,如通信节点、网段、功能模块等进行仿真运行,作为对系统进行组态、调试、研究的工具。

4)现场设备管理软件

现场设备管理软件是对现场设备进行维护管理的工具。

5)监控软件

这是必备的直接用于生产操作和监视的控制软件包,其功能十分丰富,主要有:

①实时数据采集　将现场的实时数据送入计算机,并置入实时数据库的相应位置。

②常规控制计算与数据处理　如标准 PID、积分分离、超前滞后、比例、一阶或二阶惯性滤波、高选或低选、输出限位等。

③优化控制　在数学模型的支持下,完成监控层的各种先进控制功能,如卡边控制、专家系统、预测控制、人工神经网络控制和模糊控制等。

④逻辑控制　完成如开、停车等顺序启停过程。

⑤报警监视　监视生产过程的参数变化,并对信号越限进行相应的处理(如声光报警等)。

⑥运行参数的画面显示　包括对带有实时数据的流程图、棒图、历史趋势显示等。

⑦报表输出　用来完成报表的打印输出。

⑧操作与参数修改　用来实现操作人员对生产过程的人工干预,修改设定值、控制参数、报警限制等。

另外,文件管理、数据库管理等内容也是现场总线控制系统监控软件的组成部分。在有些工厂的监控软件中,还配备有统计质量控制软件。这是一种按数理统计方法分析现场采集的质量变量数据的软件,可以监视和评判系统的控制与运行状态,指导操作人员全面掌握生产情况,排除故障,并且,它还能以科学方法评估生产过程的能力,指导系统改进,生产出高质量的产品。实时统计质量控制软件主要包括:在线与历史数据预处理、各种统计控制图、直方图、事件触发采样、在线报警、过程能力分析和用户评述记录等。

现场总线控制系统大都采用工业控制计算机作为监控计算机,因而其人机接口部分与普通计算机差异不大。画面显示主要采用 CRT 显示器、LCD 液晶显示;人机交互的输入接口主要是键盘、鼠标、触摸屏;输出接口主要指各种档次的打印机、声光报警装置等。当然,它们都应该是适合工业生产环境使用的。为了方便和适宜操作人员的操作,有的装置在控制室还配备有操作台,设有各种开关、旋钮、指示灯、数码显示。这些人机接口硬件都需要有相应的软件驱动,以配合工作。

思考题与习题

12.1　现场总线技术产生的意义?

12.2　现场总线控制系统与传统的控制系统在结构上有什么不同?

12.3　Profibus 的特点与结构是什么?

12.4　现场总线控制系统有什么特点?

12.5　以现场总线为基础的企业信息系统包括哪几个层次? 各完成什么功能?

12.6　基金会现场总线采用什么样的通信模型?

12.7　基金会现场总线网段的基本构成部件有哪些?

12.8　以一个单回路控制系统为例,说明现场总线控制系统与其他控制系统在构成方面有什么不同?

第**13**章
采用先进控制策略的控制系统

目前在控制领域虽然已逐步采用了计算机这个先进的技术工具,特别是在大中型企业普遍地采用了分散控制系统(DCS),进一步推进现场总线系统,但就控制策略而言,占统治地位的仍然是 PID 控制。新型控制工具创造的优越功能环境没有得到充分的利用。由于工业生产过程往往具有不确定性、非线性、变量间的关联性和信息的不完全性,要想获得精确的数学模型十分困难。因此,在过程控制系统设计中,采用基于定量数学模型的传统控制理论和方法已不能满足要求,必须研究先进的过程控制策略,开发先进过程控制(APC,advanced process control),也称高等过程控制,以及将现代控制理论和方法向过程控制领域移植和改造,这些方面越来越受到控制界的关注。诸如推断控制、预测控制、自适应控制、智能控制、模糊控制、专家系统控制、神经网络控制等先进控制系统已得到比较广泛的应用。

13.1 软测量技术及推断控制系统

对生产过程有关的信息了解当然是越详细越好。然而,这些信息的获取还存在一些问题。目前能直接测量的变量只有压力、流量、温度和液位等,而关于成分和物性的连续测量至今还有一些困难。有些测量和分析只能间歇地人工进行,每次又需要一段时间才能完成分析。有些测量即使有自动分析仪器,但完成一次分析需要的时间较长,引起较大的时滞;有些在线自动测量仪表价格昂贵,测量所付出的代价很高。因此,成分和物性等许多关键性的变量尽管能够最直接地反映生产过程的状态,但它们的在线测量仍有困难。为了改变只能依据流量、温度、液位和压力等几个热工变量来控制的现状,其途径如下:

①努力开发更可靠、更迅速而且更适于在线连续应用的传感器。

②从能够测量的数据去推断未被测量的变量(包括输出变量或扰动变量)的数值。这是一种用软件方法解决问题的技术,称为软测量,构成的软件称为软敏感元件(soft sensor)。

软测量的基本思想是把自动控制理论与生产过程知识结合起来,应用计算机技术对难于测量或暂时不能测量的重要变量(或称之为主导变量),选择另外一些容易测量的变量(或称之为辅助变量),通过构成某种数学关系来推断和估计,以软件来代替硬件(传感器)功能。这类方法具有响应迅速、连续给出主导变量信息、投资少、维护保养简单等优点。

　　软测量技术已有数十年的历史。与之相近,将几个变送器的信息综合在一起作为一个被控变量,构成采用计算指标的控制系统,在过程控制领域早已被人们所熟知。例如,气体和蒸汽流量的温度、压力自动校正、质量流量的计算、气体压缩机的轴功率计算等形式很多。至于依据搅拌釜的轴功率估计流体黏度,依据绝热反应器中反应物从入口至出口的绝热温升来估计化学反应的转化率,依据绝热式间歇反应釜的温升来预测达到规定转化率的终点,更是属于软测量的范畴。软测量技术近年来受到人们的注意,出现了一些研究成果。软测量方法与新型传感器的开发,是两条并行不悖的途径,相互间可起到相辅相成的作用。

　　依据软测量得出的结果进行控制(即依据推理信息的控制),被统称为推断控制(inferential control)或推理控制。推断控制是在 20 世纪 70 年代中期开发出来,它将不可测的被控过程的输出变量推算出来,以实现反馈控制;将不可测的扰动推算出来,以实现前馈控制。若根据可测的辅助输出变量来推算不可测的被控变量,这是推断控制中最简单的一种组成形式,通常称为按计算指标的控制系统。

13.1.1　软测量技术

　　软测量的命题可用图 13.1 表示。对象的输入变量有控制向量 $u(t)$ 和扰动向量 $d(t)$。输出变量一类是待求的关键输出变量 $y(t)$,另一类是可测的辅助输出变量 $z(t)$。软测量的任务是依据各种可以测量得到的信息(包括 $u(t)$、$z(t)$ 和部分的 $d(t)$),去推断不能(或不易)直接测量的关键输出变量 $y(t)$ 或其他

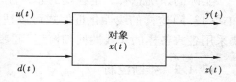

图 13.1　软测量命题

的状态变量 $x(t)$ 和部分不能直接测量的扰动 $d(t)$。软测量技术主要由辅助变量的选择、数据采集与处理、软测量模型和在线校正等部分组成。其中,软测量模型是核心,有两大类方法可供选择:

(1)基于动态数学模型的方法

　　状态估计是其中之一。如果有部分的 $d(t)$ 可测,可以将它们包括在增广的输入向量 $\tilde{u}(t)$ 中。用状态空间表述形式的对象动态数学模型是:

$$\left.\begin{aligned} \dot{x} &= Ax + \tilde{B}\tilde{u} + w \\ z &= Cx + v \end{aligned}\right\} \tag{13.1}$$

式中,w 和 v 是随机干扰向量,A、$\tilde{B}$ 和 C 是相应的参数矩阵。

　　可以设想,此时如采用卡尔曼估计器,则

$$\dot{\hat{x}} = A\hat{x} + \tilde{B}\tilde{u} - M(z - Cx) \tag{13.2}$$

式中,M 是校正矩阵。

　　本法在理论上似乎是完美的。如果加以推广,也可用以估计一些未知的 $d(t)$。例如,将它们与状态向量 $x(t)$ 合并成为增广的状态向量 $\tilde{x}(t)$;也可以用以估计一些未知的输出向量 $y_p(t)$,此时可列出:

$$\begin{bmatrix} y_p \\ z \end{bmatrix} = \begin{bmatrix} C_p \\ C_s \end{bmatrix} x + \begin{bmatrix} v_p \\ v_s \end{bmatrix} \tag{13.3}$$

依据 $z(t)$ 和 $\tilde{u}(t)$ 来估计 $\hat{x}(t)$，然后依据 $\hat{x}(t)$ 来估计 $y_p(t)$。

然而，要在工程上应用，参数矩阵 $\boldsymbol{A}$、$\boldsymbol{B}$ 和 $\boldsymbol{C}$ 不易获得，同时，$w(t)$ 和 $v(t)$ 的值也不清楚，因而使应用范围受到限制。

（2）基于稳态回归模型的方法

设在图 13.1 中，$u(t)$、$d(t)$ 和 $z(t)$ 都是可测的，并可选作自变量，而待求的关键输出变量是 $y(t)$，则显然可知：

$$y = \boldsymbol{\Phi}(z, u, d) \tag{13.4}$$

回归模型是一种黑箱模型，如采用线性回归，则

$$\Delta y = a\Delta y_s + b\Delta u + c\Delta d \tag{13.5}$$

为了得到参数向量 a、b 和 c，可以先在操作范围内测定一系列的 $\{y, z, u, d\}$ 数据。其中 z、u 和 d 来自测量数据，而 y 值只能用人工测试分析方法得到。然后将 a、b 和 c 作为未知数，用最小二乘法求出它们的估计值。回归模型必须用实际数据进行校验，合格后用做软测量方程。在测出了 z、u 和 d 的新数据后，由式（13.5）求得待求的 y 值。

实际的系统总有一定程度的非线性。如果非线性程度不严重，而且遇到的操作范围不宽，如式（13.5）这样的线性化近似式可以适用；如果非线性程度较强或者操作范围较宽，那就需要采用各式各样的非线性回归模型，可参阅有关书籍。

13.1.2 推断控制

推断控制是由美国学者 C. B. Brosilow 等人在 1978 年提出的。它是利用过程中可直接测量的变量（如温度，压力和流量等）作为辅助变量来推断不可直接测量的扰动对过程输出（如产品成分等）的影响，然后基于这些推断估计量来确定控制输入 $\boldsymbol{u}$，以消除不可直接测量的扰动对过程主要输出（即被控变量）的影响，改善控制品质。

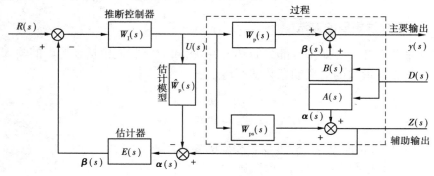

图 13.2　推断控制结构图

推断控制系统的基本结构如图 13.2 所示。不可测被控变量为 y，辅助可测输出变量为 z，控制变量为 u，扰动变量为 d。扰动 d 对被控变量 y 和辅助变量 z 都有影响。设扰动 d 是不可测量的。图 13.2 中的传递函数表明了各输入量和输出量之间的关系，并假定过程模型是已知的，即 $A(s)$、$B(s)$、$W_p(s)$ 和 $W_{ps}(s)$ 是已知的，且模型是精确的，即

$$\left.\begin{array}{l} \hat{A}(s) = A(s), \hat{B}(s) = B(s) \\ \hat{W}_p(s) = W_p(s), \hat{W}_{ps}(s) = W_{ps}(s) \end{array}\right\} \tag{13.6}$$

推断控制器的设计要求是使不可测扰动 $D(s)$ 对不可测输出 $y(s)$ 的影响完全消除。推断控制系统通常包括三个组成部分:

(1) 信号的分离

信号分离的目的是估计扰动对辅助变量 $Z(s)$ 的影响 $\boldsymbol{\alpha}(s)$。即将不可测扰动 $D(s)$ 对辅助变量 $Z(s)$ 的影响 $\boldsymbol{\alpha}(s)$, 从 $Z(s)$ 中分离出来。因 $Z(s)$ 将受到两方面输入(即 $U(s)$ 和 $D(s)$)的影响。$U(s)$ 和 $Z(s)$ 是可测的, $D(s)$ 是不可测的。现在的问题是从可测的 $U(s)$ 和 $Z(s)$ 以及已知模型 $\hat{\boldsymbol{W}}_{\mathrm{ps}}(s)$ 来估计 $D(s)$ 对 $Z(s)$ 的影响,即

$$\boldsymbol{\alpha}(s) = \boldsymbol{Z}(s) - \hat{\boldsymbol{W}}_{\mathrm{ps}}(s)\boldsymbol{U}(s) \tag{13.7}$$

上式可由图 13.2 方块图求得 $\boldsymbol{\alpha}(s)$,同时可得:

$$\boldsymbol{\alpha}(s) = \hat{\boldsymbol{A}}(s)\boldsymbol{D}(s) \tag{13.8}$$

从而由直接测得的 $Z(s)$ 和 $U(s)$ 以及模型 $\hat{\boldsymbol{W}}_{\mathrm{ps}}(s)$ 和 $\hat{\boldsymbol{A}}(s)$,可估计出不可测扰动 $D(s)$,即

$$\boldsymbol{D}(s) = \frac{\boldsymbol{\alpha}(s)}{\hat{\boldsymbol{A}}(s)} \tag{13.9}$$

(2) 估计器 $\boldsymbol{E}(s)$

目的是通过 $\boldsymbol{\alpha}(s)$ 来估计不可测扰动 $\boldsymbol{D}(s)$ 对主要输出 $\boldsymbol{Y}(s)$ 的影响 $\boldsymbol{\beta}(s)$。设估计器为 $\boldsymbol{E}(s)$,则

$$\boldsymbol{\beta}(s) = \boldsymbol{E}(s)\boldsymbol{\alpha}(s) \tag{13.10}$$

即

$$\boldsymbol{E}(s) = \frac{\boldsymbol{\beta}(s)}{\boldsymbol{\alpha}(s)} \tag{13.11}$$

而

$$\boldsymbol{\beta}(s) = \hat{\boldsymbol{B}}(s)\boldsymbol{D}(s) \tag{13.12}$$

将式(13.9)代入上式可得:

$$\boldsymbol{\beta}(s) = \frac{\hat{\boldsymbol{B}}(s)}{\hat{\boldsymbol{A}}(s)}\boldsymbol{\alpha}(s) \tag{13.13}$$

代入式(13.11)可得估计器的传递函数为:

$$\boldsymbol{E}(s) = \frac{\hat{\boldsymbol{B}}(s)}{\hat{\boldsymbol{A}}(s)} \tag{13.14}$$

或用最小二乘法估计可得:

$$\boldsymbol{E}(s) = \hat{\boldsymbol{B}}(s)\hat{\boldsymbol{A}}^{\mathrm{T}}(s)[\hat{\boldsymbol{A}}(s)\hat{\boldsymbol{A}}^{\mathrm{T}}(s)]^{-1} \tag{13.15}$$

(3) 推断控制器 $\boldsymbol{W}_{\mathrm{I}}(s)$

目的是已知不可测干扰 $D(s)$ 对主要输出 $\boldsymbol{Y}(s)$ 的影响 $\boldsymbol{\beta}(s)$ 后,设计推断控制器 $\boldsymbol{W}_{\mathrm{I}}(s)$,使 $\boldsymbol{\beta}(s)$ 对 $\boldsymbol{Y}(s)$ 的影响完全消除。

$$\boldsymbol{Y}(s) = \boldsymbol{W}_{\mathrm{I}}(s)\boldsymbol{W}_{\mathrm{P}}(s)[\boldsymbol{R}(s) - \boldsymbol{E}(s)(\boldsymbol{Z}(s) -$$

$$\hat{\boldsymbol{W}}_{\mathrm{Ps}}(s)\boldsymbol{U}(s))] + \boldsymbol{B}(s)\boldsymbol{D}(s) \tag{13.16}$$

对于在不可测扰动 $D(s)$ 作用下,要求主要输出 $\boldsymbol{Y}(s) = 0$,这时 $\boldsymbol{R}(s) = 0$。由式(13.16)

可得：

$$Y(s) = -W_I(s)W_P(s)\beta(s) + \beta(s) = 0$$

即

$$W_I(s) = \frac{1}{\hat{W}_P(s)} \quad (13.17)$$

然而，对于实际工业生产过程，式(13.17)的控制器有时受元器件的物理约束难以实现。为此，常常需要引入滤波器，即推断控制器取：

$$W_I(s) = \frac{1}{\hat{W}_P(s)}F(s) \quad (13.18)$$

对于单输入单输出系统，过程模型为：

$$\hat{W}_P(s) = \frac{N(s)}{M(s)}e^{-\tau s}$$

这时滤波器 $F(s)$ 的设计可选为：

$$F(s) = \frac{e^{-\tau s}}{(Ts+1)^n} \quad (13.19)$$

式中，$n>0$ 是 $M(s)$ 与 $N(s)$ 的阶次之差；T 为滤波器时间常数。

显然，引入滤波器 $F(s)$ 后，要想实现设定值变化的动态跟踪以及不可测扰动的完全动态补偿是不可能的。但只要滤波器的稳态增益为1，则系统的稳态性能仍可保证，即可实现稳态无余差。

13.1.3 应用实例(脱丁烷塔的推断控制)

脱丁烷塔共有塔板16块，进料共有5个组分(乙烷、丙烷、丁烷、戊烷、己烷)。进料板是第8块塔板(自下而上计数)，且为饱和液体进料。塔顶控制指标是丁烷浓度。采用在线分析仪表不仅价格昂贵，而且测量滞后大，很难满足实时控制要求。主要扰动是进料中各组分的变化。实际是一种输出和扰动不可测过程，为此，采用推断控制方法。通过机理模型与测试相结合得到如下线性化模型：

$$Y(s) = B(s)D(s) + W_P(s)U(s) \quad (13.20)$$
$$Z(s) = A(s)D(s) + W_{Ps}(s)U(s) \quad (13.21)$$

其中，$Y(s) = [y_1(s) \quad y_2(s)]^T$；$U(s) = [u_1(s) \quad u_2(s)]^T$；$D(s) = [d_1(s),\cdots,d_5(s)]^T$。

$$Z(s) = [z_1(s),\cdots,z_5(s)]^T \quad (13.22)$$

$$W_P(s) = \begin{bmatrix} \dfrac{-0.173}{70s+1} & \dfrac{0.0305}{75s+1} \\ \dfrac{0.015}{18s+1} & \dfrac{-0.0768}{7s+1} \end{bmatrix} \quad (13.23)$$

$$B(s) = \begin{bmatrix} \dfrac{-0.188}{72s+1} & \dfrac{-0.163}{72s+1} & \dfrac{0.0199}{70s+1} & \dfrac{0.0043}{80s+1} & \dfrac{0.002}{85s+1} \\ \dfrac{0.0174}{15s+1} & \dfrac{0.0259}{13s+1} & \dfrac{0.0045}{4s+1} & \dfrac{-0.00029}{3s+1} & \dfrac{-0.0099}{3s+1} \end{bmatrix} \quad (13.24)$$

$$A(s) = \begin{bmatrix} \dfrac{-7.99}{9s+1} & \dfrac{-9.78}{9s+1} & \dfrac{-5.28}{5s+1} & \dfrac{3.59}{8s+1} & \dfrac{6.09}{5s+1} \\[2mm] \dfrac{-11.29}{12s+1} & \dfrac{-15.91}{12s+1} & \dfrac{-4.23}{5s+1} & \dfrac{3.63}{8s+1} & \dfrac{4.75}{5s+1} \\[2mm] \dfrac{-18.28}{5s+1} & \dfrac{-16.43}{10s+1} & \dfrac{-0.47}{5s+1} & \dfrac{3.96}{3s+1} & \dfrac{4.60}{1.5s+1} \\[2mm] \dfrac{-42.02}{50s+1} & \dfrac{-35.92}{70s+1} & \dfrac{4.45}{65s+1} & \dfrac{1.10}{70s+1} & \dfrac{0.46}{75s+1} \\[2mm] \dfrac{-50.47}{25s+1} & \dfrac{-25.26}{75s+1} & \dfrac{3.15}{70s+1} & \dfrac{0.68}{78s+1} & \dfrac{0.32}{80s+1} \end{bmatrix} \tag{13.25}$$

$$W_{ps}(s) = \begin{bmatrix} \dfrac{7.47}{8s+1} & \dfrac{9.80}{15s+1} & \dfrac{8.20}{30s+1} & \dfrac{36.0}{65s+1} & \dfrac{30.0}{67s+1} \\[2mm] \dfrac{2.70}{4s+1} & \dfrac{3.79}{5s+1} & \dfrac{2.30}{18s+1} & \dfrac{6.82}{70s+1} & \dfrac{3.46}{70s+1} \end{bmatrix} \tag{13.26}$$

y_1 为塔顶丁烷浓度,y_2 为塔底丙烷浓度,二者均认为是不可测输出。$z_1(s),z_2(s),\cdots,z_5(s)$ 是辅助变量,分别为第 1、3、8、14 和 16 块塔板的温度;u_1 回流量,u_2 为再沸器加热蒸汽量,u_1、u_2 是操纵变量;$d_1 \sim d_5$ 是进料中 5 个组分,是不可测扰动。

在此讨论塔顶丁烷控制。对此多元精馏塔进行分析与仿真,可以知道 z_4 最能反映塔顶丁烷成分变化。故在推断控制中选择第 14 块塔板温度 z_4 作为辅助输出,这样,只要用一个回流量来控制。故

$$\left. \begin{aligned} Y(s) &= y_1(s) \\ B(s) &= [b_{11}(s),b_{12}(s),b_{13}(s),b_{14}(s),b_{15}(s)] \\ A(s) &= [a_{41}(s),a_{42}(s),a_{43}(s),a_{44}(s),a_{45}(s)] \\ U(s) &= u_1(s) \\ W_P(s) &= w_{11}(s) \\ W_{Ps}(s) &= P_4(s) \end{aligned} \right\} \tag{13.27}$$

这是一个多输入单输出系统,可以根据具体情况将其简化为单输入、单输出系统。因为传递函数 $[a_{41}(s),a_{42}(s),a_{43}(s),a_{44}(s),a_{45}(s)]$ 和 $[b_{11}(s),b_{12}(s),b_{13}(s),b_{14}(s),b_{15}(s)]$ 中时间常数相差不大,所构成传递函数 $a(s)$ 和 $b(s)$,其增益和时间常数分别为 $a_{4i}(s)$ 和 $b_{1i}(s)$ 的算术平均:

$$\left. \begin{aligned} a(s) &= \frac{-14.39}{66s+1} \\ b(s) &= \frac{-0.064\,9}{76s+1} \end{aligned} \right\} \tag{13.28}$$

因此,可得出估计器:

$$E(s) = \frac{b(s)}{a(s)} = -0.004\,5\,\frac{66s+1}{76s+1} \tag{13.29}$$

若取滤波器:

$$F(s) = \frac{1}{10s+1} \tag{13.30}$$

则推断控制器 $W_I(s)$ 为:

$$W_I(s) = \frac{F(s)}{w_{11}(s)} = -5.78\frac{70s+1}{10s+1} \tag{13.31}$$

该系统在进料丁烷含量阶跃变化 10% 时,采用推断控制,第 14 板温度反馈控制和成分分析仪反馈控制的响应曲线如图 13.3 中的曲线 1、2、3 所示。从中可以看出推断控制具有较好的动态响应。

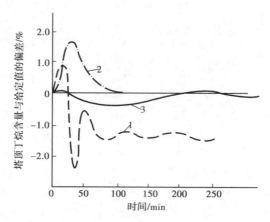

图 13.3　丁烷成分推断控制效果比较
1—第 14 级温度 PI 控制;2—成分 PI 控制;3—推断控制

13.2　预测控制系统

20 世纪 70 年代,现代控制理论在空间技术等领域的应用获得了极大的成功,然而应用于过程控制方面却遇到了许多困难。主要原因在于这些方法需要精确的对象动态数学模型。但工业过程机理比较复杂,难以建立准确的数学模型,而且过程常常具有不确定性、非线性、时变性和大纯滞后。现代控制理论和传统的控制理论很难适合复杂工业过程的这些特点,需要寻找对模型精度要求低、控制综合质量好、在线计算方便的优化控制算法。预测控制(predictive control)就是这样产生的以非参数模型为基础的计算机优化控制算法。

预测控制是 Richalet(理查勒特)等人于 1978 年提出来的,是建立在以脉冲响应模型为基础上的模型预测启发式控制(MPHC)或称为模型算法控制(MAC,model algorithmic control)。1980 年 Cutler(卡特勒)等人提出了以阶跃响应模型为基础的动态矩阵控制(DMC,dynamic matrix control)。由于这类以非参数模型为基础的预测控制算法具有建模简单、实现容易和鲁棒性好等优点而得到广泛的应用,取得了显著的经济效益。20 世纪 80 年代初,在研究自适应控制的基础上,Clarke 等人提出了以可控自回归积分平均滑动模型(CARIMA)为基础的广义预测控制(GPC,generalized predictive control)。它是用输入、输出差分方程作为预测模型的参数模型的代表,不仅能用于控制简单的开环稳定的最小相位系统,而且可用于控制非最小相位系统、不稳定系统和时滞变结构的系统。在模型阶次高于或低于真实过程时,仍能获得良好的控制特性。

工业上应用的成功使预测控制的研究在控制界占有重要的位置,工业化应用软件在国际上已成为热门的商品,在国内也已开发成功。本节将以 SISO 情况下的模型算法控制 MAC 为例,介绍预测控制的基本原理。

13.2.1　预测控制的基本原理

预测控制的基本出发点与传统的 PID 控制不同。传统的 PID 控制是根据过程当前和过去的输出测量值与设定值的偏差来确定当前的控制输入,而预测控制不但利用当前的和过去的偏差值,而且还利用预测模型来预估过程未来的偏差值,以滚动优化确定当前的最优输入策略。因此,从基本思想看,预测控制优于 PID 控制。图 13.4 是预测控制系统的基本结构框图。对于非参数模型控制算法的内部模型、参考轨迹和控制算法这三个要素分别讨论如下:

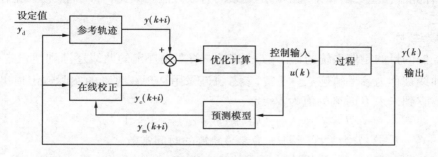

图 13.4　预测控制结构图

(1) 内部模型

预测控制是应用于渐近稳定对象的算法。对于非自平衡的对象,可通过常规 PID 控制方法,首先使对象特性稳定,然后再应用这一控制算法。所谓内部模型,即指对象的脉冲响应或阶跃响应。利用这类模型,能够根据系统现时刻的控制输入量以及过程的历史信息,预测过程输出的未来值。

1) 开环预测模型

对于一个线性系统,通过各种实验方法可以测定它的脉冲响应如图 13.5 所示。以 $\hat{h}(t)$ 和 $h(t)$ 分别表示测试的脉冲响应和真实对象的脉冲响应,它们往往是有差别的。从 $t = 0$ 到变化已趋稳定的时刻 t_N,人为地把曲线分割成 N 段,设采样周期为 $T = t_N/N$,对每一采样时刻 T_j,就有一个相应的输出值 h_j,N 称为截断步长。这有限个信息 $h_j(j = 1,$

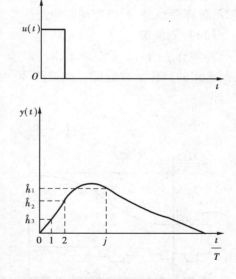

图 13.5　脉冲响应曲线

$2,\cdots,N)$ 的集合即为内部模型。假定预测步长为 p,预测模型的输出为 y_m,则可根据内部模型计算得到从 k 时刻起预测到 p 步的输出 $y_m(k + i)$,即

$$y_m(k + i) = \sum_j \hat{h}_j \Delta u(k + i - j), \qquad i = 1,2,\cdots,P \tag{13.32}$$

2) 反馈校正

由于式(13.32)完全依赖于内部模型,与对象在 k 时刻的实际输出无关,因而称为开环预

测模型。事实上,由于对象存在的非线性、时变性以及随机干扰等因素,使得开环预测模型不可能与实际对象完全符合,因此需要进行修正。在预测控制中常用一种反馈修正方法,即所谓闭环预测,就是将第 k 步的输出测量值与预测模型输出之间的误差附加到模型的预测输出 $y_m(k+i)$ 上,得到的闭环预测模型为:

$$
\left.
\begin{aligned}
\boldsymbol{y}_p(k+1) &= \boldsymbol{y}_m(k+1) + \boldsymbol{\beta}\big[y(k) - \boldsymbol{y}_m(k)\big] \\
\boldsymbol{y}_P(k+1) &= \big[y_p(k+1), y_p(k+2), \cdots, y_p(k+P)\big]^{\mathrm{T}} \\
\boldsymbol{\beta} &= \big[1, 1, \cdots, 1\big]^{\mathrm{T}}
\end{aligned}
\right\}
\tag{13.33}
$$

由于每个时刻都引入当时实际对象的输出和模型输出的差值,使模型不断得到校正。显然,这是一种克服模型失配和系统不确定因素的有效方法。因此,有人把反馈修正作为预测控制的特点之一。

(2) 参考轨迹

预测控制的目的是使系统的输出 $y(t)$ 沿着一条事先规定的曲线逐渐到达设定值 y_{sp}。这条指定的曲线被称为参考轨迹 y_r。通常,参考轨迹采用从现在时刻的实际输出值出发的一阶指数形式。它到未来 P 时刻的值为:

$$
y_r(k+i) = \alpha^i y_r(k) + (1 - \alpha^i) y_{sp}, i = 1, 2, \cdots, P
\tag{13.34}
$$

式中,$\alpha = \exp(-T/\tau)$,T 为采样周期,τ 为参考轨迹的时间常数。

从式(13.34)可以看到,采用这种形式的参考轨迹,将会减小过量的控制作用,使系统能平滑地到达设定值。从理论上可以证明,参考轨迹的时间常数越大(α 越大),系统的"柔性"越好,鲁棒性也越强,但控制的快速性却变差。因此,应在兼顾两者的基础上调整 α 值。

(3) 控制算法

控制算法的目的就是求解出一组 M 个控制量 $\boldsymbol{u}(k) = \big[u(k), u(k+1), \cdots, u(k+M)\big]^{\mathrm{T}}$,使所选定的目标函数最优。此处称 M 为控制步长,通常 $M < P$。目标函数可以采取不同形式,即

$$
J = \sum_{i=1}^{P} \big[y_p(k+i) - y_r(k+i)\big]^2 \omega_i
\tag{13.35}
$$

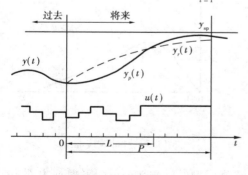

图 13.6　参考轨迹与最优化策略

式中,ω_i 为非负权系数,用来调整未来各采样时刻在品质指标 J 中所占的份额。图 13.6 表示在最优化策略下参考轨迹与模型预测输出。

在这类算法中,确定了目标函数后就可以用通常的优化方法来求解。这里要强调一点,预测控制采用的是一种独特的滚动优化模式。它不是用一个不变的全局最优化目标,而是采用在线滚动式有限时域优化策略。预测控制的优化求解得到一组最优控制 $\{u(k), u(k+1), \cdots, u(k+M-1)\}$,然而,在现时刻 k 只施加第一个控制作用 $u(k)$,等到下一个采样时刻 $k+1$,再根据采集到的过程输出重新进行优化计算,求出新一组最优控制作用,仍只施加第一个控制作用,如此滚动式推进。又由于采用了闭环校正,始终把优化建立在实际的基础上,这一点对工业应用尤为重要。

13.2.2　模型算法控制 MAC

式(13.32)可用向量形式表出,即

$$\boldsymbol{y}_m(k+1) = \boldsymbol{H}_1\boldsymbol{u}_1(k) + \boldsymbol{H}_2\boldsymbol{u}_2(k+1) \tag{13.36}$$

其中

$$\boldsymbol{y}_m(k+1) = [y_m(k+1), y_m(k+2), \cdots, y_m(k+P)]^T$$

$$\boldsymbol{u}_1(k) = [u(k-N+1), u(k-N+2), \cdots, u(k-1)]^T$$

$$\boldsymbol{u}_2(k+1) = [u(k), u(k+1), \cdots, u(k+P-1)]^T$$

$$\boldsymbol{H}_1 = \begin{bmatrix} \hat{h}_N & & \cdots & h_3 & h_2 \\ 0 & \hat{h}_N & \cdots & h_4 & h_3 \\ \vdots & & \cdots & \vdots & \vdots \\ 0 & 0 & \cdots & \hat{h}_N & \hat{h}_{P+1} \end{bmatrix}_{P\times(N-1)}$$

$$\boldsymbol{H}_2 = \begin{bmatrix} \hat{h}_1 & 0 & \cdots & 0 \\ h_2 & \hat{h}_1 & \cdots & \vdots \\ \vdots & & \cdots & 0 \\ h_P & h_{P-1} & \cdots & \hat{h}_1 \end{bmatrix}_{P\times P}$$

$\boldsymbol{H}_1$ 和 $\boldsymbol{H}_2$ 中元素 h 是指用测试方法得到的脉冲响应采样时刻的值。

由式(13.36)可以看到,其中第一、二项相乘是 k 时刻以前输入序列对输出量 $\boldsymbol{y}_m$ 作用的预测,第三、四项则是 k 时刻以后,即未来输入序列对输出量的影响。

下面考虑最优控制问题:

假设对象实际和预测模型的脉冲响应分别为 $\boldsymbol{h} = [h_1, h_2, \cdots, h_N]^T$ 和 $\hat{\boldsymbol{h}} = [\hat{h}_1, \hat{h}_2, \cdots, \hat{h}_N]^T$,已知开环预测模型为:

$$y_m(k+i) = \sum_{j=1}^N \hat{h}_j u(k-j+i)$$

首先研究一种简单情况,即假设预测步长 $P=1$,控制步长 $L=1$,也就是单步预测控制问题。实现目标函数最优时,应有 $y_r(k+1) = y_m(k+1)$,将上式代入则可解得:

$$u(k) = \frac{1}{\hat{h}_1}\Big[y_r(k+1) - \sum_{j=2}^N \hat{h}_j u(k+1-j)\Big] \tag{13.37}$$

若选择参考轨迹为:

$$y_r(k+1) = \alpha y_r(k) + (1-\alpha)y_{sp} \tag{13.38}$$

假设

$$\boldsymbol{u}(k-1) = [u(k-1), u(k-2), \cdots, u(k+1-N)]^T$$
$$\boldsymbol{\Phi} = [e_1, e_2, \cdots, e_{N-1}, 0]^T$$

其中
$$\boldsymbol{e}_i = [0, 0, \cdots, 1, \cdots, 0]^T$$

则单步控制为 $u(k)$,即

$$u(k) = \frac{1}{\hat{h}_1}\{(1 - \alpha)y_{sp} + (\alpha h^T - \hat{h}^T \boldsymbol{\Phi})u(k - 1)\} \tag{13.39}$$

若考虑闭环预测控制,只要将闭环预测模型代入式(13.38),就可以得到闭环下单步控制 $u(k)$ 为:

$$u(k) = \frac{1}{\hat{h}_1}\{y_r(k + 1) - [y(k) - y_m(k)] - \sum_{j=2}^{N} \hat{h}_j u(k + 1 - j)\} \tag{13.40}$$

在作与开环预测控制同样假设后,有:

$$u(k) = \frac{1}{\hat{h}_1}\{(1 - \alpha)y_{sp} + [\hat{h}^T(I - \boldsymbol{\Phi}) - h^T(1 - \alpha)]u(k - 1)\} \tag{13.41}$$

至于一般情况下的 MAC 控制律可推导如下。

已知对象预测模型和闭环校正模型分别为:

$$\boldsymbol{y}_m(k + 1) = \boldsymbol{H}_1 \boldsymbol{u}_1(k) + \boldsymbol{H}_2 \boldsymbol{u}_2(k + 1)$$
$$\boldsymbol{y}_p(k + 1) = \boldsymbol{y}_m(k + 1) + \boldsymbol{\beta}[\boldsymbol{y}(k) - \boldsymbol{y}_m(k)] \tag{13.42}$$

系统的误差方程为:

$$\boldsymbol{e}(k + 1) = \boldsymbol{y}_r(k + 1) - \boldsymbol{y}_p(k + 1) \tag{13.43}$$

若选取目标函数 J 为:

$$J = \boldsymbol{e}^T \boldsymbol{Q} \boldsymbol{e} + \boldsymbol{u}_2^T \boldsymbol{R} \boldsymbol{u}_2 \tag{13.44}$$

式中,$\boldsymbol{Q}$ 为非负定加权对称矩阵,$\boldsymbol{R}$ 为正定控制加权对称矩阵。使上述目标函数最小化,可求得最优控制量 $\boldsymbol{u}_2(k + 1)$ 为:

$$\boldsymbol{u}_2(k + 1) = [\boldsymbol{H}_2^T \boldsymbol{Q} \boldsymbol{H}_2 + \boldsymbol{R}]^{-1} \boldsymbol{H}_2^T \boldsymbol{Q}\{\boldsymbol{y}_r(k + 1) - \boldsymbol{H}_1 \boldsymbol{u}_1(k) -$$
$$\boldsymbol{\beta}[\boldsymbol{y}(k) - \boldsymbol{y}_m(k)]\} \tag{13.45}$$

则可得现时刻 k 的最优控制作用为:

$$\boldsymbol{u}(k) = \boldsymbol{D}^T\{\boldsymbol{y}_r(k + 1) - \boldsymbol{H}_1 \boldsymbol{u}_1(k) - \boldsymbol{\beta}[\boldsymbol{y}(k) - \boldsymbol{y}_m(k)]\} \tag{13.46}$$

其中

$$\boldsymbol{D} = [\boldsymbol{H}_2^T \boldsymbol{Q} \boldsymbol{H}_2 + \boldsymbol{R}]^{-1} \boldsymbol{H}_2^T \boldsymbol{Q} \tag{13.47}$$

上式中虽然需要矩阵求逆运算,但当权系数矩阵 $\boldsymbol{Q}$ 与 $\boldsymbol{R}$ 确定时,其他都是已知参数,$\boldsymbol{H}_2$ 是固定常数矩阵,因而只需离线进行一次矩阵求逆,存入计算机,不必每次采样时刻都在线求逆。因此,MAC 最优控制作用 $\boldsymbol{u}(k)$ 的在线计算非常简单,其计算量仅为一个向量与向量相乘。

13.3 自适应控制系统

自适应控制是指能适应环境条件或过程参数的变化,自行调整控制参数或算法的控制技术。显然,这种技术能把控制提高到更为先进的水平。要完成上述任务,自适应控制必须至少具备三个功能:一是能够辨识被控对象的结构或过程参数的变化,以便精确地建立对象的数学模型;二是综合设计出一种控制策略,以确保系统达到预期的性能指标;三是自动地修正控制器参数,以保证上述控制策略的实现。因此,自适应控制是系统辨识与控制的结合。图13.7是它的系统框图。

自 20 世纪 50 年代自适应控制发展以来,已出现过许多形式不同的自适应控制系统。它

们主要可分为简单自适应控制、自校正控制和
模型参考自适应控制系统三种类型。

13.3.1　简单自适应控制系统

　　这类系统对环境条件或过程参数的变化用
一些简单的方法辨识出来,控制算法也很简单。
在不少情况下,实质上是一种非线性控制系统
或是一种类型的专家规则控制系统。采用自整
定控制器的系统也属此类。简单自适应控制系
统的特点就是简单,在工程上较常用。

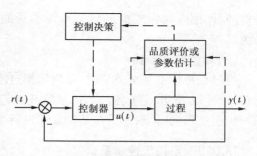

图 13.7　自适应控制系统框图

(1)依据偏差自动调整控制算法

图 13.8 是依据偏差自动调整控制算法的例子。如果采用 PI 算法,则

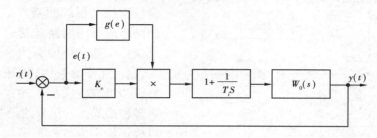

图 13.8　依据偏差的简单自适应控制系统

$$u = K_c e g(e) + \frac{K_c}{T_i}\int_0^t eg(e)\,\mathrm{d}t \qquad\qquad (13.48)$$

式中,$g(e)$ 是偏差 e 的函数,一种最简单的算法是 $g(e) = |e|$。即在偏差大的时候,控制作
用应增强;在偏差小的时候,控制作用应更加和缓。这种系统在 pH 控制等方面有成功的
实例。

(2)依据扰动自动调整控制算法

图 13.9 是依据扰动值来自动调整控制算法的例子,如采用 PI 算法,则

$$u = K_c m(f) e + \frac{K_c}{T_i}\int_0^t m(f)\,e\,\mathrm{d}t \qquad\qquad (13.49)$$

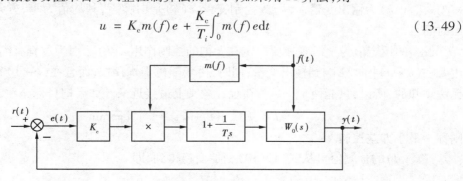

图 13.9　依据扰动的简单自适应控制系统

式中,$m(f)$ 是负荷 f 的函数,最简单的是乘除关系,如 $m(f) = f$ 或 $1/f$,意思是当负荷增加的时

候,控制作用应加强或削弱。从系统本身的结构看,也可认为实质上是一种前馈-反馈控制系统。

（3）自整定调节器

当过程特性不完全清楚时,可以依据过渡过程曲线的形状来自动调整 PID 参数。自 20 世纪 70 年代以来,出现了各种 PID 参数自整定调节器。PID 控制器参数自整定技术的本质是设法辨识出过程的特征,然后按某种规律进行参数整定。

13.3.2　自校正控制系统

自校正控制系统的基本思想是,利用过程的输入和输出信号,对过程的数学模型在线进行辨识,然后修改控制策略,改变控制器的控制作用,直到控制性能指标接近最优。因此,递推实时参数估计与控制器的在线最优设计相结合是自校正控制的本质。图 13.10 是自校正控制系统的基本结构。它由两个回路组成。内回路包括过程和普通线性反馈控制器。外回路用来调整控制器参数,它由递推参数估计器和控制器参数调整机构组成。实现上述控制结构的算法有多种形式。这里介绍最基本、最简单的自校正最小方差控制器。它采用递推最小二乘估计和最小方差控制相结合,也称基本自校正控制器。

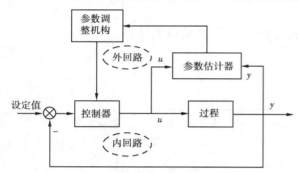

图 13.10　自校正控制的基本结构

设过程为单输入、单输出类型,其模型为自回归平均滑动模型,即

$$A(z^{-1})y(k) = z^{-d}B(z^{-1})u(k) + \lambda C(z^{-1})e(k) \tag{13.50}$$

其中

$$A(z^{-1}) = 1 + a_1 z^{-1} + a_2 z^{-2} + \cdots + a_n z^{-n} \tag{13.51}$$

$$B(z^{-1}) = b_0 + b_1 z^{-1} + b_2 z^{-2} + \cdots + b_m z^{-m}, \quad b_0 \neq 0 \tag{13.52}$$

$$C(z^{-1}) = 1 + c_1 z^{-1} + c_2 z^{-2} + \cdots + c_r z^{-r} \tag{13.53}$$

假设 $A(z^{-1})$、$B(z^{-1})$ 及 $C(z^{-1})$ 的全部 z^{-1} 零点都在单位圆内或单位圆上,即都是稳定的多项式。$y(k)$ 为输出变量,$u(k)$ 为控制变量,$e(k)$ 是白噪声,其均值为零,方差为 1;d 为纯滞后时间。

设 y 的设定值为 y_r。现在要决定在 k 拍的控制作用 $u(k)$。因为过程有纯滞后,$u(k)$ 的作用要在 $(k+d)$ 拍才影响到输出变量;同时,由于随机干扰存在,而且在 $(k+1)$ 拍以后的干扰是无法预知的,所以,只能使 $y(k+d)$ 在统计意义上最接近 y_r。如果把目标函数定为:

$$J = E\{[y(k+d) - y_r]^2\} \Rightarrow \min \tag{13.54}$$

则称为最小方差控制。

$y(k+d)$ 的预测值可从式(13.50)稍加变换得到,即

$$y(k+d) = \frac{B(z^{-1})}{A(z^{-1})}u(k) + \lambda \frac{C(z^{-1})}{A(z^{-1})}e(k+d) \tag{13.55}$$

虽然 $e(k)$ 以下各项可以通过现有的测量数据计算出来,但是 $e(k+1)$,$e(k+2)$,$\cdots$,$e(k+d)$

在 k 时刻尚未出现,因此无法预测。为此将 $C(z^{-1})/A(z^{-1})$ 分解为两部分,即

$$\frac{C(z^{-1})}{A(z^{-1})} = F(z^{-1}) + z^{-d}\frac{G(z^{-1})}{A(z^{-1})} \tag{13.56}$$

即把 $C(z^{-1})$ 与 $A(z^{-1})$ 除式中的前面 d 项记作 $F(z^{-1})$,而把余项记作 $z^{-d}G(z^{-1})$,即

$$F(z^{-1}) = 1 + f_1 z^{-1} + f_2 z^{-2} + \cdots + f_{d-1} z^{-(d-1)} \tag{13.57}$$

$$G(z^{-1}) = g_0 + g_1 z^{-1} + g_2 z^{-2} + \cdots + g_{n-1} z^{-(n-1)} \tag{13.58}$$

代入式(13.55)得:

$$y(k+d) = \frac{B(z^{-1})}{A(z^{-1})}u(k) + \lambda F(z^{-1})e(k+d) + \lambda\frac{G(z^{-1})}{A(z^{-1})}e(k) \tag{13.59}$$

同时,由式(13.50)可知:

$$\lambda e(k) = \frac{A(z^{-1})}{C(z^{-1})}y(k) - \frac{B(z^{-1})}{C(z^{-1})}z^{-d}u(k) \tag{13.60}$$

代入式(13.59)并整理后得:

$$y(k+d) = \lambda F(z^{-1})e(k+d) + $$
$$\left[\frac{B(z^{-1})}{A(z^{-1})} - z^{-d}\frac{B(z^{-1})G(z^{-1})}{C(z^{-1})A(z^{-1})}\right]u(k) + \frac{G(z^{-1})}{C(z^{-1})}y(k) \tag{13.61}$$

再用式(13.56)将上式简化,得:

$$y(k+d) = \lambda F(z^{-1})e(k+d) + \frac{B(z^{-1})F(z^{-1})}{C(z^{-1})}u(k) + \frac{G(z^{-1})}{C(z^{-1})}y(k) \tag{13.62}$$

上式等号右边的第一项是无法预测的,但第二、第三项是可以用测量值计算的。因此,预测值 $\hat{y}(k+d)$ 可取为:

$$\hat{y}(k+d) = \frac{G(z^{-1})}{C(z^{-1})}y(k) + \frac{B(z^{-1})F(z^{-1})}{C(z^{-1})}u(k) \tag{13.63}$$

这样的预测估计值是最小方差估计。因为:

$$J = E[\hat{y}(k+d) - y(k+d)]^2$$
$$= E\left[\hat{y}(k+d) - \frac{B(z^{-1})F(z^{-1})}{C(z^{-1})}u(k) - \right.$$
$$\left.\frac{G(z^{-1})}{C(z^{-1})}y(k) - \lambda F(z^{-1})e(k+d)\right]^2 \tag{13.64}$$

考虑到等号右边的最末一项与其他各项独立无关,同时 $e(k+d)$ 的均值为 0,因此

$$E[\hat{y}(k+d) - y(k+d)]^2$$
$$= E\left[\hat{y}(k+d) - \frac{B(z^{-1})F(z^{-1})}{C(z^{-1})}u(k) - \frac{G(z^{-1})}{C(z^{-1})}y(k)\right]^2 +$$
$$E[\lambda F(z^{-1})e(k+d)]^2 \tag{13.65}$$

要使方差为最小值,上式等号右边的第一个均值项应为零,这就是式(13.63)的预测值公式。这时的方差为:

$$J_{min} = E[\lambda F(z^{-1})e(k+d)]^2 \tag{13.66}$$

因为 $E[e^2(k)] = 1$, $E[e(k)e(j)] = 0(k\neq j)$,所以

$$J_{min} = \lambda^2(1 + f_1^2 + \cdots + f_{d-1}^2) \tag{13.67}$$

将式(13.63)代入式(13.54)可得：

$$J = E\left\{\left[\frac{G(z^{-1})}{C(z^{-1})}y(k) + \frac{B(z^{-1})F(z^{-1})}{C(z^{-1})}u(k) - y_r\right]^2\right\} \tag{13.68}$$

最小方差控制器是求 $u(k)$，使上述达最小，则必有方括号内各项之和为 0，即当设定值不变时，有 $y_r = 0$，则

$$u^*(k) = \frac{-G(z^{-1})}{B(z^{-1})F(z^{-1})}y(k) \tag{13.69}$$

这就是最小方差控制器。

要实现上式必须先估计出 $A(z^{-1})$，$B(z^{-1})$ 和 $C(z^{-1})$ 的全部参数。更直接的方法是使用下列形式的系统方程：

$$\begin{aligned}y(k+d) = \alpha_1 y(k) + \alpha_2 y(k-1) + \cdots + \alpha_m y(k-m+1) + \\ \beta_0 u(k) + \beta_1 u(k-1) + \cdots + \beta_p u(k-p) + \xi(k+d)\end{aligned} \tag{13.70}$$

去掉未知的最后一项——随机干扰 $\xi(k+d)$，就成为预测方程。预测方程的矩阵形式为：

$$y(k+d) = \beta_0 u(k) + \boldsymbol{\Phi}^{\mathrm{T}}(k)\boldsymbol{\theta} \tag{13.71}$$

或

$$y(k) = \beta_0 u(k-d) + \boldsymbol{\Phi}^{\mathrm{T}}(k-d)\boldsymbol{\theta} \tag{13.72}$$

式中，模型参数向量 $\boldsymbol{\theta} = [\alpha_1,\cdots,\alpha_m,\beta_1,\cdots,\beta_p]^{\mathrm{T}}$，测量数据向量 $\boldsymbol{\Phi}^{\mathrm{T}}(k) = [y(k),\cdots,y(k-m+1),u(k-1),\cdots,u(k-p)]$。$\beta_0$ 本身是模型参数的一项，可先行估计，然后进行闭环辨识来估计参数 $\boldsymbol{\theta}$。

设 $\hat{\boldsymbol{\theta}}$ 为参数向量 $\boldsymbol{\theta}$ 的最小二乘估计，则参数向量 $\boldsymbol{\theta}$ 的递推最小二乘估计公式为：

$$\begin{aligned}\hat{\boldsymbol{\theta}}(k) = \hat{\boldsymbol{\theta}}(k-1) - \boldsymbol{K}(k)[y(k) - \beta_0 u(k-d) - \\ \boldsymbol{\Phi}^{\mathrm{T}}(k-d)\hat{\boldsymbol{\theta}}(k-1)]\end{aligned} \tag{13.73}$$

$$\begin{aligned}\boldsymbol{K}(k) = \boldsymbol{P}(k-1)\boldsymbol{\Phi}(k-d)[\rho + \\ \boldsymbol{\Phi}^{\mathrm{T}}(k-d)\boldsymbol{P}(k-1)\boldsymbol{\Phi}(k-d)]^{-1}\end{aligned} \tag{13.74}$$

$$\boldsymbol{P}(k) = \frac{1}{\rho}[\boldsymbol{I} - \boldsymbol{K}(k)\boldsymbol{\Phi}^{\mathrm{T}}(k-d)]\boldsymbol{P}(k-1) \tag{13.75}$$

式中，已知 $\boldsymbol{P}(0)$，ρ 为遗忘因子，$0 < \rho \leqslant 1$。递推估计值 $\boldsymbol{\theta}(k)$ 得到的最小方差控制规律为：

$$u^*(k) = \frac{-G(z^{-1})}{\hat{\beta}(z^{-1})}y(k) \tag{13.76}$$

或

$$u^*(k) = -\frac{1}{\beta_0}\boldsymbol{\Phi}^{\mathrm{T}}(k)\hat{\boldsymbol{\theta}}(k) \tag{13.77}$$

综上所述，自校正调节器算法可概括为：

①通过采样获取新的观测输出 $y(t)$；

②组成观测数据向量 $\boldsymbol{\Phi}(k)$ 和 $\boldsymbol{\Phi}(k-d)$；

③用递推最小二乘估计式(13.73)~式(13.75)计算最新参数向量 $\hat{\boldsymbol{\theta}}$；

④用式(13.77)计算出当时所需的自校正控制量 $u^*(t)$ 进行控制；

⑤使 $t\to(t+1)$ 重复进行上述步骤。

基本自校正控制器原理简单，实现也比较方便，能通过在线辨识逐渐获得过程的真实动态特性，并不断地校正控制参数，其控制质量比 PID 要好，越来越多地用于工业过程控制中。但

也存在一些值得注意的问题:这种控制规律以最小方差为目标函数,有时 $u(k)$ 的变化很大,当 β_0 小时,$u(k)$ 的幅值很大,工程上难以接受;同时,对于非最小相位系统的对象会导致不稳定。因此,出现了多种对基本自校正调节器的改进算法。英国 Clarke 教授提出的自校正控制器 (self-tuning controller)是最著名的一种,也称为广义最小方差控制器。这种算法把 $u(k)$ 的变化波动也纳入目标函数中,意图是使 $u(k)$ 变得比较平稳。此时:

$$J = E\left\{\left[y(k+d) - y_r\right]^2 + \Lambda u^2(k)\right\} \tag{13.78}$$

式中,Λ 是控制变量波动项的权系数。这时可导出广义最小方差控制为:

$$u^*(k) = -\frac{G(z^{-1})}{B(z^{-1})F(z^{-1}) + \dfrac{\Lambda}{b_0 C(z^{-1})}} y(k) \tag{13.79}$$

随着 Λ 值的增加,$u^*(k)$ 的波动幅度下降,系统稳定性提高,也可应用于非最小相位系统的对象。

13.3.3 模型参考自适应控制系统

模型参考自适应控制系统是由 H. P. whitaker 等人于 1958 年提出来的,其基本结构如图 13.11 所示,也是由两个控制回路组成。其中,内回路是普通的反馈控制回路。比较单元、调整机构和控制器参数修正单元组成了外回路,用于调整内回路控制器的参数。它的基本思想是:设计一个参考模型来描述所期望的系统动态特性,其输出 $y_m(t)$ 就是控制系统所要求的动态响应。模型参考自适应控制系统的任务就是调整控制器控制规律或参数,使实际过程的动态输出 $y(t)$ 与参考模型输出 $y_m(t)$ 尽可能一致。

在设计模型参考自适应控制系统中,目前主要有局部参数最优化理论、李雅普诺夫稳定性理论和超稳定性理论三种基本方法。由于篇幅所限,这里不再介绍。

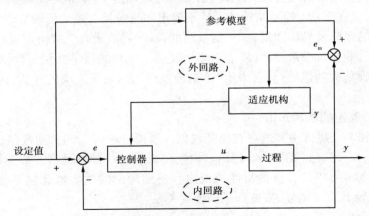

图 13.11 模型参考自适应控制结构

13.4 智能控制

智能控制(IC,intelligent control)是 20 世纪 80 年代以来极受人们关注的一个领域。学术界有不少人认为智能控制将继经典控制理论和现代控制理论之后,成为新一代的控制理论方法。目前理论和应用研究很多,在国内外都是受人瞩目的热点。

智能控制是人工智能与自动控制相结合的控制方法。人工智能是指智能机器所执行的、通常与人类智能有关的功能,如判断、推理、证明、感知、理解、设计、思考、规划和学习等思维活动。人工智能的内容很广泛,如知识表示、问题求解、机器学习、模式识别、定理证明、语言理解、机器视觉、人工神经网络、专家系统、智能控制、智能调度与决策、自动程序设计、机器人学等都是人工智能的研究和应用领域。人工智能中有许多内容可用于控制领域,当前最主要的是三种形式:模糊控制、专家系统控制和人工神经网络控制。它们可以单独应用,也可以与其他形式结合起来;可以用于基层控制,也可用于过程建模、操作优化、故障检测、计划调度和经营决策等不同层次。

13.4.1 模糊控制

模糊控制(FC,fuzzy control)是将模糊集合理论应用于控制的结果。模糊集合理论是美国的 L. A. Zadeh 教授于 1965 年提出的。30 多年来,模糊集合理论已在自然科学技术和社会科学的很多领域得到应用,模糊控制即为其中之一。英国的 Mamdami 教授等在 1974 年发表了有关的论文,并在一些工业过程上开始应用。

模糊控制是模仿人的思维方式,基于模糊推理对难以建立精确数学模型的对象实施的一种控制,其突出特点在于:①控制系统的设计不要求知道被控对象的精确数学模型,只需要提供现场操作人员的经验及操作数据;②控制系统的鲁棒性强,适合于解决常规控制难以解决的非线性、强耦合、时变和时滞系统;③以语言变量代替了常规的数学变量,容易构成专家的"知识";④控制推理模仿人的思维过程,采用"不精确推理",融入了人类的经验,因而能够处理复杂系统。

(1)模糊集合理论的基本知识

在客观世界和人类思维中普遍存在模糊现象。模糊(fuzzy)的词义通常包括"不清晰""不确定"的概念。例如:好、热、成年人等词语。模糊理论就是一种以严格的数学框架来描述、处理人类思维和语言的那些具有模糊特性的概念。模糊理论的主要概念包括模糊集合(Fuzzy Set,简称模糊集)及其隶属函数、模糊算子和模糊关系。

1)模糊集的定义

L. A. Zadeh 提出的模糊集的基本定义是:所谓给定论域 X 上一个模糊集 A,是指对任意的 $x \in X$,都指定了一个数 $\mu_A(x) \in [0,1]$,称为 x 对 A 的隶属度。这意味着作一个映射:

$$\mu_A : X \rightarrow [0,1]$$

$$x \rightarrow \mu_A(x)$$

其中,$\mu_A(x)$ 称为 A 的隶属函数,模糊集 A 就是以 $\mu_A(x)$ 为特征的集合。

这里的论域是指被研究对象的全体。论域 X 上模糊子集的全体用 $F(X)$ 表示。

2）模糊集的运算

设 A、$B \in F(X)$，定义：

①并集 $A \cup B$，有

$$\mu_{A \cup B}(x) \triangleq \max\{\mu_A(x), \mu_B(x)\} \quad \forall x \in X \tag{13.80}$$

上式还可表示为：

$$\mu_{A \cup B}(x) \triangleq \cup \{\mu_A(x), \mu_B(x)\} \quad \forall x \in X \tag{13.81}$$

②交集 $A \cap B$，有

$$\mu_{A \cap B}(x) \triangleq \min\{\mu_A(x), \mu_B(x)\} \quad \forall x \in X \tag{13.82}$$

或简记为

$$\mu_{A \cap B}(x) \triangleq \cap \{\mu_A(x), \mu_B(x)\} \quad \forall x \in X \tag{13.83}$$

3）模糊关系的定义

定义：笛卡儿乘积空间 $X \times Y = \{(x, y) | x \in X, y \in Y\}$ 中的模糊关系 R 是 $X \times Y$ 中的模糊集 R，R 是隶属函数，用 $\mu_R(x, y)$ 表示。

对于有限论域，模糊关系可用矩阵表示，称为模糊关系矩阵。

4）模糊关系的运算

设 R_1、R_2 是 $X \times Y$ 上的模糊关系，定义：

①相等，即

$$R_1 = R_2 \Leftrightarrow \mu_{R_1}(x, y) = \mu_{R_2}(x, y)$$
$$\forall x \in X, \forall y \in Y \tag{13.84}$$

②包含，即

$$R_1 \subseteq R_2 \Leftrightarrow \mu_{R_1}(x, y) \leqslant \mu_{R_2}(x, y)$$
$$\forall x \in X, \forall y \in Y \tag{13.85}$$

③并，即

$$R_1 \cup R_2 \Leftrightarrow \mu_{R_1 \cup R_2}(x, y) = \cup (\mu_{R_1}(x, y), \mu_{R_2}(x, y))$$
$$\forall x \in X, \forall y \in Y \tag{13.86}$$

④交，即

$$R_1 \cap R_2 \Leftrightarrow \mu_{R_1 \cap R_2}(x, y) = \cap (\mu_{R_1}(x, y), \mu_{R_2}(x, y))$$
$$\forall x \in X, \forall y \in Y \tag{13.87}$$

5）模糊关系的合成

设 R_1 是 $X \times Y$ 上的模糊关系，R_2 是 $Y \times Z$ 上的模糊关系，则 R_1 对 R_2 的合成定义为：

$$R_1 \circ R_2 \Leftrightarrow \mu_{R_1 \circ R_2}(x, z) = \cup (\mu_{R_1}(x, y) \cap \mu_{R_2}(y, z))$$
$$\forall x \in X, \forall z \in Z \tag{13.88}$$

6）模糊推理合成规则

如果 R 是 X 到 Y 上的模糊关系，A 是 X 上的一个模糊子集，则由 A 和 R 所推得的模糊子集为：

$$B = A \circ R \tag{13.89}$$

对于模糊集合论的更详细的内容，请参看有关模糊数学的书籍，这里不再详述。

（2）模糊控制系统

一个常见的模糊控制系统的方框图如图 13.12 所示。由图可见,模糊控制系统实际上是一个计算机控制系统,不同之处在于它的控制器是一个模糊控制器。因而它的设计任务主要是如何设计模糊控制器,一般可以分以下几步进行:

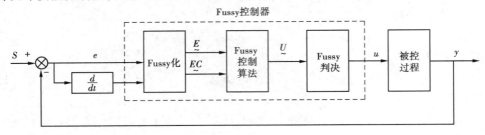

图 13.12　模糊控制系统方框图

1）确定模糊控制器的结构

确定模糊控制器的结构就是确定模糊控制器的输入、输出变量。

如果控制器的输入量只有一个,即偏差 e,则称之为一维模糊控制器;如欲提高控制精度,输入量中再引入偏差的变化率 e,则称之为二维模糊控制器;依次还可引入三维模糊控制器。但在多数情况下,采用二维模糊控制器即可。

2）精确量的模糊化和隶属度的确定

通常,将系统中的偏差或偏差变化量的实际范围称之为这些变量的基本论域。模糊化的具体做法是:先把观测到的偏差或偏差的变化量的范围定为 $[-6,+6]$ 之间的连续量,然后再将这连续的精确量离散化,即将其分成几档。若观测到的实际偏差范围为 $[a,b]$,可按下式将 $[a,b]$ 间变化的变量 x 转化为 $[-6,+6]$ 之间的变量 y,即

$$y = \frac{12}{b-a}\Big[x - \frac{a+b}{2}\Big] \tag{13.90}$$

表 13.1　输入量的离散化

范　围	层次号	范　围	层次号
$y \leqslant -5.5$	-6	$y \leqslant 1.5$	1
$-5.5 < y \leqslant -4.5$	-5	$y \leqslant 2.5$	2
$-4.5 < y \leqslant -3.5$	-4	$y \leqslant 3.5$	3
$-3.5 < y \leqslant -2.5$	-3	$y \leqslant 4.5$	4
$-2.5 < y \leqslant -1.5$	-2	$y \leqslant 5.5$	5
$-1.5 < y \leqslant -0.5$	-1	$5.5 < y$	6
$-0.5 < y \leqslant 0.5$	0		

习惯上首先把 $[-6,+6]$ 之间变化的连续量离散化,其归并方法见表 13.1。然后,将其分成 8 档,将每一档对应一个模糊子集,并用语言变量表示:正大（PL）对应在 +6 附近;正中（PM）对应在 +4 附近;正小（PS）对应在 +2 附近;正零（PO）对应在比零稍大一点附近;负零（NO）对应在比零小一点附近;负小（NS）对应在 -2 附近;负中（NM）对应在 -4 附近;负大

（NL）对应在 -6 附近。当然也可在较小和较大范围内定义。

最后再确定论域中的离散化元素对应上述模糊子集的隶属度，见表 13.2。

表 13.2　离散化域上 8 档对应的模糊子集隶属度

隶属度/档次/元素	负大（NL）	负中（NM）	负小（NS）	负零（NO）	正零（PO）	正小（PS）	正中（PM）	正大（PL）
-6	1.0	0.2						
-5	0.8	0.7						
-4	0.4	1.0	0.1					
-3	0.1	0.7	0.5					
-2		0.2	1.0	0.1				
-1			0.8	0.6				
-0			0.3	1.0				
$+0$					1.0	0.3		
$+1$					0.6	0.8		
$+2$					0.1	1.0	0.2	
$+3$						0.5	0.7	0.1
$+4$						0.1	1.0	0.4
$+5$							0.7	0.8
$+6$							0.2	1.0

在实际工作中,论域中的元素与对应的模糊子集的个数以及隶属度的值是根据实际问题人为确定的,并无一个统一的标准。因此,上述表格只是一个参考性的表格。

3）确定模糊控制规则

根据检测偏差与偏差变化率来纠正偏差的原则,一般模糊控制规则常采用产生式规则,其形式为:

① if $e =$ NL or NM and $\dot{e} =$ NL or NM　then $u =$ PL

② if $e =$ NL or NM and $\dot{e} =$ NL or 0　then $u =$ PL

③ if $e =$ NL or NM and $\dot{e} =$ PS　then $u =$ PM

④ if $e =$ NL or NM and $\dot{e} =$ PM or PL　then $u = 0$

⑤ if $e =$ NS or $\dot{e} =$ NL or NM　then $u =$ PM

(13.91)

⑥ if $e =$ NS and $\dot{e} =$ NS or 0　then $u =$ PM

……

⑳ if $e =$ PM or PL and $\dot{e} = 0$ or PS　then $u =$ NL

㉑ if $e =$ PM or PL and $\dot{e} =$ PM or PL　then $u =$ NL

上述 21 条模糊控制规则,概括了描述众多控制过程的情况,见表 13.3。

表 13.3　模糊控制规则表

		误差的变化率 $\dot{E}$						
	$\begin{array}{c}U\quad\dot{E}\\ \\E\end{array}$	NL	NM	NS	0	PS	PM	PL
误差 E	NL	PL				PM	0	
	NM							
	NS	PM		PM		0	NS	
	N0			PS	0	NS	NM	
	P0							
	PS	PS		0		NM		
	PM	0			NM	NL		
	PL							

4) 确定模糊关系,进行模糊推理

以二维的模糊关系及推理为例:

"若 E 且 $\dot{E}$ 则 U"即"if E and $\dot{E}$ then u"。其模糊关系 R 为:

$$R = [E \times \dot{E}] \times u \Leftrightarrow \mu_R(x,y,z) = \wedge (\mu_E(x) \wedge \mu_{\dot{E}}(y), \mu_u(z)) \qquad (13.92)$$

若求得 R,则可根据输入 E 和 $\dot{E}$,即可求出输出 U 为:

$$u = [E \times \dot{E}] \circ R \qquad (13.93)$$

例 13.1　已知 E、$\dot{E}$ 和 u 分别为:

$E = (0.5, 1.0)$,$\dot{E} = (0.1, 1.0, 0.6)$,$u = (0.4, 1.0)$

$E_1 = (1.0, 0.5)$,$\dot{E}_1 = (0.1, 0.5, 1.0)$

试求相应的输出 u_1。

解　先求 $D = E \times \dot{E}$

$$D = E^{\mathrm{T}} \cdot \dot{E}$$

$$= \begin{bmatrix} 0.5 \\ 1.0 \end{bmatrix} [0.1, 1.0, 0.6]$$

$$= \begin{bmatrix} 0.5 \wedge 0.1 & 0.5 \wedge 1.0 & 0.5 \wedge 0.6 \\ 1.0 \wedge 0.1 & 1.0 \wedge 1.0 & 1.0 \wedge 0.6 \end{bmatrix}$$

$$= \begin{bmatrix} 0.1 & 0.5 & 0.5 \\ 1.0 & 1.0 & 0.6 \end{bmatrix}$$

符号 $\wedge$ 为折取，即取其中最小项。

将 D 写成 D' 形式，即

$$D' = \begin{bmatrix} 0.1 & 0.5 & 0.5 & 0.1 & 1.0 & 0.6 \end{bmatrix}$$

则

$$R = D' \times u = \begin{bmatrix} D' \end{bmatrix}^{\mathrm{T}} \cdot u = \begin{bmatrix} 0.1 \\ 0.5 \\ 0.5 \\ 0.1 \\ 1.0 \\ 0.6 \end{bmatrix} \begin{bmatrix} 0.4 & 1.0 \end{bmatrix}$$

$$= \begin{bmatrix} 0.1 \wedge 0.4 & 0.1 \wedge 1.0 \\ 0.5 \wedge 0.4 & 0.5 \wedge 1.0 \\ 0.5 \wedge 0.4 & 0.5 \wedge 1.0 \\ 0.1 \wedge 0.4 & 0.1 \wedge 1.0 \\ 1.0 \wedge 0.4 & 1.0 \wedge 1.0 \\ 0.6 \wedge 0.4 & 0.6 \wedge 1.0 \end{bmatrix} = \begin{bmatrix} 0.1 & 0.1 \\ 0.4 & 0.5 \\ 0.4 & 0.5 \\ 0.1 & 0.1 \\ 0.4 & 1.0 \\ 0.4 & 0.6 \end{bmatrix}$$

再求出 D_1 为：

$$D_1 = E_1 \times \dot{E}_1$$

$$= E_1^{\mathrm{T}} \cdot \dot{E}_1 = \begin{bmatrix} 1.0 \\ 0.5 \end{bmatrix} \begin{bmatrix} 0.1 & 0.5 & 1.0 \end{bmatrix}$$

$$= \begin{bmatrix} 0.1 & 0.5 & 1.0 \\ 0.1 & 0.5 & 0.5 \end{bmatrix}$$

$$D'_1 = \begin{bmatrix} 0.1 & 0.5 & 1.0 & 0.1 & 0.5 & 0.5 \end{bmatrix}$$

$$u_1 = D'_1 \circ R$$

$$= \begin{bmatrix} 0.1 & 0.5 & 1.0 & 0.1 & 0.5 & 0.5 \end{bmatrix} * \begin{bmatrix} 0.1 & 0.1 \\ 0.4 & 0.5 \\ 0.4 & 0.5 \\ 0.1 & 0.1 \\ 0.4 & 1.0 \\ 0.4 & 0.6 \end{bmatrix}$$

$$= [(0.1 \wedge 0.1) \vee (0.5 \wedge 0.4) \vee (1.0 \wedge 0.4) \vee (0.1 \wedge 0.1) \vee$$
$$(0.5 \wedge 0.4) \vee (0.5 \wedge 0.4), (0.1 \wedge 0.1) \vee (0.5 \wedge 0.5) \vee$$
$$(1.0 \wedge 0.5) \vee (0.1 \wedge 0.1) \vee (0.5 \wedge 1.0) \vee (0.5 \wedge 0.5)]$$

$$= [0.4, 0.5]$$

利用上述推理合成方法设计出来的模糊控制器，称之为"取小取大"模糊控制器，其中"$\wedge$"表示取小，"$\vee$"表示取大。它是目前常用的一种模糊控制器。最后需要说明的是，根据对一个工业过程的操作经验，可以总结出很多条控制规则，(例如，前面的 21 条)。根据每一条控制规则都可以计算出相应的模糊关系,如 $R_1, R_2, \cdots, R_n$ 等,但整个系统总的控制规则所对应的模糊关系 R 可由下式计算,即

$$R = R_1 \vee R_2 \vee \cdots \vee R_n \tag{13.94}$$

5)输出信息的模糊判决与模糊控制查询表

如前所述,模糊推理合成的结果是一个模糊量,不能用它来直接控制被控过程,还必须将它转换为精确量。这个转换过程称为非模糊化过程(也称为模糊判决)。

非模糊化通常有三种方法:

①最大隶属度方法

这种方法简单易行,算法实时性好,其缺点是只考虑隶属度最大点的控制作用,而对于隶属度较小的点的控制作用没有考虑,利用的信息量少。例如,在 $U = \left(\dfrac{0.1}{2} + \dfrac{0.4}{3} + \dfrac{0.7}{4} + \dfrac{1.0}{5} + \dfrac{0.7}{6} + \dfrac{0.3}{7} \right)$ 中,元素 5 的隶属度最大,为 1.0,所以应取 $u_{max} = 5$ 作为控制量。

②重心法

这种方法是对模糊推理结果 U 的所有元素求出重心元素,再把重心元素作为非模糊化后的精确值。重心元素 u^* 的求取公式为:

$$u^* = \frac{\displaystyle\sum_{i=1}^{n} \mu_U(u_i) \cdot u_i}{\displaystyle\sum_{i=1}^{n} \mu_U(u_i)} \tag{13.95}$$

例如,已知

$$U = \frac{0.1}{2} + \frac{0.8}{3} + \frac{1.0}{4} + \frac{0.8}{5} + \frac{0.1}{6}$$

则有:

$$u^* = \frac{2 \times 0.1 + 3 \times 0.8 + 4 \times 1.0 + 5 \times 0.8 + 6 \times 0.1}{0.1 + 0.8 + 1.0 + 0.8 + 0.1}$$

③取中位数法

这种方法是将隶属函数与横坐标所围成的面积分成两部分。在两部分相等的条件下,两部分分界点所对应的横坐标值即为非模糊化后的精确值。由于该方法计算较为麻烦,实际应用不太普遍。

综上所述,在模糊控制系统中,根据已有的模糊控制规律计算出模糊关系 R 后,再按模糊推理合成规则,计算出 E 与 $\dot{E}$ 各档模糊子集相应的模糊决策,最后再根据各档模糊子集各元素的隶属度,运用非模糊化三种方法中任何一种,求得相应的精确控制量。经过这样大量的计算就得到一张控制查询表,见表 13.4。在实际控制时,只要将此表存储到计算机的内存中,按要求查询这个控制表即可实行有效的控制。

表 13.4　控制查询表

U＼$\dot{E}$	$\dot{E}$											
E	−6	−5	−4	−3	−2	−1	0	+1	+2	+3	+4	+5	+6
−6	7	6	7	6	7	7	7	4	4	2	0	0	0
−5	6	6	6	6	6	6	6	4	4	2	0	0	0
−4	7	6	6	7	6	7	7	4	4	2	0	0	0
−3	6	6	6	6	6	6	6	3	2	0	−1	−1	−1
−2	4	4	4	5	4	4	4	1	0	0	−1	−1	−1
−1	4	4	4	5	4	4	1	0	0	0	−3	−2	−1
−0	4	4	4	5	1	1	0	−1	−1	−1	−4	−4	−4
+0	4	4	4	5	1	1	0	−1	−1	−1	−4	−4	−4
+1	2	2	2	2	0	0	−1	−4	−4	−3	−4	−4	−4
+2	1	1	1	−2	0	−3	−4	−4	−4	−6	−4	−4	−4
+3	0	0	0	0	−3	−3	−6	−6	−6	−6	−6	−6	−6
+4	0	0	0	−2	−4	−4	−7	−7	−7	−6	−7	−6	−6
+5	0	0	0	−2	−4	−4	−6	−6	−6	−6	−6	−6	−6
+6	0	0	0	−2	−4	−4	−7	−7	−7	−6	−7	−6	−7

13.4.2　神经网络控制

人脑是一部十分神奇的智能机器。人的智能来源于大脑的神经系统,它是由一千多亿个神经元构成的网络状结构。古今中外的科学家为了揭开大脑机能的奥秘,从不同角度进行了长期不懈的努力和探索,逐渐形成了一个多学科交叉的前沿技术领域-人工神经网络(ANN,artificial neural network),简称神经网络。目前,在世界范围内掀起了神经网络的研究热潮。

所谓神经网络系统,是指利用工程技术手段模拟人脑神经网络的结构和功能的一种技术系统,它是一种大规模并行的非线性动力学系统。由于神经网络具有信息的分布存储、并行处理以及自学习能力等优点,所以它在信息处理、模式识别、智能控制等领域有着广阔的应用前景。

(1) 人工神经网络基本概念

神经系统由神经细胞组成。神经细胞又称神经元,是神经系统的基本结构和功能单元。它负责接受、传递和处理信息。神经元主要由细胞体、树突、轴突和突触组成,其结构如图13.13 所示。它的主体是细胞体,内有细胞核,其功能是进行呼吸和新陈代谢等生化过程。细胞体伸出很多树突和一条长长的轴突。树突和其他轴突间的接触界面称为突触。神经元之间通过突触传递信息,由树突为细胞体输入信息,由突触传出信息,其信息的传递方式为毫伏级的电脉冲。

对于一个神经元,考虑多输入、单输出情况,可给出如图 13.14 所示的模型。此时各输入

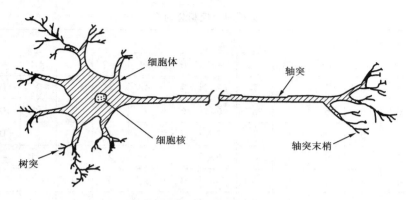

图 13.13　神经元结构示意图

为 $x_i(i=1,2,\cdots,n)$，输出为 y。y 与 x_i 间的关系为：

$$y(t) = f(\sum_{i=1}^{n} W_i x_i(t) - \theta) \tag{13.96}$$

式中，θ 称为神经元的阈值，W_i 是权系数，反映了连接强度，也表明突触的负载。函数 $f(\cdot)$ 通常取"1"和"0"的双值函数，或取 sigmoid 函数（又称 S 函数）。z 的 sigmoid 函数为：

$$f(z) = \frac{1}{1 + e^{-z}} \tag{13.97}$$

其图形见图 13.15，它是一个可微的正函数。此外，也有用高斯函数的。

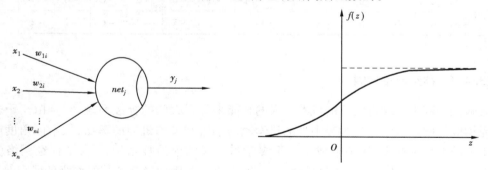

图 13.14　单一神经元模型　　　　　图 13.15　sigmoid 函数

若干个神经元连接起来，构成网络。神经网络具有自组织性、层次性和并行处理能力。在对其功能和特性抽象的基础上，开发了各种人工神经网络。

最常用的一种人工神经网络称为反向传播（BP，back propagation）网络。在结构上，从信号的传输方向看，它是一种多层前向网络，图 13.16 是它的结构示意图。它由若干层构成，有输入层、输出层以及一个或若干个隐层。

每个神经元称为一个节点。以其中任一层（k 层）来说，它具有 $n^{(k)}$ 个节点。对这层的第 i 个节点，有来自上一层（$(k-1)$ 层）各个节点的输入，并有起偏置作用的阈值；其输出则送往下一层的各个节点。此时，k 层第 i 个节点总的输入 $I_i^{(k)}$ 为：

$$I_i^{(k)} = \sum_{j=1}^{n^{(k-1)}} \widehat{W}_{ij}^{(k)} O_j^{(k-1)} + \theta_i^{(k)} \tag{13.98}$$

其输出　　　　　　$$O_i^{(k)} = f(I_i^{(k)}) = \frac{1}{1 + \exp(-I_i^{(k)})} \tag{13.99}$$

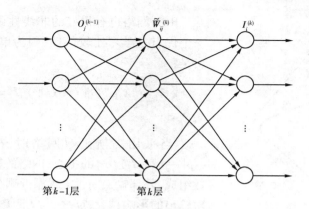

图 13.16　BP 网络结构示意图

式中，$W_{ij}^{(k)}$ 是 $(k-1)$ 层第 j 个节点与 k 层第 i 个节点间的权系数，θ_i^k 是 k 层第 i 个节点的阈值。送往 k 层第 i 个节点的各个输入就是 $(k-1)$ 层上各个节点的输出，送往第一层的外部输入则用 $O_j^{(0)}$ 表示，每个节点只有一个输入。

BP 网络具有以下几方面的特点：

①在同一层上，信息处理是并行进行的，网络传播速度很快。

②输入层的节点数由问题本身规定，输出层的节点数往往也一样。但是，在问题可以分开来处理的时候，取输出层节点数为 1，对每个待求的量设置一个 BP 网络，会更为灵活。至于隐层数和隐层节点数，则是需要选择的。

③BP 网络有很好的逼近非线性函数的能力。已经证明，三层的网络可以实现任何非线性连续函数的转换。

④BP 网络是一种静态网络。但是，对于时间离散型命题，例如，对于

$$(1 + a_1 z^{-1} + \cdots + a_{n_a} z^{-n_a}) y(k) = (b_0 + b_1 z^{-1} + \cdots + b_{n_b} z^{-n_b}) z^{-d} u(k) \qquad (13.100)$$

如果将 $y(k-1), y(k-2), \cdots, y(k-n_a), u(k-d), u(k-d-1), \cdots, u(k-d-n_b)$ 分别接至输入节点，将输出节点作为 $y(k)$，BP 网络在实际上也处理了动态问题。

⑤权系数和阈值的调整称为学习或训练过程。BP 网络的学习需要有若干组已知的输入和输出数据，学习的要求是在同样的输入数据下，网络的输出值 y 与提供的输出数据 y_c 尽量一致，两者的差值就是偏差。在学习过程中，依据偏差的统计值 E 来调整权系数与阈值的向量 $\boldsymbol{W}$。最陡下降法是最简单的一种梯度寻优法，即依据梯度 $\partial E / \partial W$ 的负方向改变 $\boldsymbol{W}$ 值。在整个学习过程中，先是通过网络由输入求取输出，信号是前向传递，然后是依据输出的偏差调整网络参数，信号是反向传递，按照学习时的信号传送方向称为 BP（反传）网络。

最陡下降法并不是一种很有效的寻优方法，为了使偏差能更快地收敛到接近于零的程度，在学习算法上已有了多种改进的研究。但是，BP 网络的学习总还需要很多的迭代次数，一般需要数千至数万次。学习费事是 BP 网络的一大缺点。学习可能收敛到局部最小点是 BP 网络的另一缺点。

另一种在自动化中很有价值的 ANN 是径向基函数（RBF，radical basis function）网络，它在结构上很像 BP 网络，也是静态网络，但它只有单隐层，而且节点的激发函数是径向基函数 $\psi(\parallel \boldsymbol{I} - \boldsymbol{I}_i \parallel)$，（$\parallel \boldsymbol{I} - \boldsymbol{I}_i \parallel$ 通常为欧式范数），式中 $\boldsymbol{I}$ 是输入，$\boldsymbol{I}_i$ 是该径向基函数的中心。在各种径向基函数中，以高斯函数使用最广。图 13.17 是 RBF 网络的结构简图。

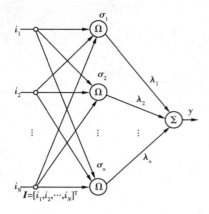

图 13.17　RBF 网络结构简图

RBF 网络也有很好的非线性函数逼近能力。它另一个优点是学习比较简捷,因为单输出 RBF 网络的输出是:

$$y = \sum_{i=1}^{N} \lambda_i g_{\sigma i}(\parallel \boldsymbol{I} - \boldsymbol{I}_i \parallel), \boldsymbol{I} = [i_1, i_2, \cdots, i_N]^{\mathrm{T}}$$

（13.101）

当采用高斯函数网络时,$\boldsymbol{I}_i$ 是 N 个脉冲函数 $\exp[-(\boldsymbol{I} - \boldsymbol{I}_i)/\sigma]$ 的中心,网络的输出 y 由 N 个脉冲函数组成,外部输入向量 $\boldsymbol{I}$ 越靠近哪个中心 $\boldsymbol{I}_i$,该脉冲函数对输出的影响越大;反之,与 $\boldsymbol{I}_i$ 距离较远时,该脉冲函数对输出的影响甚小。所以,只要部分的网络参数就可确定网络的输出,这样,参数的确定就要简单得多。

正因为这一原因,RBF 网络被称为局部模型,而 BP 网络则被称为全局模型。RBF 网络的泛化性(即数据内插和外推的正确性)要比 BP 网络差。

其他常用的 ANN 还有 Hopfield 网络等。Hopfield 网络是一种具有 RC 环节的反馈网络,构成非线性动态系统,主要用于联想记忆和二次型优化。目前神经网络在控制上的应用已与人工脑的设想相去甚远,而是作为强有力的非线性函数转换器来看待。

（2）神经网络控制系统

神经网络控制系统目前尚处于研究阶段,其控制器的设计方法有许多种。这里简要介绍两种神经网络控制系统。

1）神经网络 PID 控制

PID 控制是工业过程控制中最常用的一种控制方法,这是因为 PID 控制器结构简单、实现容易,且能对相当一些工业对象(或过程)进行有效的控制。但常规 PID 控制的局限性在于,当被控对象具有复杂的非线性特性时,难以建立精确的数学模型,且由于对象和环境的不确定性,往往难以达到满意的控制效果。神经网络 PID 控制是针对上述问题而提出的一种控制策略。

PID 控制要取得好的控制效果,就必须对比例、积分和微分三种控制作用进行调整,以形成既相互配合又相互制约的关系,这种关系不是简单的"线性组合",可从变化无穷的非线性组合中找出最佳的关系。BP 神经网络具有逼近任意非线性函数的能力,可以通过对系统性能的学习来实现具有最佳组合的 PID 控制参数。基于 BP 神经网络的 PID 控制系统结构如图 13.18 所示,控制器由两个部分组成:①经典的 PID 控制器,它直接对被控对象进行闭环控制,并且 K_P、K_I、K_D 三个参数为在线整定;②神经网络 ANN,根据系统的运行状态,调节 PID 控制器的参数,以期达到某种性能指标的最优化。输出层神经元的输出状态对应于 PID 控制器的三个可调参数 K_P、K_I、K_D,通过神经网络的自学习,调整权系数,使其稳定状态对应于某种最优控制律下的 PID 控制器参数。

经典增量式数字 PID 的控制算式为:

$$u(k) = u(k-1) + K_P[e(k) - e(k-1)] +$$
$$K_I e(k) + K_D[e(k) - 2e(k-1) + e(k-2)]$$

（13.102）

式中,K_P、K_I、K_D 分别为比例、积分、微分系数。将 K_P、K_I、K_D 视为依赖于系统运行状态的可调节

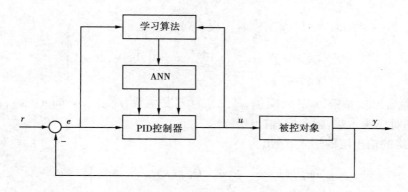

图 13.18　基于 BP 神经网络的 PID 控制系统结构

系数时,可将式(13.102)描述为:

$$u(k) = f[u(k-1), K_P, K_I, K_D, e(k), e(k-1), e(k-2)]$$ (13.103)

式中,$f[\cdot]$是与 K_P、K_I、K_D、$u(k-1)$、$y(k)$ 等有关的非线性函数,可以用 BP 神经网络通过训练和学习来找到这样一个最佳控制规律。

设 BP 神经网络 ANN 是一个三层 BP 网络,其结构如图 13.19 所示,有 M 个输入节点、Q 个隐层节点、3 个输出节点。输入节点对应所选的系统运行状态量,如系统不同时刻的输入量和输出量等,必要时要进行归一化处理。输出节点分别对应 PID 控制器的三个可调参数 K_P、K_I、K_D。由于 K_P、K_I、K_D 不能为负值,所以,输出层神经元的激发函数取非负的 Sigmoid 函数,而隐含层神经元的激发函数可取正负对称的 Sigmoid 函数。

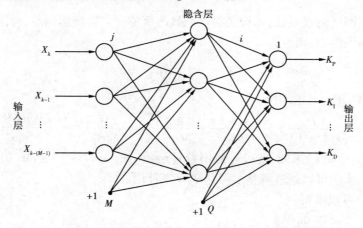

图 13.19　ANN-BP 网络结构

由图 13.19 可见,BP 神经网络输入层节点的输出为:

$$\left. \begin{array}{l} Q_j^{(1)} = x_{k-j} = e(k-j), \quad j = 0,1,\cdots,M-1 \\ O_M^{(1)} \equiv 1 \end{array} \right\}$$ (13.104)

式中,输入层节点的个数 M 取决于被控系统的复杂程度。

网络的隐含层输入、输出为:

$$net_i^{(2)}(k) = \sum_{j=0}^{M} w_{ij}^{(2)} O_j^{(1)}(k) \left.\begin{array}{}\\\\\\\end{array}\right\}$$

$$O_i^{(2)}(k) = f[net_i^{(2)}(k)], \quad i = 0,1,\cdots,Q-1 \qquad (13.105)$$

$$O_Q^{(2)}(k) \equiv 1$$

式中，$w_{ij}^{(2)}$ 为隐含层权系数，$w_{iM}^{(2)}$ 为阈值；$f[\ \cdot\ ]$ 为激发函数，$f[\ \cdot\ ] = \tanh(x)$；上角标（1）、（2）、（3）分别对应输入层、隐含层、输出层。

最后，网络的输出层的输入、输出为：

$$net_l^{(3)}(k) = \sum_{i=0}^{Q} w_{li}^{(3)} O_i^{(2)}(k) \left.\begin{array}{}\\\\\\\\\\\end{array}\right\}$$

$$O_l^{(3)}(k) = g[net_i^{(3)}(k)], \quad l = 0,1,2$$

$$O_0^{(3)}(k) = K_P \qquad (13.106)$$

$$O_1^{(3)}(k) = K_I$$

$$O_2^{(3)}(k) = K_D$$

式中，$w_{li}^{(3)}$ 为输出层权系数，$w_{lQ}^{(3)}$ 为阈值，$w_{lQ}^{(3)} = \theta_l$；$g[\ \cdot\ ]$ 为激发函数。

$$g[x] = \frac{1}{2}[1 + \tan h(x)] \qquad (13.107)$$

取性能指标函数为：

$$J = \frac{1}{2}[r(k+1) - y(k+1)]^2 = \frac{1}{2}e^2(k+1) \qquad (13.108)$$

依最速下降法修正网络的权系数，即按 J 对权系数的负梯度方向搜索调整，并附加一使搜索快速收敛全局极小的惯性项，则有：

$$\Delta w_{li}^{(3)}(k+1) = -\eta \frac{\partial J}{\partial w_{li}^{(3)}} + \alpha \Delta w_{li}^{(3)}(k) \qquad (13.109)$$

式中，η 为学习速率；α 为平滑因子。

$$\frac{\partial J}{\partial w_{li}^{(3)}} = \frac{\partial J}{\partial y(k+1)} * \frac{\partial y(k+1)}{\partial u(k)} * \frac{\partial u(k)}{\partial O_i^{(3)}(k)} * \frac{\partial O_l^{(3)}(k)}{\partial net_l^{(3)}(k)} * \frac{\partial net_l^{(3)}(k)}{\partial w_{li}^{(3)}} \qquad (13.110)$$

由于 $\partial y(k+1)/\partial u(k)$ 未知，所以近似用符号函数 $\mathrm{sgn}[\partial y(k+1)/\partial u(k)]$ 替代，由此带来的计算不精确的影响可以通过调整学习速率 η 来补偿。

由式（13.102）可以求得：

$$\frac{\partial u(k)}{\partial O_0^{(3)}(k)} = e(k) - e(k-1) \left.\begin{array}{}\\\\\\\\\\\\\end{array}\right\}$$

$$\frac{\partial u(k)}{\partial O_1^{(3)}(k)} = e(k) \qquad (13.111)$$

$$\frac{\partial u(k)}{\partial O_2^{(3)}(k)} = e(k) - 2e(k-1) + e(k-2)$$

因此，可得 BP 神经网络 ANN 输出层的权系数计算公式为：

$$\Delta w_{li}^{(3)}(k+1) = \eta \delta_l^{(3)} O_i^{(2)}(k) + \alpha \Delta w_{li}^{(3)}(k)$$

$$\left. \delta_l^{(3)} = e(k+1) \operatorname{sgn}\left(\frac{\partial y(k+1)}{\partial u(k)}\right) \times \frac{\partial u(k)}{\partial O_l^{(3)}(k)} g'[net_l^{(3)}(k)] \right\} \tag{13.112}$$

$$l = 0,1,2$$

依据上述推算方法,可得隐含层的权系数的计算公式为:

$$\Delta w_{ij}^{(2)}(k+1) = \eta \delta_i^{(2)} O_j^{(1)}(k) + \alpha \Delta w_{ij}^{(2)}(k)$$

$$\left. \delta_i^{(2)} = f'[net_i^{(2)}(k)] \sum_{l=0}^{2} \delta_l^{(3)} w_{li}^{(3)} \right\} \tag{13.113}$$

$$i = 0,1,\cdots,Q-1$$

其中

$$\left. \begin{array}{l} g'[x] = g(x)[1 - g(x)] \\ f'[x] = [1 - f^2(x)]/2 \end{array} \right\} \tag{13.114}$$

基于 BP 神经网络的 PID 控制算法可归纳如下:

①事先选定 BP 神经网络 ANN 的结构,即选定输入层节点数 M 和隐含层节点数 Q,并给出各层系数的初值 $w_{ij}^{(2)}(0)$、$w_{li}^{(3)}(0)$,选定学习速率 η 和平滑因子 α,$k=1$;

②采样得到 $r(k)$ 和 $y(k)$,计算 $e(k) = r(k) - y(k)$;

③对 $r(k),y(k),u(i-1),e(i)$($i = k,k-1,\cdots,k-p$)进行归一化处理,作为 ANN 的输入;

④根据式(13.102)~式(13.104),前向计算 ANN 的各层神经元的输入和输出,ANN 输出层的输出即为 PID 控制器的三个可调参数 $K_P(k)$、$K_I(k)$、$K_D(k)$;

⑤根据式(13.102)计算 PID 控制器的控制输出 $u(k)$,参与控制和计算;

⑥由式(13.112)计算修正输出层的权系数 $w_{li}^{(3)}(k)$;

⑦由式(13.113)计算修正隐含层的权系数 $w_{ij}^{(2)}(k)$;

⑧置 $k = k+1$,返回到"②"。

例 13.2　设被控对象的近似数学模型为:

$$y(k) = \frac{a_0(k)y(k-1) + u(k-1)}{1 + y^2(k-1)} \tag{13.115}$$

式中,系数 $a_0(k)$ 是慢时变的,$a_0(k) = 1 + 0.15\sin(k\pi/25)$。用基于 BP 神经网络的 PID 控制器对其进行控制,神经网络 ANN 的结构为 3.8.3,且学习速率 $\eta = 0.3$ 和平滑因子 $\alpha = 0.3$,权系数初始值取区间 $[-0.5,0.5]$ 上的随机数。为了反映 PID 三类信号的特性,神经网络 ANN 的输入模式选为 $O_1^{(1)}(k) = e(k)$,$O_2^{(1)}(k) = \sum_{i=1}^{k} e(i)$,$O_3^{(1)}(k) = e(k) \cdot e(k-1)$,输入参数信号 $r(k)$ 取幅值为 $+0.5$ 和 1、周期为 100 的方波信号。图 13.20(a)为系统的输出响应;图 13.20(b)为控制输入信号;图 13.20(c)为 PID 控制器可调参数的调整情况。可以看出,对于具有非线性且参数时变的被控对象,该算法有良好的控制效果。PID 控制器参数的学习结果 K_P 和 K_D 接近于零,K_I 的变化对控制效果影响很大。

2)神经网络自适应控制

如前节所述,自校正控制是用辨识器在线估计对象的未知参数,据此来在线设计控制算法,实现实时反馈控制的自适应控制技术。但传统的自校正控制是将被控对象用线性或线性

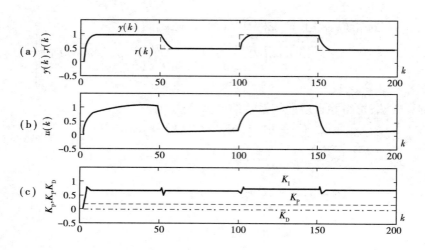

图 13.20　基于 BP 神经网络的 PID 控制仿真曲线

化模型进行辨识,适用于结构已知而参数未知但又恒定的随机系统,也可用于结构已知而参数缓慢时变的随机系统。对于复杂的非线性系统的自校正控制则难以实现。而神经网络能实现非线性系统的自校正控制(也可用于线性系统的自校正控制)。

　　神经自校正控制结构见图 13.21 所示。它由两个回路组成:①自校正控制器与被控对象构成的反馈回路。②神经网络辨识器与控制器设计,以得到控制器的参数。

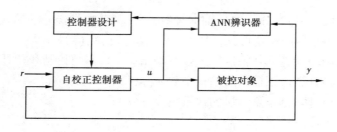

图 13.21　神经自校正控制框图

　　可见,神经网络辨识器与自校正控制器的在线设计是自校正控制实现的关键。由于神经网络的非线性函数的映射能力和学习能力,可以在自校正控制系统中充当系统未知函数逼近器。

思考题与习题

13.1　什么叫推理控制系统?试述推理控制系统的基本构成。

13.2　推理控制系统有哪些基本特征?并说明其特点。

13.3　什么叫预测控制?从系统结构和原理看,预测控制有何特点?

13.4　模型算法控制的基本结构包括哪几部分?试简述各部分的作用。

13.5　什么是自适应控制系统?简述自校正控制系统与传统 PID 控制系统的区别。

13.6　试推导出自校正控制器的算法。

13.7　哪些先进控制可以划入基于模型的控制的范畴,为什么?

13.8　什么是模糊控制? 同常规控制方法相比有何主要特点?

13.9　什么叫精确量的模糊化? 为什么要进行模糊化处理?

13.10　模糊控制有哪些优越性? 对易于测量精确的变量,采用模糊控制的得失如何?

13.11　已知单输入、单输出的模糊控制的输入 $E = (0.6, 0.8, 1.0, 0.8)$,输出 $u = (1.0, 0.8, 0.6)$,求输入为 E_1 时其输出 u_1,其中 $E_1 = (0.5, 0.8, 1.0, 0.5)$。

13.12　当 $U = 0.1/3, 0.3/4, 0.8/5, 1.0/6, 0.4/7$。试用最大隶属度法和重心法分别确定控制量 U_{max}。

13.13　基本模糊控制器由哪几部分组成,简述各部分在构成控制系统中的作用。

13.14　什么叫人工神经网络? 它在控制中有哪些作用?

13.15　常用的神经网络有哪两种?

13.16　神经网络有哪些缺点? 它的应用能否扩大?

第**5**篇
过程控制系统应用及工程设计

第**14**章
典型生产过程控制

14.1 发电厂单元机组的自动控制

随着电力工业的发展,高参数、大容量的火力发电机组在电网中所占的比例越来越大。大容量机组的汽轮发电机和锅炉都是采用单元制运行方式。所谓单元制,就是由一台汽轮发电机组和一台锅炉所组成的相对独立的系统。单元制运行方式与以往的母管制运行方式相比,机组的热力系统得到了简化,而且使蒸汽经过中间再热处理成为可能,从而提高了机组的热效率。

发电机组是由锅炉、汽轮发电机和辅助设备组成的庞大的设备群,是典型的过程控制对象。由于其工艺流程复杂、设备众多、管道纵横交错,有上千个参数需要监视、操作或控制,没有先进的自动化设备和控制系统要正常运行是根本不可能的。电能生产还要求高度的安全可靠性和经济性。火电厂生产过程实质上是一个能源转换过程,火电厂的产品——电能现阶段尚不能大量储存,因而其发、送、用电的过程是同时完成的,这就对电力生产的连续性和负荷适应性要求极为严格,必须通过有效的控制手段予以保证。因此,大型机组的自动化水平受到特别的重视,目前已普遍采用分散控制系统实现协调控制。协调控制系统是单元机组自动控制系统的总称,是将单元机组的锅炉和汽轮机作为一个整体来进行控制的系统。在讨论协调控制前,先简要介绍火力发电厂大型单元机组的生产过程。

14.1.1　单元机组的生产过程及其协调控制系统

(1)单元机组的生产过程及其对控制的要求

图 14.1 是单元机组的生产流程示意图。它是以锅炉以及高压和中、低压汽轮机和发电机为主体设备的一个整体。根据生产流程又可以把锅炉分成燃烧系统和汽水系统。

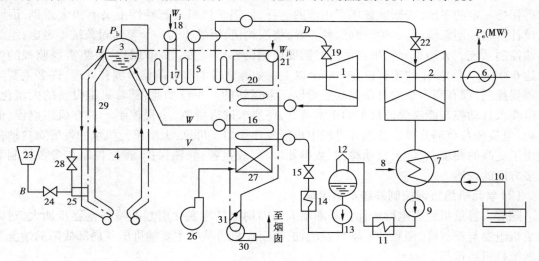

图 14.1　单元机组生产流程示意图

1—汽轮机高压缸;2—汽轮机中、低压缸;3—汽包;4—炉膛;5—烟道;6—发电机;7—冷凝器;
8—补充水;9—凝结水泵;10—循环水泵;11—低压加热器;12—除氧器;13—给水泵;14—高压加热器;
15—给水调节机构;16—省煤器;17—过热器;18—过热器喷水减温器;19—汽机高压调气门;20—再热器;
21—再热器喷水减温器;22—汽机中压调气门;23—煤粉仓;24—燃料量控制机构;25—喷燃器;26—送风机;
27—空气预热器;28—调风门;29—水冷壁管;30—引风机;31—烟道挡板

燃烧系统的任务一方面是将燃料 B 由燃料控制机构 24 经喷燃器 25 送入炉膛燃烧,另一方面是将助燃的空气 V 由送风机 26 经空气预热器 27 预热后再经调风门 28 按一定比例送入炉膛。空气和燃料在炉膛内燃烧,产生大量热量传给蒸发受热面(水冷壁)29 中的水。燃烧后的高温烟气经 Π 型烟道,不断将热量传给过热器 17、再热器 20、省煤器 16 和空气预热器 27,每经过一个设备烟气温度便会降低一次,最后低温烟气由引风机 30 吸出,经烟囱排入大气中。

在汽水系统中,锅炉的给水 W 由给水泵 13 打出,先经过高压加热器 14,再经过省煤器 16 吸收一部分烟气中的余热后进入汽包 3。汽包中的水在水冷壁中进行自然或强制循环,不断吸收炉膛辐射热量,由此产生的饱和蒸汽由汽包顶部流出,再经过多级(3~4 级)过热器 17 进一步加热成过热蒸汽 D。这个具有一定压力和温度的过热蒸汽就是锅炉的产品。蒸汽的高温和高压是为了提高单元机组的热效率。

汽轮机高压缸 1 接受从锅炉供给的过热蒸汽,其转子被蒸汽推动,带动发电机转动而产生电能 P_e(MW)。从高压缸汽轮机 1 做功后的蒸汽,其温度、压力都降低了。为了提高热效率,需要把这部分蒸汽送回锅炉,在再热器 20 中再次加热,然后再进入汽轮机中、低压缸 2 做功,最后成为乏汽从汽轮机低压缸尾部排入冷凝器 7 冷凝为凝结水。凝结水与补充水 8 一起经凝结水泵 9 先打到低压加热器 11,然后进入除氧器 12,除氧后进入给水泵,从而形成汽水系统的循环。高压加热器 14 和低压加热器 11 是利用汽轮机的中间抽气来加热给水和凝结水,以提高电厂的热效率的设备。在汽水系统中还有两个喷水减温器 18 和 21,它们是用来保护过热器管壁和控制蒸汽温度的。

单元机组自动控制的基本任务是:当电网负荷变化时,机组能迅速满足负荷变化的要求,同时又保持机组主要运行参数在允许的范围内。大型单元机组是一机一炉的独立单元,各生产环节间有着密切联系。再热器把机炉连接成不可分割的整体,锅炉和汽机作为蒸汽供需双方需保持一定的平衡,否则就破坏了正常的运行,但锅炉汽机动态特性上又有很大差别,因而在设计自动控制系统时,必须看到这种差异,将汽轮机、锅炉作为一个整体对象统筹考虑,组织协调控制系统。大型单元机组在运行时需要监测的参数很多,如 300 MW 机组需要监视的参数达 600 个以上,操作的项目也在 200 个以上。如此众多的参数需要检测和处理,许多主要参数需要控制,没有高水平的自动控制是难以正常运转的。不仅如此,随着机组设备的大型化,不但要求自动控制能够保证机组的正常运行,还要求进行所谓“全程控制”,即在机组启停、低负荷、甩负荷乃至部分事故处理等过程中也能发挥作用。可见,大型单元机组的发展对自动化提出了更高的要求,它涉及自动检测、数据处理、事故报警、联锁保护、程序控制和参数控制等许多方面的内容。

(2)单元机组协调控制系统及其组成

随着大容量机组在电网中比例不断增大及因用电结构变化引起的峰谷差逐步加大,对大容量机组参与调谷峰、调频的要求日益增加,甚至在机组某些主要辅机出现局部故障的情况下仍然维持机组运行。

在单元制运行方式中,锅炉和汽轮发电机既要共同保障外部负荷要求,也要共同维持内部运行参数(主要是主蒸汽压力)稳定。单元机组输出的实际电功率与负荷要求是否一致,反映了机组与外部电网之间能量的供求平衡关系;而主蒸汽压力是否稳定,则反映了机组内部锅炉和汽轮发电机之间能量的供求平衡关系。然而,锅炉和汽轮发电机的动态特性存在着很大差异,即汽轮发电机对负荷请求响应快,锅炉对负荷请求响应慢。因而单元机组内外两个能量供求平衡关系相互间受到制约。单元机组协调控制系统则是为解决负荷控制中外部负荷响应性能与内部参数稳定之间固有矛盾的一种控制系统。它将锅炉和汽轮发电机作为一个整体进行控制,很好地协调机炉两侧控制动作,在保证主蒸汽压力偏差在允许范围内的前提下,使机组输出(实发)电功率很快适应电网负荷变化的需要。

为了单元机组安全、经济地运行,必须将生产过程中的主要工艺参数(如主蒸汽压力、温度、再热蒸汽温度、锅炉汽包水位、炉膛气压、过剩空气函数、汽轮机转速等)严格地控制在规定的范围内,为此,需设置相当数量的、最基本的控制系统,它们是:汽轮机的功率-转速控制系统、锅炉的燃烧过程控制系统、汽包水位控制系统、蒸汽温度控制系统等。机、炉两大部分既有动态特性差异大的一面,又是一个发电整体。为此,需要在汽轮机和锅炉的多个基本控制系统之上设置一个上位控制系统,以此来实施汽轮机与锅炉在响应负荷要求时的协调动作与配合,这样单元机组的自动控制系统从总体上看,应构成一个由上层的协调控制级(负荷控制系统)和下层各基础控制级两部分组成的分级型控制系统如图14.2所示。协调控制级由负荷管理控制中心和机炉主控制器组成,起着上位控制作用,也即单元机组的负荷控制系统;而锅炉、汽机各子控制系统是机组控制的基础级,起着最基本、最直接的控制作用。它们的控制质量将直接地影响负荷控制质量,只有组织好各子控制系统并保证其具备较高控制质量的前提下,才能组织好协调控制,达到要求的控制质量。

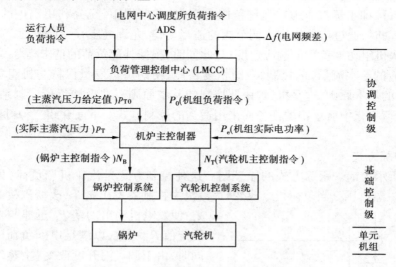

图 14.2　单元机组协调控制系统的组成框架

协调控制系统是一个涉及面广、结构复杂的负荷控制系统,它包括众多的子控制系统。限于篇幅,以下讨论单元机组若干重要参数的控制系统方案设计,这是单元机组自动控制最主要、最复杂的任务。它们是:单元机组负荷控制(协调控制级)、锅炉燃烧过程控制、锅炉汽包水位控制和蒸汽温度控制。

由于不同厂家生产的火力发电机组采用不同的控制设备(不同的分散控制系统),因此,应用不同的制粉系统和协调控制系统的实现方案也各有所异,但它们所遵循的基本原则是一致的。

14.1.2　单元机组负荷控制系统(协调控制级)

单元机组自动控制的首要任务是机组负荷的自动控制,使机组的出力适应电网负荷的需要。从电网来说,要求机组的出力能快速地适应外界负荷的需要;而从机组本身来说,其出力由锅炉和汽机两者共同决定的。困难之处在于两者的特性有很大差别,表现在适应负荷变化的能力上有很大差异。蒸汽进入汽轮机到发电机送出电能是非常迅速的过程,与锅炉相比,汽轮发电机是一个惯性小、反应快的控制对象;而锅炉从给水到形成过热蒸汽则是一个很慢的过程,也是一个惯性大、反应慢、复杂得多变量的对象。负荷控制的任务就在于如何控制锅炉和汽轮机各自的出力,使之相互适应,以满足机组负荷的需要。相互适应的标志就是主蒸汽压力 p_T 的稳定程度。因此,机组负荷控制系统有两个被控量:机组实发功率 P_e 和主蒸汽压力 p_T。相应的控制量为汽机调气门的开度 μ_T 和锅炉的燃料量 B。

（1）负荷控制的原则及负荷控制方式

当电网负荷变动时，从汽轮机侧看，只要改变调气门，就能迅速改变蒸汽量，立即适应负荷的需要。但锅炉则不然，当负荷变化时，即使马上调整燃料量 B 和给水量 W，由于锅炉固有的惯性及迟延，不可能立即改变提供给汽轮机的蒸汽量 D。因此，如果汽轮机调气门开度已改变，流入汽机的蒸汽量相应地发生变化，此时就只能利用主蒸汽压力的改变来弥补或储蓄这个蒸汽量供需差额。在这个过程中，主蒸汽压力一定会产生较大的波动。也就是说，提高机组负荷的适应能力和保持气压稳定这两者之间存在着一定的矛盾。为了提高机组的响应性能，可在保证安全运行（即主蒸汽压力在允许范围内变化）的前提下，充分利用锅炉的蓄热能力，也就是在负荷变动时，通过汽轮机进汽调节阀的适当动作，允许气压有一定波动。即释放或吸收部分蓄能，加快机组初期负荷的响应速度；与此同时，根据外部负荷的请求指令，加强对锅炉侧燃烧率（及相应的给水流量）的控制，及时恢复蓄能，使锅炉蒸发量保持与机组负荷一致。这就是负荷控制的基本原则，也是机、炉协调控制的基本原则。在设计负荷控制系统时，应根据机组在电网负荷变化中所承担的任务而采用适当的控制方式。下面介绍三种可供选择的控制方式：

1）锅炉跟踪方式

图 14.3 所示为锅炉跟踪方式的原理图。这种控制方式是汽轮机调负荷（即调节输出电功率）锅炉调主蒸汽压。当负荷指令改变时，汽机主控制器发出指令，改变汽机的调气门开度 μ_T，使发电机输出功率 P_e 迅速与功率调节器的设定值 P_0 一致，以满足电网负荷的要求。与此同时，由于调气门开度改变，主蒸汽压力也随之变化，锅炉主控制器根据气压偏差发出指令，改变燃烧率及相应的给水流量，使气压 p_T 恢复到 p_{T0}，从而跟踪汽机的负荷变化。这种控制方式是先让汽机适应外界负荷的需要，再让锅炉跟随汽机的需要，因此称为"炉跟机"控制方式。它实质上就是常规的机、炉分别控制的方式。这种方式的优点是：充分利用了锅炉蓄热量，使机组能较快地跟踪外界负荷的变化。但由于锅炉的惯性和迟延，主蒸汽压 p_T 会有较大的波动。这种大幅度波动对锅炉安全、稳定地运行是不利的，这就要对机组出力变化的幅度和速度加以限制。在单元机组中，当锅炉设备运行正常，机组输出功率因汽轮机设备上的原因而受到限制时，可采用锅炉跟踪方式，此时，由汽轮机根据其带负荷能力控制机组负荷，由锅炉保持气压。

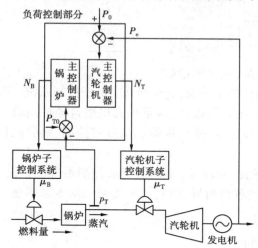

图 14.3 "炉跟机"控制方式

2）汽机跟踪方式

图 14.4 所示为汽机跟踪方式的原理。它根据电网负荷的要求，锅炉主控制器先发出改变锅炉的燃料量 B 及相应给水流量的指令，随着锅炉输入热量的提高或降低，主蒸汽压力 p_T 就会变化。此时，汽机主控制器发出改变调气门开度的指令，稳态下维持主蒸汽压稳定，而调气门的开度 μ_T 大小变化意味着机组出力的变化，从而适应了电网负荷的需要。由此可见，这种

控制方式是先让锅炉跟踪外界负荷的需要,再让汽机跟随锅炉的需要,因此称为"机跟炉"控制方式。

　　在这种控制方式中,由于主蒸汽压 p_T 是用调气门来保持的,所以主蒸汽压可以非常稳定,这对锅炉安全运行是有利的。但是,这种方式没有调用锅炉的蓄热量,因而机组对出力设定值改变的响应很缓慢。根据这种控制方式的特点,它只适用于承担基本负荷的单元机组。

　　3)机、炉协调方式

　　这种控制方式是建立在协调锅炉和汽机适应外界负荷变化能力基础上的综合型协调控制方式。它既克服了"炉跟机"方式中因调用锅炉蓄热量过大而引起主蒸汽压波动太大的问题,

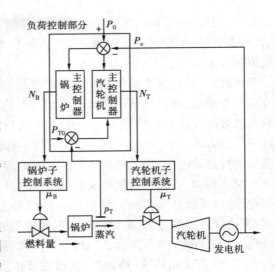

图 14.4　"机跟炉"控制方式

又解决了"机跟炉"方式中根本不动用锅炉蓄热量以致不能较快地响应负荷变化的矛盾。实际上,这种方式是把上述两种方法结合起来,取长补短。图 14.5 所示为"机、炉协调控制"方式的示意图。

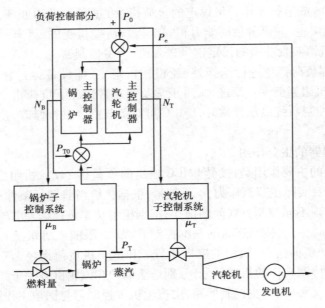

图 14.5　机、炉协调控制方式

　　当负荷指令 P_0 改变时,机、炉主控制器同时对汽轮机侧和锅炉侧发出负荷控制指令,改变汽轮机进汽调节阀开度和燃烧率(及相应的给水流量等)。一方面利用蓄能暂时应付负荷请求,快速响应负荷;另一方面改变进入锅炉的能量,以保持机组输入能量与输出能量的平衡。

　　当主蒸汽压力产生偏差时,机、炉主控制器对锅炉侧和汽轮机侧同时进行操作。一方面加强锅炉燃烧率的控制作用,补偿蓄能的变化;另一方面又通过前馈适当限制汽轮机进汽调节阀

的开度,控制蒸汽流量,维持主蒸汽压力稳定,以保证机、炉之间的能量平衡。控制过程结束后,稳态下机、炉控制器共同保证实际发电功率 P_e 与负荷指令 P_0 一致,机前压力 p_T 恢复到设定值 p_{T0}。

由此可见,综合型协调控制方式能较好地保持机组内外两个能量供求的平衡关系。这种方式的本质是,通过有节制的调用锅炉的蓄热量,既保证了机组具有较好的负荷适应性能,又具有良好的气压控制性能,它是一种较为合理和完善的协调控制方式,但系统结构比较复杂。这种控制方式一般适用于带有变动负荷的单元机组。由于这种控制方式具有机、炉兼顾,互相协调的特点,在大型单元机组中得到普遍的应用。

应当指出,目前在大型单元机组中,一般同时具有上述三种控制方式,可根据机组运行的需要,经过逻辑开关切换到其中任一种控制方式。并可通过自动/手动开关切换到全手动方式,不论哪种控制方式,最终都是向机组输出汽机调速器位置指令和锅炉燃料量指令,然后通过机、炉各自的控制回路改变汽机调气门和燃料量来进行的。

(2) 负荷控制系统(协调级)的组成及作用

负荷控制系统(协调控制级)由负荷管理控制中心(LMCC)和机炉主控制器组成,如图14.2 所示。

1)负荷管理控制中心(LMCC)主要作用

负荷管理控制中心(LMCC)的主要作用是:对机组的各负荷请求指令(电网中心调度所负荷自动调度指令 ADS 或运行操作人员设定的负荷指令)进行选择和处理,并与电网频率偏差信号 Δf 一起形成机组主、辅设备负荷能力和安全运行所能接受的、具有一次调频能力的机组负荷指令 P_0,作为机组实发功率的设定信号送入机、炉主控制器。

LMCC 除对外部负荷指令进行选择外,还根据机组主、辅设备运行状况,设定最大(或最小)负荷限值;根据机组当前变负荷能力,对正常及非正常情况下负荷指令的变化速率进行限制。当机组设备或控制系统出现异常时,LMCC 可对负荷指令进行修改,使机组负荷降至适当的水平。

2)机、炉主控制器的主要作用

机、炉主控制器的主要作用是:接受 LMCC 输出的负荷指令 P_0、机组实际发电功率 P_e、主蒸汽压力给定值 p_{T0} 及实际主蒸汽压力 p_T 等信号;根据机组当前运行条件及要求,选择合适的负荷控制方式,并实现不同控制方式间的切换;根据机组功率负荷偏差 $\Delta P = P_0 - P_E$ 和机前主蒸汽压力偏差 $\Delta p = p_{T0} - p_T$,按照选定的基本控制方式(炉跟随或机跟随)进行前馈-反馈控制运算。分别产生锅炉负荷指令(锅炉主控指令)N_B 和汽轮机负荷指令(汽轮机主控指令)N_T,N_B 和 N_T 作为机、炉协调动作的指挥信号,分别送至锅炉和汽轮机有关子控制系统。

机、炉主控制器又称机、炉主控制回路,由汽轮机主控制器与锅炉主控制器两部分组成,是机、炉协调控制思想的具体体现。

大多数负荷控制的基本方案是一个以前馈-反馈控制为主的多变量协调控制方案。其中,反馈控制是负荷控制的基础,通过它来确保机组内外两个能量供求平衡关系以及实现多种负荷控制方式的选择切换。前馈控制主要是为了补偿机组的动态迟延,加快负荷响应,同时也为了保证有关运行参数的稳定值与指令一致,使动态变化值始终在其稳态值附近。

引入前馈控制运算,使机、炉之间能量失衡或刚要失衡时及时按照机、炉双方特性采取前馈控制,以产生一种限制能量失衡在较小范围内的控制作用。这一功能是协调控制的核心。

　　机组的协调控制功能是在基本的锅炉跟随(或汽机跟随)控制方式的两个相对独立的反馈回路基础上,引进适当的前馈控制方式予以实现的。单独的"锅炉跟随"或"汽机跟随"控制都存在着能量失衡严重的现象,因为它们仅仅依赖于主蒸汽压力 p_T 来维持机组或机组内部能量平衡,而 p_T 的恢复又具有较大惯性。引入前馈补偿信号可使机炉两个相对独立的反馈回路彼此联系,协调动作。一般情况下,负荷控制系统中还包含非线性的控制元件,其作用大多为保证充分利用蓄热能力,并使气压不超出允许范围。

　　根据不同的前馈通道,设计可分为按负荷指令 P_0 间接平衡和按能量信号 p_1/p_T 直接平衡的两种不同类型的协调控制系统,前者以负荷指令 P_0 为前馈信号,后者以汽轮机第一级后压力 p_1 与主蒸汽压力 p_T 之比值 p_1/p_T 为前馈信号,直接平衡机、炉间的能量关系。采用能量信号直接平衡的协调控制系统,在快速适应负荷要求以克服系统内部扰动方面优于按负荷指令间接平衡的协调控制,是目前诸多协调控制方案中较好的一种。图 14.6 所示为这种协调控制方案原理图。在实际应用中的组态因机组和采用的分散控制系统而异。

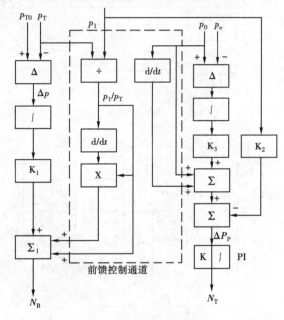

图 14.6　按能量信号直接平衡的协调控制系统原理图

(3) 实例

　　图 14.7 和图 14.8 所示为某 300MW 机组应用 INFI-90 分散控制系统实现的机炉主控制器。图中负荷指令 P_0 为负荷管理控制中心(LMCC)的输出(组态图略)。由图 14.7 可见,锅炉主控制器与被控机组构成主蒸汽压力反馈控制回路:在自动控制状态下,可通过切换器 T 实现锅炉跟踪和协调控制方式间的切换;利用 M/A 站可实现手动/自动的切换与手动操作。PID_1 控制器所在的回路为锅炉跟踪回路;PID_2 所在的回路为协调控制回路。它们均按反馈的主蒸汽压力偏差信号进行控制运算,产生锅炉负荷指令 N_B。图中虚线部分为锅炉主控制器的前馈控制通道,用以加强锅炉侧的负荷响应和协调机、炉动作。由图 14.8 可见,汽机主控制器有两个可选择的反馈控制回路:一个为 PI_1 所在的负荷控制回路,对应于机组协调控制方式;另一个为 PI_2 所在的主蒸汽压力控制回路,对应于机组的汽机跟踪控制方式。这两种控制方式可

在自动控制状态下通过切换器 T 切换,同样,由 M/A 站实现手动/自动的切换与操作。图中虚线部分为汽机主控制器的前馈控制通道。

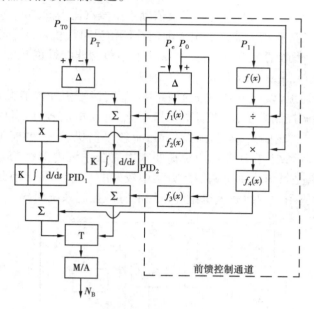

图 14.7　锅炉主控制器组态

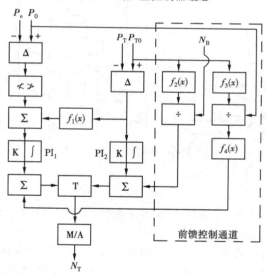

图 14.8　汽机主控制器的组态

机组运行中的负荷控制方式可通过切换器和 M/A 站实现协调控制、锅炉跟踪、汽机跟踪和全手动的基本控制方式。

1)协调控制方式

由 LMCC 给出的 P_0 同时送至锅炉主控制器和汽机主控制器,送入汽机主控的 P_0 与 P_e 比较形成偏差信号经高低限幅后送入 PI_1 进行控制运算,输出结果送至汽轮机功率-转速控制系统(即 DEH 系统),控制汽机进汽调节阀开度,最终使 $P_e = P_0$。对偏差信号进行高低限幅是为了在大偏差时减缓控制作用。

为了克服中间再热机组在进汽阀动作时功率响应的惯性,汽机主控制器输入负荷指令 P_0 作前馈信号,旨在让进汽阀动态过调,以改善机组负荷适应能力。并采用压力设定值 P_{T0} 对前馈信号 P_0 进行校正。为了不致使利用锅炉蓄能快速响应负荷时使主蒸汽压波动太大,汽机主控制器输出 N_T 还受到机前压力偏差信息的约束。机前压力偏差经函数发生器 $f_1(x)$ 设置一死区与负荷偏差信号叠加。当机前压力波动超过死区限时,用暂时限制负荷变化幅度来减小压力波动。此时,锅炉侧仍按负荷指令控制燃烧率,从而使机前压力很快回到允许波动范围内。

锅炉主控制器用以消除主蒸汽压偏差,保证机、炉之间能量供需平衡。在锅炉主控制器反馈回路中的主蒸汽压力 P_T 为被控制量,通过 PID_2 的控制作用,使 P_T 等于设定值 P_{T0}。为了提高锅炉侧的负荷响应速度,由 LMCC 给出的负荷指令 P_0 通过函数器 $f_3(x)$ 转换为锅炉负荷前馈信号,提高锅炉的负荷响应能力,改善压力控制的动态效果,减小压力波动。当负荷偏差超过设定值时,通过函数器 $f_1(x)$ 转换为锅炉负荷另一前馈信号,作用于 PID_2 入口端,以加强 PID_2 的输出,使锅炉尽快地满足汽轮机的负荷需求,协助汽机侧消除负荷偏差,同时提高主蒸汽压力的稳定性。

2) 锅炉跟踪控制方式

LMCC 给出的负荷指令 P_0 通过函数器 $f_2(x)$ 修正主蒸汽压力偏差 $(P_{T0} - P_T)$ 并作为 PID_1 控制器的输入,使输出的 N_B 指令响应 P_0,且同方向变化;在动态过程中,主蒸汽压力又不断校正 N_B,以维持压力的稳定。

为了加强锅炉侧响应速度,补偿锅炉的惯性,锅炉主控制器采用能量平衡信号 $(p_1/p_T)p_{T0}$ 作为锅炉负荷指令 N_B 的前馈信号。p_1 是由主蒸汽流量信号转换得出的第一级压力,$(p_1/p_T)p_{T0}$ 代表了汽轮机在适应负荷需求变化时对锅炉提出的能量需要,稳态时为 p_1,它代表进入汽轮机的蒸汽流量,因而用 $(p_1/p_T)p_{T0}$ 作为前馈信号,可使负荷需求变化时锅炉侧燃烧率及时随之改变,从而提高主蒸汽压力的稳定性。

3) 汽轮机跟踪方式

汽轮机主控制器的任务是控制主蒸汽压力的稳定,是在采用普通的单回路反馈控制基础上,以锅炉主控制器输出的锅炉负荷指令 N_B 为前馈信号来改善压力控制效果。反馈信号是汽轮机侧机前压力 p_T。此时,N_B 是锅炉主控制器处于手动状态下的输出,它或是跟踪燃料主控手动的总燃料量,或是燃料主控自动时运行人员的指令。由于机前的主蒸汽压力不同时,改变相同的进汽调节阀开度,汽轮机负荷(功率)的变化是不相同的,因此,汽轮机主控制器中采用压力设定值 p_{T0} 对前馈信号 N_B 进行校正,以使压力设定较低时,增强前馈作用,反之亦然。

由于汽轮机进汽调节阀扰动下,主蒸汽压力的变化几乎无迟延,因此,在此控制方式下的系统相当于一个随动系统,主蒸汽压力可以有良好的控制效果。

4) 基本控制方式下

机炉主控制器除有上述的协调控制方式、锅炉跟踪及汽轮机跟踪等控制方式外还存在一种基本控制方式。

基本控制方式是在所有主蒸汽压力信号故障或锅炉跟踪方式下蒸汽流量信号故障时,锅炉主控制器与汽轮机主控制器都处于手动状态下的一种控制方式。

为了实现多种控制方式之间的无扰切换,系统设计有完善的自动跟踪功能。至于跟踪汽轮机调速器位置指令的 DEH 系统,其内容涉及汽轮机组的总体控制及电液调节原理,因篇幅有限,本节不作讨论。

14.1.3 燃烧过程控制系统

锅炉燃烧过程自动控制的基本任务是:使燃料燃烧所提供的热量适应锅炉蒸汽负荷的需要,同时还要保证燃烧过程的安全性和经济性。单元机组为了适应负荷变化,一定要改变燃料量 B,而燃料的燃烧必须有适量的助燃空气,这就要在控制燃料量的同时控制锅炉的送风量 V,使之与燃料量相配合达到完全燃烧,得到最高热效率。与此同时,锅炉的引风量 G 也要加以控制,从而维持负压燃烧,以保证设备和运行人员的安全和经济运行。因此,燃烧过程自动控制的任务具体可概括为:

①保证锅炉气压为设定值 锅炉主蒸汽压(单元制为机前压力)是表征锅炉、汽轮机之间能量供求是否相适应的一个参数。当锅炉供应的蒸汽流量大于汽轮机需求的蒸汽流量时,气压升高;反之,气压则降低。当气压偏离设定值时,应调节锅炉的燃烧率(单位时间燃料燃烧发热量称为燃烧率,燃烧率的改变是通过协调改变燃料量和送风量来实现的),使锅炉蒸发量适应汽轮机负荷的要求,并保持锅炉气压为设定值。

②保持炉膛过剩空气系数为最佳值(最佳空燃比) 炉膛过剩空气系数难于直接测量,目前广泛应用锅炉排烟中含氧量来表征过剩空气系数。

③保持炉膛压力为设定值 目前绝大多数锅炉为负压燃烧。若炉膛负压太小以致变为正压,易引起向外冒烟喷火事故;负压过大,炉膛漏风量增大,炉膛内温度降低,影响燃烧和热交换,同时增大了排烟热损失和引风机耗电。控制系统通过保持送风量与引风量相适应来保持炉膛负压在 -20 MPa 左右。

从上述锅炉燃烧控制系统的三项任务看出:此控制系统有三个被控量,即蒸汽压力 p_T、过剩空气系数 α(实际输送空气量与燃料燃烧需要空气量的比值,测定烟气含氧量%决定)和炉膛负压 P_f;有三个操纵量,即燃料量 B、送风量 V 和引风量 G;与此相应,应组成三个控制回路分别调节燃料量 B、送风量 V 和引风量 G,但从对象特性来看,每一个控制量对任一个被控量都有影响,即锅炉燃烧对象是一个多输入、多输出的多变量相关对象,因而组织的三个回路(燃料量控制回路、送风量控制回路和炉膛负压控制回路)动作上必须是协调相关不可分割的,从而构成多参数的燃烧过程控制系统。由于控制系统的选择和燃料种类、燃烧设备以及锅炉与汽轮机的连接运行方式等有密切关系,本节只讨论以煤粉作为燃料的单元机组的锅炉燃烧系统。为了能正确地设计控制系统,应先了解对象的动态特性。为便于分析,根据燃烧控制过程三个被控制量,将被控对象也相应分为气压控制对象、送风控制对象及引风控制对象。

(1)气压控制对象的动态特性

锅炉的燃烧过程是一个能量转换、传递的过程,也就是利用燃料燃烧的热量产生汽轮机所需蒸汽的过程。如上所述,主蒸汽压力是衡量蒸汽量与外界负荷两者是否相适应的一个标志。因此,要了解燃烧过程的动态特性,主要是弄清气压对象的动态特性。主蒸汽压力 p_T 受到的主要扰动有:一是燃料量扰动,即基本扰动;二是汽轮机耗汽量(蒸汽流量、负荷)的扰动,是外部扰动。图 14.9 所示为其生产流程示意图。它是由炉膛 1、蒸发受热面(水冷壁)2、汽包 3 和过热器 4 等组成。工质(水)通过炉膛吸收了燃料燃烧发出的热量,不断地升温,直到产生饱和蒸汽汇集汽包内,最后经过过热器成为过热蒸汽,输送到汽轮机做功。

1）燃料量 μ_B 扰动下气压控制对象的动态特性

由于给煤机提供煤粉量不均匀以及煤的质量（发热量）发生变化，引起了燃料量的变化，记作 $\Delta\mu_B$。当 $\Delta\mu_B$ 作阶跃增加后，炉膛热负荷 Q_r 立即增大，致使汽包压力 p_b 上升，压差 $(p_b - p_T)$ 增大，就使蒸汽流量 D 增加。由于汽机调气门开度不变，主蒸汽压 p_T 将随着蒸汽的积累而增大。p_T 的升高又会使蒸汽通向汽轮机的流出量增加，最终达到新的平衡。图 14.10 所示为内扰下气压的动态特性。可以看出，此过程具有自平衡特性，其传递函数可以写为：

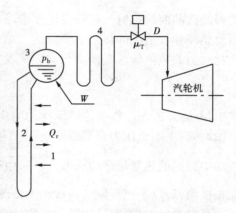

图 14.9　气压对象生产流程示意图

$$W_0(s) = \frac{K_0}{T_0 s + 1} e^{-\tau s} \qquad (14.1)$$

其迟延时间与燃料种类和燃烧系统的结构有关，一般为十几秒到几十秒。

为了进一步分析内扰下气压变化的规律，可根据图 14.9 写出锅炉蒸发受热面的热平衡方程为：

$$(\Delta Q_r - Di)\mathrm{d}t = C_b \cdot p_b \qquad (14.2)$$

式中，ΔQ_r 为热负荷阶跃变化；D、p_b 分别为蒸汽流量和汽包压力，均以起始稳态值作为起始点来计算增量；i 为饱和蒸汽的焓；C 为热容，即每升高一个单位压力蒸发受热面中所能积蓄的热量。

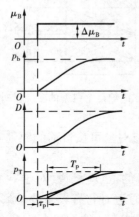

图 14.10　$\Delta\mu_B$ 扰动下主气压的响应曲线

将式（14.2）改写为：

$$\frac{\Delta Q_r}{i} = D + C_b \frac{\mathrm{d}p_b}{\mathrm{d}t} \qquad (14.3)$$

式中，$C_b = \dfrac{C}{i}$ 称为蒸发受热面的蓄热能力，它代表使 p_b 每改变一个单位压力，蒸发受热面所吞吐的蒸汽量。正如图 14.10 所示，当燃料量 $\Delta\mu_B$ 刚发生扰动的瞬间，也就是热负荷扰动的瞬间，蒸发量应增大，但增加这部分蒸汽量的热量被蒸发受热面所吸收，锅炉送出的蒸汽量 D 不会立即增加。同样，如果燃料量减少，D 也不会立即下降，因为蒸发受热面会释放出部分蓄热。

上式表明，如果能测量出蒸汽流量 D 和汽包压力变化速度 $\mathrm{d}p_b/\mathrm{d}t$，那么将两者按一定比例（比例系数为 C_b）配合，就能得到代表热负荷 Q_r 的信号，称之为热量信号，它能迅速地反映燃料量变化的情况。因此，若控制系统采用热量信号，必然显著改善基本扰动下的控制品质。

2）外扰下的气压控制对象的动态特性

外部扰动是指电网负荷变化的扰动，它是通过改变调气门开度 μ_T，使汽轮机进汽量 D 变化而施加的扰动。图 14.11 所示为在 μ_T 作阶跃扰动时气压的响应曲线。当 $\Delta\mu_T$ 阶跃增大，汽机进汽量突然增加，致使主蒸汽压力 p_T 跳跃地下降 Δp_T。此时，由于燃料量不变，蒸汽量的增加使汽包压力 p_b 开始缓慢下降，主蒸汽压力 p_T 也跟着缓慢下降，并导致蒸汽量逐渐回降，最后回到扰动前的数值。在响应过程中,蒸汽量的暂时性上升是靠消耗储存在蒸发受热面、过热器受热面和管道中的热量而获得的。由于蓄热量被消耗掉一部分,稳定后的压力 p_b 和 p_T 会比扰动前的数值低。气压动态响应呈现自平衡特性,其传递函数可以写为:

$$W_d(s) = \left[A + \frac{K}{T_p s + 1} \right]$$ (14.4)

式中,A 是指在 $\Delta \mu_T$ 作单位阶跃扰动时主蒸汽压的突跳值。由式(14.9)可以看到,在外扰的开始瞬间,主蒸汽压力会有跳跃变化,不存在迟延,因而可以很快地反映外部扰动,至于在基本扰动中提到的热量信号$\left(D + C_b \dfrac{\mathrm{d}p_b}{\mathrm{d}t} \right)$,由于在外扰下蒸汽变化和压力微分信号正好方向相反,互相抵消,所以不能反映负荷扰动的情况。

至于送风对象、引风对象可由实验测知,也都是具有自平衡能力且时间常数较小的对象。

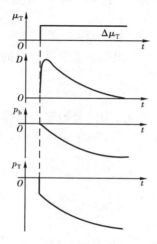

图 14.11　外扰下主蒸汽压 p_T 的响应曲线

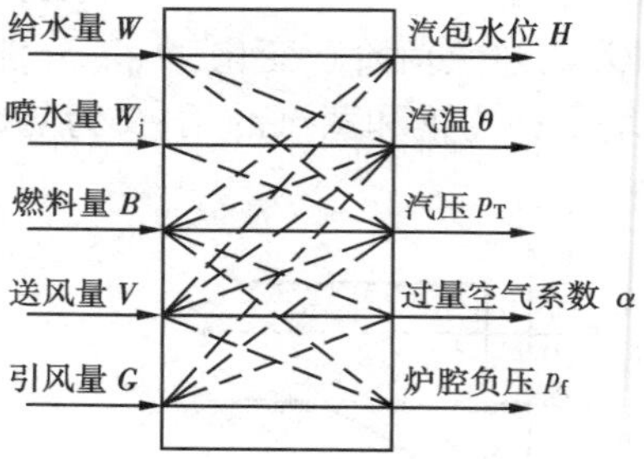

图 14.12　锅炉是个典型的多变量对象

(2)燃烧过程控制系统方案

锅炉是一个典型的多变量对象,要进行自动控制,对多变量对象可按自治的原则和协调跟踪的原则加以处理。

在多变量对象中,调节量和被调量之间的联系不都是等量的,也就是说,对于一个具体对象而言,在众多的信号通道中,对某一个被调量可能只有一个通道对它有较重要的影响,其他通道的影响相对主通道可以忽略。基于这个基本分析,就有可能在一个多变量对象中划出几个接近于单变量的对象,从而组织起几个相对独立的单变量控制系统。对单元机组锅炉进行分析可见,如图 14.12 所示要求控制的被调量主要有 5 个:蒸气压力 p_T 和气温 θ 是锅炉产品蒸汽的质量指标,汽包水位 H 和炉膛负压 p_f是锅炉安全运行的指标,而过量空气系数 α 则是锅炉的经济性指标。显然,为保证锅炉安全有效地生产出合格的蒸汽,就必须控制这些被调量。对象中可控制的手段也有 5 个:给水流量 W、喷水量 W_j、燃料量 B、送风量 V 以及引风量 G。对生产过程具体分析或进行动态特性实验可以发现,给水流量 W 主要影响水位 H,对其他被调量没有影响或影响甚微,所以可以构成给水-水位单变量控制系统;由于喷水量 W_j 只占总蒸汽量的很小部分,它的变动对气压 p_T 影响很小,因而可以组成喷水-气温单变量系统。基于同样的分析,又构成了燃料量-气压,送风量-过量空气系数 α、引风量-炉膛负压等三个单变量系统。由锅炉这个例子可以看到,任何多变量对象都有可能分解成许多近似单变量部分,由这些相互独立的单变量控制系统组成一个多变量对象的控制系统,如图 14.12 中实线所示。因此,利用自治原则把多变量控制系统的设计问题变成了多个单变量控制系统的设计,使问题大为简化。

不少多变量系统可以利用自治原则来进行简化,但并不是分解成多个单回路控制系统后问题就全部解决。因为各单回路之间往往还存在着联系和要求,必须在设计中加以考虑。协调跟踪的原则,就是在多个单回路基础上,建立回路之间相互协调和跟踪的关系,以弥补用几个近似单变量对象来代替时所忽略的变量之间的关联。如前所述,燃烧过程对象三个输入量、输出量之间是彼此相关的,因而三个子系统间还彼此相关。为了减小子系统之间的互相影响,保证系统的稳定性,必须快速而严格地保持 B、V、G 这三个调节量的比例关系。为此,当负荷要求改变时,在调节系统中应考虑交叉协调的单回路,并采用前馈控制,以实现燃料量 B、送风量 V、引风量 G 调整时的快速比例动作;在负荷不变时,在各调节系统中应采用调节量 B、V、G 的负反馈控制,以实现 B、V、G 维持稳定。燃烧过程子系统间仍应有关联,首先考虑到燃料量与送风量子系统间应满足以下两点:

① 锅炉燃烧过程中燃料量与空气(送风)量之间应保持一定比例,实际空气(送风)量大于燃料需要空气量,它们之间存在一个最佳空燃比(最佳过剩空气系数)α,即

$$\alpha = \frac{V(实际送入空气量)}{B(燃料需要空气量)}$$

一般情况下,$\alpha > 1$。

② 为了保持在任何时刻都有足够的空气,以实现完全燃烧,当热负荷增大时,应先增加送风量,后增加燃料量;若热负荷减小时,则应先减少燃料量,再减少送风量。因此,必须在燃料量和送风量两个单回路之间进行协调,以满足上述要求。图 14.13 所示的控制系统方框图就是在这两个单回路基础上建立的交叉限制协调控制系统。其中,$W_{m1}(s)$ 和 $W_{m2}(s)$ 是燃料量和送风量测量变送器的传递函数,假设它们都是比例环节,则

$$W_{m1}(s) = K_1$$
$$W_{m2}(s) = K_2$$

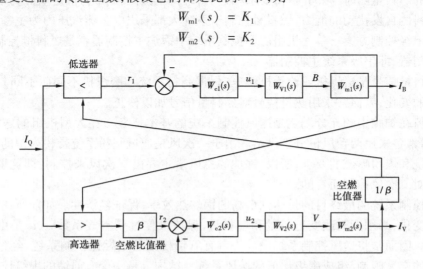

图 14.13　带交叉限制的最佳空燃比控制系统方框图

由此可以得到最佳空燃比 α 与空气量、燃料量测量信号 I_V 和 I_B 之间的关系如下:

$$\alpha = \frac{V}{B} = \frac{I_V/K_2}{I_B K_1} = \frac{K_1}{K_2}\frac{I_V}{I_B}$$

设 $\alpha\dfrac{K_2}{K_1}=\beta$，则

$$\frac{I_V}{I_B} = \alpha\frac{K_2}{K_1} = \beta$$

现在分别讨论上述系统在稳态和动态时的工作情况。假设机组所需负荷的信号为 I_Q，当系统处于稳态时，则有：

设定值 $\qquad\qquad r_1 = I_Q = I_V/\beta = I_B$

设定值 $\qquad\qquad r_2 = \beta I_Q = \beta I_B = I_V$

即 $\qquad\qquad\qquad I_Q = I_B；I_V = \beta I_B$

表明系统的燃料量适应负荷的要求，而且达到最佳空燃比。当系统处于动态时，假如负荷突然增加，对于送风量控制系统而言，高选器的两个输入信号中，I_Q 突然增大，则 $I_Q > I_B$，所以，增大的 I_Q 信号通过高选器，在乘以 β 后作为设定值送入调节器 W_{C2}，显然，该调节器将使 u_2 增加，空气阀门开大，送风量增大，即 I_V 增加。对于燃料量控制系统来说，尽管 I_Q 增大，但在此瞬间 I_V 还来不及改变，所以，低选器的输入信号 $I_V < I_Q$，低选器输出不变，$r_1 = I_V/\beta$ 不变，此时燃料量 B 维持不变。只有在送风量开始增加以后，即 I_V 变大，低选器的输出才随着 I_V 的增大而增加，即 r_1 随之加大，这时燃料量阀门才开大，燃料量加多。反之，在负荷信号减少时，则通过低选器先减少燃料量，待 I_B 减少后，空气量才开始随高选器的输出减小而减小，从而保证在动态时满足上述第②项的要求，始终保持完全燃烧。可见，在采用自治原则设计燃料和送风两个单回路时，为了达到炉膛内燃料的充分燃烧，这两个回路之间还应保持一定的联系，此时就需要利用协调跟踪的原则加以实现。

进一步分析单元机组燃烧过程控制的要求及对象特性可知，燃料量控制子系统任务在于，使进入锅炉的燃料量随时与外界负荷要求相适应，维持主蒸汽压力 p_T 为设定值。为了使系统有迅速消除燃料侧自发扰动的能力，燃料量控制子系统大都采用以主蒸汽压力为主参数、燃料量为副参数的串级控制方案。单元机组协调控制系统中锅炉主控制器就是燃料量控制系统中的主蒸汽压控制器，即串级系统主控制器。

通常燃料量信号是给煤机或给粉机转速（根据制粉系统和磨煤机不同而不同），它不能反映燃料热值的变化，因而常采用热量信号对燃料量信号加以修正。

保证燃料在炉膛中的充分燃烧是送风控制系统的基本任务。在大型机组的送风系统中，一、二次风通常各采用两台风机分别供给。由于一次风是通过制粉系统带粉入炉的，它的控制涉及制粉系统和煤粉喷燃的要求，所以，锅炉的总风量主要由二次风来控制，即这里的送风控制系统是针对二次风控制而言的。

送风子控制系统的最终目的是达到最高的锅炉热效率，保证经济性。如前所述，为了使锅炉适应负荷变化，必须同时改变送风量和燃料量，保持最佳过剩空气系数 α，α 是由烟气含氧量来反映的。因而常将送风控制系统设计为带有氧量校正的空燃比控制系统，经过燃料量与送风量回路的交叉限制，组成串级比值的送风系统。结构上是一个有前馈的串级控制系统，如图 14.14 所示，它首先在内环快速保证最佳空燃比（燃烧经济性粗调），至于给煤量测量不准，则可由烟气中氧量作串级校正（燃烧经济性细调）。当烟气中含氧量高于设定值时，氧量校正

调节器发出校正信号,修正送风量调节器设定,使送风调节器减少送风量。经过校正后的送风量将保证烟气中含氧量等于设定值。而烟气含氧量设定值是由负荷信号 D 经过函数器 $f(x)$ 产生的。

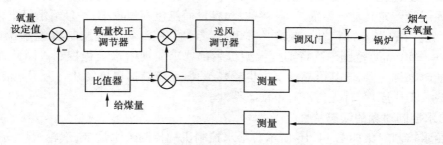

图 14.14　带氧量串级校正的送风控制系统

炉膛负压控制系统的任务在于:调节烟道引风机导叶开度,以改变引风量;保持炉膛负压为设定值,以稳定燃烧减少污染,保证安全。锅炉引风对象惯性很小,控制通道和干扰通道动态特性都近于比例环节,灵敏度很高,而送风量变化是炉膛负压对象经常的主要干扰,以致被控制量激烈跳动。为了改善控制质量,必须将送风控制器的输出经过函数器 $f(x)$(通常为一阶实际微分环节)后,作为引风(负压)控制系统的前馈信号,使动态中负压控制系统和送风同步协调动作,使炉膛负压的动态偏差大为削减。稳态时炉膛负压等于设定值。因此,可以得到单元机组锅炉燃烧过程自动控制系统组成方案,如图 14.15 所示。具体锅炉燃烧过程控制系统的组成特点与诸多因素有关,如是带基本负荷,还是参与电网调频、调峰、运行方式(高压或变压运行)、锅炉制粉系统及磨煤机类别等有关,而且,在系统设计时还要考虑到为使各个参数如 B、V、O_2 等测量准确采用修正措施。

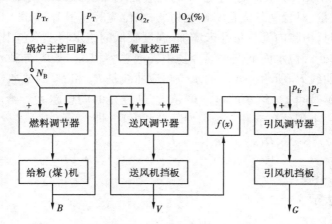

图 14.15　单元机组燃烧过程控制系统组成方案

14.1.4　单元机组锅炉给水控制系统

锅炉给水控制系统是单元机组协调控制系统中的主要子系统之一。

汽包锅炉给水自动控制的任务是使给水量适应蒸发量,维持汽包水位在规定的范围内,给水控制也称为汽包水位控制。

汽包水位反映了汽包锅炉蒸汽负荷与给水量之间的平衡关系,是锅炉运行中一个非常重要的监控参数。汽包水位是影响锅炉安全运行的重要因素,也是保证汽轮机安全运行的重要条件之一。水位过高会导致蒸汽带水进入过热器并在过热器内结垢,影响传热效率,严重的将引起过热器爆管,甚至使汽轮机发生水击而损坏叶片;水位过低则将破坏水循环,引起水冷壁局部过热而爆管。尤其是大型锅炉,高参数、大容量而汽包容积较小,一旦给水停止,则会在十几秒内使汽包内的水全部汽化,造成严重事故。运行中必须严格控制汽包水位在正常值(±30 mm ~ ±50 mm)范围内。特别是大型机组都要求实现给水全程控制。因此,给水控制系统的功能越来越完善,对其可靠性要求也越来越高,系统结构也更复杂。为了弄清给水控制系统的组成及工作原理,首先讨论对象动态特性。

(1)给水控制对象的动态特性

锅炉给水控制对象如图 14.16 所示。给水控制机构控制给水量 W,汽轮机耗汽量 D 是由汽轮机调气门来控制的,B 为投入的燃料量。水冷壁与汽包存水部分构成了水循环系统。

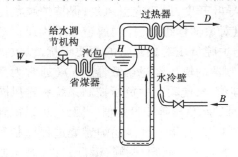

图 14.16 给水调节对象

汽包是单容对象,但其动态特性比常见的单容水箱复杂得多。因为水循环系统中充满了夹带着大量蒸汽气泡的水,而蒸汽泡的总体积 V_s 是随着汽包压力和炉膛热负荷的变化而改变的。如果有某种原因使蒸汽泡的总体积改变了,即使水循环系统中的总水量没有变化,汽包水位也会随之发生变化。

影响汽包水位 H 的主要有给水量 W、蒸汽流量(汽轮机的耗汽量)D 和燃料量 B 等三个主要因素。

1)给水扰动

在给水量 W 作阶跃增加 ΔW 时,水位 H 的响应曲线如图 14.17 所示。从物质平衡的观点来看,加大了给水流量,对象又是无自平衡能力的,水位应等速上升,如图中的直线 H_1。然而,当给水量虽然加大时,炉膛内发热量并未增加,温度较低的给水将从汽包中原有的饱和汽水中吸收一部分热量,致使汽包水面下汽水混合物中气泡总容积 V_s 减少,导致水位下降。V_s 对水位的影响如图中的曲线 H_2 所示。实际的水位响应曲线是 H_1 和 H_2 的叠加。从图 14.17 可知,响应过程有一段迟延时间 τ。给水的过冷度越大,纯迟延时间也越大。给水扰动下的传递函数可以近似表示为一个积分环节和一个惯性环节的并联,即

$$\frac{H(s)}{W(s)} = \frac{\varepsilon_1}{s} - \frac{K_1}{T_2 s + 1} = \frac{\varepsilon_1}{s(T_1 s + 1)} \tag{14.5}$$

式中,ε_1 为水位的飞升速度。

用一阶近似时表示为:

$$\frac{H(s)}{W(s)} = \frac{\varepsilon_1}{s} e^{-\tau s}$$

2)蒸汽流量(负荷)扰动

在汽机耗汽量 D 的阶跃扰动下,水位 H 的响应过程如图 14.18 所示。当汽机耗汽量 D 突然阶跃增加时,一方面改变了汽包内的物质平衡状态,使水位下降,图中 H_1 表示把汽包当作单容对象时水位应有的变化;另一方面,由于蒸汽流量 D 的增加,汽水系统中蒸发强度也将成比例增加,迫使锅内气泡增多。同时,由于燃料量还未改变,汽包压力 p_b 下降,使水面以下的蒸汽泡膨胀,总体积 V_s 增大,从而导致汽包水位的上升,如图中 H_2 所示。汽包水位 H 的实际响

应过程是:$H = H_1 + H_2$。对于大中型锅炉,后者的影响要大于前者,因此,在负荷阶跃增加后的一段时间内,水位不但不下降,反而明显上升。这种反常现象通常称为"假水位"现象。

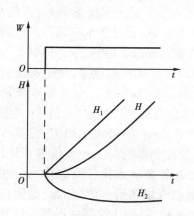
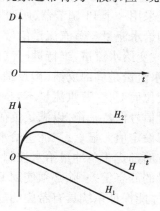

图 14.17   给水扰动下的水位响应曲线   图 14.18   蒸汽流量 D 阶跃扰动下的水位响应曲线

蒸汽流量(耗汽量)扰动下汽包水位的传递函数可以近似地表示为:

$$\frac{H(s)}{D(s)} = -\left(\frac{\varepsilon_2}{s} - \frac{K_2}{1 + T_2 s}\right) \tag{14.6}$$

式中,ε_2 为反映物质平衡关系的水位飞升速度,T_2 和 K_2 分别代表图 14.18 中曲线 H_2 的时间常数和增益。

3)燃料量扰动

燃料量 B 的扰动必然引起蒸汽量 D 的变化,因而也同样有假水位现象。但是,由于汽包和水循环系统中有大量水,汽包和水冷壁金属管道也会储存大量的热量,因此有一定热惯性。燃料量 B 的增大只能使蒸汽流量 D 缓慢增大,而且汽包压力 p_b 还慢慢上升,它将使气泡体积减小,因而燃料量扰动下的假水位比负荷扰动下要缓和得多。

由以上分析可知,给水量扰动下水位响应过程具有纯迟延;负荷扰动下水位响应过程具有假水位现象;燃料量扰动下也会出现假水位现象。这些特性使汽包水位控制变得困难和复杂。

(2)给水控制系统的基本结构

1)单冲量控制系统

以水位信号 H 为被控制量、给水流量作为控制量组成的单回路控制系统称为单冲量控制系统。这种系统结构简单、整定方便,但克服给水自发性扰动和负荷扰动的能力差,特别是大中型锅炉负荷扰动时,严重的假水位现象将导致给水控制机构误动作,造成汽包水位激烈地上下波动,严重地影响设备寿命和安全。

2)单级三冲量控制系统

从物质平衡的观点出发,只要保证给水量永远等于蒸发量,就可以保证汽包水位大致不变,为此,可采用图 14.19 所示比值控制系统,以汽机耗汽量(负荷)D 作为控制系统设定值,流量调节器是 PI 调节器,使给水量 W 准确跟踪蒸汽流量,完全按物质平衡条件工作,给水量 W 的大小只取决于蒸汽流量 D。因而负荷扰动引起的假水位现象不会引起给水控制机构的误动作。但这个比值控制系统对于汽包水位只是开环控制,设置这个比值控制维持给水量 W 与耗汽量 D 之间的平衡关系的最终目的是要使平衡指标——汽包水位 H 等于设定值,必须将水位信号作为主参数负反馈才行,这就构成了单级三冲量给水控制系统。如图14.20所示,该系统相当于上述单冲量控制与比值控制的结合,对两种方案取长补短,可使控制质量大大地提高。该系统采用一个PI调节器,所谓"三冲量",是指控制器接受了三个测量信号:汽包水位、蒸汽流量和给水流量。蒸汽流量信号是前馈信号,当负荷变化时,它早于水位偏差进行前馈控制,及时地改变给水流量,维持进出汽包的物质平衡,有效地克服假水位的影响,抑制水位的动态偏差;给水流量是局部反馈(内反馈)信号,动态中它能及时反映控制效果,使给水流量跟踪蒸汽流量变化而变化,蒸汽流量不变时,可及时消除给水侧自发扰动;稳态时使给水流量信号与蒸汽流量信号保持平衡,以满足负荷变化的需要;汽包水位量是被控制量、主信号,稳态时汽包水位等于设定值。显然,三冲量给水控制系统在克服干扰影响、维持水位稳定、提高给水控制质量多方面都优于单冲量给水控制系统。但单级三冲量控制系统是一个多信号系统,要消除被控制量的静态偏差,除必须使用PI控制规律外,还必须使各输入信号间保持一定的静态配合关系,才能保证系统具有希望的静态特性。它要求蒸汽流量和给水流量的测量值在稳态时必须相等,否则,汽包水位将存在静态偏差。事实上,由于检测、变送设备的误差等因素的影响,蒸汽流量和给水流量这两个信号的测量值在稳态时难以做到完全相等,且单级三冲量控制系统一个调节器参数整定需兼顾较多的因素,动态整定过程也较复杂,因此,在现场很少再采用单级三冲量给水控制系统。

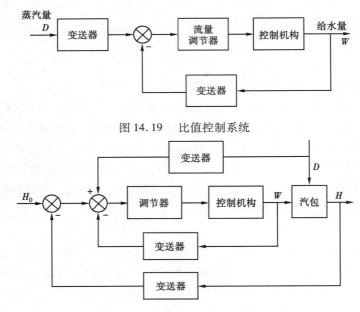

图14.19　比值控制系统

图14.20　单级三冲量给水控制系统

3)串级三冲量控制系统

串级三冲量给水控制系统的基本结构如图14.21所示。该系统由主、副两个PI调节器和三个冲量(汽包水位、蒸汽流量、给水流量)构成。与单级三冲量系统相比,该系统多采用了一个PI调节器,两个调节器串联工作、分工明确。主调节器PI_1为水位调节器,它根据水位偏差产生给水流量设定值;副调节器PI_2为给水流量调节器,它根据给水流量偏差控制给水流量并接受前馈信号。蒸汽流量信号作为前馈信号,用来维持负荷变动时的物质平衡,由此构成的是一个前馈-串级控制系统。该系统结构较复杂,但各调节器的任务比较单纯,系统参数整定相对单级三冲量系统要容易些,不要求稳态时给水流量蒸汽流量测量信号严格相等,即可保证稳态时汽包水位无静态偏差,其控制质量较高,是现场广泛地采用的给水控制系统,也是组织给水全程控制的基础。

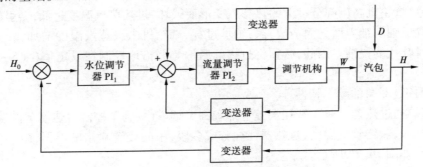

图 14.21　串级三冲量控制系统

(3)给水全程控制系统

目前大型单元机组都要求设计能实现全程控制的给水控制系统,它是单冲量和三冲量控制系统有机结合而构成的给水控制系统,且具有完善的控制方式自动切换和联锁逻辑功能。在组织全程控制系统时必须考虑到以下特点:

①机组在启动和低负荷时蒸汽流量与给水流量测量误差大,且机组启动时热力系统中排水、疏水等操作较多,汽、水流量本来就不平衡,因而启动和低负荷时只能采用单冲量控制系统,当负荷升高到某一定值时,再切换为三冲量控制系统。

②控制手段(方式)的切换。对于单元制给水系统,常采用控制阀加变速泵作为控制手段。变速泵的转速随负荷而变,高负荷时高转速,泵出口流量大;反之,低负荷下低转速,泵出流量小,可使节流损失小。目前大型机组多采用汽动泵为主泵、带液力联轴器的电动泵作为启动和低负荷时应用。变速泵必须工作在其安全区,转速和流量都不能低于允许的最低限值。所以,在启动和低负荷时,还需用给水控制阀作为辅助控制手段。因而采用汽动泵为主泵的给水控制系统,不仅要满足给水量控制的要求,还必须要保证泵的安全运行。在运行中,必须能实现控制阀、电动泵、汽动泵之间的无扰切换与跟踪。

③在单元机组给水全程控制系统中,既存在系统间的切换,又存在着控制手段之间的切换;既必须适应机组定压运行和滑压运行工况,还必须适应冷态启动和热态启动。这就必须具有完善的逻辑控制系统来实现切换之间的配合、无扰和跟踪。同时,逻辑控制系统还担负设备和控制系统的监视与保护。

④由于全程控制系统工作范围较宽,对各个信号的准确测量提出了更严格的要求。

14.1.5　蒸汽温度控制系统

大型单元机组都采用再热式机组,锅炉蒸汽温度控制直接影响到全厂热效率及设备的安全运行。因此,气温控制系统是锅炉的重要控制系统之一。锅炉蒸汽温度控制包括过热蒸汽温度和再热蒸汽温度的控制。

(1)过热蒸汽温度控制系统

过热蒸汽温度控制的任务是维持过热器出口蒸汽温度在允许范围内,并保护过热器使其管壁温度不超过允许的工作温度。过热器出口过热蒸汽温度是给水系统中的温度最高点,过热器正常运行时的温度已接近所用耐高温、高压的合金钢材料所允许的最高温度。过热蒸汽温度过高或过低不仅影响蒸汽品质,而且严重影响到机组安全。过热气温过高可能造成过热器、蒸汽管道、汽轮机高压部分过大的热膨胀变形而毁坏;过热蒸汽温度过低,会引起电厂热耗上升,并使汽机轴向推力增大而造成推力轴承过载,汽轮机末级蒸汽湿度增加,降低汽轮机内效率,加剧对叶片的侵蚀。因此,必须将过热气温偏差严格地控制在设定值(+5 ~ -5 ℃)范围内。

1)气温控制对象的动态特性

大型锅炉的过热器一般布置在炉膛上部和高温烟道中,为了控制过热器蒸汽温度,改善控制性能和限制过热器管壁温度,过热器往往分成多段,中间设置喷水减温器,减温水由锅炉给水系统供给,如图 14.22 所示。

影响过热器出口气温 θ_s 的因素很多,主要有三个方面:即蒸汽流量(负荷)D 变化,减温水量 W_j 变化和烟气热量 Q 变化。对于不同的扰动,过热气温对象的动态特性如图 14.23 所示。比较三种扰动的阶跃响应曲线可知,在各种扰动下,过热气温对象都是有迟延、有惯性和有自平衡能力的,只是 τ、T 值互不相同。当蒸汽量或烟气传热量变化时,沿过热器管道长度方向上的各点温度几乎同时变化。在 D、Q 扰动下,对象的迟延时间 τ 和时间常数 T 都较小,而当减温水量变化时,过热器内的蒸汽及管壁形成具有分布参数的多容对象,因而 τ 值、T 值最大。减温器离过热器出口越远,迟延和惯性就越大。

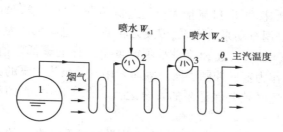

图 14.22　过热器分段喷水减温示意图

1—锅炉汽包;2——级喷水减温器;3—二级喷水减温器

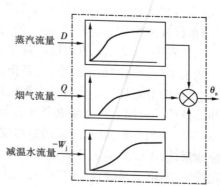

图 14.23　过热气温对象的动态特性

2)过热蒸汽温度控制系统的基本方案

从过热气温对象动态特性来看,蒸汽流量变化是外部扰动,不能用做控制手段;若采用烟气侧扰动作为控制手段,则会使锅炉结构复杂,给设计制造带来困难。为了保护过热器,保证机组安全运行,锅炉设计时已设置了喷水减温器,改变喷水量 W_j,控制过热气温是最为简单而有效的手段,因而被广泛地采用。但减温水扰动下,对象的 τ/T 值最大,对控制不利。根据对象特性,若仅采用按偏差控制的单回路控制是达不到要求的。

对象在喷水量 W_j 扰动下,过热器出口气温 θ_s 有较大的容积迟延,但减温器出口蒸汽温度 θ_d 则有明显的导前作用,若以 θ_d 为副参数、θ_s 为主参数组成如图 14.24 所示的串级控制系统,可使控制质量得到改善。该系统中副回路及副控制器的任务是快速消除作用于内回路的干扰的影响,主回路及主控制器则保证过热器出口气温恒定。目前大多数机组过热器都分段布置采用两级喷水减温控制方式，Ⅰ、Ⅱ级气温控制系统是各自独立的串级系统，如图 14.25 所示。如仅从过热器出口主蒸汽温度的控制效果来考虑，则Ⅰ级气温控制系统相当于粗调，Ⅱ级气温控制系统相当于细调；Ⅰ级气温控制的任务是消除来自燃烧工况变化等扰动的影响，稳态时维持屏式过热器出口气温 θ_{s1} 为设定值，该设定值随负荷而改变。同时，Ⅰ级喷水减温还具有防止屏式过热器超温，确保机组安全运行的作用；Ⅱ级气温控制的任务则是保证过热器出口主蒸汽温度等于设定值。为了改善控制质量，在系统设计上还考虑了机组负荷等作为前馈信号。

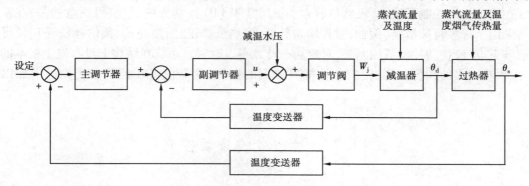

图 14.24 气温串级控制系统

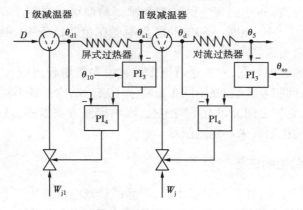

图 14.25 过热蒸汽温度控制系统

（2）再热蒸汽温度的控制

为了提高电厂的热经济性，大型火力发电机组广泛地采用了蒸汽中间再热技术。因此，再热器出口蒸汽温度的控制成为大型火力发电机组不可缺少的一个控制项目。

与过热蒸汽温度控制一样，再热蒸汽温度控制是为了保证再热器、汽轮机等热力设备的安全，发挥机组的运行效率，提高电厂的经济性。再热蒸汽温度控制的任务是，保持再热器出口蒸汽温度在动态过程中处于允许的范围内，稳态时等于设定值。

对于再热蒸汽温度，几乎都采用改变烟气流量作为主要控制手段。例如，改变再循环烟气流量、改变尾部烟道通过再热器的烟气分流量或改变燃烧器（火嘴）的倾斜角度等。

采用上述手段控制再热蒸汽温度比喷水控制再热蒸汽温度的经济性要高，因为再热器采取喷水减温时，将减小效率较高的高压汽缸内的蒸汽流量，降低了电厂热效率，在正常情况下，再热蒸汽温度不采用喷水调温方式。但喷水减温方式简单、灵敏、可靠，所以，可以把它作为再热蒸汽温度超过极限值的事故情况下的一种保护手段。

以上讨论了大型单元机组中的几个主要控制系统,可以看出大型单元机组的控制是一个非常复杂的多输入、多输出系统。一般在设计控制系统时,首先划分出几个单变量系统,当各单变量系统之间存在着不可忽视的关联时,再采取一些措施,使之相互协调。例如,在燃烧控制系统中,分成燃料量、送风和引风三个独立的单回路系统,但又在单回路中设计了按空燃比进行控制的送风跟踪煤量的比值系统和引风跟踪送风的前馈系统,既完成了各自独立的子控制回路,又能相互协调,联成一个整体,保证了锅炉燃烧的经济性和安全性。

在锅炉机组控制系统中,虽然目前大多仍用常规 PID 控制方法,但值得注意的是,在系统中已采用了许多特殊措施(例如,过程增益补偿、发热量修正、前馈补偿、预估补偿等),使得检测信号更准确,扰动补偿更加完善,对象动态特性得以改善。系统在结构上没有发生根本的变化,无须花太多的代价,却能使控制性能有较大的提高,这是值得在控制系统设计中加以借鉴的。

14.2　精馏塔的自动控制

在石油、化工工业中,许多原料、中间产品或粗成品往往是由若干组分所组成的混合物,需要通过精馏过程进行分离,并达到规定的纯度要求。精馏塔就是用于精馏过程的重要设备。据统计,在石油和化学工业中,40% ~ 50% 的能量消耗在精馏设备中。因此,精馏塔的控制一直是过程控制领域普遍重视的问题。

精馏塔是多参数的被控对象,它的通道很多。它由多级塔板组成,内在机理复杂,对控制作用的响应缓慢,参数间相互关联,在不同工艺要求下塔的结构也各不相同,被控变量多,可供选用的控制参数也多,它们之间又可有不同组合,因而控制方案繁多,且控制要求又较高……所有这些都给精馏塔的控制带来一定的困难。

14.2.1　精馏塔的控制任务

对于精馏塔的控制要求,通常为质量指标、产品产量及能量消耗三个方面。质量指标是指使塔顶产品中的轻组分(或重组分杂质)或塔底产品中重组分(或轻组分杂质)符合技术要求。质量指标是精馏塔控制中的关键。因此,精馏塔的控制任务是在保证质量指标的前提下,使产品产量尽量高,能量消耗尽量低。

对于一个正常操作的精馏塔,一般应当使塔顶或塔底产品中的一个产品达到规定的纯度要求,另一个产品的成分也应保持在规定的范围内。为此,应当取塔顶或塔底的产品质量作被控参数,这样的控制系统称为质量控制系统。

质量控制系统需要应用能测出产品成分的分析仪表。由于缺乏多种测量滞后小而又精确的分析仪表,因此,质量控制系统目前所见不多,大多数情况下,是由能间接控制质量的温度控制系统来代替。

为了保证塔的平衡操作,必须把进塔之前的主要可控干扰尽可能地预先克服,同时,尽可能地缓和一些不可控的主要干扰。例如,可设置进料的温度控制、加热剂和冷却剂的控制调节、进料量的均匀控制系统等。控制塔顶馏出液和釜底采出量,使其之和等于进料量,而且两个采出量变化要缓慢,以保证塔的平衡操作。塔内的储液量应保持在规定的范围内,控制塔内压力稳定,对塔的平衡操作是十分必要的。

为了保证正常操作,需规定某参数的极限值为约束条件。例如,对塔内气体流速的限制,通常在塔底与塔顶间装有测量压差的仪表,有的还带报警装置。塔本身还有最高压力极限,超过这个压力,容器的安全就没有保障。

一般情况下,塔的进料流量 Q_F 是不可控制的,如分离裂解气的乙烯塔,它的进料流量受前一工序决定;而在有些情况下,进料流量也可以控制,如炼油厂初馏塔的原油流量就可控制为恒定值;进料成分 A_F 的变动是无法控制的,它由上一工序决定,但多数情况下 A_F 的变化是缓慢的。大多数情况下,进料流量 Q_F 及进料成分 A_F 的变化是精馏过程中的主要扰动。

为了克服扰动的影响以及从对精馏塔实行控制的目的出发,从众多的参数关系中选出关键的参数作为被控制量,它们是:塔顶产品成分 A_1、塔底产品成分 A_2、回流罐液位 h_1 和塔底液位 h_2。为控制这四个被控变量,可供采用的操作变量

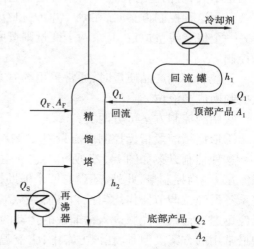

图 14.26　精馏塔的物料流程图

(控制量)也有四个,它们是:塔顶采出量 Q_1、塔底采出量 Q_2、回流量 Q_L 及再沸器加热用蒸汽量 Q_S。精馏塔的物料流程如图 14.26 所示。

由生产工艺要求可知,产品(塔顶及塔底馏出物)成分的控制具有首要的意义,因此,对于组成控制方案,首先要保证产品成分。选取被控制量与控制量时,应满足如下要求:

①相互间影响最强,反应速度快;

②尽量采用工艺上就近的原则,并力求使塔的能量平衡控制与物料平衡控制间的相互关联最小;

③控制设备尽可能简单且易于实现。

实践证明,在诸多可能的方案中,没有哪一个方案能同时满足上述诸项要求。因此,在设计中应进行认真的比较,从中选出相对合理的控制方案。

14.2.2　精馏塔的控制方案

精馏塔控制方案繁多,这里只择其具有代表性的、常见的原则方案介绍如下。

精馏塔的控制目标是使塔顶和塔底产品满足规定的质量要求,为使问题简化,仅讨论塔顶和塔底产品均为液相时的基本控制方式。

对于有两个液相产品的精馏塔,质量指标控制可分两种情况:一种是严格控制一端产品的质量,另一端产品质量控制在一定范围内;另一种是两端产品质量的严格控制,常见的控制方案有以下几种:

(1)按精馏段指标控制

当塔采出液为主要产品时,往往按精馏段指标进行控制。这时,取精馏段某点浓度或温度作为被控变量,而以回流量 Q_L、塔顶采出量 Q_1 或再沸器上升蒸汽量 Q_S 作为控制变量可以组成单回路控制方式,也可以组成串级控制方式。后一种方式虽较复杂,但可迅速而有效地克服

进入副环的扰动,并可降低对调节阀特性的要求。通常在需进行精密控制时,可采用串级控制。

按精馏段指标控制,对塔顶产品的纯度 y 有所保证,当干扰不很大时,塔底产品纯度 x 的变动也不大,可由静态特性分析来确定出它的变化范围。

采用这种控制方案时,在 Q_L、Q_1、Q_S 和 Q_2 四者之中选择一个作为控制产品质量的手段,选择另一个保持流量恒定,其余两个变量则按回流罐和再沸器的物料平衡关系由液位调节器加以控制。

只控制一端产品质量时,通常采用的方案是用塔顶产品采出量控制塔顶产品成分,用回流量控制回流罐液位。

常用的控制方案可分两类:

①依据精馏段指标控制回流量 Q_L,保持再沸器加热量 Q_S 为定值。

这种控制方案如图 14.27 所示。它的主要控制系统是以精馏段塔板温度为被控制量,以回流量 Q_L 为控制量,此外,还设有四个辅助控制系统对塔底采出量和塔顶采出量按物料平衡关系各设液位调节器作均匀控制;进料量 Q_F 为定值控制。该方案的优点是控制作用滞后小,反应迅速,所以,对克服进入精馏段的扰动的影响和保证塔顶产品是有利的,这是精馏塔控制中最常用的方案。但是,在该方案中,Q_L 受温度调节器控制,回流量的波动对于精馏塔平稳操作是不利的。调节器采用比例加积分的控制规律即可。此外,再沸器加热量维持一定,而且应足够大,以便塔在最大负荷时仍能保证产品的质量指标。

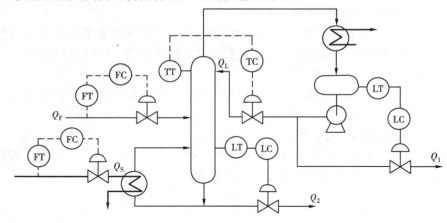

图 14.27　精馏段控制方案之一

当塔顶产品纯度要求比塔底严格时一般宜采用精馏段温控方案。

②依据精馏段指标控制塔顶采出量 Q_1,保持再沸器加热量 Q_S 为定值。

该控制方案如图 14.28 所示。其优点是:有利于精馏塔的平稳操作,对于回流比较大的情况,控制 Q_1 要比控制 Q_L 灵敏,此外,当塔顶产品质量不合格时,如采用有积分动作的调节器,则塔顶采出量 Q_1 会自动暂时中断,进行全回流,这样可保证得到的产品是合格的。由图14.28可见,该控制方案是用塔顶产品流量控制塔顶产品成分;用回流量控制回流罐液位;用塔底产品流量控制塔底液体;蒸汽的热釜(再沸器)进行自身流量的控制。

然而,该方案温度控制回路滞后较大,反应较慢,从采出量 Q_1 的改变到温度的变化要间接地通过回流罐液位控制回路来实现,特别是回流罐容积较大时,反应更慢,给控制带来困难。

此外,同样要求再沸器加热量需足够大,以保证在最大负荷时的产品质量。

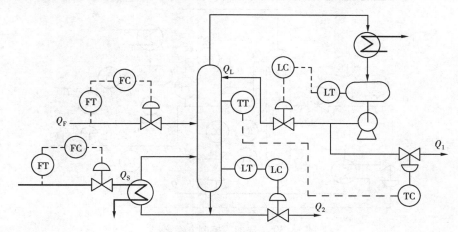

图 14.28　精馏段控制方案之二

(2)按提馏段指标控制

当塔釜液为主要产品时,常按提馏段指标控制。如果是液相进料,也常采用这类方案。这是因为在液相进料时,进料量 Q_F 的变化首先影响到塔底产品浓度 x,塔顶或精馏段塔板上的温度不能很好地反映浓度的变化,所以用提馏段控制比较及时。

常用的控制方案也可分为两类:

①按提馏段指标控制再沸器加热量,从而控制塔内上升蒸汽量 Q_S,同时保持回流量 Q_L 为定值。此时,Q_1 和 Q_2 都是按物料平衡关系由液位调节器控制,如图 14.29 所示。该方案中主要控制系统是以提馏段塔板温度为被控制量,加热蒸汽量 Q_S 为控制参数,其余为辅助控制系统,进料量 Q_F 为定值控制(如不可控,也可采用均匀控制系统)。

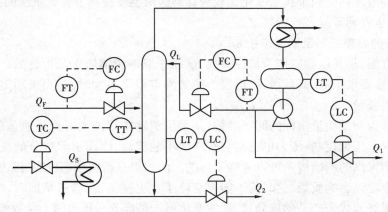

图 14.29　提馏段控制方案之一

该方案采用塔内上升蒸汽量 Q_S 作为控制变量,在动态响应上要比回流量 Q_L 控制的滞后小,反应迅速,所以,对克服进入提馏段的扰动的影响和保证塔底产品质量有利。该方案是目前应用最广的精馏塔控制方案。回流量采用定值控制,而且回流量应足够大,以便当塔的负荷最大时仍能保证产品的质量指标。

②按提馏段指标控制塔底采出量 Q_2,同时保持回流量 Q_L 为定值。此时,Q_1 是按回流罐

的液位来控制,再沸器蒸汽量由塔釜液位来控制,如图 14.30 所示。

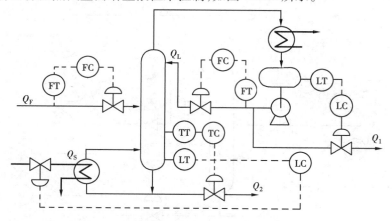

图 14.30　提馏段控制方案之二

该控制方案正如前所述按精馏段温度来控制 Q_1 的方案那样,有其独特的优点:当塔底采出量 Q_2 较少时,操作比较平衡;当采出量 Q_2 不符合质量要求时,会自行暂停出料。缺点是:滞后较大,且液位控制回路存在反向特性。此外,同样要求回流量应足够大,以保证在最大负荷时的产品质量。

在采用精馏段温度或提馏段温度作为衡量质量指标的间接被控参数,当分离的产品较纯时,由于塔顶或塔底的温度变化很小,对测温仪表的灵敏度和控制精度都提出了很高的要求,但实际上却很难满足。解决这一问题的方法是:将测温元件安装在塔顶以下(或塔底以上)几块塔板的灵敏板上,以灵敏板的温度作为被控参数。

所谓灵敏板,是指在受到干扰时,当达到新的稳定状态后,温度变化量最大的那块塔板。由于灵敏板上的温度在受到干扰后变化比较大,因此,对温度检测装置灵敏度的要求就可不必很高了。同时,也有利于提高控制精度。

(3)精馏塔的温差控制及双温差控制

以上两种方案,都是以温度作为被控参数,这在一般的精馏塔中是可行的。但是,在精密精馏时,产品纯度要求很高,而且塔顶、塔底产品的沸点差又不大时,应当采用温差控制,以进一步提高产品的质量。

采用温差作为衡量质量指标的间接参数,是为了消除塔压波动对产品质量的影响。因为系统中即使设置了压力控制,压力也总是会有些微小的波动,因而引起成分的变化,这对一般产品纯度要求不太高的精馏塔是可以忽略不计的。但如果是精密精馏,产品纯度要求很高,微小的压力波动也足以影响质量,这时就不能再忽略了。也就是说,精密精馏时,用温度作为被控参数就不能很好地代表产品的成分,温度的变化可能是成分和压力两个参数都变化的结果,只有当压力完全恒定时,温度与成分之间才具有单值对应关系(严格来说,只是对二元组分)。为了解决这个问题,可以在塔顶(或塔底)附近的一块塔板上检测出该板温度,再在灵敏板上也检测出温度,由于压力波动对每块塔板的温度影响是基本相同的,只要将上述检测到的两个温度相减,压力的影响就消除了,这就是采用温差来衡量质量指标的原因。

在选择温差信号时,如果塔顶采出量为主要产品,宜将一个检测点放在塔顶(或稍下一些),即温度变化较小的位置;另一个检测点放在灵敏板附近,即浓度和温度变化较大的位置。

然后取上述两测点的温度差 ΔT 作为被控量。这里的塔顶温度实际上起参比作用,压力变化对两点温度都有相同影响,相减之后其压力波动的影响就几乎相抵消。

在石油化工和炼油生产中,温差控制已应用于苯-甲苯、甲苯-二甲苯、乙烯-乙烷和丙烯-丙烷等精密精馏塔。要应用得好,关键在于选点正确,温差设定值合理(不能过大)以及操作工况稳定。

在使用温差控制时,调节器的设定值不能太大,干扰量(尤其是加热蒸汽量的波动)不能太大,否则会使调节器无法工作。

温差控制可以克服由于塔压波动对塔顶或塔底产品质量的影响,但是,它还存在一个问题,就是当负荷变化时,塔板的压降产生变化,随着负荷递增,压降引起的温差也将增大。这时,温差和组分就不呈单值对应关系,在这种情况下,可以采用双温差控制。

如果塔顶重组分增加,会引起精馏段灵敏板温度较大变化;反之,如果塔底轻组分增加,则会引起提馏段灵敏板温度较大的变化。相对地,在靠近塔底(或塔顶处)的温度变化较小。将温度变化最小的塔板相应地分别称为精馏段参照板和提馏段参照板。如果能分别将塔顶、塔底两个参照板与两个灵敏板之间的温度梯度控制稳定,就能达到质量控制的目的,这就是双温差控制方法的基础。

双温差控制也称温差差值控制。图 14.31 所示为双温差控制系统图。由图可知,所谓双温差控制,就是分别在精馏段和提馏段上选温差信号,然后将两个温差信号相减作为调节器的测量信号(即控制系统的被控参数)。从工艺角度上来理解选取双温差的理由是,因为由压降引起的温差,不仅出现在顶部,也出现在底部,这种因负荷引起的温差,在作相减后就可相互抵消。从工艺上来看,双温差法是一种控制精馏塔进料板附近的组成分布,使得产品质量合格的办法。它以保证工艺上最好的温度分布曲线为出发点,来代替单纯地控制塔的一端温度或温差。

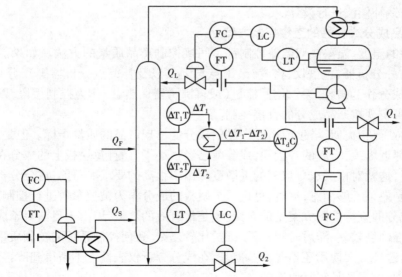

图 14.31　双温差控制方案

(4)按塔顶塔底两端质量指标控制

当塔顶和塔底产品均需达到规定的质量指标时,就需要设置塔顶和塔底两端产品的质量控制系统。

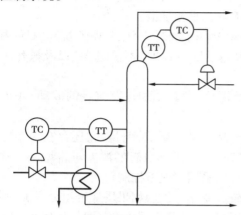

图 14.32　两端产品质量控制方案之一

图 14.32 所示为一种塔顶和塔底产品质量都需要控制的产品质量控制方案。它们均以温度作为间接质量指标,以塔顶的回流量控制塔顶温度,以塔底的再沸器加热量控制塔底温度。然而,由精馏操作的内在机理可知,当改变回流量时,不仅影响塔顶温度的变化,同时也引起塔底温度的变化。同样,控制塔底再沸器加热量时,也将影响到塔顶温度的变化。所以,塔顶和塔底两个控制系统之间存在着密切的关联。

当塔顶及塔底产品分别需要满足一定的品质指标时,就需要对塔的两端产品同时予以控制。通常采用的控制方案是:用回流量控制塔顶产品成分,用塔底流量控制塔底产品成分,用塔顶流量控制回流罐液位,用蒸汽流量控制再沸器液位,如图 14.33 所示。但是,由精馏操作的内在机理可知,当改变回流量时,不仅影响塔顶产品组分的变化,同时也引起塔底产品组分的变化;同理,当控制塔底的加热用蒸汽流量时,将引起塔内温度的变化,从而不但使塔底产品组分产生变化,同时也将影响到塔顶产品组分的变化。可见,这是一个 2×2 的耦合系统,显然,此时应进行解耦设计,两端产品成分解耦控制方案如图 14.34 所示。这个方案的设计思想是:希望回流量的变化只影响塔顶组分,至于它对塔底组分的影响是通过解耦装置 $D_{21}(s)$ 使蒸汽阀门预先动作,予以补偿;同样,希望蒸汽量的变化只影响塔底组分,而它对塔面组分的影响,将通过另一个解耦装置 $D_{12}(s)$ 使回流阀预先动作,予以补偿,从而实现了两端产品质量的解耦控制。关于解耦模型 $D_{12}(s)$、$D_{21}(s)$ 的取得,可根据不变性原理的前馈补偿法进行设计。

(5) 按产品成分或物性的直接控制方案

以上介绍的温度、温差或双温差控制都是间接控制产品质量的方法。如果能利用成分分析器(例如,红外分析器、色谱仪、密度计、干点与闪点以及补馏点分析器等),分析出塔顶(或塔底)的产品成分作为被控参数,用回流量(或再沸腾器加热量)作为控制手段,以此组成成分控制系统,就可实现按产品成分的直接控制。

与温度的情况相类似,塔顶或塔底产品的成分能体现产品的质量指标。但是,当分离的产品较纯时,在邻近塔顶、塔底的各板间,成分差已经很小了,而且每块板上的成分在受到干扰后变化也很小了,这就对检测成分仪表的灵敏度提出了很高的要求。目前,成分分析器一般精度较低,往往控制效果不够满意,这时,可选择灵敏板的成分作为被控参数进行控制。

按产品成分的直接控制方案是最直接、也是最有效的。但是,由于目前对于成分参数测量的仪表,一般准确度较差、滞后时间较长、维护比较复杂,致使控制系统的控制质量受到很大影响,因此,目前这种方案使用还不普遍。但是,在成分分析仪表性能不断得到改善以后,按产品成分的直接控制方案还是很有前途的。

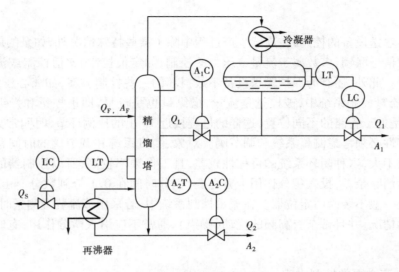

图 14.33　两端产品质量控制方案之二

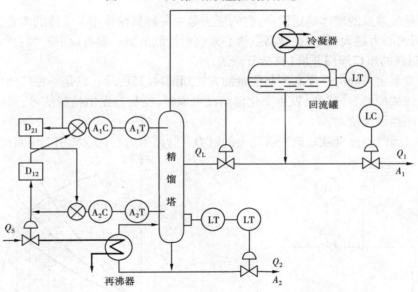

图 14.34　两端产品质量的解耦控制方案

14.3　流体输送设备的自动控制

　　流体输送设备的基本任务是输送流体和提高流体的压头。应用最广泛的输送设备是泵和压缩机。

　　在生产过程中,各种物料大多数是在连续流动状态下,或是进行传热,或是进行传质和化学反应等过程。为了使物料便于输送、控制,大多数是以气态或液态方式在管道内流动。倘若是固态物料,有时也进行流态化。流体的输送是一个动量传递过程,流体在管道内流动,从泵或压缩机等输送设备获得能量,以克服流动阻力。泵是液体的输送设备,压缩机则是气体的输

353

送设备。

对于流体输送设备的控制,在连续生产过程中除了某些特殊情况外,如泵的启、停,压缩机的程序控制和信号联锁,多数属于流量或压力的控制,如定值控制、比值控制或流量为副参数的串级控制等。此外,还有为保护输送设备不致损坏的一些控制方案,如离心压缩机的"防喘振"问题。在流量控制系统中,被控量是流量,操纵量也是流量,即被控量和操纵量是同一物料的流量,只是处于管路的不同位置,这样的过程接近1∶1的比例环节,时间常数很小,因此,广义对象的特性必须考虑测量系统和调节阀。对象、测量系统和调节阀的时间常数在数量级上相同且数值不大,这种闭环系统的可控性较差,且工作频率较高,所以控制器的比例度必须取得较大。为消除余差,投入积分作用十分必要,积分时间在0.1分到数分。由于这个特点,流量控制系统一般不装阀门定位器。在流量控制系统中,若采用节流装置测量时,被控量的信号有时有脉动情况,并且常杂有高频的扰动(噪声),通常不应引入微分作用,有时甚至采用反微分器。

14.3.1　离心泵的控制方案

离心泵是最常见的液体输送设备,它的压头是由旋转翼轮作用于液体的离心力而产生的。转速越高,则离心力越大,压头也越高。离心泵流量控制方案一般有以下三种:

(1)控制泵的出口阀门开度(直接节流法)

通过改变泵出口阀门开度来控制流量的方法如图14.35所示。它是一种广泛使用的方案,当干扰作用使被控参数(流量)发生变化偏离设定值时,控制器发出控制信号,阀门动作,控制结果使流量回到设定值。

改变出口阀门的开度就是改变管路上的阻力。管路阻力变化就能引起流量的变化。

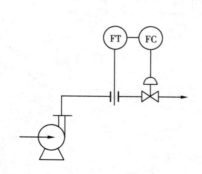

图 14.35　改变泵出口阻力控制流量　　　　图 14.36　泵的流量特性曲线与管路特性曲线

离心泵的压头 H 与流量 Q 和转速 n 之间的关系称为泵的特性,在一定转速 n 下,离心泵的排出流量 Q 与泵产生的压头 H 有一定的对应关系,如图 14.36 曲线 A 所示。在不同流量下,泵所能提供的压头是不同的,曲线 A 称为泵的流量特性曲线。泵提供的压头又必须与管路上的阻力 H_L 相平衡才能进行操作,克服管路阻力所需压头大小随流量的增加而增加,如曲线 1 所示。曲线 1 称为管路特性曲线。H_L 与流量 Q 的关系称为管路特性。曲线 A 与 1 的交点 C_1 为进行操作的工作点。此时,泵所产生的压头 H 正好用来克服管路的阻力 H_L,C_1 点对应的流量 Q_1 即为泵的实际出口流量。

当调节阀开度发生变化时,由于转速 n 是恒定的,所以泵的特性 A 没有变化,但管路上的阻力却发生了变化,即管路特性曲线不再是曲线1,随着调节阀的关小,变为曲线2或曲线3了。工作点就由 C_1 移向 C_2 或 C_3,出口流量也由 Q_1 改变为 Q_2 或 Q_3,如图14.36所示。以上即是通过控制泵的出口阀开度来改变泵的工作点,从而改变排出流量的基本原理。

采用该方案时,要注意调节阀一般应该安装在泵的出口管线上,而不应该安装在泵的吸入管线上(特殊情况除外)。这是因为调节阀在正常工作时,需要有一定的压降,而离心泵的吸上高度是有限的。如果进口压力过低,可能使液体部分汽化,从而导致泵丧失排送能力(气缚),或者压到出口端又急剧地冷凝,冲蚀很厉害(汽蚀)。这两种现象都是不希望发生的。调节阀应装在检测元件(如孔板)的下游,这样对保证测量精度有好处。

控制泵出口阀门开度的方案简单可行、应用广泛,但此方案总的机械效率较低,特别是调节阀开度较小时阀上压降较大,对于大功率的泵,损耗的功率相当大是不经济的。

(2)控制泵的转速

通过改变泵的转速可以改变泵的工作点。图14.37(a)(b)所示为改变转速的控制方案。

当泵的转速 n 改变时,泵的流量特性曲线会发生改变。如图14.38中曲线1、2、3表示转速分别为 n_1、n_2、n_3,且有 $n_1 > n_2 > n_3$ 时的流量特性。在一定的管路特性曲线 B 的情况下,减少泵的转速,会使工作点由 C_1 移向 C_2 或 C_3,流量相应也由 Q_1 减少到 Q_2 或 Q_3。

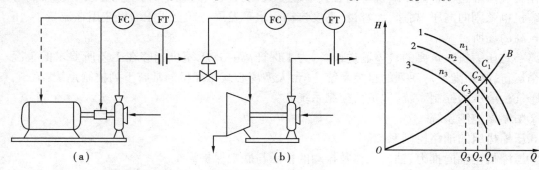

图14.37 改变转速 n 的控制方案 　　　　　图14.38 泵的转速改变使工作点改变
　　　(a)电动机带动;(b)透平带动

这种方案从能量消耗角度衡量最为经济,机械效率较高,但调速机构一般较复杂。要实现离心泵的调速,要视带的离心泵的动力机械性能而定。

对于电动机带动的离心泵,除可采用改变其转速的方法外,也可在电动机与泵的连接机构上通过各种调速机构进行调节,此时,在液体输送管路上不需装改调节阀,因而不存在阀门项阻力损耗,从泵特性本身曲线看,机械效率也较高,但不论电动机或连接机构的调速,都比较复杂,因此,多用于较大功率的场合。在蒸汽透平驱动泵的场合,只需控制蒸汽量,即可控制泵的转速,从而使控制流量十分方便。

(3)旁路阀控制

旁路阀控制方案如图14.39所示,将泵的部分排出量重新送回到吸入管路,即用改变旁路阀开度的方法来控制泵实际排出量。

调节阀装在旁路上,由于压差大、流量小,所以调节阀的通径可以选得比装在出口管道上的小得多。但是,这种方案不经济,因为旁路阀消耗一部分高压液体能量,使总的机械效率较低。此种方案用于压力控制时,其控制流程如图14.40所示。

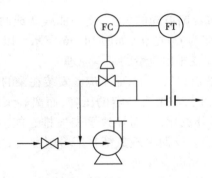

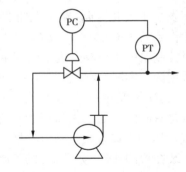

图 14.39　改变旁路阀调流量　　　　　　　　图 14.40　离心泵的压力控制

对于一定的离心泵，稳定了压力，也就等于稳定在一定流量上。当液体的流量测量有困难时，这是一种间接的流量控制手段。

14.3.2　离心式压缩机的控制

(1)离心式压缩机的控制方案

作为气体输送设备的压缩机有离心式与往复式两大类。随着生产设备大型化发展，离心式压缩机也急剧向高压、高速、大容量、高度自动化水平发展。往复式压缩机应用在流量小、压缩比较高的场所。

离心式压缩机是重要的气体输送设备，为了保证离心式压缩机能够在工艺所要求的工况下安全运行，必须配置一系列的自控系统，一台大型离心式压缩机通常有下列控制系统：

①气量或压力控制系统，即负荷控制系统。

②防喘振控制系统。

③压缩机组的油路控制系统。

④压缩机主轴向推力、轴向位移及振动的指示与联锁保护系统。

与离心式泵一样，离心式压缩机的被控参数也是流量或压力，其控制方案也有许多相似之处，一般有如下几种方案：

1)节流控制

在离心式压缩机出口或入口安装调节阀、蝶阀等节流装置控制气量。

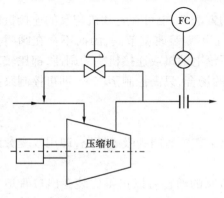

图 14.41　调节压缩机旁路方案

2)旁路控制

与液体流量控制相似，但需注意经多级压缩后，当出口与入口压力的压缩比很大时，不宜从末段至第一段入口直接旁路，否则，能量消耗过大，对阀座在高压差下磨损也太大，可采用分段旁路或增设消音装置，如图 14.41 所示。

3)转速控制

这种方案效率最高，但调速机构复杂，不如上述两种方案简便。

喘振是离心式压缩机的固有特性，喘振将有导致压缩机损坏的危险性，下面将以气量控制与防喘振控制系统为主要内容予以介绍。

（2）离心式压缩机的防喘振控制

离心式压缩机的特性曲线是指压缩机的出口与入口绝对压力之比（压缩比）与进口体积流量 Q 之间的关系曲线，如图 14.42 所示，图中 n 是离心机的转速，且有 $n_1 < n_2 < n_3$，由图可见，对应于不同转速 n 的每一条 $\frac{P_2}{P_1}$-Q 曲线，都有一个 P_2/P_1 最高点。此点之右降低压缩比 P_2/P_1，会使流量增大，即 $\dfrac{\Delta Q}{\Delta(P_2/P_1)}$ 为负值。在这种情况下，压缩机具有自衡能力，当干扰作用使出口管网的压力下降时，压缩机能自发地增大排出量，提高压力，建立新的平衡，属于工作的稳定区；此点之左压缩机无自平衡能力，此时，若因干扰作用使出口管网压力下降时，压缩机不但不增加输出流量，反而减小排出量，致使管网压力进一步下降。因此，离心式压缩机特性曲线的最高点是压缩机能否稳定操作的分界点。在图 14.42 中，连接最高点的虚线是一条表征压缩机能否稳定操作的极限曲线，在虚线的右侧为正常运行区，在虚线的左侧，即图中的阴影部分是不稳定区，称为喘振（或飞动）区。

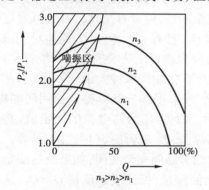

图 14.42　离心式压缩机特性曲线　　　图 14.43　喘振现象示意图

离心式压缩机负荷（即流量）减少，使工作点进入不稳定区，将会出现一种危害极大的"喘振"现象，下面由图示说明：

图 14.43 所示为压缩机在某一固定转速 n 下的特性曲线。Q_B 是对应于最大压缩比 $(P_2/P_1)_B$ 的体积流量，它是压缩机能否正常操作的极限流量。设压缩机的工作点原处于正常运行区的 A 点，由于负荷减小，工作点将沿着曲线 ABC 方向移动，在 B 点处压缩机达到最大压缩比。若继续减小负荷，即工艺要求的流量 $Q < Q_B$，则工作点将落到不稳定区，此时出口压力减小，但与压缩机相连的管路系统在此瞬间的压力不会突变，管网压力反而高于压缩机出口压力，于是发生气体倒流现象，工作点迅速地下降到 C。由于压缩机在继续运转，当压缩机出口压力达到管路系统压力后，又开始向管路系统输送气体，于是，压缩机的工作点由 C 点突变到 D 点，但此时的流量 $Q_D > Q_B$，超过了工艺要求的负荷量，系统压力被迫升高。此时，若负荷恢复至 Q_A，则压缩机工作点可在点 A 稳定下来，否则，工作点又将沿 DAB 曲线下降到 C。只要负荷仍低于 Q_B，压缩机工作点就会不断地重复这种由 $A \rightarrow B \rightarrow C \rightarrow D \rightarrow A$ 的反复迅速突变的过程，好像工作点在"飞动"，所以，当产生这种现象时，被称作压缩机的飞动（也称为喘振）。当出现这一现象时，由于气体由压缩机忽进忽出，使转子受到交变负荷，机身发生振动并波及相连的

管线,导致流量计和压力表的指针大幅度地摆动。如果与机身相连接的管网容量小且严密,则可听到周期性的、如同哮喘病人"喘气"般的噪声;而当管网音量较大,喘振时会发生周期性间断的吼响声,并使止逆阀发生撞击声,它将使压缩机及所连接的管网系统和设备发生强烈振动,甚至使压缩机遭到破坏。

可见,负荷减小是离心式压缩机产生喘振的主要原因,此外,被输送气体的吸入状态(如温度、压力等)的变化,也是使压缩机产生喘振的因素。一般情况下,吸入气体的温度或压力越低,压缩机越容易进入喘振区。喘振是离心式压缩机所固有的特性,每一台离心式压缩机都有其一定的喘振区域。

(3)防喘振控制方案

由上可知,离心式压缩机产生喘振现象的主要原因是由于负荷降低和排气量 Q_0 小于极限值 Q_B 而引起的,只要使压缩机的吸入气量 Q_1 大于或等于在该工况下的极限,排气量即可防止喘振。工业生产上常用的控制方案有固定极限流量法和可变极限流量法两种,分别讨论如下:

1)固定极限流量法

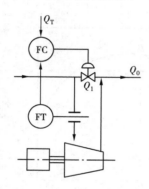

对于工作在一定转速下的离心式压缩机,都有一个进入喘振区的极限流量 Q_B,为了安全起见,应留有余地,为此,可规定一个压缩机吸入流量的最小值 Q_T,且有 $Q_T > Q_B$。Q_T 即为对应该转速下的工作极限流量。固定极限流量法防喘振控制系统就是:当负荷变化时,压缩机的吸入流量 Q_1 始终保持大于或等于 Q_T,从而避免进入喘振区运行。为此,可采用部分气体循环返回防喘振,其控制系统如图 14.44 所示。以 Q_T 作为防喘振的设定值,它与吸入流量值的偏差经 PI 运算后去改变旁路阀(回流阀)开度。如果吸入流量测量值大于 Q_T,则旁路阀完全关闭,如果流量测量值小于 Q_T,则开大旁路阀加大回流量,保证吸入流量 $Q \geq Q_T$,从而避免喘振发生。

图 14.44　防喘振旁路调节

本控制方案结构简单,运行安全、可靠,投资费用少,适用于固定转速场合。

2)可变极限流量法

在可变极限流量法防喘振系统中,防喘振控制器的设定值不是常数,而是按压缩机喘振曲线规律变化,形成一个随动流量控制系统。

在不同的转速下,离心式压缩机特性曲线最高点的轨迹即喘振极限近似于一条抛物线。如前所述,若保证吸入流量 $Q > Q_B$,则可避免喘振。但为了安全起见,压缩机的实际工作点还应留有余地,应位于安全操作线(或称防喘振保护曲线)右侧。安全操作线也近似为抛物线,如图 14.45 所示,其数学模型为:

$$P_2/P_1 = a + \frac{bQ^2}{T_1} \tag{14.7}$$

式中:T_1——入口端绝对温度;

　　Q——入口流量;

　　a、b——系数,一般由压缩机制造厂提供。

P_1、P_2、T_1、Q 可以用测试方法得到。如果压缩比 $\frac{P_2}{P_1} \leq a + \frac{bQ_1^2}{T_1}$,工况是安全的;如果压缩比

$\dfrac{P_2}{P_1} > a + \dfrac{bQ^2}{T_1}$,则可能产生喘振。

假定在压缩机的入口端通过测量压差 ΔP_1 与 Q_1 的关系为:

$$Q_t = K \sqrt{\frac{\Delta P_t}{\rho}}$$

式中:ρ——介质密度;

$\quad K$——比例系数。

根据气体方程可知:

$$\rho = \frac{P_1 M}{z R T_1}$$

式中:z——气体压缩因子;

$\quad R$——气体常数;

$\quad T_1$、P_1——入口气体的绝对温度和绝对压力;

$\quad M$——气体分子量。

将 ρ 代入 Q_1 并代入防喘振保护曲线式(14.7)

$$\frac{P_2}{P_1} = a + \frac{bK^2}{r} \cdot \frac{\Delta P_1}{P_1}$$

其中,$r = \dfrac{M}{zR}$ 是一个常数,因此,为了防止喘振,应有:

$$\Delta P_1 \geqslant \frac{r}{bK^2}(P_2 - aP_1) \tag{14.8}$$

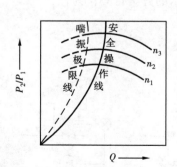
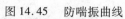

图 14.45　防喘振曲线

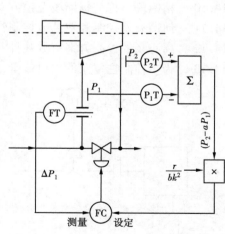

图 14.46　变极限流量防喘振控制方案

图 14.46 所示为根据式(14.8)所设计的一种防喘振控制方案。压缩机入口与出口压力 P_1、P_2 经过测量仪表、变送器以后送往加法器 Σ,得到 $(P_2 - aP_1)$ 信号,然后乘以系数 $\dfrac{r}{bK^2}$,作为防喘振调节器 FC 的设定值。ΔP_1 作为测量值,它是测量入口流量的压差经过变送器后的信号。当测量值 ΔP_1 大于设定值时,压缩机工作在正常运行区,旁路阀关闭;当测量值小于设定值时,打开旁路阀并根据偏差改变其开度,以保证压缩机的入口流量不小于设定值。由于调节器 FC

的设定值是经过运算得到的,因此,能根据压缩机负荷变化的情况随时调整入口流量的设定值。由于这种方案将运算部分放在闭合回路之外,因此,可像单回路流量控制系统那样整定控制器参数。

思考题与习题

14.1 简述单元机组的工作流程及其控制系统要求。

14.2 单元机组为什么需要组成协调控制系统进行控制?

14.3 单元机组有几种负荷控制方式? 各适合于什么情况?

14.4 为什么说燃烧控制对象是一个多变量对象? 工程上是如何处理这种多变量对象的?

14.5 锅炉给水(汽包水位)对象在给水流量、蒸汽流量扰动下阶跃响应各有何特点? 三冲量给水控制系统中蒸汽流量、给水流量和汽包水位三个信号各起什么作用?

14.6 何谓全程给水控制系统? 有何特点?

14.7 单元机组过热蒸汽温度对象动态特性有何特点? 通常如何组成过热蒸汽温度控制系统?

14.8 精馏塔对自动控制有哪些基本要求?

14.9 精馏塔操作的主要干扰有哪些? 哪些是可控的? 哪些是不可控的? 可用来作为控制参数的变量有哪些?

14.10 精馏段温控与提馏段温控方案各有什么特点? 分别使用在什么场合?

14.11 何谓温差控制和双温差控制? 试述它们的特点与使用场合。

14.12 离心泵的控制方案有哪几种? 各有什么优缺点?

14.13 为了控制往复泵的出口流量,采用题图 14.1 所示的方案行吗? 为什么?

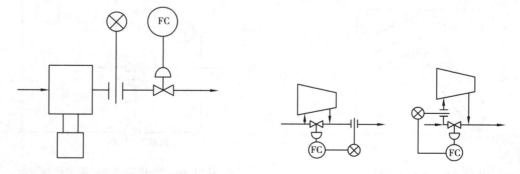

题图 14.1 往复泵的流量控制   题图 14.2 离心式压缩机的控制方案

14.14 试述题图 14.2 所示离心式压缩机两种方案的特点,它们在控制目的上有什么不同?

14.15 试简述压缩机防喘振的两种控制方案,并比较其特点。

第 15 章
控制系统工程设计

15.1 概　述

自控系统工程设计是为了实现生产过程的自动化,用图纸资料和文字资料进行表达的全部工作。对于自动化专业的本科学生,在学习各专业课程后,进行一次自控工程设计的实践是十分必要和重要的。

设计文件和图纸一方面提供给上级机关,以便对该建设项目进行审批,另一方面作为施工建设单位进行施工安装和生产的依据。因此,设计工作对工程建设起着决定性的作用。设计人员在设计时,必须按照国家的经济政策,结合工艺特点进行精心设计。一切设计既要注意厂情,又要符合国情,严格以科学的态度执行相关技术标准和规定,在此基础上建树设计项目的特色。

本章仅就自控系统工程设计中的基本内容进行简要的介绍,目的是使学生建立起自控系统工程设计的概念,对自控系统工程设计有初步的了解。

15.1.1　设计准备

在接到设计任务后,首先是确定设计组织、参与设计的人员以及人员分工。作为设计的参与者,对于所承担的具体项目,首先应制定进度计划,收集资料,进行深入调研,掌握国内外同类项目目前的自动化程度、现状及发展趋势,尤其是国内同类厂的自动化情况,吸取成熟的经验与教训。根据厂家的经济、技术现状,规划设计项目的总体设想,提出质量总目标、分目标及创优规划,避免不切合实际的"高、精、尖"做法。设计准备的具体任务就是调查研究,制定切合实际的设计构想,准备有关设计的参考图纸、设计文本以及一系列设计手册和规范标准,这些设计资料是设计者必不可少的重要参考依据。

15.1.2　基本任务与设计宗旨

自控系统工程设计的基本任务是:依据工艺生产要求,以企业经济效益、安全、环境保护等指标为设计宗旨,对生产工艺过程中的各类质量参数(如温度、压力、流量、物位、成分以及火焰、位置、速度等被控变量)进行检测、自动操作、控制、顺序控制、程序控制以及安全保护等方面的设计,这些是设计中的主要内容。作为一般的老厂技术改造,以上设计已能达到要求,若作为新厂或老厂配套设计,还需进行有关的轴助设计,如控制室、配电、气源、水、蒸汽、原料、物料计量等的设计。

对于有关工程设计任务的类别,一般有新建项目的工程设计、老厂的改扩建工程设计、国外项目的工程设计、引进项目配套工程设计、工程开发设计和有关试验装置的设计等,应当根据不同的设计任务类别区别对待。

总之,工程设计的宗旨应切合实际、技术上先进、系统安全可靠、经济投入/效益比要小。

15.1.3 设计步骤

一般工程设计分三个阶段进行,即设计准备阶段、初步设计阶段和施工图设计阶段。对于工艺条件苛刻、技术复杂、且缺乏成熟设计经验的项目,还需在初步设计之后进行可行性试验。

设计工作之所以要分阶段进行,是为了便于审查,随时纠正错误,避免或减少不必要的经济损失,及时协调各专业间的关系,使设计工作能顺利地按计划完成。

设计准备如前所述,主要任务是各类资料的收集,为初步设计与施工图设计作准备,另外进行大项目必要的人事组织分工。

初步设计阶段必须深入了解工艺流程特点,确定控制方案,正确地选择控制仪表、自控材料,确定中央控制室设置的水平、动力供应、环境特性等。初步设计中如出现某些难度较大的技术问题,而工程中又要求必须解决的课题,应请示上级审批,进行必要的可行性试验。一般问题可以结合施工图设计,作进一步的深入调研来解决。

当初步设计审批文件下达后,应着手施工图设计。施工图是进行施工用的技术文件(图纸资料),必须从施工的角度出发,解决设计中的细节部分。在施工图设计完成后,不允许再留下技术上未解决的问题;图纸的多少可根据施工单位的情况,有的要详细些,有的可简单些。

施工图完成以后,将设计文件和图纸下发给施工建设单位、设备材料供应单位和生产单位,进行施工准备、订货制造和生产准备工作。

15.1.4 自控系统工程设计的方法

在接到一个工程项目后,进行自控系统工程设计时,一般应按照以下的方法来完成:

(1)熟悉工艺流程

熟悉工艺流程是自控设计的第一步。自控设计人员对工艺熟悉和了解的深度将决定设计的好坏与成败。在此阶段还需收集工艺中有关的物性参数和重要数据。

(2)确定自控方案,完成工艺控制流程图绘制

了解工艺流程,并与工艺人员充分协商后,定出各检测点、控制点、控制系统,确定全工艺流程的自控方案;在此基础上,画出工艺控制流程图,并配合工艺系统专业完成各管道、仪表流程图。

(3)仪表选型,编制有关仪表信息的设计文件

在仪表选型中,首先要确定的是采用常规仪表还是 PLC 系统、DCS 系统,或是现场总线系统;然后,以确定的控制方案和所有的检测点,按照工艺提供的数据及仪表选型的原则,查阅有

关的产品目录、厂家的产品样本与说明书,调研产品的性能、质量和价格,选定检测、变送、显示、控制等各类仪表的规格与型号,并编制出自控设备表或仪表数据表等有关仪表信息的设计文件。

(4)控制室设计

自控方案确定及仪表选型后,根据工艺特点,可进行控制室的设计,在采用常规仪表时,首先考虑仪表盘的正面布置,画出仪表盘布置图等有关图纸;然后均需画出控制室布置及控制室与现场信号连接的有关设计文件,如仪表回路图、端子配线图等。在进行控制室设计中,还应向土建、暖通、电气等专业提出有关设计条件。

(5)节流装置和调节阀的计算

控制方案已定,所需的节流装置、调节阀的位置和数量也都已确定,根据工艺数据和有关计算方法进行计算,分别列出仪表数据表中调节阀及节流装置计算数据表与结果,并将有关条件提供给管道专业,供管道设计之用。

(6)仪表供电、供气系统的设计

自控系统的实现不仅需要供电,还需要供气(压缩空气作为气动仪表的气源,对于电动仪表及 DCS 系统,由于目前还大量地使用气动调节阀,所以气源也是不可少的)。为此,需按照仪表的供电、供气负荷大小及配制方式,画出仪表供电系统图、仪表空气管道平面图(或系统图)等设计文件。

(7)依据施工现场的条件,完成控制室与现场间联系的相关设计文件

土建、管道等专业的工程设计深入开展后,自控专业的现场条件也就清楚了。此时,按照现场的仪表设备的方位、控制室与现场的相对位置及系统的联系要求,进行仪表管线的配置工作。在此基础上,可列出有关的表格和绘制相关的图纸(如列出电缆表、管缆表、仪表伴热绝热表等),画出仪表位置图、仪表电缆桥架布置总图、仪表电缆(管缆)及桥架布置图、现场仪表配线图等。

(8)根据自控专业有关的其他设备、材料的选用等情况,完成有关的设计文件

自控专业除了进行仪表设备的选用外,这些仪表设备在安装过程中,还需要选用一些有关的其他设备材料。对这些设备材料需根据施工要求,进行数量统计,编制仪表安装材料表。

(9)设计工作基本完成后,编写设计文件目录等文件

在设计开始时,先初定应完成的设计内容,待整个工程设计工作基本完成后,要对所有设计文件进行整理,并编制设计文件目录、仪表设计规定、仪表施工安装要求等工程设计文件。

上述设计方法和顺序,仅仅是原则性的提法,在实际工程设计中各种设计文件的编(绘)制,还应按照工程实际情况进行。

15.2　初步设计的内容及深度要求

15.2.1　初步设计的内容

初步设计的主要目的是为了上报有关部门作为项目审批的依据,并为订货作好必要的准备。它应完成的主要内容有:

①设计说明书；

②工艺控制流程图；

③主要仪表设备、材料汇总表；

④初步设计概算。

15.2.2 初步设计的深度要求

在初步设计规定中，各项设计文件的深度要求说明如下：

(1) 设计说明书

初步设计说明书应包括以下主要内容：

1) 设计依据

采用的标准、规范等。

2) 设计范围

概述该项目生产过程检测、控制系统和辅助生产装置自动控制设计的内容，与制造厂成套供应自动控制装置的设计分工，与外单位协作的设计项目的内容和分工等。

3) 自动化水平

说明有关的规定要求，选择方案的原则。必要时列出主要技术经济指标和进行多方案技术经济比较，提出确定的方案。

概述总体控制方案的范围和内容，全厂各车间或工段的自动化水平和集中程度。说明全厂各车间或工段需设置的控制室、控制的对象和要求、控制室设计的主要规定、全厂控制室布点的合理性等。

4) 信号及联锁

概述生产过程及重要设备的事故联锁与报警内容、信号及联锁系统的方案选择的原则，论述系统方案的可靠性，复杂的联锁系统则应绘制原理图。

5) 环境特征及仪表选型

说明现场(或装置)的环境特征、自然条件等对仪表选型的要求。概述仪表选型的原则及总的情况。论述仪表选型的合理性、先进性、可靠性及经济性，并且具体说明各类仪表的选型。说明仪表的防火、防爆、防高温、防冻、防堵、防电磁干扰、防日晒雨淋等防护措施。

6) 复杂控制系统

用原理图或文字说明其具体内容，在生产中的作用及重要性。

7) 动力供应

说明仪表用压缩空气的来源和自控设计的分工范围，提出仪表用压缩空气的总用量、压力及质量要求。

说明仪表用电的来源和自控设计的分工范围，提出仪表用电量及电压、频率等质量要求，论述仪表电源供电可靠性要求及其相应的保证措施。

仪表用其他动力供应可参照上述内容要求予以说明。

8) 存在问题及解决意见

说明特殊仪表订货中的问题和解决意见，新技术、新仪表的采用和注意事项，以及其他需要说明的重大问题和解决意见。

（2）带控制点工艺流程图设计要求

工艺控制流程图用自控文字符号和图形符号在图纸上较全面地反映生产过程自动化的原理情况。绘制图纸时，首先要确定控制方案、仪表选型及测量点位置。

在制定控制方案时，必须熟悉生产的工艺过程，对生产过程的机理、特点、物料的特性、设备情况、操作注意事项等要有较详细的了解。

控制流程图在技术上主要是考虑每个控制方案中的被控变量、测量点位置、控制变量、实现方法以及各控制系统相互之间的关系。

在生产中操作的工艺参数是很多的，要合理地确定哪些参数需要控制、测量、指示、报警。只有那些对生产具有决定意义和重要影响的参数才配以控制系统，而一般的参数可作为测量参数，供管理人员及操作人员参考，非重要的参数可不予测量。

在选取方案时，必须考虑到实际效果，对于不成熟或经验不足的控制方案，最好作可行性试验。另外，还必须注意控制系统相互之间的影响，既要看到局部，更要看到全局。事物具有内在联系，往往局部是可行的，对全局却可能互相产生影响，以致相互干扰，影响生产。

控制点位置的选择主要考虑是否能准确、迅速地反映被控变量，是否便于检测仪表的安装等。

（3）主要仪表设备、材料汇总表

1）自控设备表

所有生产过程的检测、控制系统选用的仪表设备、仪表盘（箱）、变送器、报警器、辅助的自动控制设备等均按控制点的类别，依控制点位号的顺序，按照自控设备表要求的内容填写，表的格式见表 15.1。

表 15.1　自控设备表

（设计单位）	工程名称		自控设备表				编制		图号		
	设计项目						校核				
	设计阶段						审核			第　页	共　页
仪表位号	检测点名称	仪表名称及规格	型号	数量	安装地点	安装图号	操作条件				备注
							介质及密度	温度/℃	表压/MPa	流量或液压	

2）自控设备汇总表

自控设备汇总表分为仪表盘成套仪表和非仪表盘成套仪表两部分，按一定的顺序将自控设备表中的仪表设备分别进行汇总，最后按类别列出小计和总的仪表设备台、件数。

3）材料表

材料表应包括下列内容：

①按控制点和控制系统统计安装材料；

②仪表盘上的安装材料；

③控制室内、外的配管及管架；

④现场仪表的安装及保温材料;

⑤现场制造的仪表箱、保温箱和接管箱(按原材料统计);

⑥管件、加工件(按原材料统计);

⑦贵重材料,如补偿导线、电缆、光缆、有色金属导线等;

⑧备用材料按统计总量增加5%～10%,列入相应的材料数量中。

(4)概算

自控设计概算应由自控设计人员与概算专业人员配合编制,自控设计人员应提供仪表设备汇总表、材料表及相应的单价。有关设备费的汇总、设备安装费、工资、间接费、定额依据、技术经济指标等均由概算人员编制。

新产品或试制产品的估价可由试制单位提供,或者由设计、概算人员共同估价。

15.3 施工图设计的内容及深度要求

15.3.1 施工图设计的内容文件

施工图设计内容分为采用常规仪表和采用计算机控制(包括 DCS)系统施工图设计内容两部分。

1)采用常规仪表控制的施工图设计文件

①自控图纸目录;

②说明书;

③自控设备表;

④节流装置数据表;

⑤调节阀数据表;

⑥差压式液位计计算数据表;

⑦综合材料表;

⑧电气设备材料表;

⑨电缆表;

⑩管缆表;

⑪测量管路表;

⑫绝热伴热表;

⑬铭牌注字表;

⑭信号及联锁原理图;

⑮半模拟盘信号原理图;

⑯控制室仪表盘正面布置总图;

⑰仪表盘正面布置图;

⑱架装仪表布置图;

⑲报警器灯屏布置图;

⑳半模拟盘正面布置图;

㉑继电器箱正面布置图;

㉒总供电箱接线图;

㉓分供电箱接线图;

㉔仪表回路接线图;

㉕仪表回路接管图;

㉖报警器回路接线图;

㉗仪表盘端子图;

㉘仪表盘穿板接头图;

㉙半模拟盘端子图(或背面电气接线图);

㉚继电器箱端子图(或电气接线图);

㉛接线箱接线图;

㉜空气分配器接管图;

㉝仪表供气空视图;

㉞伴热保温供汽空视图;

㉟接地系统图;

㊱控制室电缆、管缆平面敷设图;

㊲电缆、管缆平面敷设图;

㊳(带位号)仪表安装图(包括挠性管连接图);

㊴非标准部件安装制造图;

㊵管道及仪表流程图。

2)采用计算机控制(或 DCS 控制)的施工图设计文件

①设计文件目录；　　　　　　　⑧控制室电缆布置图；

②DCS 技术规格书；　　　　　　⑨仪表接地系统图；

③DCS-I/O 表；　　　　　　　　⑩DCS 监控数据表；

④联锁系统逻辑图；　　　　　　⑪DCS 系统配置图；

⑤仪表回路图；　　　　　　　　⑫端子(安全栅)柜布置图；

⑥控制室布置图；　　　　　　　⑬机房设计。

⑦端子配线图；

3)若承担 DCS 组态工作时,应完成的设计文件

①工艺流程显示图；　　　　　　⑤DCS 生产报表；

②DCS 操作组分配表；　　　　　⑥软件设计说明书；

③DCS 趋势组分配表；　　　　　⑦系统操作手册；

④网络组态数据文件；　　　　　⑧其他必需文件。

15.3.2　采用常规仪表控制的施工图设计内容的深度说明

(1)自控图纸目录

本目录应包括工程设计图、复用图及标准图,当不采用带位号的安装图时,仪表安装图列入标准图类。

(2)说明书

说明书内容应包括对初步设计的重大修改、审批文件号(必要时可摘要叙述初步设计中重要方案及有关内容);主要设计标准、规范;施工安装要求、推荐安装规程;仪表防爆、防腐、防冻等保护措施;采购和成套说明、风险说明以及设计人员认为需特殊说明的其他问题。

(3)自控设备表

自控设备表是用来反映设计中所选用仪表设备的类型、规格、数量、安装地等详细内容的表格,它是提供投资概算、设备订货等的依据。

所有控制系统(包括就地控制系统)及传送至控制室进行集中检测的仪表(不包括温度)均填表,并按信号流向依次填写。

集中检测的温度仪表、就地检测仪表、仪表盘(箱)、半模拟盘、操纵台、保温(保护)箱、报警器及控制室气源总管用的大型空气过滤器、减压阀、安全阀等均应填表,并按温度仪表、压力仪表、流量仪表、液位仪表、成分分析仪表、其他仪表、辅助装置、仪表盘(箱)的顺序填写。每个检测点先填显示仪表,后填检测元件和变送器等。

调节阀和节流装置的规格、附件和工艺参数在自控设备表中可不列出。

(4)节流装置数据表

节流装置数据表应填写用途、额定工作压力、取压方式、孔径比或圆缺高度、法兰规格、检测元件材料、最大流量、正常流量、最小流量、介质密度等数据。

(5)调节阀数据表

调节阀数据表应填写阀门类型、公称通径、阀座直径、导向、阀各部分材料、泄漏等级、流量特性、各种压力、温度参数、执行机构、定位器、转换器参数等有关数据。

（6）**差压式液位计计算数据表**

差压式液位计计算数据表填写差压测量范围、被测介质密度、法兰间距、液位范围、迁移量等有关数据。

（7）**综合材料表**

综合材料表统计仪表盘成套订货以外的仪表、装置所需要的管路及安装用材料。如测量管路、气动管路、气源管路等所用的管材、阀门、管件；仪表及仪表盘（箱）等固定用的型钢、板材；导线管、汇线桥架等。

（8）**电气设备材料表**

本表用来统计非仪表盘成套的电气设备材料，包括供电箱、接线箱、电气软管、防爆密封接头、电缆、电线等。

（9）**电缆表**

本表是用来表明各电缆（包括信号线和电源线）的连接关系。在表中应标明电缆编号、型号、规格、长度及保护管规格、长度。此表也可用电缆、电线外部连接系统图和接线箱接线图取代。

（10）**管缆表**

本表是用来表明各气动管缆的连接关系。在表中应标明管缆的编号、型号、规格、长度等。此表也可用气动管路外部连接系统图或接管箱接管图取代。

（11）**测量管路表**

本表表明各测量管路的起点、终点、规格、材料和长度。

（12）**绝热伴热表**

当仪表或管路需要绝热伴热时，必须采用本表来表示其绝热伴热方式、保温箱型号、被测介质名称、温度及安装图等。

（13）**铭牌注字表**

本表列出各盘装仪表及电气设备的铭牌注字内容。

（14）**信号及联锁原理图**

①信号及联锁原理图应注明所有电气设备、元件及其触点的编号和原理图接点号，并列表说明各信号（联锁）回路的工艺要求和作用，注明联锁时的工艺参数。

②当有几套信号（或联锁）系统具有相同原理时，可以只绘出一套系统的原理图，但要在附注中加以说明。

③信号和联锁系统中信号（或联锁）个数较少时，几套系统的原理图应全部绘出。

④一般情况下，继电器动作说明可以不写，特殊的或较复杂的应加以说明。

⑤在用可编程控制器构成信号和联锁系统时，应明确地提出程序的条件，其方法可采用文字说明、程序框图和流程表等。

（15）**半模拟盘信号原理图**

本图表明半模拟盘信号灯回路的动作原理，绘制时可参考信号及联锁原理图。

（16）**控制室仪表盘正面布置总图**

本图表明在一个控制室中所有盘装仪表在若干块仪表盘上的正面排列，其绘制比例为1：10。在此图中不标注仪表、电气设备的型号，不绘制铭牌框，设备表只列仪表盘、半模拟盘，只标注主要的尺寸。一般还应绘出仪表盘等在控制室的平面位置图，并注明仪表盘组装时的安装角度和控制室的平面尺寸。对于大型控制室,也可单独绘制其平面布置图。

(17) **仪表盘正面布置图**

①本图绘制比例一般为 1∶10 ,当采用高密度排列的 Ⅲ 型表时,绘制比例也可用 1∶5 。每块仪表盘绘一张 2 号图。图中应绘出盘上安装的全部仪表,电气设备及其铭牌框,标注出定位尺寸,一般尺寸线应在盘外标注,横向尺寸线从盘的左边向右边或中心线向两边标注,纵向尺寸线应自上而下标注,并按照自上而下、从左到右的顺序编制设备表,其编写的深度应能满足订货要求。

②图中应标注出仪表盘号(型号)、仪表位号(型号)及电气设备的编号,当仪表型号过长,标注有困难时,可酌情将型号简化。

③进口或试制的特殊仪表,必须绘制仪表盘开孔图。

④仪表盘需装饰边时,应在图上绘出。

⑤仪表盘颜色应注明其颜色的色号,特殊要求时,应附色版。

⑥线条表示方法:仪表、仪表盘、电气设备用粗实线,尺寸线用细实线。

(18) **架装仪表布置图**

架装仪表布置图绘制比例一般为 1∶10 ,每面框架绘一张 2 号图。图中应绘出在框架式仪表盘的框架上,或通道式仪表盘的后框架上,或仪表盘背面安装的全部架装仪表及供电箱、电源箱、继电器箱等,标注出其在框架上的安装高度,并按照自上而下、从左到右的顺序编制设备表。

(19) **报警器灯屏布置图**

报警器灯屏布置图要注明报警器位号、灯屏规格、发讯器的位号、所在仪表盘盘号、灯位、灯颜色及铭牌注字内容等。

(20) **半模拟盘正面布置图**

①半模拟盘正面布置图按不小于 1∶5 的比例进行绘制,图中应绘出主要工艺设备、管道、全部控制系统及主要测量点。相同的工艺系统有几套时,在半模拟盘上可只表示一套,但设备运行指示灯要全部绘出,必要时要绘出主要工艺参数越限报警信号灯和主要执行器的位置指示灯。

②半模拟盘上检测点位置应尽量与仪表盘上有关的仪表相对应。

③应说明半模拟盘的造型和结构,并绘出半模拟盘实际制作的图形、符号和尺寸。

④每块半模拟盘均应标注盘号和型号,首尾盘需装饰边时应绘出。

⑤半模拟盘上图形和线条的着色按国家标准或制造厂的色标编号填写在设备和管线上,或列表加以说明。

⑥应列出设备材料表。

(21) **继电器箱正面布置图**

①继电器箱正面布置图应按一定的比例绘出继电器箱正视安装的所有电气设备、元件的最大外形,并标注出必要的安装尺寸。

②继电器箱可选用定型产品,对于有特殊要求的非定型产品,应绘制继电器箱的制造图。

③对箱内设有安装隔板的,按正面图深度绘制。

④列出设备材料表。

⑤必要时说明与本图有关的图纸和资料。

⑥非定型的供电箱正面布置图可参考本图进行绘制。

（22）总供电箱接线图

总供电箱接线图用来表示设在控制室中总供电箱的接线情况,此图与分供电箱接线图联用,代替供电系统图,其内容应为:

①电源来源及电压等级,并注明来自电气专业的电缆号、柜(盘)号、电缆规格和接线编号。

②供电回路分配情况:包括供电对象的位号、型号、需要的容量和熔断丝的容量;供电电缆的编号、型号、规格和引向。

③列出设备材料表,非标准供电箱需列出箱内电气设备和配线的型号、规格和数量。

（23）分供电箱接线图

分供电箱接线图内容包括:

①电源情况:电源电压等级、电缆编号、规格、接线编号及引向。

②供电回路分配情况:供电对象的位号、型号、需要的容量和熔断丝的容量;电线的型号、规格和引向。

③当分供电箱安装在现场时,电缆和保护管应列入电缆表,没有电缆表时,则在本图中列出并统计材料。

④列出设备材料表。

（24）仪表回路接线图

仪表回路接线图表明电动控制或测量回路中所有仪表之间的连接关系。应标注接线箱及仪表盘(架)相应连接端子的编号、所在盘(架)号、供电回路号等,并应编制仪表回路接线图目录。

目前,仪表回路接线图已有一些标准图册,设计时可根据具体情况参考选用。

（25）仪表回路接管图

仪表回路接管图表明气动控制或测量回路中所有仪表之间的连接关系。应标注接管箱及仪表盘(架)相应穿板接头编号、所在盘(架)号、(空气分配器)供气点号,并应编制仪表回路接管图目录。

仪表回路接管图也有一些标准图册,设计时可根据具体情况参考选用。

（26）报警器回路接线图

报警器回路接线图表明报警器与外部报警接点、消音和试灯按钮、供电回路、仪表盘端子之间的连接关系。

（27）仪表盘端子图

仪表盘端子图表明盘(架)信号和接地端子排进、出线之间的连接关系。图中应注明连接仪表或电气设备的位号、去向端子号、电缆(线)的编号,并编制设备材料表(包括报警器的电铃等)。

（28）仪表盘穿板接头图

仪表盘穿板接头图表明盘(架)穿板接头进、出气动信号管路的连接关系。图中应注明连接仪表的位号、接头号、管缆编号、去向,并编制设备材料表。

（29）半模拟盘端子图

半模拟盘端子图的绘制要求与仪表盘端子图相同。

（30）**继电器箱端子图**

继电器箱端子图的绘制要求与仪表盘端子图相同。

（31）**接线箱接线图**

接线箱接线图表明接线图进、出线之间的连接关系。图中应注明所连现场仪表的位号、端子号、支电缆规格、型号，主电缆的去向、端子号、电缆编号，并编制设备材料表。

设计中采用"电缆、电线外部连接系统图"代替"电缆表"时，应标注支电缆长度、保护管规格和长度。

（32）**空气分配器接管图**

①空气分配器接管图表明空气分配器与用气仪表之间的气源管路连接关系。其内容包括：空气分配器型号、安装位置、供气仪表的位号、供气管的名称、规格、长度等，并编制设备材料表。

②盘装仪表的供气也用此图表示。若不采用定型的空气分配器时，所需管路、阀门等均应统计在设备材料表中。

（33）**仪表供气空视图**

①当仪表供气总管和支干管均由自控专业设计时，需绘制仪表供气空视图，而气源的分配采用空气分配器时，只需画至空气分配器。

②本图应按比例以立体图的形式绘制，内容应包括：建筑物与构筑物的柱轴线、编号、尺寸，所有供气管路的规格、长度、总（干）管的标高、坡度要求，气源来源，供气对象的位号（或编号），以及供气管路上的切断阀、排放阀等，并应编制材料表，至各供气仪表的气源阀视具体情况，可统计在本图、空气分配器接管图或仪表安装图中均可。

③若工艺装置为多层布置时，允许层高不按比例绘制，以求图面清晰。

（34）**伴热保温供汽空视图**

伴热保温供汽空视图绘制原则与仪表供气空视图的绘制原则相同。

（35）**接地系统图**

接地系统图要求绘出控制室仪表工作接地和保护接地系统，图中应注明接地分干线的规格和长度，并编制材料表。如公用连接板、接地总干线和接地极由电气专业设计时，应用虚拟线表示并注明。

（36）**控制室电缆、管缆平面敷设图**

①按比例绘出仪表盘、操纵台、供电箱、继电器箱、供气装置等的平面位置，并标注有关尺寸。

②绘出进控制室及室内盘与箱之间的电缆、管缆、供气管线等敷设图，并标注出编号。

③当有必要说明盘背面安装的仪表、电气设备、元件的位置以及管路在盘（或框架）上敷设的情况时，应绘出必要的剖视图。

④外部电缆、管缆进控制室穿墙（或楼板）的密封方式，应加以说明或绘制有关图纸。

⑤列出设备材料表。

（37）**电缆、管缆平面敷设图**

①按比例绘出工艺设备的平面位置（只画主要设备，次要的、无检测点的设备可以不画），标出设备位号，绘出与自控专业有关的建筑物，并标出墙、柱坐标号和有关尺寸。

②绘出与控制室有关的变送器、执行器、接线（管）箱、现场供电箱、空气分配器等的位置，

标出位号(或编号)及标高。在工艺管道上安装的检测元件或检测取源点、执行器等,还应标出所在工艺管道的管段号。

③电缆、管缆分别画至接线(管)箱。箱到检测点或取源部件一般不画连线,由施工单位酌情敷设,但必要时由检测元件或检测点不经接线(管)箱直接引到控制室,则应将电缆(线)、管缆(路)画至仪表检测点处。

④绘出管、线、缆集中敷设的汇线桥架,并标出标高和平面坐标尺寸、支架位置、编号、汇线架上敷设的电缆、管缆的编号、走向,必要时应绘出局部详图。

⑤列表注明所选用的汇线桥架、支架等的型号、规格、数量。在特殊情况下,应画出管架图,地下敷设的管、线、缆应绘出敷设方式和说明保护措施。

⑥当工艺装置为多层布置时,要相应地画出几个平面图。如有的平面上检测点和仪表较少或较集中时,可只绘出局部图,也可用多层投影的方法画在一张图纸上。

⑦如果一个车间有几个工段或一个装置有几个工区时,要绘一张各工段(工区)与控制室之间的布置布线图,也可用电缆表和管缆表表示各工段(工区)之间的连接关系。

(38)(带位号的)仪表安装图

(带位号的)仪表安装图要标明各类仪表及执行机构等的安装方式。除材料表外,还应列出采用该图的仪表位号。

(39)非标准部件安装制造图

非标准部件安装制造图要按加工制造要求,绘制本工程设计项目所需要的非标准部件的制造图及安装图。

(40)管道和仪表流程图

管道和仪表流程图中的过程检测和控制系统的标注,要符合《过程检测和控制系统用图形符号和文字代号》(HG 20505-92)的规定。在图纸目录中列入复用图纸。

任选图纸的说明如下:

1)安装材料明细表

安装材料明细表应统计所有测量、控制回路及保温系统的安装材料(包括管件、阀门和M12以上的紧固件等)。

2)仪表盘背面电气接线图

①按不同的接线面绘出盘和框架上安装的全部仪表、电气设备、元件,可不按比例、不注尺寸,但相对位置应与正面图相符。在框架上安装的接线端子板等,可不按接线面绘制,但要用文字注明其安装位置。

②仪表盘背面所有仪表、电气设备等均需标注位号、型号或编号。中间编号均标注在仪表等图形符号外的圆圈内。

③如实绘制仪表、电气设备、元件的接线端子,并注明其实际编号,与本图无关的接线端子可不画。

④仪表盘、仪表、电气设备、元件用中粗实线绘制,电气接线用细实线,引出盘的电缆、电线采用粗实线。

⑤仪表盘背面配线图绘制方法有三种:直接连接法、相对呼应编号法、单元接线法。一般采用相对呼应编号法,编号以不超过8位为宜。当超过8位时,可采用加中间编号的方法;仪表盘引入、引出的电缆(线)应注编号,并注明去向。盘与盘之间的连线一般应经过端子板

转接。

⑥仪表盘上仪表的接地,应设置单独的接地端子板或汇流排。

⑦编制仪表盘背面设备材料表。

3)仪表盘背面气动管路连接图

①按不同的连接面绘出仪表盘和框架上安装的全部气动仪表。可以不按比例、不标注尺寸,但相对位置应与正面图相符。

②仪表盘背面所有的气动仪表均需标注位号、型号。

③如实绘制气动仪表的气接头,并注明气接头的字母代号。

④仪表间的管路用细实线表示,连接方式可根据实际情况采用直接连线法或相对呼应编号法。

⑤气动仪表之间的气动管路如需跨盘,一般应经过穿板接头。

⑥列出盘后设备材料表。

4)仪表供气系统图

仪表供气系统图是用系统图的方式表达仪表供气空视图的内容。

5)伴热保温供汽系统图

伴热保温供汽系统图是用系统图的方式表达伴热保温供汽空视图的内容。

6)电缆、电线外部连接系统图

①绘出所有电缆(线)连接的仪表盘、接线箱、供电箱、现场仪表等,注明其编号或位号,并绘出它们之间的连接电缆(线)的编号、型号、规格、长度以及保护管的规格与长度。

②编制材料表。

7)气动管路外部连接系统图

①按系统绘出有气动管路连接的仪表盘、接管箱、变送器、调节阀等,并标出编号或位号。

②用粗实线(粗实线表示气动管路)把有关部分连接起来,并注出管路(缆)的编号、规格、长度。

③编制材料表。

8)接管箱接管图

接管箱接管图表明接管箱进、出气动信号管路间的连接关系。图中应注明所连现场仪表的位号、支管缆规格、主管缆去向、穿板接头号、管缆编号、规格,并编制设备材料表。

15.3.3　采用 DCS 控制的施工图设计内容的深度说明

(1)设计文件目录

设计文件目录应列出采用 DCS 的工程设计项目的全部图表的名称、文件号、图幅、张数等。

(2)DCS 技术规格书

DCS 技术规格书应包括工程项目简介、厂商责任、系统规模、功能、硬件、性能要求、质量、文件交付、技术服务与培训、质量保证、检验及验收、备品备件与消耗品以及计划进度等。

(3)DCS I/O 表

DCS I/O 表应包括 DCS 监视、控制的仪表位号、名称,输入、输出信号及地址分配,是否提供输入、输出安全栅和电源。

（4）联锁系统逻辑图

联锁系统逻辑图应采用逻辑符号表示出联锁系统的逻辑关系,包括输入、逻辑功能和输出三个部分,必要时附简要说明。

（5）仪表回路图

仪表回路图是采用仪表回路图的图形符号,表示一个检测或控制回路的构成,并标注该回路的全部仪表设备及其端子号和接线。对于复杂的检测、控制系统,必要时另附原理图或系统图、运算式、动作原理等加以说明。

（6）控制室布置图

控制室布置图要表示出控制室内的所有仪表设备的安装位置,如仪表盘、操作台、继电器箱、总供电盘、DCS 操作站、DCS 控制站、端子柜、安全栅柜、辅助盘和不停电电源 UPS 等。

（7）端子配线图

端子配线图要表示出仪表盘、操作台、继电器箱、端子柜、安全栅柜和供电箱等的输入与输出端子的配线。

（8）控制室电缆布置图

控制室电缆布置图要表示出控制室内电缆及桥架安装位置、标高和尺寸;进控制室的桥架安装固定、密封结构、安装倾斜度以及电缆排列和编号等。

（9）仪表接地系统图

仪表接地系统图要表示控制室和现场仪表设备的接地系统,包括接地点位置、接地电缆的敷设以及规格、数量和接地电阻值要求等。

（10）DCS 监控数据表

DCS 监控数据表应标出检测控制回路仪表位号、用途、测量范围、控制与报警设定值、控制正(反)作用与参数、输入信号、阀正(反)作用以及其他要求等。

（11）DCS 系统配置图

DCS 系统配置图要用图形和文字表示由操作站、控制站、通信总线等组成的 DCS 系统结构,并附输入、输出信号的种类和数量以及其他硬件配置等。

（12）端子(安全栅)柜布置图

端子(安全栅)柜布置图应标示出接线端子排(安全栅)在端子(安全栅)柜中的正面布置。标注相对位置尺寸、安全栅的位号、端子排的编号,并列出设备材料表,标出柜的外形尺寸与颜色。

（13）机房设计

机房设计要根据系统性能规范中关于环境的要求,由自控、电气和土建等部门设计人员共同完成。其主要设计内容有:设备平面布置图、机房办公室与维修室等房间的布局、电缆的敷设方式及屏蔽设计、环境(温度、湿度、洁净度、照明等)设计、地板结构设计,对 UPS 的容量、后备方式及备用时间提出要求。此外,还要考虑机房的防火与防鼠等问题。

DCS 组态文件内容深度要求如下:

1）工艺流程显示图

工艺流程显示图要采用过程显示图形符号,按装置单元绘制带有主要设备和管路的流程图,包括检测控制系统的仪表位号和图形符号、设备和管路的图形符号、进出物料名称、设备位号、动设备和控制阀的运行状态显示等。

2）DCS 操作组分配表

DCS 操作组分配表要包括操作组号、操作组标题、流程图画面页号、显示的仪表位号和说明。

3）DCS 趋势组分配表

DCS 趋势组分配表应包括趋势组号、趋势组标题、显示的仪表位号和颜色。

4）网络组态数据文件

网络组态数据文件应包括操作站、工程师站、过程站的站号、有关设备和输入、输出卡件号。

5）DCS 生产报表

DCS 生产报表应包括采样时间、周期、地点、操作数据、原料消耗和成本核算等。

6）软件设计说明书

软件设计说明书中应详细说明软件的组成和功能,包括数据处理、显示功能(数据处理、显示的规范和显示、报警、打印等状态的定义方式);动态流程显示功能,操作功能、定义方式和修改规范;系统对工艺参数的处理,如累积、上下限、线性化、开方、报警、计算等的定义方式和实现方法;控制规律、正反作用和控制策略的实现;系统所提供的逻辑运算及生产过程中的逻辑量、逻辑运算及运算式的实现等。

7）系统操作手册

系统操作手册主要介绍整个系统的控制原理及结构、控制系统的操作、参数整定和故障时的处理方法;工艺操作台的控制命令一览表和操作方式;显示器画面的规格、类型和调出方法;打印制表的分类、内容、定时设置以及请求打印的请求方式;系统的维护等。

8）其他

在进行计算机控制(或 DCS)系统设计时,可根据具体情况和厂商提供的资料对上述的设计文件进行增、删。

15.4 控制方案及工艺控制流程图的设计

15.4.1 控制方案的设计

控制方案的设计是控制系统工程设计中首要和关键的问题,控制方案设计是否正确、合理将直接关系到设计的成败,控制方案设计定位水平将影响到系统的自动化水平,因此,在工程设计中,必须高度重视控制方案的设计。

(1)控制方案设计涉及的主要内容
①确定合理的控制目标;
②正确地选择所需的检测点及其检测仪表的安装位置;
③正确地选择必要的被控量和恰当的操纵量;
④合理地设计控制系统;
⑤选择合理的控制算法;
⑥选择合理的执行器及其安装位置;

⑦设计生产安全保护系统,包括声、光信号报警系统、联锁系统及其他保护性系统。

(2)控制系统结构的设计

控制系统结构没有一个固定的模式,但其结构的设计是否合理却直接关系到所设计的系统的质量、水平及成败。控制系统的结构主要有以下三种:

1)开环控制系统

开环控制系统是目前最简单常用的控制系统。从信号流向来看是单向的,基本上没有反馈。这种控制系统一般只适用于较简单的工艺装置,特别是一些较成熟的工艺流程,用少量功能的、简单的仪表和控制装置就能满足工艺正常的生产要求。这种系统的精度取决于校准的精度,对于扰动却无能为力。

2)闭环控制系统

对于流程长,工艺复杂,操作要求严格,要求安全防爆,节省投资,减少能耗,不发生或少发生环境污染,并能获取更高的经济效益的生产装置,采用开环控制系统是无法满足要求的。如果能够把输出量反馈到输入端,并与输入量进行比较,利用比较后的偏差信号,经控制器对对象进行控制(即所谓闭环控制系统结构)就会取得很好的效果。在工程设计中应尽量地采用闭环控制系统。

3)复合控制系统

在有些系统中,将开环和闭环控制系统结合在一起,构成开环-闭环控制系统,这种系统统称为复合控制系统,它能够取得很好的控制效果。

(3)控制方案设计中应重视的几个问题

为了使控制方案设计得准确、合理,设计人员应重视以下几个方面:

1)重视对生产过程的深入了解

由于过程控制系统是为生产服务的,控制系统的设计与工艺流程设计、工艺设备的设计、设备的选型等都有密切的关系,因此,在进行过程控制系统设计之前,设计人员必须熟悉工艺流程、操作条件、工艺数据、设备性能和产品质量指标等;认真总结生产操作经验,深入研究生产过程的内在机理,掌握设计对象的静态特性和动态特性;然后应用控制理论、过程控制的知识和工程经验,结合工艺情况制定合理的控制方案。

2)树立系统控制的观念

生产过程中工艺流程线上的各个设备、各个环节都同前后的设备与环节紧密相连;控制系统的设计和布局将涉及整个流程、众多的被控变量和操纵变量,因此,在制定控制方案时,必须树立系统、整体的观念,从系统的角度去考虑如何保证产品质量、提高产量、节能和稳定操作,综合考虑各个工序、设备、环节之间的联系和相互影响,从而合理地设计各个环节的控制系统,使之相互配合、协调工作。

3)处理好系统的可靠性与先进性的关系

可靠性是控制系统设计成败的关键,而先进性则是衡量其设计水平的一个重要指标。随着计算机技术的发展,一些先进的控制算法,如预测、自适应、最优、智能控制等技术也都可借助于计算机的灵活、丰富的功能,较为容易地在过程控制中实现。因此,在设计控制方案时,必须处理好可靠性与先进性之间的关系。

4)处理好实用性与复杂性的关系

控制系统是为生产过程服务的,因此,满足生产过程的需求将是控制系统设计的出发点。

实用的控制系统并不一定复杂,而复杂的控制系统并不一定实用,加之系统越复杂,其可靠性从某种意义上将降低。因此,在设计中应该正确地处理好系统的实用性与复杂性的关系。

5)处理好技术性与经济性的关系

系统的设计除了要在技术上可靠、先进和实用外,还必须考虑到经济上的合理性。因此,在设计过程中应在深入实际、调查研究的基础上,进行方案的技术性和经济性的比较。自控水平的提高将会增加仪表等软、硬件的投资,但可能从改变操作、节省设备投资、提高产品产量和质量、节省能源等方面得到补偿。因此,在进行方案设计时,应从工程实际出发,对于不同规模和类型的工程,作出相应的选择,使技术和经济得到辩证的统一。

15.4.2   工艺控制流程图的设计

在被控对象控制方案确定后,运用国家规定的《过程检测与控制系统用文字代号与图形符号》中的图例符号,在工艺流程图上按其流程顺序标注检测点、控制点和控制系统,并绘制工艺控制流程图。

在工艺流程图上标注检测点、控制点和控制系统时,按照各设备上检测点和控制点的密度,布局上可作适当的调整,以免图面上出现疏密不均的情况。通常,设备进出口的检测点和控制点应尽可能地标注在进出口附近。有时为顾全图面的质量,可适当地移动某些检测点和控制点的位置。控制系统可自由处理。对管网系统的测控点最好都标注在最上的一根管子的上面。

图 15.1 和图 15.2 所示为工艺仪表流程图的示例图。

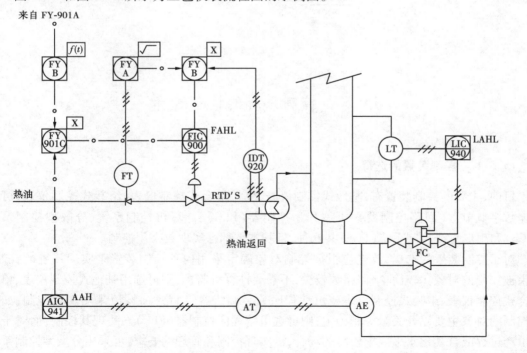

图 15.1   工艺仪表流程图示例一

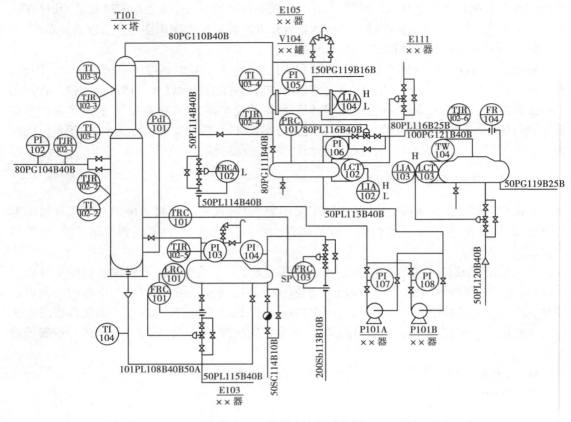

图 15.2   工艺仪表流程图示例二

15.5   控制系统的设备选择

15.5.1   控制装置的选择

目前,主要的控制装置有:基地式控制仪表、单元组合式控制仪表、组装式控制仪表、可编程序数字调节器(回路控制器)、可编程序控制器(PLC)、计算机控制系统、分散型控制系统(DCS)和现场总线控制系统(FCS)共八种,且基本上都已实现数字化控制。

对于控制装置的选择,首先应根据控制对象确定采用何种控制装置来实现系统的控制。如果被控制的对象比较简单,回路数较少,不需要计算机监控,则可选用基地式控制仪表、单元组合式控制仪表、组装式控制仪表或可编程序数字调节器(回路控制器)来实现其控制;如果被控制的对象主要以开关量控制为主,则可选可编程序控制器(PLC)来实现其控制;而对于大型生产过程或自动化水平要求较高的场合,需实现控制和管理的要求,可采用分散型控制系统(DCS)。现场总线控制系统(FCS)是一种新型的控制系统,不仅具有分散型控制系统(DCS)的功能,而且其信号传输实现了数字化,这使整个控制系统的硬件投资减少,系统的可维护、互操作性、开放性等都比以往的系统有了很大的提高。其缺点是:目前可供选择的现场总线的产品还并不丰富。

常规仪表的选用应倾向于数字化、智能化的仪表。目前,气动控制仪表已很少使用,少数有爆炸危险的现场控制,尚有选用气动控制仪表的。

常规控制仪表的选择没有严格的规定,一般应考虑以下几个因素:

(1)价格因素

通常数字式仪表比模拟仪表价格高,新型仪表比老型仪表价格高,引进或合资生产的仪表比国产仪表价格高,电动仪表比气动仪表价格高。因此,选型时要考虑投资的情况、仪表的性能/价格比。

(2)管理的需要

从管理上考虑,首先应尽可能地使全厂的仪表选型一致,这有利于仪表的维护管理。此外,对于大中型企业,为实现现代化的管理,控制仪表应选择带有通信功能的,以便实现连网。

(3)工艺的要求

控制仪表应选择能满足工艺对生产过程的监测、控制和安全保护等方面的要求。对于检测元件(或执行器)处在有爆炸危险的场合时,必须考虑安全栅的使用。

随着计算机网络技术的不断发展,生产现场的数据信息不仅用于过程控制,还用于生产管理、企业决策等,因此,在进行控制装置选择时,应对其网络功能予以重视,从而实现从单一的生产过程到整个企业的各个生产过程统一控制与管理,为企业与外部世界信息共享奠定基础。

15.5.2　检测仪表的选择

检测仪表的选择一般应考虑如下因素:

1)被测对象及环境因素

被测对象的温度、压力、流量、黏度、腐蚀性、毒性、脉动等因素以及仪表使用环境(如防火、防爆、防震等)是决定仪表选型的主要条件,它关系到仪表选用的合理性和仪表的使用寿命等。

2)检测仪表的功能

各检测点的参数在操作上的要求是仪表的指示、记录、积算、报警、控制、遥控等功能选择的依据。一般对工艺过程影响不大但需经常监视的变量,可选指示型仪表;对需要经常了解其变化趋势的重要变量,应选记录型仪表;对工艺过程影响较大的、需随时进行监控的变量,应选控制型仪表;对关系到物料平衡和动力消耗而要求计量或经济核算的变量,宜选具有积算功能的仪表;对变化范围较大且必须操作的变量,宜选手动遥控型仪表;对可能影响生产或安全的变量,宜选报警型仪表。

控制型仪表的远传信号传输方式应与控制系统信号输入方式相匹配。

3)仪表精度及量程

仪表的精确度应按工艺过程的要求和变量的重要程度合理选择。一般指示仪表的精确度不应低于 1.5 级,记录仪表的精确度不应低于 1.0 级,就地安装的仪表精度可略低些。构成控制回路的各种仪表的精确度要相配,必要时应按误差分配与综合原则核算精确度。

仪表的量程应按正常生产条件选取。有时还要考虑到开停车、生产事故时变量变动的范围。

4）经济性和统一性

仪表的选型一定程度上也取决于投资，一般应在满足工艺和自控的要求前提下，进行必要的经济核算，取得适宜的性能/价格比。

为了便于仪表的维修和管理，在选型时应考虑到仪表的统一性。尽量地选用同一系列、同一规格型号及同一生产厂家的产品。

5）仪表的可靠性和供应情况

所选用的仪表应是较为成熟的，并经现场使用证明性能可靠的产品；同时，要注意到选用的仪表应当是货源及备品、备件供应充裕，短期内不会淘汰或停产的产品。

15.5.3　显示调节仪表的选型

1）显示仪表的选型

①在控制室仪表盘上安装的仪表，宜选用矩形表面的仪表；需要密集安装时，宜选用小型仪表；需要显示醒目时，宜选用大、中型仪表。

②指示、记录仪的量程，一般按正常生产条件选取，需要时还应考虑到开、停车和生产事故状态下预计的变动范围。

③需要快速显示，示值精度高，读数直接而方便，要求在测量范围内量程可任意压缩、迁移，或要求对输入信号作线性处理等变换，或要求对变量进行显示的同时兼作变送输出等，均可选用数字显示仪表。要求复杂数学运算的，应选用带微处理器的智能型仪表。

④工艺过程中需要记录时，宜选用单笔或双笔记录仪；相关的多个变量需记录时，可采用多通道（笔式或无笔式）记录仪；在多个变量中，需要随时选择其中几个进行记录时，可采用选点切换器与记录仪配合，作选点记录。在记录纸上能明显区分的，可采用打点式记录，不能明显区分的，宜采用数字式记录。

⑤两个或多个变量的记录仪，可根据被测变量的类别和量程分别选取单一刻度、双重或多重刻度记录纸及标尺。

⑥为了醒目、形象化，指示仪、记录仪可选用带附设色带或光柱显示。特别是对于物位显示，采用色带或光柱显示较好。

⑦为了提高分辨率和减小读数误差，可分别选用带量程切换装置的显示仪表和带量程设定的显示仪表。

⑧记录间歇性生产过程的变量，可选用带自动变速和自动开、停装置的记录仪表，以节省记录纸。

⑨要求对一个或多个变量作高速、精确记录时，可选用带微处理器的记录仪。当需要变速、变量程、调节、报警、制表打印等多种附加功能时，宜选用带微处理器的可编程序（模拟/数字）混合型记录仪。

⑩采用选点方式作多点显示的仪表，其切换装置的切换点数宜留有备用量。

⑪报警及巡回检测仪表的选型：指示仪表及记录仪表可根据需要选用带有报警功能的仪表；多点切换的指示、记录仪表，需要增设报警功能时，对多机组设定值相同的变量可采用多点同定值越限报警；对设定值不同的变量，可采用多点各定值越限报警；对多个重要变量的报警，宜将报警触点信号引入多点闪光报警仪表作声光报警，并根据需要选取带首出（第一事故）、重闪、回铃、继电器触点输出等各种附加功能；对工艺过程影响不大、变化缓慢，但仍需要及时

了解其变化的多个变量,宜设自动巡回检测仪表,还需要报警的可选用巡回检测报警仪表;巡回检测多点报警系统,宜留有适当备用点数。

2) 调节仪表的选型

在工业自动控制中,调节仪表的选型应根据被控对象的特性和工艺对控制质量的要求来确定:

①调节仪表一般可选用电动或气动单元组合式仪表、组装式仪表、基地式仪表等模拟式仪表,但也可根据实际情况选用带微处理器的智能型仪表或一般的数字显示式调节仪表。对于大、中型企业和有条件的小型工厂,可采用集散控制系统(DCS)和可编程序控制系统(PLC)及现场总线控制系统(FCS)。

②当生产过程不易稳定或经常开、停车时,对于模拟仪表,宜选用全刻度指示调节器,不宜选用偏差指示调节器;对于数字式仪表,宜选用带有光带指示的调节器。

③调节器的控制规律的确定应考虑到对象特性、检测元件、变送器、调节仪表、执行器等系统中各环节的特性,以及干扰形式及系统要求的控制品质等因素。

④在简单控制系统中调节器的选用:对于调节器的控制规律,一般可参照表 15.2 进行选择。当调节器用于联锁和自动开、停车时,或允许执行器全开、全关以及系统调节器要求不高的简单系统,可选用二位、三位或四位等位式调节器。若要求适当改善控制品质时,应该选用具有时间比例、位式比例积分或位式比例积分、微分控制规律的位式调节器。

⑤在复杂控制系统中调节器的选用:用于前馈、串级、间歇、非线性等复杂控制系统的调节仪表,一般宜选用智能型或电动单元组合式及组装式仪表中具有相应控制功能的调节仪表;对于负荷变化较大、非线性严重以及干扰较大的生产过程,手动整定调节器的参数较困难时,可选用带自适应功能或带 PID 参数自整定功能的调节器;对于纯滞后较大或非线性特别严重的被控对象,可采用智能控制器,如纯滞后补偿控制器、自适应控制器、神经网络控制器等,若适宜采样控制的系统,可采用断续控制器。

⑥对于多输入、多输出的复杂过程,使用多个 PID 控制环节进行多种复杂运算,并希望灵活改变控制状态的复杂控制系统,可选用可编程序调节器;对于输入、输出量较少,要求的 PID 调节环节较少,运算能力较小,经过适当设定能满足工艺控制要求的系统,可选用固定程序调节器。

⑦若需要按时间程序设定的单变量控制,可用气动时间程序定值器作设定;或用函数转换器和速率限制器配合进行设定;也可选带程序设定装置的其他调节仪表。

⑧与计算机配合使用的调节仪表的选用:在应用计算机进行直接数字控制(DDC)时,可选用后备调节器或 DDC 操作器配合使用;若进行设定点控制(SPC)时,可选用 SPC 调节器或 SPC 操作器配合使用。

⑨需要手动远距离改变控制系统设定值,或对执行器进行直接操作的场合,可选用手动操作器(或遥控器)。

⑩调节仪表附加功能的选用:在只允许单向偏差存在或间歇工作的调节器的场合,若使用具有积分控制规律的调节器,则必须选用具有防积分饱和功能的调节器;采用电动Ⅲ型等调节器时,为了便于维修和使系统正常运行,应备有能临时插入仪表盘取代正常工作的调节器功能的便携式操作器;根据工艺过程要求(如为了生产安全,对于某些调节阀有限制开度的要求等),对于调节器的输出信号需要限幅的控制系统,宜选用具有输出限幅功能的调节器。

表 15.2　常用控制规律选用

被控变量	控制规律
流量、管道压力	比例 + 快速积分
温度、分析	比例 + 积分 + 微分
压力	比例 + 积分
液位	比例或比例 + 积分

15.5.4　控制阀的选型

1）从工艺条件及使用环境考虑

①被控制流体的种类　分为液体、蒸汽或气体。对于液体通常要考虑黏度的修正,当液体黏度过高时,其雷诺数下降,改变了流体的流动状态,在计算控制阀流通能力时,必须考虑黏度校正系数。对于气体,应该考虑其可压缩性。对于蒸汽,要考虑饱和蒸汽或过热蒸汽。

②流体的温度、压力　根据工艺介质的最大工作压力来选定控制阀的公称压力时,必须对照工艺温度条件综合选择,因为公称压力是在一定基准温度下依据强度确定的,其允许最大工作压力必须低于公称压力。例如,对于碳钢阀门,当公称压力 $P_N = 1.6$ MPa,介质的温度在200 ℃时,最大耐压力为 1.6 MPa;当250 ℃时,最大压力变为 1.5 MPa;当400 ℃时,最大工作压力只有 0.7 MPa。

对于压力控制系统,还要考虑其阀前取压、阀后取压和阀前后压差,再进一步来选择阀的形式。

③流体的黏度、密度和腐蚀性　根据流体黏度、密度和腐蚀性来选择不同形式的阀,以便满足工艺的要求。对于高黏度、含纤维介质,常用 O 形和 V 形球阀;对于腐蚀性强的、易结晶的流体,常用阀体分离型的阀。

④最大流量和最小流量　根据流量方程式可知,流量大,流通能力也大,其阀门的口径也大,相应价格也高。选择的流通能力过大,使控制阀经常在小开度状态,严重时会冲刷阀芯;选择的流通能力过小,达不到工艺设计能力。因此,在决定最大流量时,主要决定于设计人员经验。一般情况下,取稳态的最大流量的 1.15 ~ 1.5 倍作为最大流量。

⑤安全方面的考虑　由于停电、仪表和阀门的故障及工艺操作异常的因素,需要紧急停车,为此,需要把阀门放到安全位置,即事故关阀或事故开阀。

⑥噪音水平　由于阀门元件的机械振动、阀的空化和闪蒸等因素引起噪音,通过计算确定阀的噪音水平是否低于《工业企业噪声卫生标准》的规定。

⑦两相流　出现两相流时,通常在计算控制阀的流通能力时,要分别计算每相的量,然后把所得的流通能力相加,最后得到总的流通能力。

⑧进出口管道尺寸　流体通过控制阀后,压力总是小于节流前压力,所以阀的直径总是小于管道直径(切断阀除外)。

2）控制阀选择原则

①选择控制阀体的结构形式(角形、双座、蝶阀等)

在满足使用要求的前提下,适合的控制阀可能有几种,应综合性/价比来考虑:

a. 使用寿命;

b. 结构简单,使用和维护方便,性能优良;

c. 产品价格合适。

②选择控制阀体的材料(铸钢、不锈钢或衬里)

选择材料时,主要考虑材料强度、硬度、耐腐蚀和耐高温、低温的特性。首先应满足安全可靠,还要考虑使用的性能、使用寿命和经济性。对于寒冷地区和蒸汽介质,尽量不用铸铁阀体。

③选择控制阀与工艺管道连接形式(螺纹、法兰、压力等级)

④选择控制阀阀芯(直线、等百分比、快开)及其材料(304、316、17-pH 或喷镀钨铬钴合金)

定量地选择阀芯的形式有很多困难。在设计中,通常按照国内外工程公司设计经验来确定。通常,对于液位控制系统,采用线性流量特性;对于温度、压力和流量控制系统,则采用等百分比特性;需要快速切断系统,则用盘形阀芯,即快开特性。

阀芯材料选择,根据需要来决定。

⑤流量动作(流开、流闭)

一般控制阀对流向的要求可分为三种情况:

a. 对流向没有要求,如球阀、普通蝶阀;

b. 规定了某一流向,一般不得改变,如三通阀、文丘里角阀、双密封带平衡孔的套筒阀;

c. 根据工艺条件,有流向的选择问题,这类阀主要为单向阀、单密封控制阀,如单座阀、角形阀、高压阀、无平衡孔的单密封套筒阀等。

具体选择如下:

a. 高压阀,DN≤20 时,选流闭型;DN>20,因稳定性问题,根据具体情况来决定;

b. 角形阀,对高黏度、悬浮液、含固体颗粒的介质,要求自洁性好,选流闭型;仅为角形时,可选流开型;

c. 单座阀,通常选流开型;

d. 小流量阀,通常选流开型,当冲刷严重时,可选流闭型;

e. 单密封套筒阀,通常选流开型;有自洁要求,可选流闭型;

f. 对于两位型控制阀,选用流闭型,当出现水冲、喘振时,应选流开型。

⑥所需执行器

从可靠性和防爆性考虑,通常选用气动执行器。当缺乏压缩空气时,可选用电动执行器。

⑦仪表空气有或无(如果无仪表空气采用电动执行器)

⑧填料材质(TFE、石棉、石墨)

⑨所需附件(定位器、手轮)

⑩仪表信号(0.02～0.1 MPa,4～20 mADC)

15.6 报警、联锁及停车系统

报警、联锁及停车系统是现代化工业生产设备的重要组成部分。由于现代工业的规模一般比较大,自动化程度高,工艺条件苛刻,所以,生产过程中潜在的危险也越来越大。为了保证工艺、设备和人身的安全,保障生产正常有序地进行,该系统的设计极为重要。

15.6.1 报警、联锁及停车系统设计基本原则

(1)独立的元器件及系统

报警、联锁及停车系统在现代工业生产过程中极为重要,因此,该系统应独立于过程控制系统,即能完成自动保护联锁的安全功能。另外,应配置必要的通信接口,使过程控制系统能够监视报警、联锁及停车系统的运行状态。一般要求独立设置部分有:

①检测元件;

②执行元件;

③逻辑运算器;

④报警、联锁和停车系统与过程控制系统之间或其他设备之间的通信;

⑤电源系统:报警、联锁和停车系统应由满足相应安全等级要求的电源单独供电。

复杂过程的报警、联锁和停车系统应合理地分解为若干子系统,各子系统最好相对独立。各子系统可以根据工艺操作的特点及生产安全的需要,分组设置硬手操。

(2)采用先进技术的原则

报警、联锁和停车系统可采用电气、电子或可编程电子(E/E/PE)技术,也可以采用由它们组合的混合技术方案。

1)继电器

信号报警、联锁系统既可采用有触点的继电器线路,也可采用无触点式晶体管电路。前者线路简单、价格低廉,后者逻辑功能强、灵活,可实现较复杂的逻辑功能。一般来说,信号报警系统既可采用有触点的继电器线路,也可采用无触点式晶体管电路。联锁及停车系统则宜采用有触点的继电器线路。

采用有触点的继电器构成报警、联锁和停车系统时应考虑下面的原则:

①确认继电器对安全应用是有效的;

②继电器有好的"故障缓行"的位置特性;

③放置继电器的环境是良好的(如完全密封);

④触点在线圈非励磁或故障时打开;

⑤线圈带重力脱扣或双弹簧;

⑥触点所用的材料是恰当的(如不能用干簧或水银触点),并满足相应的耐电压及电流的等级要求;

⑦装有限能负载电阻,以防止触点粘接闭合;

⑧提供触点感应负载干扰消除器;

⑨对于低能量负载(如 50 V 或更低;10 mA 或更低),要求采用特殊的触点材料或设计(如密封触点),消除触点氧化(如负载下降)引起操作的不可靠性的湿触点。当用这些特殊触点时,必须确定触点的故障模式,以确保构成安全的继电器系统。

2)固态继电器

固态继电器适用于高负荷的应用,选用时应恰当地处理好非故障安全模式。

3)可编程电子系统

可编程电子系统(PES,Programmable Electronic System)是指可编程序控制器、分散型控制

系统控制器或专用的独立微处理器。对下列情况报警、联锁及停车系统的设计可以优先选PES技术：

①有大量的输入、输出和许多模拟信号；

②逻辑复杂且包含有计算功能的逻辑；

③要求与过程控制系统进行通信；

④对不同的操作有不同的设定(跳车)点(例如,批量控制,配方选择)。

(3)采用冗余结构

联锁及停车系统的结构依据于工艺生产过程的要求。一般来讲,为保证其可靠性,在硬件与软件配置上可以考虑采用相应的冗余结构;但是,不能采用可靠性较低的元件构成冗余,这样不仅达不到提高可靠性的目的,反而会降低系统的可靠性。构成联锁及停车系统冗余结构的方法一般有：

①在知道参数间有一定的关系情况下,可以使用不同的测量方法(如压力和温度)；

②对同一变量采用不同的测量技术(如质量流量计和涡街流量计)；

③对冗余结构的每一个通道采用不同类型的可编程电子系统(PES)；

④采用不同的地址(如冗余通信介质的双路径)。

对存在共模故障(如仪表导压管的堵塞、腐蚀、电源故障等)的情况宜采用不同技术的冗余结构。

(4)故障安全型原则

报警、联锁和停车系统是故障安全型的,报警、联锁和停车系统的检测元件及最终执行元件在系统正常时应是励磁的,在系统不正常时应是非励磁的,即非励磁停车设计。故障安全型的安全联锁系统不宜采用齐纳式安全栅,宜采用隔离式安全栅或采用隔爆型现场元件及执行器。

(5)中间环节最少原则

报警、联锁和停车系统在满足安全生产的前提下,应当尽量地选择线路简单、元器件数量少、设计合理的方案,且中间环节应是最少的。

(6)满足环境要求

报警、联锁和停车系统安装在现场的检测元件、执行机构及信号指示等设备应当符合所在场所的防爆、防腐、防尘、防水、防震和抗电磁干扰的要求。

(7)布置与配线

报警信号灯宜设计并安装在仪表盘上部或模拟仪表盘上,以便于监视。音响器应安装在合适的地方。信号报警器及其附件均装在仪表盘面或单独的信号报警箱内。确认按钮、试验按钮、联锁转换开关、复位开关等宜装在仪表盘正面且便于操作的位置上。

15.6.2 信号报警、联锁及停车系统的实现

目前,常用的实施信号报警、联锁及停车系统的方案有三种:即采用继电器构成系统、利用计算机控制系统中相应功能构成系统、采用可编程控制器(PLC)构成系统。继电器系统是一种非常经典的系统,具有非常悠久的历史,特点是开关量是用机械开关表达的,但容易产生接触不良,另外,由于每个继电器的接点数量有限,当逻辑关系比较复杂时,所使用的继电器数量较多,而一个系统所使用的部件越多则越容易出现故障。计算机控制系统包括分散式计算机

控制系统(DCS)和现场总线控制系统(FCS),而分散式计算机控制系统(DCS)、现场总线控制系统(FCS)软件中带有信号报警及联锁功能,通过组态就可实现信号报警和联锁。目前作为信号报警及联锁系统使用最多的是可编程控制器(PLC)和继电器。可编程控制器的特长是处理开关(逻辑)量。可编程控制器是一种微处理器化的、非常成熟的控制装置,其工具软件比较成熟,常见的有梯形图(Ladder Chart)、顺控流程图(SFC,Sequence Flow Chart)、编程语言等。

联锁及停车系统的执行机构有电磁阀、汽缸阀、牵引电磁铁等几种,其作用是根据联锁及停车系统装置的信号来改变自己的状态,进而对生产装置的某些量进行控制。信号报警、联锁及停车系统的信号形式可分为干接点开关信号、半导体开关信号、电位信号等几种,应当根据执行装置的信号要求进行选择,或进行必要的变换。

15.7 控制系统抗干扰及接地设计

15.7.1 干扰源及其对系统的干扰机制

仪表及控制系统的干扰源主要来自以下的几方面:

(1)来自空间的辐射干扰

空间的辐射电磁干扰(EMI)主要是由电力网络和电气设备的暂态过程、雷电、无线电广播、电视、雷达和通信产生的,通常称为辐射干扰,其分布极为复杂。它们对工业计算机系统的影响主要通过两条路径:一是直接对计算机内部的辐射,由电路感应产生干扰;二是对计算机外围设备及通信网络的辐射,由外围设备和通信线路感应引入干扰。辐射干扰与现场设备布置及设备所产生的电磁场大小(特别是频率)有关,一般通过设置电缆和计算机局部屏蔽及高压泄放元件(限幅器等)进行保护。

(2)来自系统外引线的干扰

主要通过电源和信号线引入,通常称为传输干扰,在我国工业现场较严重。

1)来自电源的干扰

工业计算机系统的正常供电电源均由电网供电,因电网覆盖范围广,它将遭受所有电磁波的干扰而在线路上感应电压和电流,特别是电网内部的变化,如开关操作浪涌、大型电力设备启停、电网短路暂态冲击等,都将通过输电线路传至电源原边。计算机电源通常采用隔离电源,但其结构及制造工艺等因素使隔离性能并不理想。实际上,由于分布参数(特别是分布电容)的存在,绝对隔离是不可能的,因电源引入的干扰造成工业计算机系统故障很多,这已为事实所证明。

2)来自信号线引入的干扰

主要有两种途径:一是通过传感器供电电源或共用信号仪表的供电电源(即配电器)串入的电网干扰,这往往被忽视;二是信号线受空间电磁辐射感应的干扰。由信号引入的干扰会引起I/O接口工作异常和测量精度严重降低,严重时将引起元器件损伤。对于隔离性能差的系统,还将导致信号间互相干扰,引起共地系统总线回流,造成逻辑数据变化、"冲程"和死机。工业计算机系统因信号引入干扰造成I/O模块损坏相当严重,由此引起系统故障的情况也很多。

3）来自接地系统混乱的干扰

工业计算机系统的地线包括模拟地、逻辑地、屏蔽地、交流地和保护地等,必须正确处理好,否则,计算机系统将无法正常工作。接地系统混乱对工业计算机系统的干扰主要是大地电位分布不均,不同接地点间存在地电位差引起地环路电流,影响系统正常工作。

4）来自计算机系统内部的干扰

主要由系统内部元器件间的相互电磁辐射产生,如逻辑电路相互辐射及其对模拟电路的影响,模拟地与逻辑地的相互影响及元器件间的相互不匹配使用等。这都属于计算机制造厂对系统内部进行电磁兼容(EMC)设计的内容,比较复杂,作为应用部门无法改变,可不必过多考虑,但要选择具有较多应用实绩或经过考验的系统。

5）仪表供电线路引入的干扰

空中的电磁波、开关、电动机等电气设备产生的电火花激发的交变磁场,通过电源线把高频信号引入供电仪表而造成干扰。另外,若供电线路设计不合理以及由于负荷变化,使电源电压波动造成对供电仪表干扰。

15.7.2　抗干扰措施

(1) 隔离

所谓"隔离",包括两个含义:一是可靠的绝缘,另一是合理的配线。可靠的绝缘,即保证导线之间不会产生漏电流,所以,要求导线绝缘材料的耐压等级、绝缘电阻必须符合规定。合理配线,即要求信号线尽量避开干扰源,例如,当动力线和信号线平行敷设时,两者之间必须保持一定的间距,两者交叉时,要尽可能垂直,导线穿管敷设时,电源线和信号线应在不同的导线管内。不同信号幅值的信号线不宜穿在同一导线管内,在采用金属汇线槽敷设时,不同信号幅值的导线、电缆与电源线需用金属隔板隔开。同一多芯电线内不宜有不同信号幅值的信号线等。就间距而言,信号线通常也只能与动力线间保证最小间距,不可避免地还会受到一定的影响。另一方面,除了各种人为噪声以外,自然界中雷击等形成的自然界噪声也会引入仪表。一般对于高电平信号线,这种隔离的方法有较好的效果。但对于低电平的信号线,除了采用这种方法以外,还必须考虑其他一些措施组合起来使用。

(2) 屏蔽

屏蔽是用金属导体把被屏蔽的元件、组合件、电路、信号线等包围起来,如信号线外加屏蔽层、导线穿钢制保护管或在钢制加盖汇线槽内敷设。这种方法对抑制电容性噪声耦合特别有效。但应注意,非磁性屏蔽体对磁场无屏蔽效果。

(3) 双绞线

用双绞线代替两根平行导线是抑制磁场干扰的一种行之有效的方法。对于低电平的信号线,周围环境有磁场干扰源存在,应采用双绞线。

(4) 对电源引入干扰的抑制

通过电源线引入的噪声可用滤波电路抑制,必要时,对于仪表电源可以加隔离变压器,以隔断与电力系统的电联系。

(5) 雷击保护

将信号线穿在接地的金属导管内,或者敷设在接地的、封闭的金属汇线槽内,对雷击在信号回路内产生的冲击电压,可起到良好的屏蔽。对于易受雷击的场所,可在现场侧安装雷击保护设备。多芯电缆的备用芯线应在一端接地,以防止雷击时像天线那样感应出高压。

15.7.3 数字控制系统抗干扰要求及工程设计

(1)抗干扰要求

1)采用性能优良的隔离电源,抑制电网引入的干扰

电网干扰窜入数字控制系统,主要通过计算机系统的供电电源(如主机电源、I/O 电源等)、变送器供电电源和与计算机系统具有直接电气连接的仪表供电电源等耦合进入的。目前计算机系统(如主机、I/O 等)的供电电源一般隔离性较好,变送器供电电源(即配电器)和与计算机系统有直接电气连接(如共用信号等)仪表的供电电源,往往由工程设计或使用单位选配,必须引起足够的重视。目前对仪表和变送器供电的配电器,虽然采取了一定的隔离措施,但普遍还不够,主要是使用的隔离变压器分布参数大、抑制干扰能力差。经电源耦合而窜入的干扰主要是共模干扰,所以,目前变送器和共用表连接线上的共模电压普遍较大,有的竟高达 130 V 以上,这对系统的测量精度有很大影响,甚至会损伤模件。因此,对于变送器和检测仪表电源,应选择分布电容小、抑制带宽大(如采用多次隔离与屏蔽及漏感技术)的配电器,以减少计算机系统的共模干扰。

另外,可采用不间断供电电源(UPS)对计算机、变送器和检测仪表系统供电,保证电网馈电中断时不间断连续供电,提高供电安全可靠性。UPS 具有较强的干扰隔离性能,是一种工业计算机和过程检测系统的理想电源。

2)正确选择接地点,完善接地系统

全面考虑及设计完善的接地系统是工业计算机系统抗电磁干扰的重要措施之一。

①全系统采用统一的接地网

由于工业现场环境的限制,工业计算机系统与大量的过程信号相连接,而过程信号又往往在现场接地(如热电偶热端接地等),不可能设置完全隔离的独立的接地系统。因此,工业计算机系统的接地网与现场电气接地网共用,否则,突变电磁场(如雷雨,浪涌)等的冲击,将给计算机带来更大的干扰。所有需要接地的点应通过接地线与接地网牢固连接,且连接应尽量靠近。

②信号屏蔽层的接地必须保证单点接地

信号源接地时,屏蔽层应在信号侧接地;不接地时,应在计算机侧接地。信号线中间有接头时,屏蔽层应牢固连接并进行绝缘处理,一定要避免多点接地。多个测点信号的屏蔽双绞线与多芯对绞总屏电缆连接时,各屏蔽层应相互连接,并经绝缘处理,选择适当的接地处单点接地。

③合理选择和敷设信号电缆

不同类型的信号分别由不同电缆传输,信号电缆按传输信号的种类分层敷设,严禁用同一电缆的不同导线同时传送动力电源和信号,并避免信号线与动力电缆靠近或平行敷设,以减少电磁干扰。

④硬件滤波

信号在接入计算机前,在信号线与地间并接电容,可减少共模干扰。信号两极间加装 Ⅱ 型滤波器可减少差模干扰。

⑤软件抗干扰措施

由于电磁干扰的复杂性,仅依靠硬件要从根本上消除干扰影响是不可能的。因此,在工业计算机系统的软件设计和系统组态时,还必须在软件方面进行抗干扰处理,进一步提高系统的安全可靠性。软件抗干扰的措施很多,并在不断完善。常用的方法一般有:数字滤波和工频整形采样,可有效消除周期性干扰,特别是工频及其倍频干扰;定时校正参考点电位,并采用动态零点,可有效地防止电路漂移;软件冗余,设置当前输出状态的失常和冲程,设置软件陷阱,在非程序区采用拦截措施(重启动或自复位命令),可有效防止程序"跑飞"等。

(2)工业计算机控制系统抗干扰设计

工业计算机系统的抗干扰是一个系统工程,要求制造单位设计生产出具有较强抗干扰能力的产品,且有赖于使用部门在工程设计、安装施工和运行维护中予以全面考虑,并结合具体情况进行综合设计,才能保证系统的电磁兼容性和运行可靠性。在进行具体工程的抗干扰设计时,应注意以下两方面:

1)设备选型

首先应选择具有较高抗干扰能力(包括内部电磁兼容性,特别是抗外部干扰能力)的产品,如采用浮地技术、隔离性能好的工业计算机系统。设备选型时,应了解生产厂家给出的抗干扰指标(如共模抑制比、差模抑制比、耐压能力),允许在多大电场强度和多高频率的磁场强度环境中工作;其次是考察其在类似工作环境中的应用实绩,特别不能迷信国外进口产品。我国采用 220 V 高内阻电网制式,而欧美地区是 110 V 低内阻电网。由于我国电网内阻大,零点漂移大,地电位变化大,工业企业现场的电磁干扰至少要比欧美地区严重 4 倍以上,对系统抗干扰性能要求更高,在国外能正常工作的计算机产品在国内工业现场不一定能可靠运行。

2)综合抗干扰设计

主要考虑来自系统外部的几种干扰抑制措施。主要设计内容包括:对计算机系统及外引线进行屏蔽,以防止空间辐射电磁干扰;对外引线进行隔离、滤波,特别远离动力电缆,分层布置,以防止通过外引线引入传导电磁干扰;正确设计接地点和接地装置,完善接地系统。

外引线的传导电磁干扰可分为:共模干扰和差模干扰。共模干扰是信号对地的电位差,主要由电网窜入,地电位差及空间电磁辐射在信号线上感应的共态(同方向)电压叠加所形成。共模电压有时较大,特别是采用隔离性能差的配电器供电时,变送器输出信号的共模电压普遍较高,有的可高达 130 V 以上。共模电压通过不对称电路可转化为差模电压,直接影响测量信号,对于性能差或耐压低的元器件还将构成威胁,造成模件损坏(这是一些系统 I/O 模件损坏率较高的主要原因)。差模干扰是指作用于信号两极间的干扰电压,主要由空间电磁场在信号线间耦合感应及由不平衡电路转换共模干扰所形成的电压,这种干扰叠加在信号上,直接影响测量与控制精度。

工业计算机控制系统设计中的电磁兼容性设计是一个系统工程,必须全面综合考虑,并在各个环节上予以高度重视。

15.7.4　接地系统的设计

接地系统的作用:一是保护设备和人身安全,二是抑制干扰。接地系统设计的错误,轻则造成仪表及系统不正常工作,重则造成严重事故。

仪表接地系统有屏蔽接地、本安接地、保护接地、信号回路接地之分。为了简化接地系统,根据接地作用机理,把仪表系统接地分成两大类:即保护接地和工作接地。工作接地包括了屏蔽接地、本安接地和信号回路接地。

(1)接地的作用和要求

1)保护接地

保护接地的作用是保护设备和人身安全。在正常情况下,将电气设备、用电仪表正常情况下不应带电的金属部分与接地体之间作良好的金属连接,保证任何时候这些部分的电位都是零电位,此即为保护性接地。

应作保护接地的设备有:仪表盘(柜、箱、架)及底盘;PLC、DCS机柜、操作站及辅助设备;配电盘(箱);用电仪表外壳;金属接线盒、电缆槽、电缆桥架、穿线管、铠装电缆的铠装层等。

下列情况可不作保护接地:若无特殊要求时,24 V供电或低于24 V供电的现场仪表、变送器、就地开关等;当与已接地的金属表盘框架电气接触良好时,安装在非爆炸危险场所的金属表盘上的按钮、信号灯、继电器等小型低压电器的金属外壳。

2)工作接地

正确的工作接地可抑制干扰,提高仪表的测量精度,保证仪表系统能正常可靠地工作。工作接地包括信号回路接地、屏蔽接地、本质安全仪表接地。

①信号回路接地 信号回路接地可分两种类型:一种是仪表本身结构造成的、事实上的接地,如接地型热电偶安装在设备上时,热电偶通过金属保护套管和设备连接,自然地同大地接在一起;另一种类型是为抑制干扰而设置接地,如电磁流量计的接地、电动Ⅲ型仪表放大器公用端接地(24 V直流电源负端接地)等。

②屏蔽接地 为了减少电磁干扰对仪表系统的干扰,需对电缆的屏蔽层、排扰线、仪表上的屏蔽接地端子以及未作保护接地面而应起静电屏蔽作用的金属导线管、汇线槽及仪表外壳、强雷击区室外架空敷设的多芯电缆的备用芯线等作接地处理。

屏蔽接地应在控制室侧进行(一般在仪表盘上的汇流排处接地),但当信号源本身要求接地时,应在信号源侧接地。

③本安接地 本质安全仪表系统接地除了具有抑制干扰的作用外,还是使仪表系统具有本质安全性的措施。

对于本质安全仪表系统在安全功能上必须接地的部件,应根据仪表制造厂的要求可靠接地。一般包括:导线屏蔽层、安全栅的接地端子、盘装及架装仪表上的接地端子、24 V直流电源的负极、现场仪表金属外壳、现场仪表盘(柜、箱、架子)、现场接线盒、导线管、汇线槽等配线金属部件。

(2)接地系统的设计

1)接地系统组成

接地系统一般由接地线(包括接地支线、接地分干线、接地总干线)、接地汇流排、公用连接板、接地体等几部分组成,系统示例如图15.3所示。

2)接地连接方式

①用电仪表、PLC、DCS系统、计算机等电子设备的保护接地应接至厂区电气系统接地网,工作接地(信号回路与屏蔽接地)可按下述两种方式进行:

a.当厂区电气系统接地网接地电阻较小,能满足自控系统的要求而仪表制造厂又无特殊要求时,可直接接至电气系统接地网。

b.当电气系统接地网接地电阻较大或仪表厂有特殊要求时,应独立设置仪表接地系统。

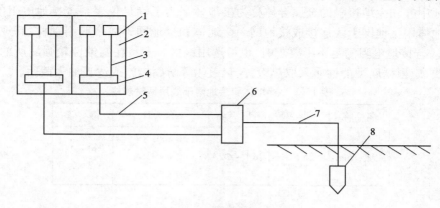

图 15.3　接地系统示例图

1—仪表;2—表盘;3—接地支线;4—接地汇流盘;

5—接地分干线;6—公用连接板;7—接地总干线;8—接地体

②本质安全仪表接地应独立设置接地系统,其与电气系统接地网或其他仪表系统接地网相距 5 m 以上。

③各仪表回路和系统只应有一个信号回路接地点,除非使用变压器耦合型隔离器或光电耦合型隔离器,把两个接地点之间的直流信号回路隔离开。

单点接地是工作接地应遵循的原则。如果同一信号回路出现两个接地点,由于地电位差的存在,就会形成地回路,给仪表引入干扰。因此,同一信号回路、同一屏蔽层或同一排扰线只能有一个接地点,不能有一个以上的接地点,除了既定部位接地外,其他部位应与一切金属构件绝缘。

④信号回路的接地位置根据仪表类型决定,如接地型热电偶、pH 计和电磁流量计等在现场接地。电动Ⅲ型仪表的信号公共线、电缆(线)的屏蔽层、排扰线等则在控制室侧接地。有的信号回路、信号源和接收仪表的公共线都要接地,如由电动Ⅲ型仪表组成的 pH 测量控制系统,此时,在加装隔离器后可分别在现场和控制室接地。

3)接地电阻

接地体对地电阻和接地线电阻的总和称为接地电阻。

接地电阻是接地系统的一个非常重要的参数,接地电阻越小,说明接地性能越好,接地电阻大于一定数值,就表明接地线路中有接触不良甚至断开,此时,该系统就不能实现接地目的。接地电阻小到何种程度将受工程上的技术和经济两个因素制约,因此,有必要选择合适的数值。

保护接地电阻值一般为 4 Ω,最大不宜超过 10 Ω,当设置有高灵敏度接地自动报警装置(如漏电开关)时,接地电阻值可略大于 10 Ω。用电仪表、PLC、DCS 系统、计算机等电子设备的保护接地电阻应小于 4 Ω。

工作接地电阻应根据仪表制造厂的要求以及环境条件确定。若制造厂无明确要求,设计者可按具体情况决定,一般为 1~4 Ω。若仪表系统与电力系统共用接地体,则可采用与电气系统相同的接地电阻值。

4)接地体

埋入地中并和大地接触的金属导体称为接地体。为了满足仪表系统接地电阻的要求,可将多个接地体用接地网干线连接成接地网。接地体和接地网干线一般用钢材,其规格可按表15.3选用。若接地电阻满足不了要求时,也可选用铜材。安装在腐蚀性较强场所的接地体和接地网干线,应根据腐蚀的性质采取热镀锌、热镀锡等防腐措施或适当加大截面。

表 15.3　接地体和接地网干线用钢材规格

名　称	扁　钢	圆　钢	角　钢	钢　管
规格/mm	25×4	$\Phi14 \sim \Phi20$	$30 \times 30 \times 4$ $40 \times 40 \times 4$ $50 \times 50 \times 5$	$\Phi45 \times 3.5$ $\Phi57 \times 3.5$

5)接地线

用电仪表、设备接地部分与接地体连接的金属导体称为接地线。接地线应使用多股铜芯绝缘电线或电缆,不允许用裸导线或钢材,接地线可分为接地总干线、接地分干线和接地支线,它们的截面积数值选择分别可为:$16 \sim 100 \ mm^2$、$4 \sim 25 \ mm^2$、$1 \sim 2.5 \ mm^2$。

工作接地的接地线:仪表盘、仪表柜、控制柜上需要接地的仪表,应连接到接地端子或接地汇流排。接地汇流排宜采用 $25 \ mm \times 6 \ mm$ 的铜条,应设置绝缘支架支撑。

参 考 文 献

[1]金以慧.过程控制[M].北京:清华大学出版社,1993.

[2]蒋慰孙,俞金寿.过程控制工程[M].2版.北京:中国石化出版社,1999.

[3]朱麟章,等.过程控制系统及设计[M].北京:机械工业出版社,1996.

[4]涂植英,朱麟章.过程控制系统[M].北京:机械工业出版社,1983.

[5]Rau. M. Process Control Engineering[M],Gordon and Breach Science Publisher,1993.

[6]Balchen. J. G,Mumme. K. I. Process Control[M],Newyork Van Nostrand Reinhold Company Inc,1988.

[7]Sinskey. F. G. Process Control Systems[M],3rd ed. Newyork: McGraw-Hill,1988.

[8]C. Smith and A. Corripio. Principeles and Practice of Automatic Process Control John-Wiley,1985.

[9]Connell. B,Process Instrumention Application Manual[M],Newyork McGraw-Hill Company Inc,1996.

[10]邵裕森.过程控制及仪表[M].修订版.上海:上海交通大学出版社,1999.

[11]斯可克.安装在危险Ⅰ区的现场总线I/O安全栅[J].北京:石油化工自动化,1999(6):55-57.

[12]戴蓉,游凤荷,周景霞.由单片机和多片DS1820组成的多点温度测控系统[J].国外电子元器件,2001(1):60-62.

[13]王代新.晶体二极管在温度测量中的应用[J].渝州大学学报(自然科学版),1999(1).

[14]周红燕,薛心喜.关于阀门定位器的研究[J].实用测试技术,2001(2):18-19.

[15]蔡立虹,陶煜,庞彦斌.符合现场总线的智能执行器[J].工业仪表与自动化装置.2000(3):61-63.

[16]吴勤勤.控制仪表及装置[M].北京:化学工业出版社,1990.

[17]向婉成.控制仪表与装置[M].北京:机械工业出版社,1999.

[18]Åström K. J. T. Hagglund,Automatic tuning of Simple Regulators with Specification on Phase and Amplitude Margins[J],Automatica,Vol. 20(5):645-651,1984.

[19]Hang,C. C. ,K. J. Åström and W. K. Ho,Refinements of the Ziegler-Nichols tuning Formula [C],IEEE Proceedings-D,Vol. 138(2):111-118,1992.

［20］林锦国. 过程控制系统·仪表·装置［M］. 南京:东南大学出版社,2001.

［21］侯志林. 过程控制与自动化仪表［M］. 北京:机械工业出版社,2000.

［22］Kraus T. W. ,T. J. Myron,Self-Tuning PID Controller Use Pattern Recognition Approch［J］, Control Engineering,June,PP:106-111,1984.

［23］Nagy. I,Introduction to Chemical Process Instrumentions［M］, Newyork Elsevier Science Publishing Company Inc,1992.

［24］Zhu L Z,Zhang Z H. Fast Adaptive Filter(FAF) Using in Process Instrumentation and Automation Systems［J］. IEEE Instrum. &Measur. Tech. Conf. 1989:332-338.

［25］翁维勤,周庆海. 过程控制系统及工程［M］. 北京:化学工业出版社,1996.

［26］莫彬. 过程控制工程［M］. 北京:化学工业出版社,1992.

［27］邵裕森,戴先中. 过程控制工程［M］. 北京:机械工业出版社,2000.

［28］厉玉鸣. 化工仪表及自动化［M］. 3 版. 北京:化学工业出版社,1997.

［29］周春辉. 过程控制工程手册［M］. 北京:科学出版社,1993.

［30］Roffel,B. ,Rijnsdorp,J. E. ,Process Dynamics,Control and Protection［M］,Ann Arbor Science Publishers,Michigan,1982.

［31］吴秋峰,自动化系统计算机网络［M］. 北京:清华大学出版社,2001.

［32］(德)鲁道夫·劳伯. 过程自动化［M］. 上海:同济大学出版社,1992.

［33］刘宝坤. 计算机过程控制系统［M］. 北京:机械工业出版社,2000.

［34］Cay Weitzman,Distributed Micro/Minicomputer Systems Structure,Inplementation and Application［M］,Prentice-Hall,1980.

［35］俞金寿,何衍庆. 集散控制系统原理及应用［M］. 北京:化学工业出版社,1995.

［36］许颖原,俞金寿. DCS 故障诊断专家系统的开发［J］. 华东理工大学学报,2001,27(5), 580-584.

［37］张新薇. 集散系统基础及其应用［M］. 北京:冶金工业出版社,1990.

［38］王常力,罗安. 集散控制系统选型与应用［M］. 北京:清华大学出版社,1996.

［39］邱化元,郭殿杰. 集散控制系统-过程控制发展的新技术［M］. 北京:机械工业出版社,1991.

［40］阳宪惠. 现场总线技术及其应用［M］. 北京:清华大学出版社,1999.

［41］俞金寿. 工业过程先进控制［M］. 北京:中国石化出版社,2002.

［42］邵惠鹤. 工业过程高级控制［M］. 上海:上海交通大学出版社,1997.

［43］王桂增. 高等过程控制［M］. 北京:清华大学出版社,2002,3.

［44］Kaue. L. Advanced Process Control Handbook［M］,H. P. 1986—1997.

［45］Ray,W. H. :Advanced Process Control［M］. McGraw Hill. 1981.

［46］Brosilow C. and Tong M. :The Structure and Dynamics of Inferential Control Systems［J］, AICHE Journal,Vol. 24,No. 3:485-499,1978.

［47］王俊普. 智能控制［M］. 合肥:中国科学技术大学出版社,1996.

［48］易继错,等. 智能控制技术［M］. 北京:北京工业大学出版社,1999.

［49］韦巍. 智能控制技术［M］. 北京:机械工业出版社,1999.

［50］Åström K. J. ,Toward Intelligent Control［J］,IEE Control system Magazine,Vol. 9,No. 3,April,1989:60-64.

[51]Soeterboek,R.，Predictive Control,A unified Approach[M],Prentice Hall,1993.

[52]张文修,梁广锡.模糊控制与系统[M].西安:西安交通大学出版社,1998.

[53]李友善,李军.模糊控制理论及其在过程控制中的应用[M].北京:国防工业出版社,1993.

[54]冯冬青,等.模糊智能控制[M].北京:化学工业出版社,1998.

[55]Åström K.J,etal.On Self-tuning Regulator Design Principle and Application[R].Report No. 7177,Dep. of Auto. Cont.,Lund Institute of Tech.，Lund,Sweden,1979.

[56]Åström K.J.，B. Wittenmark,On self-tuning Regulators[J]，Automatica,Vol. 9, 1973: 185-199.

[57]李士勇.模糊控制、神经控制和智能控制论[M].哈尔滨:哈尔滨工业大学出版社,1998.

[58]徐丽娜.神经网络控制[M].哈尔滨:哈尔滨工业大学出版社,1999.

[59]王永骥,涂健.神经元网络控制[M].北京:机械工业出版社,1998.

[60]Higham，E.，Expert Systems in Self-tuning Controllers[M],The Chemical Engineer, 423 (1986).

[61]孙洪程,翁唯勤.过程控制系统工程设计[M].北京:化学工业出版社,2001.

[62]孙洪程,等.过程控制工程设计[M].北京:化学工业出版社,2001.

[63]陆德民.石油化工自动控制设计手册[M].3 版.北京:化学工业出版社,2000.

[64]王子才.控制系统设计手册(下册)[M].北京:国防工业出版社,1993.

[65]王永初,任秀珍.工业过程控制系统设计范例[M].北京:科学出版社,1986.

[66]Foss,A.S.，Dean,M.M.,Chemical Process Control[M].AICHE Symposium Series. No. 159, Vol. 72,1976.

[67]Dale E Seborg,Thomas F Edgar,Duncan A.过程的动态特性与控制[M].王京春,王宁, 金以慧,等,译.北京:电子工业出版社,2006.

[68]Shinskey F G.过程控制系统:应用、设计与整定[M].3 版.萧德云,等,译.北京:清华大学出版社,2004.

[69]Curtis,Johnson. Process Control Instrumentaion Technology[M]（6th）. Pearson Education, Inc.，2002.

[70]王再英,刘淮霞,陈毅静.过程控制系统与仪表[M].北京:机械工业出版社,2005.

[71]陈夕松,汪木兰.过程控制系统[M].北京:科学出版社,2005.

[72]俞金寿.过程自动化及仪表[M].北京:化学工业出版社,2003.

[73]杨丽明,张光新.化工自动化及仪表[M].北京:化学工业出版社,2004.

[74]施仁.自动化仪表与过程控制[M].北京:电子工业出版社,2003.